华为智能计算技术丛书

HUAWEI

昇腾AI处理器
CANN架构与编程

苏统华　杜鹏　周斌◎编著

清華大學出版社
北京

内容简介

本书专注昇腾 AI 处理器和昇腾 AI 异构计算架构 CANN，全书共 7 章。第 1 章介绍昇腾 AI 处理器硬件架构。首先介绍昇腾 AI 处理器的达芬奇架构，为后续章节提供了计算单元、存储系统、控制单元、指令集等知识储备，然后介绍基于该架构分别面向训练和推理的昇腾 AI 处理器，最后介绍围绕昇腾 AI 处理器的 Atlas 系列硬件产品。第 2 章介绍昇腾 AI 异构计算架构 CANN。涵盖 CANN 概述、昇腾计算图、训练和推理两种场景运行架构、开发环境安装及全流程开发和全流程开发工具链 MindStudio 等重要内容。第 3 章介绍 CANN 自定义算子开发，以示例的方式介绍 TBE DSL、TBE TIK 和 AI CPU 三种算子开发方式。第 4 章介绍昇腾计算语言。首先讲述 AscendCL 的编程模型，包括线程模型和内存模型，接着介绍 AscendCL 提供的五大开放能力，包括资源管理、模型加载与执行、算子能力开发和高级功能等。第 5 章介绍基于 CANN 的通用 AI 模型训练方法。以模型训练的全流程作为起始，对比了主流深度学习框架的异同，然后讲述基于 CANN 的模型训练方法和训练辅助工具的使用方法。第 6 章介绍基于 CANN 的模型部署方法。讲述模型部署全流程以及数字视觉预处理模块、模型转换工具、模型压缩工具的使用方法。第 7 章介绍两个典型行业应用实例。围绕个性化影视推荐系统和智能巡检机器人，提供全流程的完整开发实例。

本书是昇腾 AI 处理器架构、昇腾 AI 异构计算架构与编程的官方教材，可以作为高校人工智能、智能科学与技术、计算机科学与技术、软件工程、电子信息工程、自动化等专业的教材，也可以作为从事人工智能系统开发的科研和工程技术人员的参考用书。

图书在版编目(CIP)数据

昇腾 AI 处理器 CANN 架构与编程/苏统华，杜鹏，周斌编著. —北京：清华大学出版社，2022.3
(2025.3重印)
(华为智能计算技术丛书)
ISBN 978-7-302-60104-3

Ⅰ. ①昇… Ⅱ. ①苏… ②杜… ③周… Ⅲ. ①移动终端－应用程序－程序设计 Ⅳ. ①TN929.53

中国版本图书馆 CIP 数据核字(2022)第 020941 号

策划编辑：盛东亮
责任编辑：钟志芳
封面设计：李召霞
责任校对：时翠兰
责任印制：宋　林

出版发行：清华大学出版社
网　　址：https://www.tup.com.cn，https://www.wqxuetang.com
地　　址：北京清华大学学研大厦 A 座　　**邮　　编**：100084
社 总 机：010-83470000　　**邮　　购**：010-62786544
投稿与读者服务：010-62776969，c-service@tup.tsinghua.edu.cn
质量反馈：010-62772015，zhiliang@tup.tsinghua.edu.cn
课件下载：https://www.tup.com.cn，010-83470236
印 装 者：北京同文印刷有限责任公司
经　　销：全国新华书店
开　　本：186mm×240mm　　**印　张**：21.75　　**字　　数**：475 千字
版　　次：2022 年 4 月第 1 版　　**印　　次**：2025 年 3 月第 4 次印刷
印　　数：3801～4600
定　　价：89.00 元

产品编号：092962-01

谨以此书献给那些为中国 AI 发展贡献力量的研究者、开发者

FOREWORD

序

昇腾AI异构计算架构CANN释放强大算力

当今时代，人工智能（AI）作为一种普适性的通用技术，已经成为推动社会进步的重要力量。人工智能进入产业，推动各行各业的技术进步；人工智能进入生活，改善人们的生活质量；人工智能进入城市，推动城市变得更加智慧和美好；人工智能进入科研，促进各学科的突破和创新。人工智能在处理“优化问题”上有突出的优势，这一优势需要强大的算力平台作支撑。人工智能对算力的需求呈现指数增长的趋势，大规模高效率的算力，是推动人工智能进步的重要动力。

基于对人工智能发展趋势的预判，华为公司历时数年，为人工智能应用量身打造“达芬奇（DaVinci）架构”，并基于该架构于2018年推出了昇腾（Ascend）AI处理器系列，开启了智能之旅。在用户直观可见的层次上，面向计算机视觉、语音语义理解、推荐搜索、机器人和自动驾驶等领域，华为公司致力于打造面向云-边-端一体化的全栈全场景解决方案；在不可见的层次上，华为公司更是广泛使用AI技术手段，提升信号发送、接收的效果和产品质检的准确度，在科学探索上帮助“中国天眼”（中国500米口径球面射电望远镜）找到更多的星体脉冲。以前想象中的AI带来的全方位改变在徐徐展开，逐渐实现。CANN（Compute Architecture for Neural Networks，神经网络计算架构）作为昇腾处理器的AI异构计算架构，支持业界多种主流的AI框架，包括MindSpore、TensorFlow、PyTorch、Caffe等，并提供1200多个基础算子。同时，CANN具有开放易用的AscendCL（Ascend Computing Language，昇腾计算语言）编程接口，能实现对网络模型进行图级和算子级的编译优化、自动调优等功能。CANN对上承接多种AI框架，对下服务于AI芯片与编程，是提升昇腾AI处理器计算效率的关键平台。

昇腾AI处理器系列图书系统地介绍了昇腾AI处理器体系结构、异构计算架构CANN原理与编程方法，并提供图像视频处理、机器人、语音语义理解、影视推荐等应用案例。通过本书的学习，从事AI计算基础技术研究及应用开发的工作者、高校师生、各行各业的合作伙伴不仅可以学习到昇腾AI处理器及CANN开发的知识，还可以了解行业对AI应用需求的完整解决方案。

（何庭波）

华为技术有限公司2012实验室总裁

PREFACE
前　言

2018 年度的 ACM（国际计算机协会）图灵奖授予深度学习领域三巨头（Yoshua Bengio、Yann LeCun、Geoffrey Hinton），是学术界与工业界对深度学习最大的认可。深度学习具有强大的学习能力，为人工智能技术插上了翅膀。各国相继把发展人工智能确立为国家战略。我国国务院于 2017 年 7 月 8 日重磅发布《新一代人工智能发展规划》，人工智能课程已经走入中小学课堂。人工智能将是未来全面支撑科技、经济、社会发展和信息安全的重要支柱！

深度学习已经在众多领域产生了深远影响，但它对算力的要求极高。华为公司应时而动，打造出基于达芬奇架构的昇腾 AI 系列处理器，并进一步为全场景应用提供统一、协同的硬件和软件架构。其中，有面向云端提供强大训练算力的硬件产品（如昇腾 910 处理器），也有面向边缘端和移动端提供推理加速算力的硬件产品（如昇腾 310 处理器）。与硬件同样重要的是昇腾 AI 处理器的软件生态建设。华为公司针对达芬奇架构开发了自研的 AI 异构计算架构 CANN，友好、丰富的软件生态会真正释放昇腾 AI 处理器的能量，助力我国新一代人工智能发展。

本书首先介绍华为公司自研的面向计算密集型人工智能应用研发的计算新架构（达芬奇架构）和基于该架构的两款分别面向训练和推理场景的昇腾 AI 处理器（昇腾 310 处理器和昇腾 910 处理器），以及围绕昇腾 AI 处理器的 Atlas 系列硬件产品，接着介绍针对该自研硬件开发的软件栈——昇腾 AI 异构计算架构 CANN 及其上的开发接口，然后介绍如何利用 CANN 上的深度学习框架 MindSpore、TensorFlow、PyTorch 训练模型，最后介绍如何利用 CANN 生成离线模型并进行模型部署，并以两个典型实例——个性化影视推荐系统全流程开发实例和基于文字感知的智能巡检机器人全流程开发实例。

本书编写团队包括苏统华、杜鹏、周斌，还包括周明耀、周翔和由鸿铭，华为公司周明耀参与了第 1 章的编写，周翔和由鸿铭分别对第 2～4 章和第 5～7 章做出了重要贡献，在此对他们表示感谢！在本书的编写过程中得到清华大学出版社盛东亮主任及钟志芳编辑的专业指导，他们的编辑和审校工作明显提高了本书的质量，特别向他们致以敬意。本书的编写同时受到多个基金（重点研发计划课题 2021YFF0900903 新一代人工智能重大项目 2020AAA0108004、国家自然科学基金项目 61673140 和 81671771）的资助。

苏统华　杜　鹏　周　斌

2022 年 1 月

CONTENTS

目　录

引　言

华为公司为深度学习量身打造了“达芬奇(DaVinci)架构”，基于该架构于2018年推出了昇腾(Ascend)AI处理器，开启了智能之旅。面向计算机视觉、自然语言处理、推荐系统、类机器人等领域，昇腾AI处理器致力于打造云-边-端一体化的全栈、全场景解决方案。

为了释放昇腾AI处理器的极佳性能，昇腾AI处理器软件栈，即昇腾AI异构计算架构CANN被抽象成五层，自顶向下分别为昇腾计算语言、昇腾计算服务层、昇腾计算编译层、昇腾计算执行层和昇腾计算基础层，如图1所示。简要说明如下。

1. 昇腾计算语言

昇腾计算语言(Ascend Computing Language，AscendCL)是昇腾计算开放编程框架，是对低层昇腾计算服务接口的封装。它提供Device(设备)管理、Context(上下文)管理、Stream(执行流)管理、内存管理、模型加载与执行、算子加载与执行、媒体数据处理、Graph(图)管理等API库，供用户开发人工智能应用调用(详见第4章)。

2. 昇腾计算服务层

本层主要提供昇腾算子库，例如神经网络(Neural Network，NN)库、基础线性代数计算库(Basic Linear Algebra Subprograms，BLAS)等；还有昇腾调优引擎(AOE)，例如算子自动调优、子图自动调优、梯度自动调优、昇腾模型压缩工具(详见第6章)以及框架适配器(详见第5章)。

3. 昇腾计算编译层

本层由昇腾张量编译器(ATC)构成，主要提供图编译器(Graph Compiler)和TBE(Tensor Boost Engine，张量加速引擎)算子开发支持。前者将用户输入中间表达(Intermediate Representation，IR)的计算图编译成NPU(Neural-network Processing Unit，神经网络处理器)运行的模型(详见第6章)。后者提供用户开发自定义算子所需的工具(详见第3章)。

4. 昇腾计算执行层

本层由昇腾计算执行器(ACE)构成，负责模型和算子的执行，提供如运行管理器(Runtime)库(执行内存分配、模型管理、数据收发等)、图执行器(Graph Executor)、数字视觉预处理(Digital Vision Pre-Processing，DVPP)、人工智能预处理(Artificial Intelligence Pre-Processing，AIPP)、华为集合通信库(Huawei Collective Communication Library，HCCL)等功能单元(详见第2章)。

5. 昇腾计算基础层

本层由昇腾基础层(ABL)构成,主要为其上各层提供基础服务,如共享虚拟内存(Shared Virtual Memory,SVM)、虚拟机(Virtual Machine,VM)、主机-设备通信(Host-Device Communication,HDC)等。

从图 1 可以看出,CANN 向上对接各种昇腾 AI 应用,向下对接昇腾硬件计算资源。

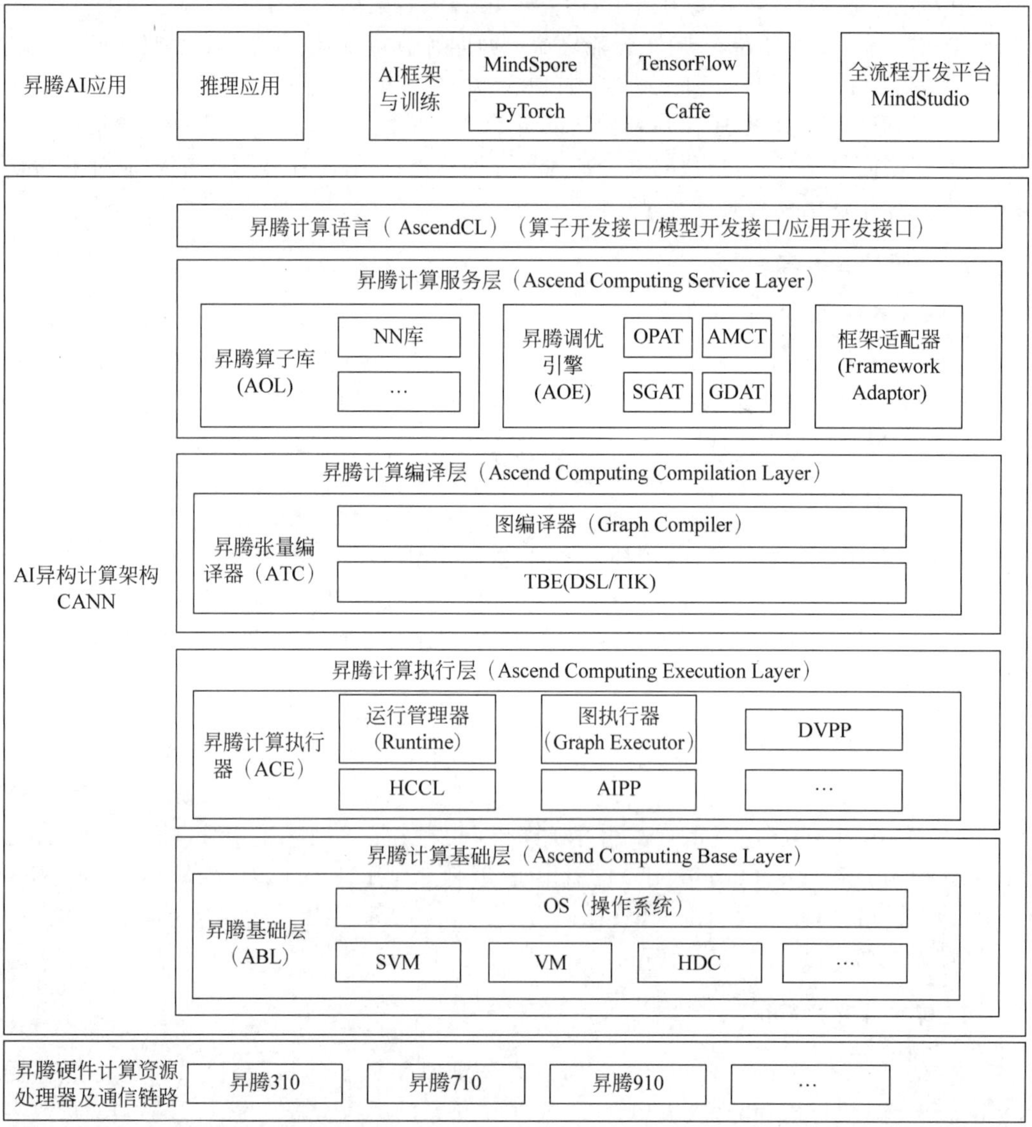

昇腾AI应用
推理应用
AI框架与训练
MindSpore
TensorFlow
PyTorch
Caffe
全流程开发平台 MindStudio

AI异构计算架构 CANN
昇腾计算语言(AscendCL)(算子开发接口/模型开发接口/应用开发接口)
昇腾计算服务层(Ascend Computing Service Layer)
昇腾算子库 (AOL)
NN库
…
昇腾调优引擎 (AOE)
OPAT
AMCT
SGAT
GDAT
框架适配器 (Framework Adaptor)
昇腾计算编译层(Ascend Computing Compilation Layer)
昇腾张量编译器(ATC)
图编译器(Graph Compiler)
TBE(DSL/TIK)
昇腾计算执行层(Ascend Computing Execution Layer)
昇腾计算执行器(ACE)
运行管理器 (Runtime)
图执行器 (Graph Executor)
DVPP
HCCL
AIPP
…
昇腾计算基础层(Ascend Computing Base Layer)
昇腾基础层 (ABL)
OS(操作系统)
SVM
VM
HDC
…

昇腾硬件计算资源 处理器及通信链路
昇腾310
昇腾710
昇腾910
…

OPAT—Operator Auto Tune,算子自动调优;SGAT—SubGraph Auto Tune,子图自动调优;GDAT—Gradient Auto Tune,梯度自动调优;TBE—Tensor Boost Engine,张量加速引擎;AMCT—Ascend Model Compression Toolkit,昇腾模型压缩工具。

图 1 昇腾 AI 处理器软件栈逻辑架构

昇腾硬件计算资源包括昇腾 AI 处理器和通信链路。昇腾 AI 处理器是最终执行各种算子的硬件设备；通信链路主要实现单机多芯片、单机多卡、多机多卡之间的通信，完成训练业务梯度聚合（AllReduce），包括 PCIe、HCCS 和 RoCE 高速链路。更详细的介绍见第 1 章。

昇腾 AI 应用包括 CANN 支持的 AI 训练框架、推理应用以及配套的开发工具 MindStudio。其中 AI 训练框架包括 MindSpore 以及 TensorFlow、Caffe、PyTorch 等第三方 AI 框架；MindStudio 是一套基于华为自研昇腾 AI 处理器开发的 AI 全栈开发工具平台，提供网络模型移植、应用开发、推理运行及自定义算子开发等功能。关于如何基于 CANN 开展模型训练和推理应用，详见第 5 章和第 6 章；关于面向行业应用的全流程开发实例，详见第 7 章。

第1章

昇腾 AI 基础

本章介绍昇腾 AI 的基础知识。首先讲解人工智能和深度学习的发展脉络，可以发现算力发挥了越来越重要的作用，然后解析达芬奇架构（昇腾 AI 处理器的核心算力部件），之后结合昇腾 310 和昇腾 910 介绍昇腾 AI 处理器的组成结构，最后介绍基于昇腾 AI 处理器的各种 Atlas 硬件计算平台。

1.1 人工智能与深度学习

人工智能是一门研究制造智能机器或智能系统并实现模拟、延伸和扩展人类智能的学科。"人工智能"这一术语是在 1956 年举办的为期 2 个月的达特茅斯会议（如图 1-1 所示）上提出的。会上，约翰·麦卡锡（John McCarthy）、马文·明斯基（Marvin Minsky）、克劳德·香农（Claude Shannon）和纳撒尼尔·罗切斯特（Nathaniel Rochester）等 10 位倡导者不遗余力地推进"从理论上精确描述学习的内涵或者智能的其他特性，达到制造一台机器模拟它"的提议，被誉为人工智能学科的开端。人工智能从此带着使命和活力步入人类世界，开辟了一片崭新的科学天地。

图 1-1 达特茅斯会议合影

1.1.1 人工智能简史

人工智能发展至今，几经跌宕起伏，但其发展不曾中断。其近 70 年的历史总体上可以划分为 3 个阶段：第一阶段（1956—1976 年），基于符号逻辑的推理阶段；第二阶段（1977—2006 年），基于领域知识的专家系统研发和应用阶段；第三阶段（2007 年至今），基于大数据和大算力的深度学习阶段。第一阶段伊始，研究者很快取得了如解决代数应用题、几何证明以及语言领域的进展，让人们对人工智能的前景非常乐观。图灵奖得主 Herbert Simon 和 Allen Newell 曾在 1958 年预言：十年内，计算机将有能力成为国际象棋冠军，发现和证明有意义的数学定理，谱写优美的乐曲，实现大多数的心理学理论。但十年后这些预言并没有实现，人工智能的发展也进入第一次低谷。

在第二阶段，研究者转向了基于领域知识的专家系统研发和应用。专家系统是一种程序，能够依据一组从专家知识中推演出的规则进行推理，进而得出结论。1980年，卡内基-梅隆大学（Carnegie Mellon University，CMU）为数字设备公司（Digital Equipment Corporation，DEC）设计了一种名为XCON的专家系统。在1986年前，XCON每年为公司省下4000万美元，大大提升了专家系统的研发热度。全世界许多公司都开始研发和应用专家系统，到1985年这些公司已在AI上投入十亿美元以上，大部分用于公司的AI部门。可惜好景不长，人工智能之冬悄然而至。XCON等专家系统由于应用的局限性以及高昂的维护成本，在市场上逐渐失去了当初的竞争力。日本等国家推动的"第五代计算机"计划（或称智能计算机计划），在经历了狂热投入后，也没有收获预期的回报。研究者的热情也随之降低，一时人工智能饱受争议，陷入寒冬。

现在人工智能的发展处于第三阶段，基于大数据和大算力的深度学习让人工智能重新活跃起来。互联网的发展，使得海量数据的获取比以往任何时期都要方便。在拥有足够高质量数据的情况下，通过深度学习而不是依赖专家就能够导出表达系统所需的层次化知识。2011年，谷歌大脑（Google Brain）利用分布式框架和大规模神经网络进行训练，在没有任何先验知识的情况下，学习并识别出"猫"这个概念。自2012年以来，深度学习方法在计算机视觉领域屡创佳绩，明显超越人类专家。2017年，AlphaGo改进版再次战胜世界排名第一的职业棋手柯洁。这一系列的成就，标志着人工智能技术的发展已经达到了一个高峰，孕育着更多领域的智能变革。同时高性能硬件的飞速发展，也为人工智能的实现提供了算力基础，如华为公司出品的昇腾910处理器可以提供每秒320万亿次16位浮点运算，更好地满足了人们对计算性能的需求。

1.1.2　深度学习概述

当前的深度学习以深度人工神经网络为主。研究者对最基本的生物神经元进行数学建模，并以一定的层次关系将神经元构建成人工神经网络，让其通过一定的学习、训练能够从外部学习知识并调整其内部的结构，使其解决现实中的各种复杂问题。常见的深度学习模型主要有卷积神经网络（Convoluted Neural Network，CNN）、递归神经网络（Recurrent Neural Network，RNN）以及深度信念网络等。1982年，最早提出的递归神经网络起源于Hopfield网络。1984年，福岛邦彦提出了卷积神经网络的原始模型——神经感知机（Neocognitron）。1997年，尤尔根·施密特胡博（Jurgen Schmidhuber）等提出了长短记忆（Long Short Term Memery，LSTM）网络，使得RNN（LSTM）在序列分析领域取得了飞速发展。1998年，杨立昆（Yann LeCun）提出了当前流行的卷积神经网络。2006年，杰弗里·辛顿（Geoffrey Hinton）和他的学生在《科学》杂志上提出了深度信念网络的降维和逐层预训练方法，消除了深度神经网络难以训练的问题，让深度神经网络大放光彩。

深度学习经过一系列的发展之后，展现出巨大的应用价值，不断受到工业界、学术界的密切关注。深度学习在图像、语音、自然语言处理、大数据特征提取和点击通过率(Click-Through-Rate,CTR)预估方面取得明显进展。2009 年,微软公司与杰弗里·辛顿展开合作,将隐马尔可夫模型融入深度学习中,研发商用的语音识别和同声翻译系统。三年后,在天津举办的“21 世纪的计算——自然而然”会议上,微软公司现场展示实时语音机器翻译,获得了惊人的效果。中国腾讯和科大讯飞公司在语音识别上也取得突破性进展。2012 年,全球范围内举办的图像识别国际大赛 ILSVRC(ImageNet Large Scale Visual Recognition Challenge)上,辛顿团队的 SuperVision 以绝对领先的优势夺得冠军。谷歌公司的杰夫·迪恩(Jeff Dean)与斯坦福大学的吴恩达采用 16 万个 CPU 搭建的深层神经网络,在图像和语音识别上体现出惊人效果。深度学习与强化学习(Reinforcement Learning)相结合,可以提升强化学习的性能,使得 DeepMind 公司的强化学习系统能够自主学会 Atari 游戏,甚至能胜过人类玩家。在高商业利润的推动下,出现了多种适合深度学习的基础架构,如 Caffe、MXNet、TensorFlow、PyTorch、MindSpore,促进了深度学习在各领域发挥更大的应用价值。

深度学习的兴起得益于 GPU(Graphic Processing Unit,图形处理器)等新型计算设备的突飞猛进,同时深度学习也对算力不断提出更高的需求。2012 年成为 AI 发展两个时期的分水岭,见图 1-2。2012 年以来,最先进 AI 模型的计算量每 3.4 个月翻一番,也就是每年增长约 10 倍,比摩尔定律 2 年增长一倍快得多。从 AlexNet 到 AlphaGo Zero,对计算量的需求已经增长了 30 万倍。对算力的爆炸式需求催生了专门用于 AI 运算的硬件,例如基于达芬奇架构的昇腾 AI 处理器以及华为公司的异构计算架构 CANN。

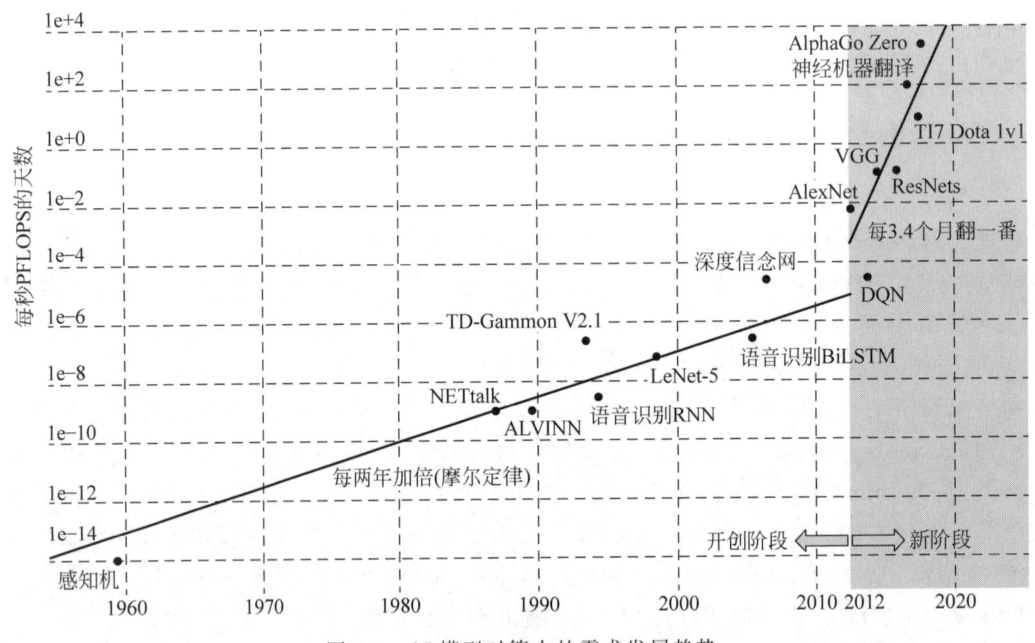

图 1-2 AI 模型对算力的需求发展趋势

1.2　达芬奇架构

达芬奇架构(DaVinci Architecture)是华为公司面向计算密集型人工智能应用研发的计算新架构,它构成了昇腾AI处理器的AI Core,其基本结构如图1-3所示。不同于传统的支持通用计算的CPU和GPU,也不同于专用于某种特定算法的专用芯片ASIC,达芬奇架构本质上是为了适应某个特定领域的常见应用和算法,通常称为"特定域架构"(Domain Specific Architecture,DSA),它从控制上可以看作一个相对简化的现代微处理器的基本架构。

AI Core负责执行标量、向量和张量相关的计算密集型算子,包括三种基础计算单元:矩阵计算单元(Cube Unit)、向量计算单元(Vector Unit)和标量计算单元(Scalar Unit)。三种计算单元分别对应了张量、向量和标量这三种常见的计算模式,在实际的计算过程中它们各司其职,形成了三条独立的执行流水线,在系统软件的统一调度下互相配合达到优化的计算效率。此外在矩阵计算单元和向量计算单元内部还提供了不同精度、不同类型的计算模式。AI Core中的矩阵计算单元目前可以支持8位整数和16位浮点数的计算,向量计算单元目前可以支持16位和32位浮点数的计算。

为了配合AI Core中数据的传输和搬运,围绕着三种计算单元还分布式地设置了一系列的缓冲区,例如用于暂存原始图像特征数据的L1缓冲区、用于暂存各种形式的中间数据的统一缓冲区,以及负责存放位于矩阵计算单元中的存储资源的张量缓冲区。张量缓冲区包括用于放置整体图像特征数据、网络参数的张量缓冲区L0A和张量缓冲区L0B,以及用来存储中间结果的张量缓冲区L0C。张量缓冲区还包含一些专用的高速寄存器单元,这些寄存器单元位于各个计算单元中。这些存储资源的设计架构和组织方式不尽相同,但都是为了更好地适应不同计算模式下格式、精度和数据排布的需求。这些存储资源和相关联的计算资源相连,或者和总线接口单元(Bus Interface Unit,BIU)相连从而可以获得外部总线上的数据。

在AI Core中,L1缓冲区之后设置了一个存储转换引擎。这是达芬奇架构的特色之一,主要的目的是以极高的效率实现数据格式的转换。比如GPU要通过矩阵计算实现卷积,首先要通过Img2col方法把输入的网络和图像数据重新以一定的格式排列起来。这一步在GPU中是通过软件实现的,效率比较低。达芬奇架构采用了一个专用的存储转换引擎完成这一过程,将这一步完全固化在硬件电路中,可以在一个时钟周期内完成整个转置过程。由于类似转置的计算在深度神经网络中出现得极为频繁,这样定制化电路模块的设计可以大大提升AI Core的执行效率,从而实现不间断的卷积计算。

AI Core中的控制单元主要包括系统控制模块、标量指令处理队列、指令发射模块、矩阵运算队列、向量运算队列、存储转换队列和事件同步模块。系统控制模块负责指挥和

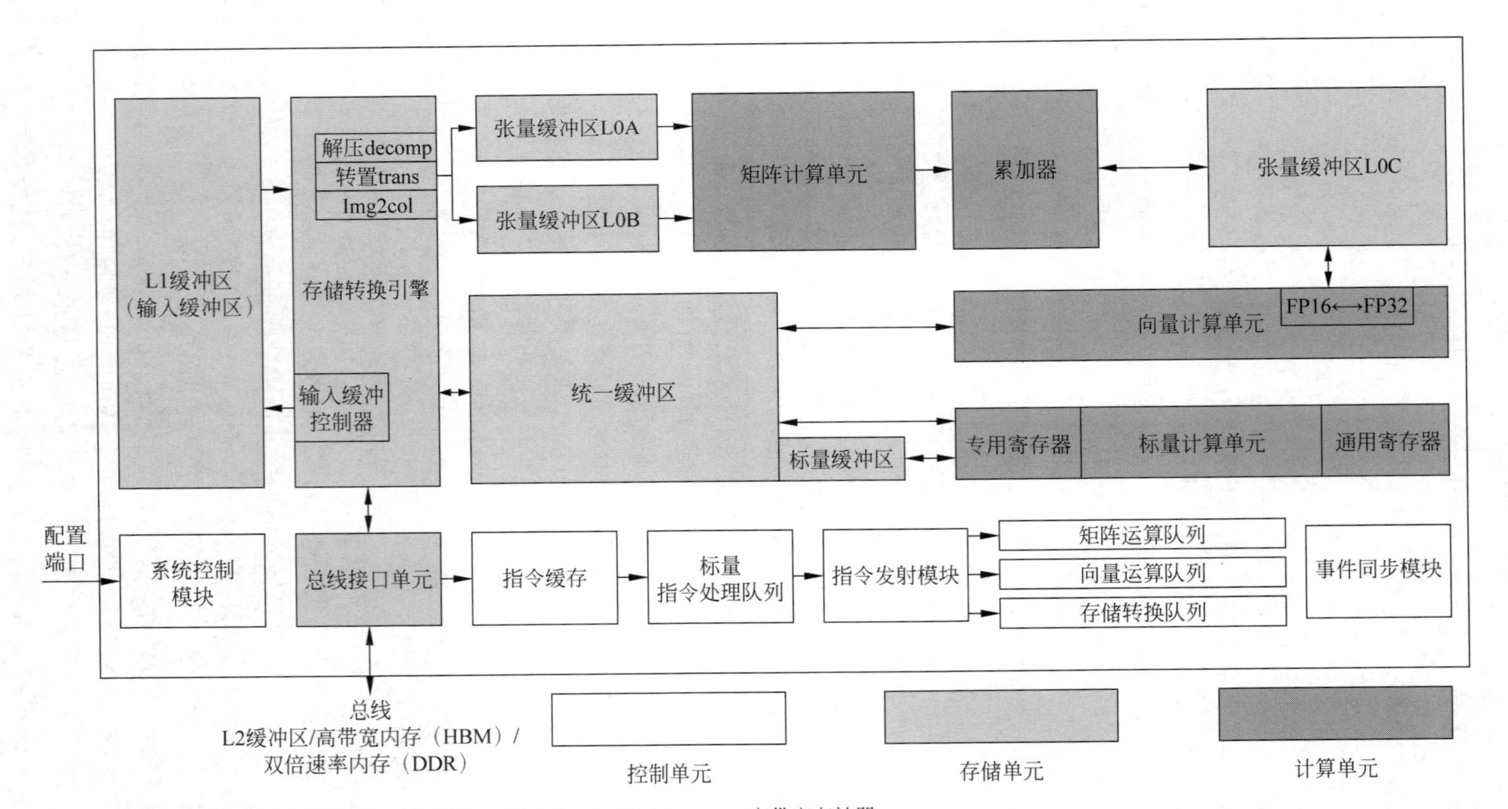

DDR—Double Data Rate，双倍速率内存；HBM—High Bandwidth Memory，高带宽存储器。

图 1-3　AI Core 的基本结构

协调AI Core的整体运行模式、配置参数和实现功耗控制等。标量指令处理队列主要实现控制指令的译码。当指令被译码并通过指令发射模块顺次发射出去后，根据指令的不同类型，将会分别被发送到矩阵运算队列、向量运算队列和存储转换队列中。三个队列中的指令依据先进先出的方式分别输出到矩阵计算单元、向量计算单元和存储转换引擎进行相应的计算。不同的指令阵列和计算单元构成了独立的流水线，可以并行执行以提高指令执行效率。如果指令执行过程中出现依赖关系或者有强制的时间先后顺序要求，则可以通过事件同步模块调整和维护指令的执行顺序。事件同步模块完全由软件控制，在软件编写的过程中可以通过插入同步符的方式指定每条流水线的执行时序从而达到调整指令执行顺序的目的。

在AI Core中，存储单元为各个计算单元提供转置过并符合要求的数据，计算单元返回运算结果给存储单元，控制单元为计算单元和存储单元提供指令控制，三者相互协调合作完成计算任务。

1.2.1 计算单元

计算单元是AI Core提供强大算力的核心单元，相当于AI Core的主力军。计算单元主要包含矩阵计算单元、向量计算单元、标量计算单元和累加器，如图1-4中的虚线框所示。矩阵计算单元和累加器主要完成与矩阵相关的运算，向量计算单元负责执行向量运算，标量计算单元主要用于各类型的标量数据运算和程序的流程控制。

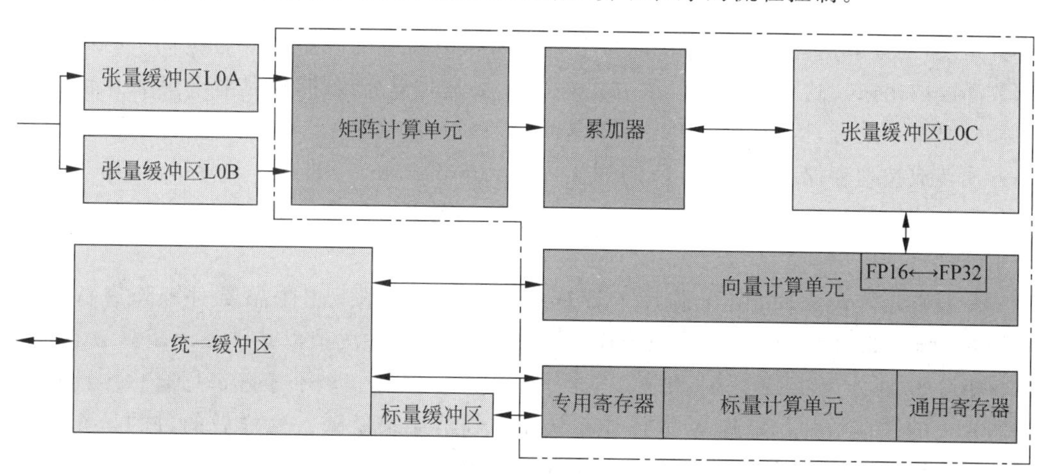

图1-4 计算单元(虚线框中)

1. 矩阵计算单元

1) 矩阵乘法

由于常见的深度神经网络算法中大量地使用了矩阵计算，达芬奇架构中特意对矩阵计算进行了深度的优化并定制了相应的矩阵计算单元支持高吞吐量的矩阵处理。

图 1-5 表示矩阵 **A** 和矩阵 **B** 之间的乘法运算 $\boldsymbol{A}\times\boldsymbol{B}=\boldsymbol{C}$，其中 M 表示矩阵 **A** 的行数，K 表示矩阵 **A** 的列数以及矩阵 **B** 的行数，N 表示矩阵 **B** 的列数。

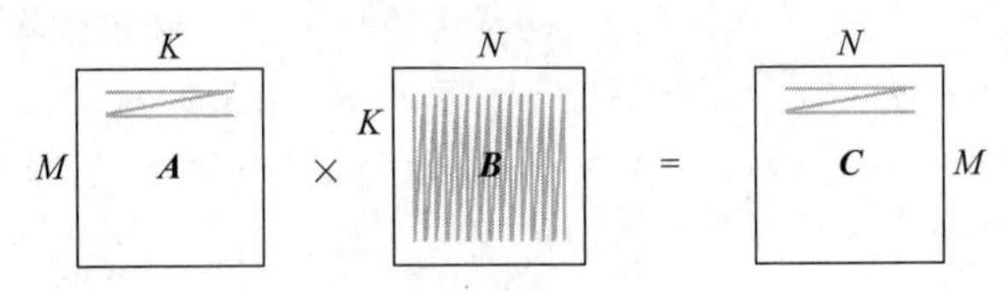

图 1-5　矩阵乘法运算示意图

在传统 CPU 中矩阵乘法运算的典型代码如下：

```
for (m = 0; m < M, m++)
    for (n = 0; n < N, n++)
        for (k = 0; k < K, k++)
            C[m][n]  +=  A[m][k] * B[k][n]
```

该程序需要用到 3 个循环进行一次完整的矩阵相乘运算，如果在一个单发射的 CPU 上执行总共需要 $M\times K\times N$ 个时钟周期才能完成，当矩阵非常庞大时执行过程极为耗时。在 CPU 计算过程中，矩阵 **A** 是按照行的方式进行扫描，矩阵 **B** 以列的方式进行扫描。考虑到典型的矩阵存储方式，无论是矩阵 **A** 还是矩阵 **B** 都会按照行的方式进行存放，也就是所谓的行优先(row-major)的方式。而内存读取的方式是具有极强的数据局部性特征的，也就是说，当读取内存中某个数的时候会打开内存中相应的一整行并且把同一行中所有的数都读取出来。这种内存的读取方式对矩阵 **A** 是非常高效的，但是对于矩阵 **B** 的读取却显得非常不友好，因为代码中矩阵 **B** 是需要一列一列读取的。为此需要将矩阵 **B** 的存储方式转成按列存储，也就是所谓的列优先(column-major)，如图 1-6 所示，这样才能够符合内存读取的高效率模式。因此，在矩阵计算中往往通过改变某个矩阵的存储方式提升矩阵计算的效率。

一般在矩阵较大时，由于芯片上计算和存储资源有限，往往需要对矩阵进行分块(tiling)处理，如图 1-7 所示。受限于片上缓存的容量，当一次难以装下整个矩阵 **B** 时，可以将矩阵 **B** 划分为 $\boldsymbol{B}_0$、$\boldsymbol{B}_1$、$\boldsymbol{B}_2$ 和 $\boldsymbol{B}_3$ 等多个子矩阵。而每一个子矩阵都适合一次性存储到芯片上的缓存中并与矩阵 **A** 进行计算从而得到结果子矩阵。这样做的目的是充分利用数据的局部性特征，尽可能地把缓存中的子矩阵数据重复使用完毕并得到所有相关的

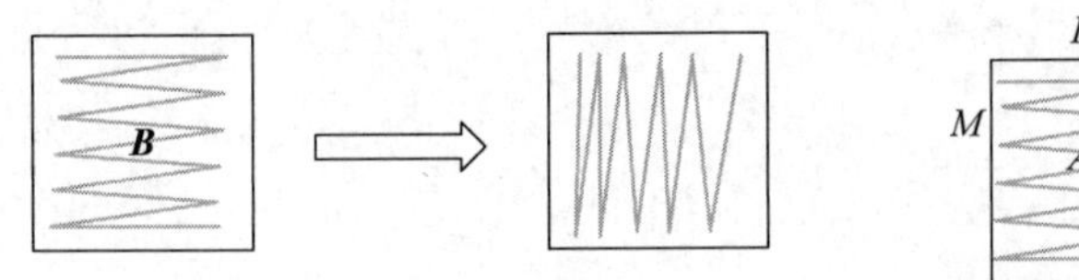

图 1-6　矩阵 **B** 存储方式

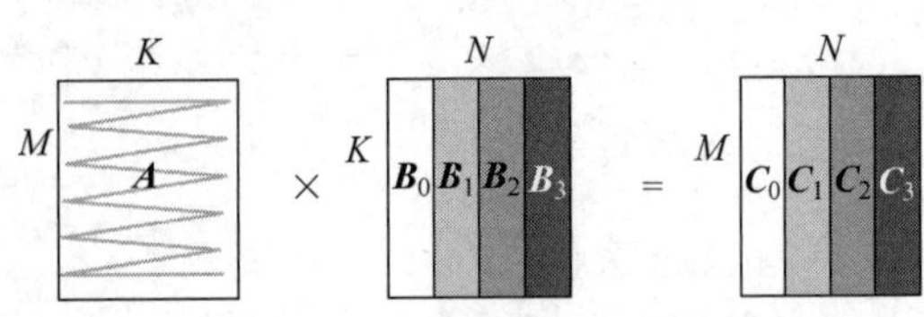

图 1-7　矩阵分块处理

子矩阵结果后再读入新的子矩阵开始新的周期。如此往复，可以依次将所有的子矩阵都一一搬运到缓存中，并完成整个矩阵计算的全过程，最终得到结果矩阵 $\boldsymbol{C}$。矩阵分块的优点是充分利用了缓存的容量，并最大程度利用了数据计算过程中的局部性特征，可以高效实现大规模的矩阵乘法计算，是一种常见的优化手段。

2）矩阵计算单元(Cube)的运算方式

在深度神经网络中实现卷积计算的关键步骤是将卷积运算转换为矩阵运算。在 CPU 中大规模的矩阵运算往往成为性能瓶颈，而矩阵计算在深度学习算法中又极为重要。为了解决这个矛盾，GPU 采用通用矩阵乘法(General Matrix to Matrix Multiplication，GEMM)的方法实现矩阵乘法运算。例如要实现一个 16×16 矩阵与另一个 16×16 矩阵的乘法运算，需要安排 256 个并行的线程，并且每一个线程都可以独立计算完成结果矩阵中的一个输出点。假设每一个线程在一个时钟周期内可以完成一次乘加运算，则 GPU 完成整个矩阵计算需要 16 个时钟周期，这个延时是 GPU 无法避免的重大瓶颈。而昇腾 AI 处理器针对这个问题做了深度的优化。因此 AI Core 对矩阵乘法运算的高效性为昇腾 AI 处理器作为深度神经网络的加速器提供了强大的性能保障。

达芬奇架构在 AI Core 中特意设计了矩阵计算单元作为昇腾 AI 处理器的核心计算模块，意图高效解决矩阵计算的瓶颈问题。矩阵计算单元提供超强的并行乘加计算能力，使得 AI Core 能够高速处理矩阵计算问题。通过精巧设计的定制电路和极致的后端优化手段，矩阵计算单元可以快速完成两个 16×16 矩阵的相乘运算(标记为 16^3，也是 Cube 这一名称的来历)，等同于在极短时间内进行了 $16^3=4096$ 个乘加运算，并且可以实现 FP16 的运算精度。如图 1-8 所示，矩阵计算单元在完成 $\boldsymbol{A}\times\boldsymbol{B}=\boldsymbol{C}$ 的矩阵运算时，会事先将矩阵 $\boldsymbol{A}$ 按行存放在矩阵计算单元的张量缓冲区 L0A 中，同时将矩阵 $\boldsymbol{B}$ 按列存放在矩阵计算单元的张量缓冲区 L0B 中，通过矩阵计算单元计算后得到的结果矩阵 $\boldsymbol{C}$ 按行存放在张量缓冲区 L0C 中。

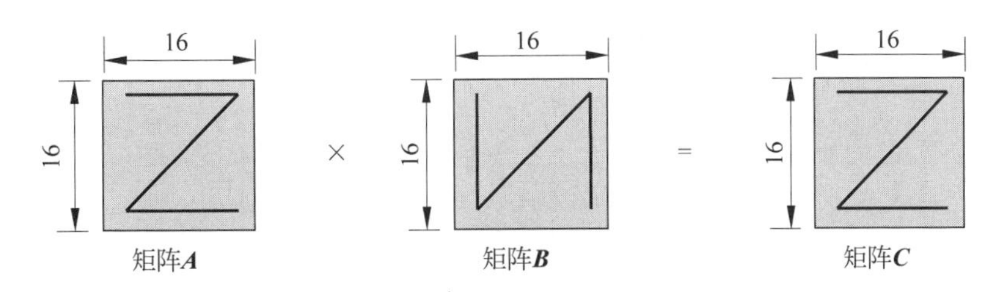

图 1-8　矩阵计算单元计算示意图

在有关矩阵的处理上，通常在进行完一次矩阵乘法后还需要和上一次的结果进行累加，以实现类似 $\boldsymbol{C}=\boldsymbol{A}\times\boldsymbol{B}+\boldsymbol{C}$ 的运算。矩阵计算单元的设计也考虑到了这种情况，为此专门在矩阵计算单元后面增加了一组累加器单元，可以实现将上一次的中间结果与当前的结果相累加，总共累加的次数可以由软件控制，并在累加完成后将最终结果写入输出统一缓冲区。在卷积计算过程中，累加器可以完成加偏置(Bias)的累加运算。

矩阵计算单元可以快速完成 16×16 的矩阵相乘。但当超过 16×16 大小的矩阵利用该单元进行计算时，则需要事先按照特定的数据格式进行矩阵的存储，并在计算的过程中以特定的分块方式进行数据的读取。如图 1-9 所示，矩阵 **A** 展示的切割和排序方式称作“大 Z 小 Z”，直观地看，就是矩阵 **A** 的各个分块之间按照行的顺序排序，称为“大 Z”方式；而每个块的内部数据也是按照行的方式排列，称为“小 Z”方式。与之形成对比的是矩阵 **B** 的各个分块之间按照行排序，而每个块的内部按照列排序，称为“大 Z 小 N”的排序方式。按照矩阵计算的一般法则，如此排列的 **A**、**B** 矩阵相乘之后得到的结果矩阵 **C** 将会呈现出各个分块之间按照列排序，而每个块内部按照行排序的格式，称为“大 N 小 Z”的排列方式。

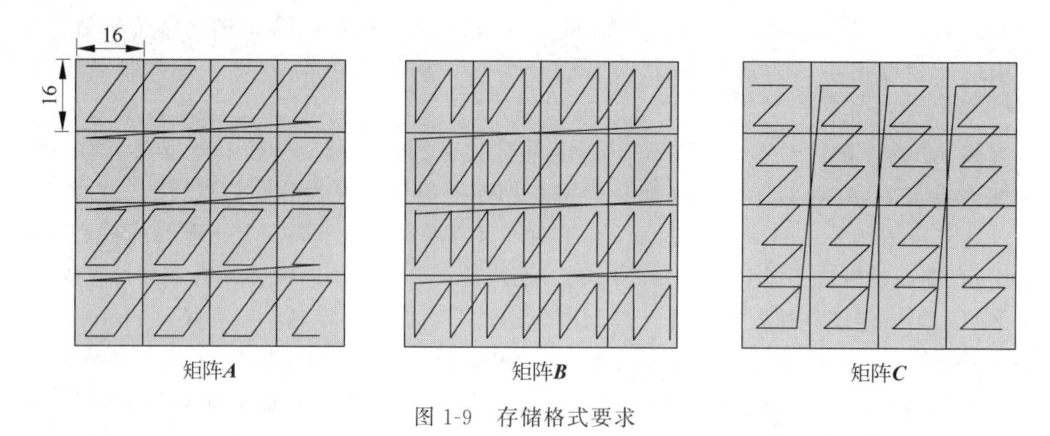

图 1-9　存储格式要求

在利用矩阵计算单元进行大规模的矩阵运算时，由于矩阵计算单元中的张量缓冲区的容量有限，往往不能一次存放下整个矩阵，所以也需要对矩阵进行分块并采用分步计算的方式。如图 1-10 所示，在张量缓冲区中将矩阵 **A** 和矩阵 **B** 等分成同样大小的块，每一块都可以是一个 16×16 的子矩阵，不足的地方可以通过补零实现。首先求 $\boldsymbol{C}_1$ 结果子矩

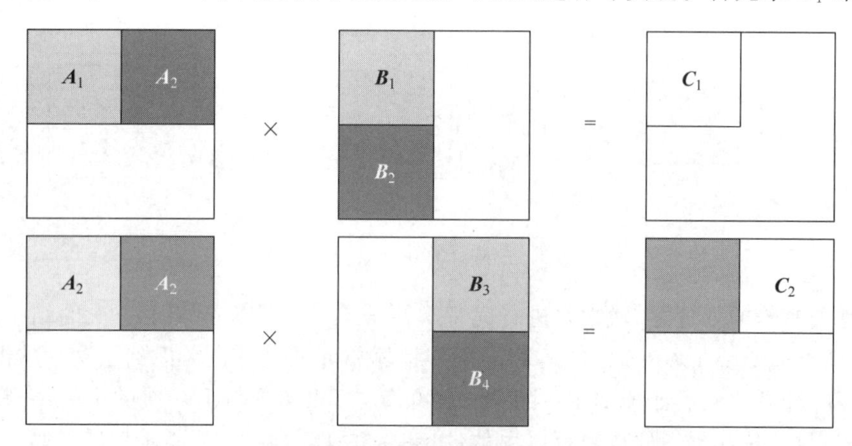

图 1-10　张量缓冲区中的矩阵分块计算

阵,需要分两步计算：第一步将 $\boldsymbol{A}_1$ 和 $\boldsymbol{B}_1$ 搬移到张量缓冲区 L0A 和 L0B 中,并通过矩阵计算单元算出 $\boldsymbol{A}_1 \times \boldsymbol{B}_1$ 的中间结果；第二步将 $\boldsymbol{A}_2$ 和 $\boldsymbol{B}_2$ 搬移到张量缓冲区 L0A 和 L0B 中,再次通过矩阵计算单元计算 $\boldsymbol{A}_2 \times \boldsymbol{B}_2$,并把计算结果累加到上一次 $\boldsymbol{A}_1 \times \boldsymbol{B}_1$ 的中间结果,这样才完成结果子矩阵 $\boldsymbol{C}_1$ 的计算,之后将 $\boldsymbol{C}_1$ 写入张量缓冲区 L0C。由于张量缓冲区容量有限,所以需要尽快将 $\boldsymbol{C}_1$ 子矩阵写入内存中,便于留出空间接收下一个结果子矩阵 $\boldsymbol{C}_2$。同理,以此类推可以完成整个大规模矩阵乘法的运算。

除了支持 FP16 类型的运算,矩阵计算单元也可以支持诸如 int8 类型的输入数据,并且可以在一个时钟周期内最多完成一个 16×32 矩阵与一个 32×16 矩阵的相乘运算。程序员可以根据深度神经网络对于精度的要求来适当调整矩阵计算单元的运算精度,从而可以获得更加出色的性能。

矩阵计算单元除了支持 FP16 和 int8 的运算之外,同时支持 uint8 和 U2 数据类型计算,在 U2 数据类型计算下,支持对 2 位 U2 类型权重(Weight)的计算。由于现代轻量级神经网络权重为 2 位的情况比较普遍,所以在计算中先将 U2 权重数据转换成 FP16 或者 int8 后再进行计算。

2. 向量计算单元

AI Core 中的向量计算单元主要负责完成和向量相关的运算,能够实现单向量或双向量之间的计算,功能覆盖各种基本的和定制的计算类型,主要包括 FP32、FP16、int32 和 int8 等数据类型的计算。向量计算单元可以快速完成两个 FP16 类型的向量相加或者相乘,如图 1-11 所示。向量计算单元的源操作数和目的操作数通常保存在统一缓冲区中,一般需要以 32 字节为基本单位对齐。对向量计算单元而言,输入的数据可以不连续,这取决于输入数据的寻址模式。向量计算单元支持的寻址模式包括向量连续寻址和固定间隔寻址；在特殊情形下,对于地址不规律的向量,向量计算单元也提供了向量地址寄存器寻址实现向量的不规则寻址。

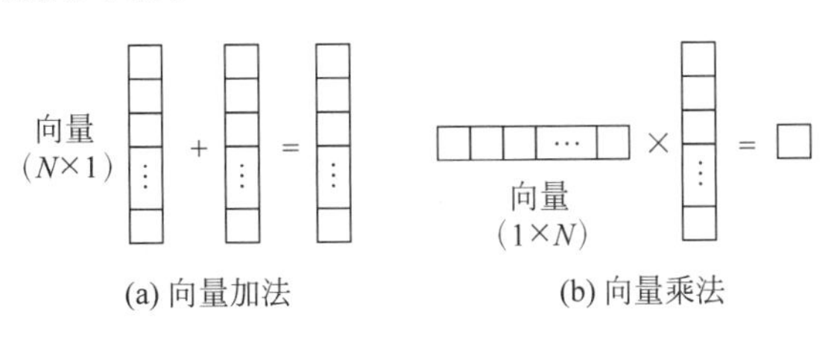

图 1-11　向量运算

向量计算单元可以作为矩阵计算单元中的张量缓冲区 L0C 和统一缓冲区之间的数据通路和桥梁。矩阵运算完成后的结果从张量缓冲区 L0C 向统一缓冲区传递的过程中,向量计算单元可以顺便完成在深度神经网络,尤其是卷积神经网络计算中常用的 ReLU (Rectified Linear Unit,整流线性单元)激活函数、池化(Pooling)、BatchNorm 等功能并实现数据格式的转换。经过向量计算单元处理后的数据可以被写回到统一缓冲区或者张量缓冲区中，以等待下一次运算。所有的操作都可以通过软件配合相应的向量计算单元指令实现。向量计算单元提供了丰富的计算功能，也可以实现很多特殊的计算函数，从而和矩阵计算单元形成功能互补，全面完善了 AI Core 对非矩阵类型数据计算的能力。

3. 标量计算单元

标量计算单元负责完成 AI Core 中与标量相关的运算。它相当于一个微型 CPU，控制整个 AI Core 的运行。标量计算单元可以对程序中的循环语句进行控制，实现分支判断，其结果可以通过在事件同步模块中插入同步符的方式控制 AI Core 中其他功能性单元的执行流水。它还为矩阵计算单元或向量计算单元提供数据地址和相关参数的计算结果，实现基本的算术运算。其复杂度较高的标量运算则由专门的 AI CPU 通过算子完成。

在标量计算单元周围配备了多个通用寄存器(General Purpose Register，GPR)和专用寄存器(Special Purpose Register，SPR)。通用寄存器可以用于变量或地址的寄存，为算术逻辑运算提供源操作数和存储中间计算结果。专用寄存器的设计是为了支持指令集中一些指令的特殊功能，一般不可以直接访问，只有部分可以通过 MOV 指令读写。AI Core 中具有代表性的专用寄存器包括 Core ID(用于标识不同的 AI Core)、VA(向量地址寄存器)以及 STATUS(AI Core 运行状态寄存器)等。可以通过软件监视这些专用寄存器控制和改变 AI Core 的运行状态和模式。

由于达芬奇架构在设计时规定了标量计算单元不能直接通过 DDR 或 HBM 访问内存，同时由于自身配给的通用寄存器数量有限，所以在程序运行过程中往往需要存放一些通用寄存器的值在堆栈空间中，只有当需要使用这些值时，才会从堆栈空间中取出来存入通用寄存器。为此将统一缓冲区的一部分作为标量计算单元的堆栈空间，专门用作标量计算单元的编程。

4. Img2col

Img2col 方式将每个窗口内含有的数据转换为列向量，按行滑动窗口，每滑动一步生成一行，最后按行排成新的矩阵。图 1-12 是卷积的 Img2col 执行过程示例，随着窗口在输入上滑动，将输入的三维数据展开成平铺的二维矩阵，这样就形成了输入图像的二维矩阵。输入数据的具体转换操作包括：

(1) 将每个 3×3 的卷积窗口按照先沿着 C_i，再 W_k，最后 H_k 的顺序滑动，展开成地址连续的一行，数据量为 $C_i \times W_k \times H_k$，相当于矩阵的宽。

(2) 将 3×3 的卷积窗口在特征图(Feature Map)上沿着先水平后垂直的方向滑动，最终得到 $W_o \times H_o$ 行，相当于矩阵的高。

卷积核的处理，如图 1-13 所示。将每个卷积核按列排列在一起，这样就形成了卷积核的二维矩阵。两个矩阵生成后，就可以使用 GEMM 的方式进行矩阵乘，得到的结果就是卷积的计算结果。

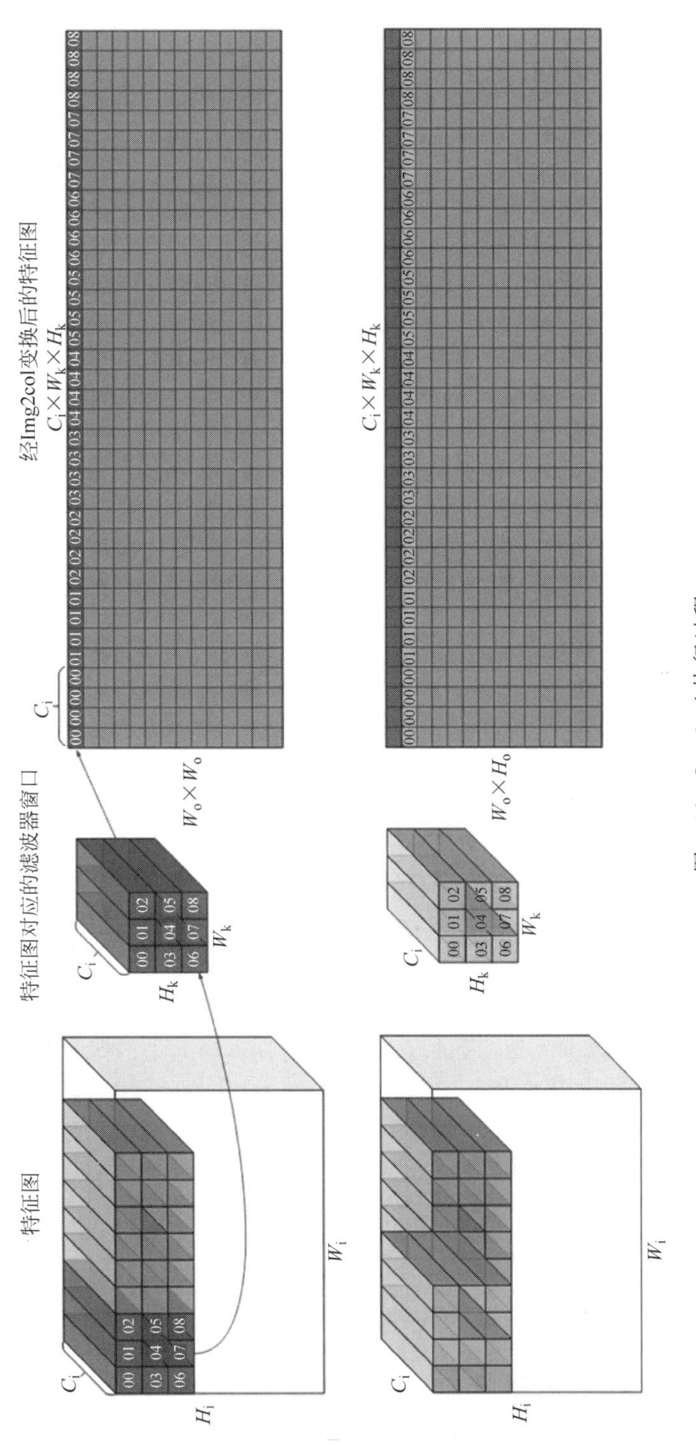

图 1-12　Img2col 执行过程

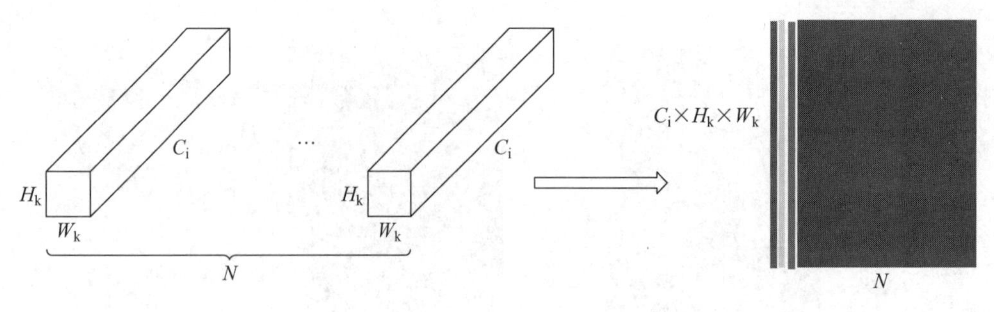

图 1-13　卷积核的处理过程

1.2.2　存储系统

AI Core 的片上存储单元和相应的数据通路构成了存储系统。众所周知，绝大部分的深度学习算法都是数据密集型的应用。对于昇腾 AI 处理器来说，合理设计的数据存储和传输结构对于系统运行的最终性能至关重要。不合理的设计往往成为性能瓶颈，从而白白浪费了片上海量的计算资源。AI Core 通过各种类型分布式缓冲区之间的相互配合，为深度神经网络计算提供了大容量和及时的数据供应，为整体计算性能消除了数据流传输的瓶颈，从而支撑了深度学习计算中所需要的大规模、高并发数据的快速有效提取和传输。

1. 存储单元

芯片中的计算单元发挥强劲算力的必要条件是保证输入数据能够及时准确地出现在计算单元中。达芬奇架构通过精心设计的存储单元为计算单元保证了数据的供应，相当于 AI Core 中的后勤系统。AI Core 中的存储单元由存储转换引擎、缓冲区和寄存器组成，如图 1-14 中的虚线框所示。存储转换引擎通过总线接口可以直接访问 AI Core 之外的更低层级的缓存，并且也可以直通到 DDR 或 HBM 从而可以直接访问内存。缓冲区包括用于暂存原始图像特征数据的 L1 缓冲区、用于矩阵计算单元中的张量缓冲区，以及处于中心的统一缓冲区(暂存各种形式的中间数据)。AI Core 中的各类寄存器资源主要是标量计算单元在使用。

在 AI Core 中通过精密的电路设计和板块组织架构的调节，在不产生板块冲突的前提下，无论是缓冲区还是寄存器都可以实现数据的单时钟周期访问。所有的缓冲区和寄存器的读写都可以通过底层软件显式地控制，有经验的程序员可以通过巧妙的编程防止存储单元中出现板块冲突而影响流水线的进程。对于类似卷积和矩阵这样规律性极强的计算模式，高度优化的程序可以实现全程无阻塞的流水线执行。

图 1-14 中的总线接口单元作为 AI Core 的“大门”，是一个与系统总线交互的窗口，并以此与外部相连。AI Core 通过总线接口从外部 L2 缓冲区、DDR 或 HBM 中读取或者写回数据。总线接口在这个过程中可以将 AI Core 内部发出的读写请求转换为符合总线

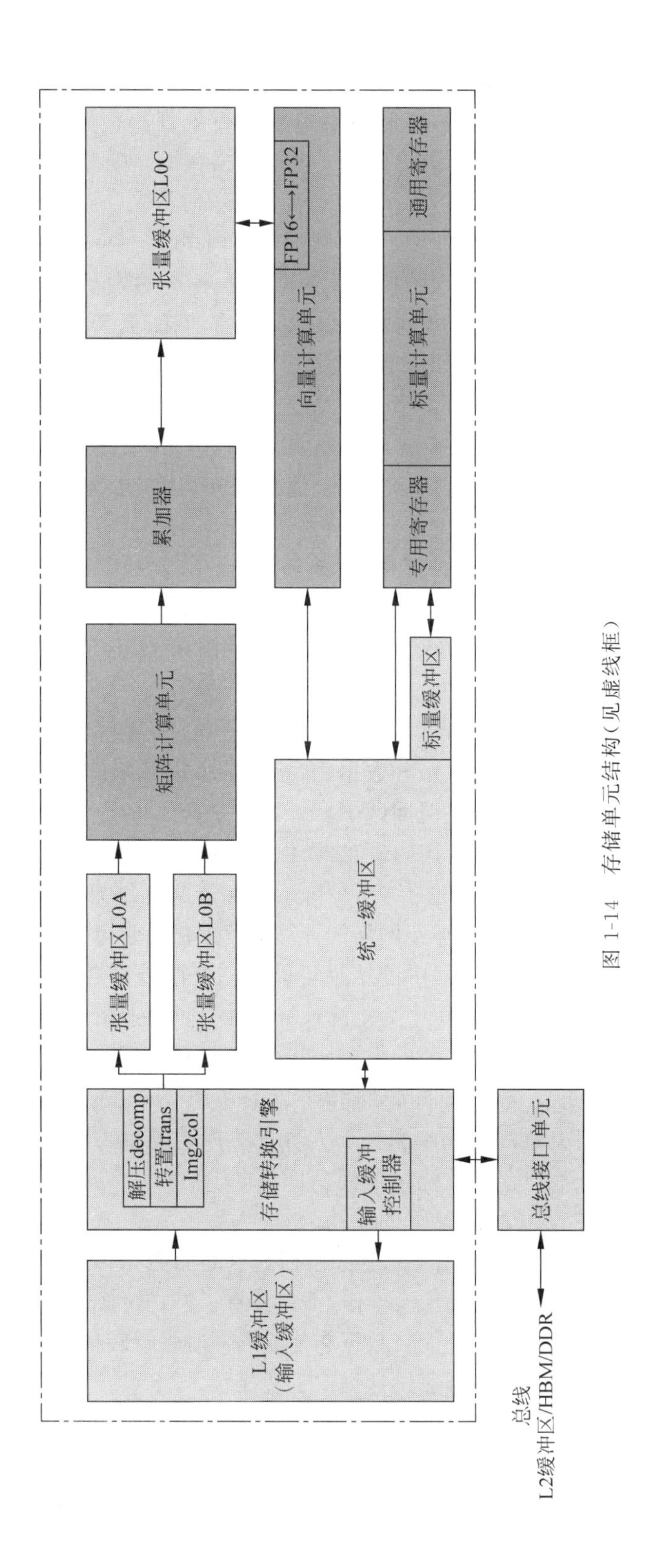

图 1-14　存储单元结构（见虚线框）

要求的外部读写请求，并完成总线协议的交互和转换等工作。

输入数据从总线接口读入后经由存储转换引擎进行处理。存储转换引擎作为 AI Core 内部数据通路的传输控制器，负责 AI Core 内部数据在不同缓冲区之间的读写管理和完成一系列的格式转换操作，如补零、Img2col、转置、解压缩等。存储转换引擎还可以控制 AI Core 内部的 L1 缓冲区，从而实现局部数据的核内缓存。

在深度神经网络计算中，由于输入图像特征数据通道众多且数据量庞大，往往会采用 L1 缓冲区暂时保留需要频繁重复使用的数据，以达到节省功耗、提高性能的效果。当 L1 缓冲区被用来暂存使用率较高的数据时，就不需要系统每次通过总线接口从外部读取，从而在减少总线上数据访问频次的同时也降低了总线上产生拥堵的风险。在神经网络中往往可以把每层计算的中间结果放在 L1 缓冲区中，从而在进入下一层计算时方便地获取数据。由于通过总线读取数据的带宽低、延迟大，通过充分利用 L1 缓冲区就可以大大提升计算效率。另外，当存储转换引擎进行数据格式转换时，会产生巨大的带宽需求，达芬奇架构要求源数据必须存放于 L1 缓冲区中，才能够进行格式转换。L1 缓冲区的存在有利于将大量用于矩阵计算的数据一次性地搬移到 AI Core 内部，同时利用固化的硬件极大地提升了数据格式转换的速度，避免了矩阵计算单元的阻塞，消除了由于数据转换过程缓慢带来的性能瓶颈。

正如前面介绍 AI Core 中的计算单元时提到的，张量缓冲区的设立就是专门为矩阵计算提供服务的。其中矩阵相乘的左矩阵数据、右矩阵数据以及矩阵运算的最终结果或者过往计算的中间结果都存放在张量缓冲区中。

在矩阵计算单元中还包含一些专用的寄存器，提供当前正在进行计算的大小为 16×16 的左、右输入矩阵和大小为 16×16 的结果矩阵。累加器配合结果寄存器可以不断地累积前次矩阵计算的结果，这在卷积神经网络的计算过程中极为常见。在软件的控制下，当累积的次数达到要求后，结果寄存器中的结果可以被一次性传输到统一缓冲区中。通过和张量缓冲区互相配合，在计算过程中为矩阵计算单元提供高速的数据流。

存储系统为计算单元提供源源不断的数据，高效适配计算单元的强大算力，综合提升了 AI Core 的整体计算性能。与谷歌张量处理器（Tensor Processing Unit，TPU）设计中的统一缓冲区设计理念相类似，AI Core 采用了大容量的片上缓冲区设计，通过增大的片上缓存数据量减少数据从片外存储系统搬运到 AI Core 中的频次，从而降低数据搬运过程中所产生的功耗，有效控制了整体计算的能耗。

达芬奇架构通过存储转换引擎中内置的定制电路，在进行数据传输的同时，就可以实现诸如 Img2col 或者其他类型的格式转换操作，不仅节省了格式转换过程中的消耗，同时也节省了数据转换的指令开销。这种能将数据在传输的同时进行转换的指令称为随路指令。硬件单元对随路指令的支持为程序设计提供了便捷性。

2. 数据通路

数据通路指的是 AI Core 在完成一个计算任务时，数据在 AI Core 中的流通路径。

前面已经以矩阵相乘运算为例简单介绍了数据的搬运路径。图1-15展示了达芬奇架构中一个AI Core完整的数据通路。图1-15中DDR或HBM及L2缓冲区属于AI Core的核外数据存储系统。其他各类型的数据缓冲区都属于核内存储系统，包括多个通用寄存器(GPR)和专用的寄存器(SPR)。

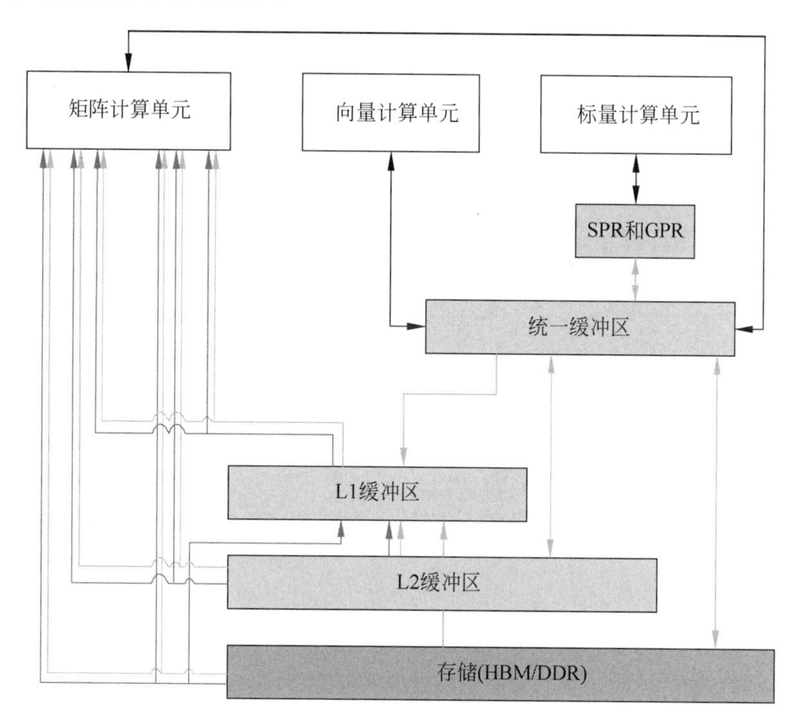

图1-15　AI Core完整的数据通路

核外存储系统中的数据可以通过LOAD指令被直接搬运到矩阵计算单元中的张量缓冲区中进行计算，输出的结果也会被保存在张量缓冲区中。除了直接将数据通过LOAD指令存到张量缓冲区中外，核外存储系统中的数据也可以通过LOAD指令先行进入L1缓冲区，再通过其他指令传输到张量缓冲区中。这样做的好处是利用大容量的L1缓冲区暂存需要被矩阵计算单元反复使用的数据。

矩阵计算单元和统一缓冲区之间是可以相互传输数据的。由于矩阵计算单元中的张量缓冲区容量较小，部分矩阵运算结果可以写入统一缓冲区中，从而提供充裕的张量缓冲区容纳后续的矩阵计算结果。当然也可以将统一缓冲区中的数据搬入矩阵计算单元的张量缓冲区中作为后续计算的输入。统一缓冲区和向量计算单元、标量计算单元以及核外存储系统之间都有一个独立的双向数据通路。值得注意的是，AI Core中的所有数据如果需要向外部传输，都必须经过统一缓冲区，才能够被写回到核外存储系统中。例如L1缓冲区中的图像特征数据如果需要被输出到系统内存中，则需要先将数据输入矩阵计算单元中的张量缓冲区，经过矩阵计算单元处理后存入统一缓冲区中，最终从统一缓冲区写回到核外存储系统。在 AI Core 中并没有一条从 L1 缓冲区直接写入统一缓冲区的数据通路。因此统一缓冲区作为 AI Core 数据流出的闸口，能够统一地控制和协调所有核内数据的输出。

达芬奇架构数据通路的特点是多进单出，数据流入 AI Core 可以通过多条数据通路，可以从外部直接流入矩阵计算单元、L1 缓冲区和统一缓冲区中的任何一个，流入路径的方式比较灵活，在软件的控制下由不同数据流水线分别进行管理。而数据输出则必须通过统一缓冲区，最终才能输出到核外存储系统中。这样设计的理由主要是考虑到了深度神经网络计算的特征。神经网络在计算过程中，往往输入的数据种类繁多且数据量大，比如多个通道、多个卷积核的权重和偏置值以及多个通道的特征数据等，而 AI Core 中对应这些数据的存储单元可以相对独立且固定，可以通过并行输入的方式提高数据流入的效率，满足海量计算的需求。AI Core 中设计多个输入数据通路的好处是对输入数据流的限制少，能够为计算源源不断地输送源数据。与此相反，深度神经网络计算将多种输入数据处理完成后往往只生成输出特征矩阵，数据种类相对单一，故在 AI Core 中设计了单输出的数据通路，一方面节约了芯片硬件资源，另一方面可以统一管理输出数据，将数据输出的控制硬件成本降到最低。综上所述，达芬奇架构中的各个存储单元之间的数据通路以及多进单出的核内外数据交换机制是在深入研究了以卷积神经网络为代表的主流深度学习算法后开发出来的，目的是在保障数据良好的流动性前提下，减少芯片成本、提升计算性能、降低系统功耗。

1.2.3 控制单元

在达芬奇架构下，控制单元为整个计算过程提供了指令控制，相当于 AI Core 的司令部，负责整个 AI Core 的运行。控制单元分为系统控制模块、指令缓存、标量指令处理队列、指令发射模块、矩阵运算队列、向量运算队列、存储转换队列和事件同步模块，如图 1-16 所示。

在指令执行过程中，可以提前预取后续指令，并一次读入多条指令进入缓存，提升指令的执行效率。多条指令从系统内存通过总线接口进入 AI Core 的指令缓存中并等待后续硬件快速自动解码或运算。指令被解码后便会被导入标量指令处理队列中，实现地址解码与运算控制。这些指令包括矩阵计算指令、向量计算指令以及存储转换指令等。在进入指令发射模块前，所有指令都作为普通标量指令被逐条顺次处理。标量指令处理队列将这些指令的地址和参数解码配置好后，由指令发射模块根据指令的类型分别发送到对应的指令执行队列中，而标量指令会驻留在标量指令处理队列中进行后续执行，如图 1-16 所示。指令执行队列由矩阵运算队列、向量运算队列和存储转换队列组成。矩阵计算指令进入矩阵运算队列，向量计算指令进入向量运算队列，存储转换指令进入存储转换队列，同一个指令执行队列中的指令是按照进入队列的顺序执行的，不同指令执行队列之间可以并行执行，通过多个指令执行队列的并行执行可以提升整体执行效率。

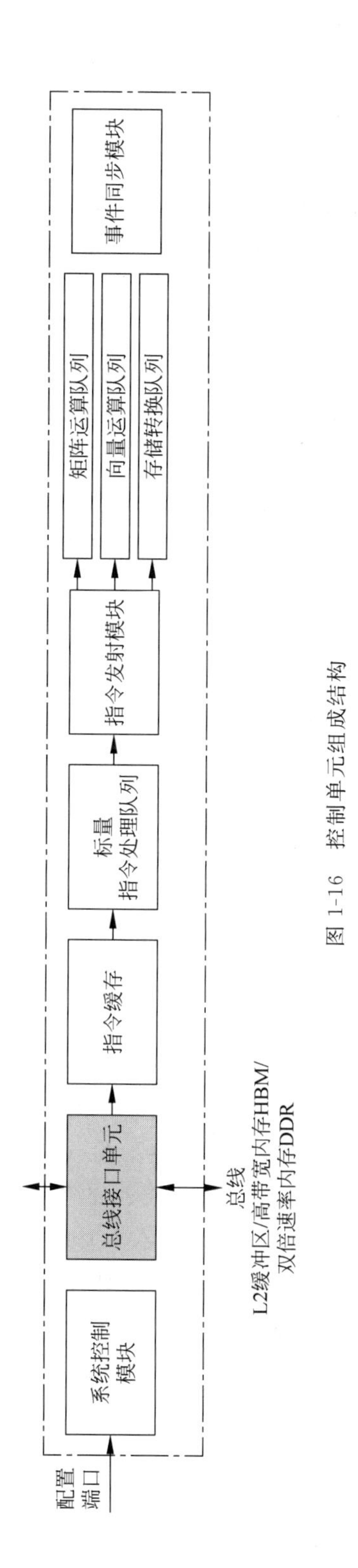

图 1-16　控制单元组成结构

当指令执行队列中的指令到达队列头部时就进入真正的指令执行环节，并被分发到相应的执行单元中，如矩阵计算指令会发送到矩阵计算单元，存储转换指令会发送到存储转换引擎。不同的执行单元可以并行地按照指令进行计算或处理数据，同一个指令队列中指令执行的流程被称为指令流水线。

对于指令流水线之间可能出现的数据依赖，达芬奇架构的解决方案是通过设置事件同步模块统一自动协调各个流水线的进程。事件同步模块时刻控制每条流水线的执行状态，并分析不同流水线的依赖关系，从而解决数据依赖和同步的问题。比如矩阵运算队列的当前指令需要依赖向量计算单元的结果，在执行过程中，事件同步模块会暂停矩阵运算队列的执行流程，要求其等待向量计算单元的结果。而当向量计算单元完成计算并输出结果后，事件同步模块则通知矩阵运算队列需要的数据已经准备好，可以继续执行。在事件同步模块准许放行之后矩阵运算队列才会发射当前指令。

如图 1-17 所示是四条指令流水线的执行与控制流程。首先标量指令处理队列先执行标量指令 0、标量指令 1 和标量指令 2 三条指令，由于向量运算队列中指令 0 和存储转换队列中指令 0 与标量指令 2 存在数据依赖性，需要等到标量指令 2 完成后才能发射并启动；由于指令发射口资源限制的影响，一次只能发射两条指令，因此只能在时刻 4 时发射并启动矩阵运算指令 0 和标量指令 3，这时四条指令队列可以并行执行；直到标量指令处理队列中的全局同步标量指令 7 生效后，由事件同步模块对矩阵指令流水线、向量指令流水线和存储转换指令流水线进行同步控制，需要等待矩阵运算指令 0、向量运算指令 1 和存储转换指令 1 都执行完成后，得到执行结果，事件同步模块控制作用完成，标量指令流水线继续执行标量指令 8。

对于同一条指令流水线内部指令之间的依赖关系，达芬奇架构是通过事件同步模块自动实现同步的。在遇到同一条流水线间需要处理关系时，事件同步模块阻止同一指令执行队列中后续指令的放行，直到能够满足某些条件后才允许恢复执行。在达芬奇架构中，无论是流水线内部的同步还是流水线之间的同步，都是通过事件同步模块进行软件控制的。

在控制单元中还存在一个系统控制模块。在 AI Core 运行前，需要外部的任务调度器也就是一个独立 CPU 控制和初始化 AI Core 的各种配置接口，如指令信息、参数信息以及任务块信息等。这里的任务块是指 AI Core 中的最小的计算任务粒度。在配置完成后，系统控制模块会控制任务块的执行进程，同时在任务块执行完成后，系统控制模块会进行中断处理和状态申报。如果在执行过程中出现了错误，系统控制模块会把执行的错误状态报告给任务调度器，进而将当前 AI Core 的状态信息反馈给整个昇腾 AI 处理器系统。

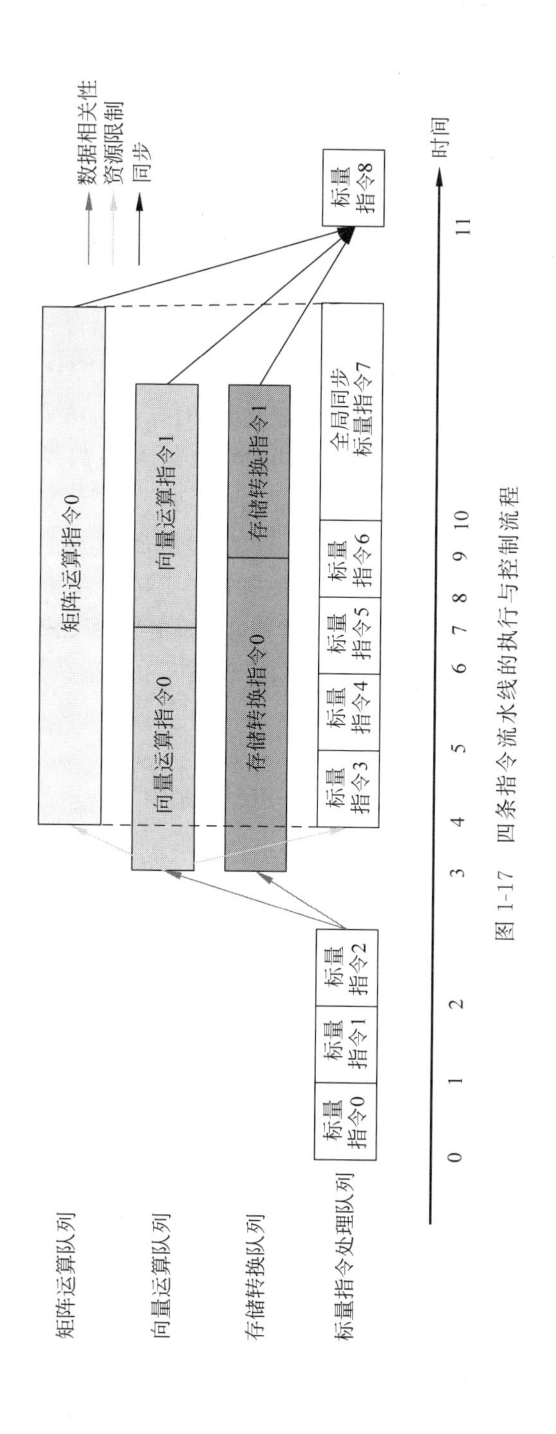

图 1-17　四条指令流水线的执行与控制流程

1.2.4 指令集设计

任何程序在处理器中执行计算任务时，都需要通过特定的规范转换成硬件能够理解并处理的语言，这种语言称为指令集架构（Instruction Set Architecture，ISA），简称指令集。指令集包含数据类型、基本操作、寄存器、寻址模式、数据读写方式、中断、异常处理以及外部I/O等，每条指令都会描述处理器的一种特定功能。指令集是计算机程序能够调用的处理器全部功能的集合，是处理器功能的抽象模型，也是作为计算机软件与硬件的接口。

指令集可以分为精简指令集（Reduced Instruction Set Computer，RISC）和复杂指令集（Complex Instruction Set Computer，CISC）。精简指令集的特点是单指令功能简单，执行速度快，编译效率高，不能直接操作内存，仅能通过指令（LD/ST 指令）访问内存，常见的精简指令集有 ARM、MIPS、OpenRISC 以及 RSIC-V 等。复杂指令集的特点是单指令功能强大且复杂，指令执行周期长，可以直接操作内存，常见的复杂指令集如 x86。

同样对昇腾 AI 处理器而言，也有一套专属的指令集。昇腾 AI 处理器的指令集设计介于精简指令集和复杂指令集之间，包括标量指令、向量指令、矩阵指令等。标量指令类似于精简指令集，而矩阵、向量指令类似于复杂指令集。昇腾 AI 处理器指令集结合精简指令集和复杂指令集两者的优势，在实现单指令功能简单和速度快的同时，对于内存的操作也比较灵活，搬运较大数据块时操作简单、效率较高。

1. 标量指令

标量指令主要由标量计算单元执行，目的是为向量指令和矩阵指令配置地址以及控制寄存器，并对程序执行流程进行控制。标量指令还负责对统一缓冲区中的数据进行存储和加载、简单的数据运算等。昇腾 AI 处理器中常用的标量指令如表 1-1 所示。

表 1-1 常用的标量指令

类别	举例
运算指令	ADD. s64 Xd,Xn,Xm
	SUB. s64 Xd,Xn,Xm
	MAX. s64 Xd,Xn,Xm
	MIN. s64 Xd,Xn,Xm
比较与选择指令	CMP. OP. type Xn,Xm
	SEL. b64 Xd,Xn,Xm
逻辑指令	AND. b64 Xd,Xn,Xm
	OR. b64 Xd,Xn,Xm
	XOR. b64 Xd,Xn,Xm
数据搬运指令	MOV Xd,Xn
	LD. type Xd,[Xn],{Xm,imm12}
	ST. type Xd,[Xn],{Xm,imm12}
流控指令	JUMP{#imm16,Xn}
	LOOP{#uimm16,LPCNT}

2. 向量指令

向量指令由向量计算单元执行，类似于传统的单指令多数据(Single Instruction Multiple Data,SIMD)指令，每个向量指令可以完成多个操作数的同一类型运算，可以直接操作统一缓冲区中的数据且不需要通过数据加载指令操作向量寄存器中存储的数据。向量指令支持的数据类型为 FP16、FP32 和 int32。向量指令支持多次迭代执行，也支持对带有间隔的向量直接进行运算。常用的向量指令如表 1-2 所示。

表 1-2　常用的向量指令

类　　别	举　　例
向量运算指令	VADD. type [Xd],[Xn],[Xm],Xt,MASK
	VSUB. type [Xd],[Xn],[Xm],Xt,MASK
	VMAX. type [Xd],[Xn],[Xm],Xt,MASK
	VMIN. type [Xd],[Xn],[Xm],Xt,MASK
向量比较与选择指令	VCMP. OP. type CMPMASK,[Xn],[Xm],Xt,MASK
	VSEL. type [Xd],[Xn],[Xm],Xt,MASK
向量逻辑指令	VAND. type [Xd],[Xn],[Xm],Xt,MASK
	VOR. type [Xd],[Xn],[Xm],Xt,MASK
数据搬运指令	VMOV [VAd],[VAn],Xt,MASK
	MOVEV. type [Xd],Xn,Xt,MASK
专用指令	VBS16. type [Xd],[Xn],Xt
	VMS4. type [Xd],[Xn],Xt

3. 矩阵指令

矩阵指令由矩阵计算单元执行，实现高效的矩阵相乘和累加操作。例如计算 $\boldsymbol{C}=\boldsymbol{A}\times\boldsymbol{B}+\boldsymbol{C}$，在神经网络计算过程中矩阵 $\boldsymbol{A}$ 通常代表输入特征矩阵，矩阵 $\boldsymbol{B}$ 通常代表权重矩阵，矩阵 $\boldsymbol{C}$ 为输出特征矩阵。矩阵指令支持 int8 和 FP16 类型的输入数据，支持 int32、FP16 和 FP32 类型的输出数据。目前最常用的矩阵指令为矩阵乘加指令 MMAD，格式为：

```
MMAD.type [Xd], [Xn], [Xm], Xt
```

其中，[Xn]，[Xm]为指定输入矩阵 $\boldsymbol{A}$ 和矩阵 $\boldsymbol{B}$ 在张量缓冲区中的起始地址，[Xd]为指定输出矩阵 $\boldsymbol{C}$ 在张量缓冲区中的起始地址。Xt 表示配置寄存器，由三个参数组成，分别为 M、K 和 N，用以表示矩阵 $\boldsymbol{A}$、矩阵 $\boldsymbol{B}$ 和矩阵 $\boldsymbol{C}$ 的大小。根据定义，矩阵 $\boldsymbol{A}$ 的大小为 $M\times K$，矩阵 $\boldsymbol{B}$ 的大小为 $K\times N$，矩阵 $\boldsymbol{C}$ 的大小为 $M\times N$。在矩阵计算中，会不断通过 MMAD 指令实现矩阵的乘加操作，从而达到加速神经网络卷积计算的目的。

1.2.5 卷积加速计算实例

在深度神经网络中，卷积计算一直扮演着至关重要的角色。在一个多层的卷积神经网络中，卷积计算的计算量往往是决定性的，将直接影响系统运行的实际性能。昇腾 AI 处理器作为人工智能加速器，自然也不会忽略这一点，并且从软硬件架构上都对卷积计算进行了深度的优化。

卷积就是卷积核和输入图像的运算。卷积核是一个矩阵，记录的是权重。卷积核在输入图像上按步长滑动，每次操作卷积核对应区域的输入图像，将卷积核中的权值和对应的输入图像的值相乘再相加，赋给输出特征图的一个值。

卷积的变种极为丰富，它本身的计算又比较复杂，因此其优化算法也多种多样，包括 Img2col、Winograd 等。在昇腾 AI 处理器中，采用的是基于 Img2col 的优化算法。在计算卷积时，首先会通过专门的硬件处理单元进行 Img2col 操作，将输入的三维数据转换成二维矩阵，将卷积核也转换成二维矩阵，使得卷积计算可表示成两个二维矩阵相乘，再使用达芬奇架构中介绍过的 Cube 计算单元加速矩阵乘计算。

图 1-18 展示的是一个典型的卷积层计算过程，其中 $\boldsymbol{X}$ 为输入特征矩阵，$\boldsymbol{W}$ 为权重矩阵；$\boldsymbol{b}$ 为偏置值；$\boldsymbol{Y}_{\mathrm{o}}$ 为中间输出；$\boldsymbol{Y}$ 为输出特征矩阵，GEMM 表示通用矩阵乘法。输入特征矩阵 $\boldsymbol{X}$ 先经过 Img2col 展开处理后得到重构矩阵 $\boldsymbol{X}_{\mathrm{I2C}}$，权重矩阵 $\boldsymbol{W}$ 在计算前已提前经过数据重排。通过矩阵 $\boldsymbol{X}_{\mathrm{I2C}}$ 和矩阵 $\boldsymbol{W}$ 进行矩阵相乘运算后得到中间输出矩阵 $\boldsymbol{Y}_{\mathrm{o}}$；接着累加偏置 $\boldsymbol{b}$，得到最终输出特征矩阵 $\boldsymbol{Y}$，这就完成了一个卷积神经网络中的卷积层处理。

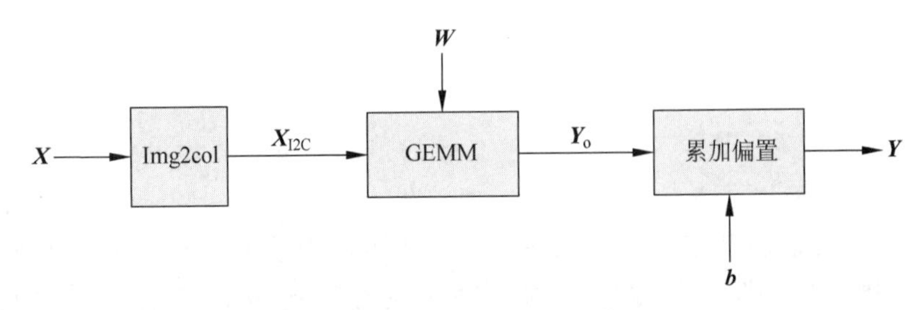

图 1-18　卷积层计算过程

利用 AI Core 加速通用卷积计算，总线接口从核外 L2 缓冲区或者直接从内存中读取卷积程序编译后的指令，送入指令缓存中，完成指令预取等操作，等待标量指令处理队列进行译码。如果标量指令处理队列当前无正在执行的指令，就会即刻读入指令缓存中的指令，并进行地址和参数配置，之后再由指令发射模块按照指令类型分别送入相应的指令队列进行执行。在卷积计算中首先发射的指令是数据搬运指令，该指令会被发送到存储转换队列中，再最终转发到存储转换引擎中。

卷积计算典型数据流如图 1-19 所示，因为用户在使用过程中无须感知张量缓冲区与矩阵运算单元、累加器之间的信息传递，故将张量缓冲区 L0A/L0B 与矩阵计算单元合并、

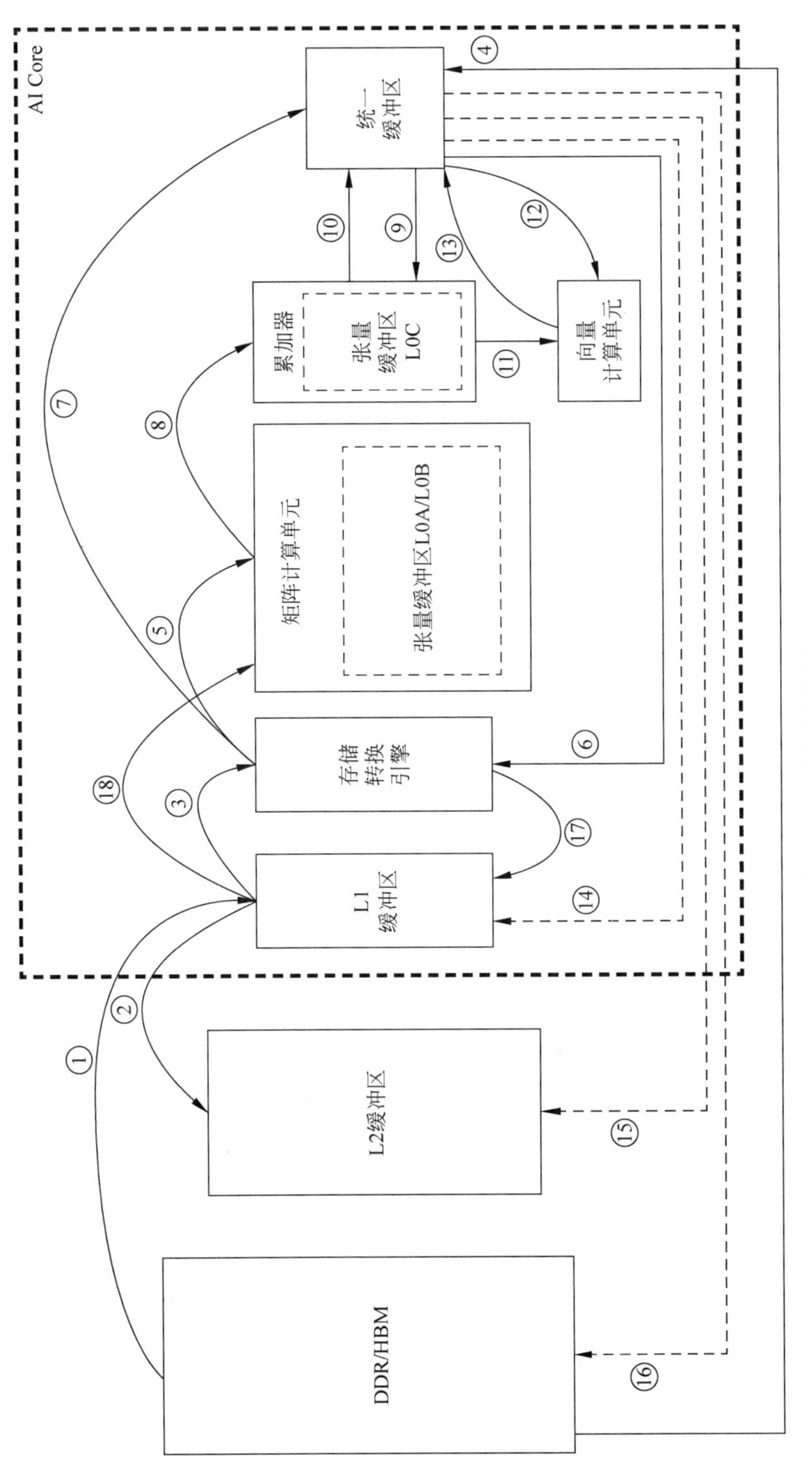

图 1-19　卷积计算典型数据流

张量缓冲区 L0C 与累加器合并。如果所有数据都在 DDR 或 HBM 中，存储转换引擎收到读取数据指令后，会将矩阵 **X** 和 **W** 由总线接口单元从核外存储器中由数据通路①读取到输入缓冲区中，并且经过数据通路③进入存储转换引擎，由存储转换引擎对 **X** 进行补零和 Img2col 重组后得到 $\boldsymbol{X}_{\text{I2C}}$，从而完成卷积计算到矩阵计算的格式变换。在格式转换的过程中，存储转换队列可以发送下一个指令给存储转换引擎，通知存储转换引擎在矩阵转换结束后将 $\boldsymbol{X}_{\text{I2C}}$ 和 **W** 经过数据通路⑤送入矩阵计算单元中等待计算。根据数据的局部性特性，在卷积过程中如果权重 **W** 需要重复计算多次，可以将权重经过数据通路⑰固定在输入缓冲区中，在每次需要用到该组权重时再经过数据通路⑱传递到矩阵计算单元中。在格式转换过程中，存储转换引擎还会同时将偏置数据从核外存储器经由数据通路④读入统一缓冲区中，经过数据通路⑥由存储转换引擎将偏置数据从原始的向量格式重组成矩阵后，经过数据通路⑦转存入统一缓冲区中，再经过数据通路⑨存入累加器中的寄存器中，以便后续利用累加器进行偏置值累加。

当左、右矩阵数据都准备好了以后，矩阵运算队列会将矩阵相乘指令通过数据通路⑤发送给矩阵计算单元。$\boldsymbol{X}_{\text{I2C}}$ 和 **W** 矩阵会被分块组合成 16×16 的矩阵，由矩阵计算单元进行矩阵乘法运算。如果输入矩阵较大则可能会重复以上步骤多次累加得到 **Y**。中间结果矩阵存放于矩阵计算单元中。矩阵相乘完成后，如果还需要处理偏置值，累加器会收到偏置累加指令，并从统一缓冲区中通过数据通路⑨读入偏置值，同时经过数据通路⑧读入矩阵计算单元中的中间结果 **Y** 并累加，最终得到输出特征矩阵 **Y**，经过数据通路⑩被转移到统一缓冲区中等待后续指令进行处理。

AI Core 通过矩阵相乘完成了网络的卷积计算之后，向量执行单元会收到池化和激活指令，输出特征矩阵 **Y** 就会经过数据通路⑫进入向量计算单元进行池化和激活处理，得到的结果 **Y** 会经过数据通路⑬存入统一缓冲区中。向量计算单元能够处理激活函数等一些常见的特殊计算，并且可以高效地实现降维的操作，特别适合做池化计算。在执行多层神经网络计算时，**Y** 会被再次从统一缓冲区经过数据通路⑭转存到输入缓冲区中作为输入，重新开始下一层网络的计算。

达芬奇架构针对通用卷积的计算特征和数据流规律，采用功能高度定制化的设计，将存储、计算和控制单元进行有效的结合，在每个模块完成独立功能的同时实现了整体的优化设计。AI Core 高效组合了矩阵计算单元与数据缓冲区，缩短了存储到计算的数据传输路径，降低延时。

AI Core 在片上集成了大容量的输入缓冲区和统一缓冲区，一次可以读取并缓存充足的数据，减少了对核外存储系统的访问频次，提升了数据搬移的效率。同时各类缓冲区相对于核外存储系统具有较高的访问速度，大量片上缓冲区的使用也极大地提高了计算中实际可获得的数据带宽。

针对深度神经网络的结构多样性，AI Core 采用了灵活的数据通路，使得数据在片上缓冲区、核外存储系统、存储转换引擎以及计算单元之间可以快速流动和切换，从而满足不同结构的深度神经网络的计算要求，使得 AI Core 对各种类型的计算具有一定的通用性。

1.3　昇腾 AI 处理器

昇腾 AI 处理器在本质上是一个片上系统(SoC),主要应用在和图像、视频、语音、文字处理相关的场景。其主要的组成部件包括特制的计算单元、大容量的存储单元和相应的控制单元。昇腾 AI 处理器的逻辑架构如图 1-20 所示。该处理器大致可以分为系统控制处理器(Control CPU)、面向计算密集型任务的 AI 计算核心(AI Core)、面向非矩阵计算任务的 AI 处理器(AI CPU)、片上层次化存储、数字视觉预处理(Digital Vision Pre-Processing,DVPP)模块、任务调度器、CHIE 片上网络、DDR/HBM 接口和 I/O 接口等组成部分。为了能够实现 AI 计算任务的高效分配和调度,配备了专用 CPU 作为任务调度器(Task Scheduler,TS),专门服务于 AI Core 和 AI CPU,而不承担任何其他的事务和工作。DDR/HBM 接口用来存放大量的数据。HBM 相对于 DDR,其存储带宽较高,是行业的发展方向。当该处理器作为计算服务器的加速卡使用时,会通过 PCIe 总线接口和服务器其他单元实现数据互换。以上所有模块通过基于 CHIE(Coherent Hub Interface Issue E,一种协议规范)片上网络(Network on Chip,NoC)相连,实现模块间的数据连接通路并保证数据的共享和一致性。

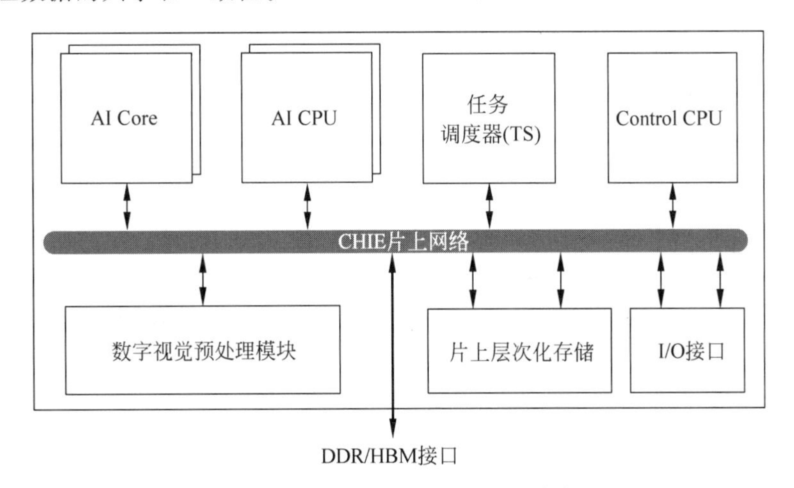

图 1-20　昇腾 AI 处理器的逻辑架构

该处理器真正的算力担当是采用了达芬奇架构的 AI Core。这些 AI Core 通过特别设计的架构和电路实现了高通量、大算力和低功耗,特别适合处理深度学习中神经网络必需的常用计算(如矩阵相乘等)。由于采用了模块化的设计,该处理器可以很方便地通过叠加模块的方法提高后续处理器的计算力。针对深度神经网络参数量大、中间值多的特点,还特意在该处理器上为 AI 计算引擎配备了片上缓冲区(on-chip buffer),提供高带宽、低延迟、高效率的数据交换和访问。快速访问到所需的数据对于提高 AI 算法的整体性能至关重要,同时将大量需要复用的中间数据缓存在片上对于降低系统整体功耗意义重大。

DVPP 主要完成图像和视频的编解码,支持 4K 分辨率(4K 指 4096×2160 像素分辨率,表示超高清分辨率)视频处理,支持 JPEG 和 PNG 等格式图像的处理。来自主机端存储器或网络的视频和图像数据,在进入昇腾 AI 处理器的 AI 计算引擎处理之前,需要生成满足处理要求的数据输入格式、分辨率等,因此需要调用 DVPP 进行预处理以实现格式和精度转换等要求。DVPP 主要实现视频解码、视频编码、JPEG 编解码、PNG 解码和图像预处理等功能。图像预处理可以完成对输入图像的上/下采样、裁剪、色调转换等功能。DVPP 采用了专用定制电路的方式实现高效率的图像处理功能,对应于每一种不同的功能都会设计一个相应的硬件电路模块完成计算工作。在 DVPP 收到图像和视频处理任务后,会通过 DDR 从内存中读取需要处理的图像和视频数据并分发到内部对应的处理模块进行处理,待处理完成后将数据写回到内存中等待后续操作。

昇腾 AI 处理器面向不同应用场景,目前推出了两个型号的处理器,分别是 2018 年发布的昇腾 310 和 2019 年发布的昇腾 910。它们都是基于达芬奇硬件架构的,前者服务于推理场景,后者用于训练场景。

1.3.1 昇腾 310 处理器

昇腾 310 是华为公司最早推出的基于达芬奇架构的昇腾 AI 处理器,用于推理场景。昇腾 310 推出之际,被誉为“面向计算场景最强算力的 AI SoC”,它在设计之初可以提供 16 TOPS 的整数精度算力(8 TOPS 的 FP16 算力),经过底层软件架构层面的优化之后,整数精度算力提升到 22 TOPS(FP16 精度提升到 11 TOPS)。该处理器的功耗为 8W,制程为 12nm。

昇腾 310 是遵从昇腾 AI 处理器逻辑架构规范(参见图 1-20)的一种典型物理实现方式。昇腾 310 主要由四大物理部件构成,分别是达芬奇架构 AI Core、ARM A55 CPU 簇、层次化的片上系统缓存/缓冲区以及 DVPP(数字视觉预处理)模块,它们通过符合 CHIE 的 512 位环形片上网络连接起来,如图 1-21 所示。其中 ARM A55 CPU 承担了 AI CPU、Control CPU 以及 A55 TS(任务调度器)的功能。

四大核心物理部件的具体特性如下。

1. AI Core

昇腾 310 集成了 2 个达芬奇架构的 AI Core。作为昇腾 AI 处理器的计算核心,AI Core 负责执行矩阵、向量、标量计算密集的算子任务。

2. ARM A55 CPU

昇腾 310 集成了 8 个 ARM A55 CPU。每个 ARM A55 CPU 的核心都有独立的 L1

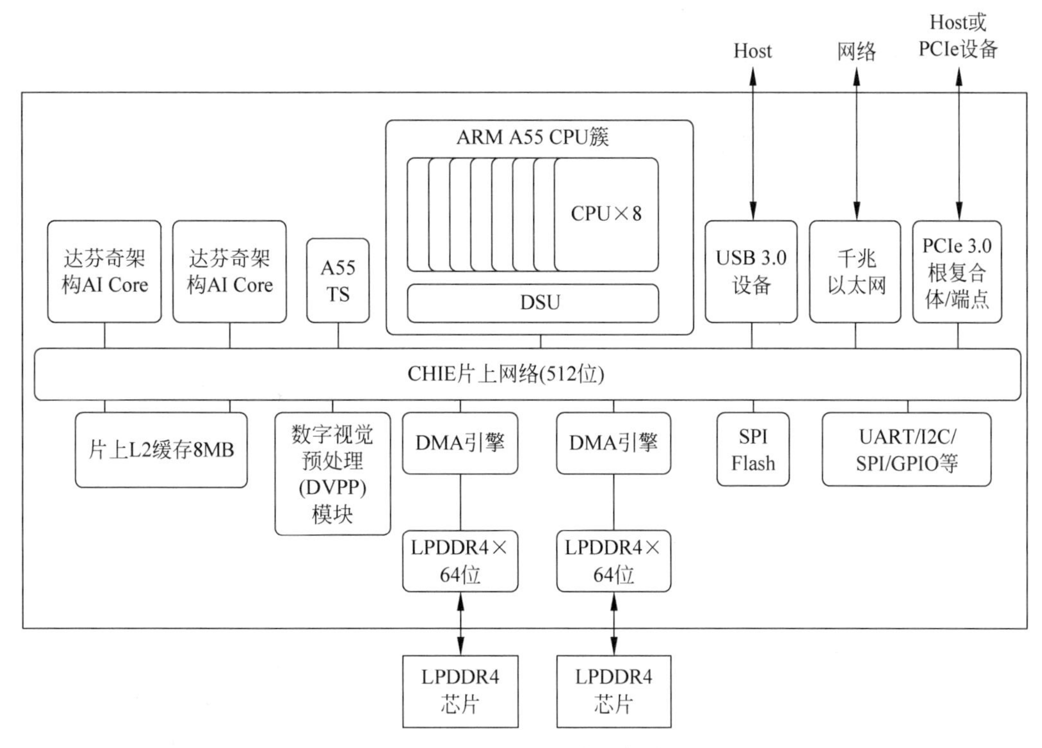

图 1-21　昇腾 310 实现架构

和 L2 缓存,所有核心共享一个片上 L3 缓存。集成的 ARM A55 CPU 核心按照功能可以划分为三部分：第一部分为 AI CPU,负责执行不适合运行在 AI Core 上的算子(承担非矩阵类复杂计算)；第二部分部署为专用于控制芯片整体运行的 Control CPU；第三部分为一个专用 CPU,作为任务调度器(TS),以实现计算任务的高效分配和调度。其中前两部分占用的 CPU 核数可由软件根据系统实际运行情况动态分配。

3. DVPP

在音视频编解码方面,昇腾 310 内部搭载了 DVPP(数字视觉预处理)模块,借助硬件进行编解码、压缩等预处理操作,能够支持 1 通道全高清视频编码和 16 通道全高清视频解码(H.264/265)。

4. 缓存/缓冲区

如果想要支撑 AI CPU 和 Control CPU 的正常工作,当然离不开缓存/缓冲区模块。其中,SoC 上有 8MB 片上 L2 缓存,专为 AI Core、AI CPU 提供高带宽、低延迟的内存访问。昇腾 310 还集成了 LPDDR4x 控制器,为芯片提供更大容量的 DDR 内存,同时价格相对较低。

除此之外，昇腾 310 处理器定制有连接子系统，不仅支持 PCIe 3.0、RGMII、USB 3.0 等高速接口，也支持 GPIO、UART、I2C、SPI 等低速接口。

这里结合人脸识别推理应用说明使用昇腾 310 处理器进行数据处理的流程，如图 1-22 所示。整个流程分成三个阶段（共 8 个步骤），即摄像头数据采集和处理阶段[第(1)～(3)步]、数据推理阶段[第(4)～(6)步]、处理最后人脸识别的输出结果阶段[第(7)～(8)步]。具体步骤如下：

(1) 从摄像头传入压缩视频流，通过 PCIe 接口存储到 DDR 内存中。

(2) DVPP 将压缩视频流读入缓存。

(3) DVPP 进行预处理，将解压缩的帧写入 DDR 内存。

(4) 通过任务调度器(TS)向直接存储访问引擎(DMA)发送指令，将 AI 资源从 DDR 预加载到片上缓冲区。

(5) 任务调度器配置 AI Core 以执行任务。

(6) 启动 AI Core，它将读取特征图和权重并将结果写入 DDR 或片上缓冲区。

(7) AI Core 完成处理后，发送信号给任务调度器，任务调度器检查结果，如果需要分配另一个任务，则返回第(4)步。

(8) 当最后一个 AI 任务完成，任务调度器会将结果报告给 Host。

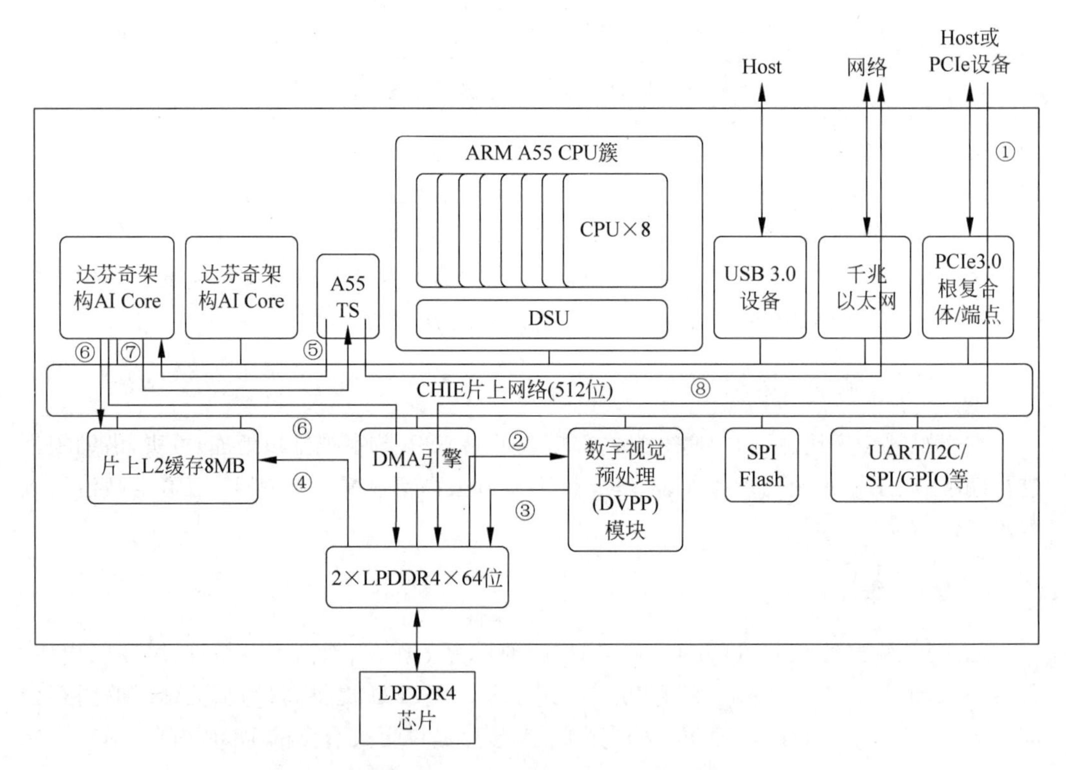

图 1-22 人脸识别推理应用在昇腾 310 上的数据处理流程

1.3.2 昇腾910处理器

昇腾910是华为公司遵从昇腾AI处理器逻辑架构规范，面向AI模型训练任务打造的处理器。推出伊始，被誉为“全球已发布的单芯片计算密度最大的AI芯片”。它的整数精度算力为640 TOPS，功耗为310W，制程是7nm。它在设计之初可以提供512 TOPS的整数精度算力(256 TOPS的FP16算力)，经过底层软件架构层面的优化之后，整数精度算力提升到640 TOPS(FP16精度提升到320 TOPS)。

昇腾910封装有命名为Virtuvian的主芯片、4个HBM堆栈式芯片和名为Nimbus的I/O芯片。昇腾910主要由6个硬件子系统构成，分别是AI计算子系统(AI Core)、CPU计算子系统、存储子系统(层次化的片上系统缓存/缓冲区)、任务调度(TS)子系统、数字图像视频处理子系统、内部连接子系统以及低速外设接口子系统(Nimbus V3外部通信模块)，如图1-23所示。这些部件通过1024位的二维网格结构的CHIE片上网络连接起来。这里DVPP有四个，可以处理128通道全高清视频解码(H.264/H.265)。除了DVPP之外的五个子系统的具体特性如下。

1. AI计算子系统

该子系统由AI Core构成，基于达芬奇架构，是昇腾AI处理器的计算核心。主要负责执行矩阵、向量计算密集的算子任务。昇腾910集成了32个AI Core。

2. CPU计算子系统

该子系统集成16个华为公司基于ARM v8-A架构规范自主研发的Taishan(泰山)V110 CPU核心，每4个核心构成一个簇。这些Taishan核心一部分部署为AI CPU，承担部分AI计算功能(负责执行不适合运行在AI Core上的算子)；一部分部署为Control CPU，负责整个SoC的控制功能。两类CPU占用的CPU核数由软件控制。

3. 任务调度子系统

该子系统由一个独立的4核A55 CPU簇(ARMv8 64位架构)组成，负责任务调度。把算子任务切分之后，通过硬件调度器(HWTS)分发给AI Core或AI CPU。前一阶段为软核，后一阶段为硬核。简而言之，软硬核结合模式为性能带来极大的提升。

4. 存储子系统

该子系统为片内有层次化的存储结构。AI Core内部有两级内存缓冲区，SoC片上还有64MB L2缓存，专门为AI Core和AI CPU提供高带宽、低延迟的内存访问服务。昇腾910连接了4个HBM 2.0小芯片，存储容量总计32GB。昇腾910还集成了DDR 4.0控制器，为芯片提供DDR内存。

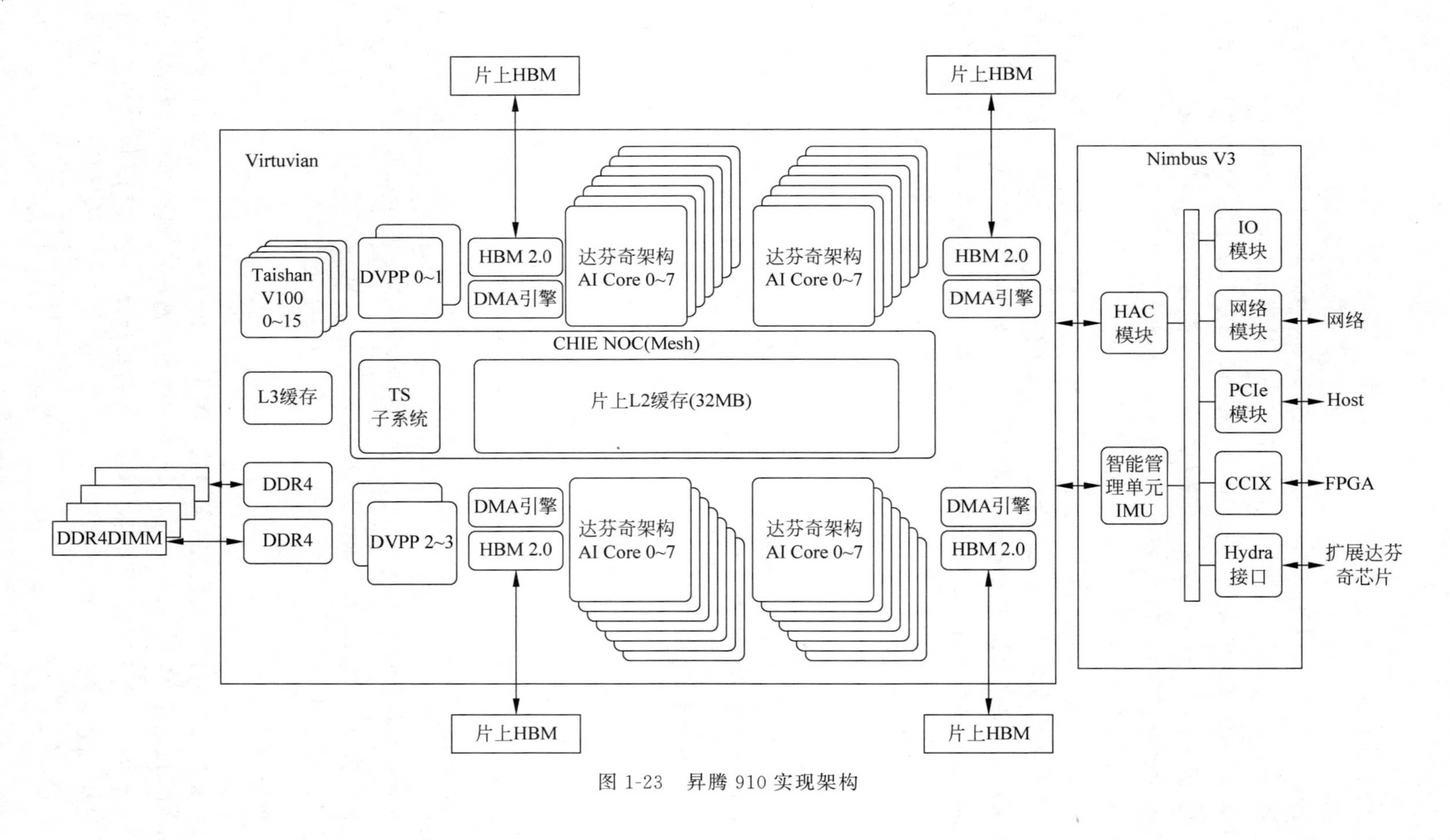

图 1-23 昇腾 910 实现架构

5. 内部连接子系统

各主要部件通过1024位的二维网格结构的CHIE片上网络连接起来。片上网络由六行四列的交换节点与互联线路构成,时钟频率为2.0GHz,能够为每个达芬奇架构的AI Core分别提供128GB/s的读、写带宽,为片上L2缓存提供4.0TB/s的访问带宽,为HBM主存提供1.2TB/s的带宽。对于NUMA的连接,配有3个HCCS接口,每个的带宽为240GB/s。

6. 低速外设接口子系统

Nimbus V3提供16倍速的PCIe 4.0接口和Host CPU对接,提供两个100Gb NIC(支持ROCE V2协议)用于跨服务器传递数据;集成1个A53 CPU核,执行启动、功耗控制等硬件管理任务。在硬件上,这相当于黑匣子功能,不仅可以提供软件异常定位手段,而且可以记录硬件异常场景的关键信息。

1.4 Atlas硬件计算平台

昇腾AI处理器面向"云-边-端"全系列场景,均能够提供强大算力支持,不仅能够满足加速海量目标推理过程的需求,也支持复杂模型在海量数据上训练所需的计算密集型算力需求。昇腾AI处理器在产品形态上表现为模组、板卡、智能小站、服务器、集群等各异的形式,构成Atlas系列硬件产品,它们是华为公司面向"云-边-端"全场景布局的AI基础设施方案,如图1-24所示。用户可以在硬件产品上搭建特定Atlas硬件计算平台。

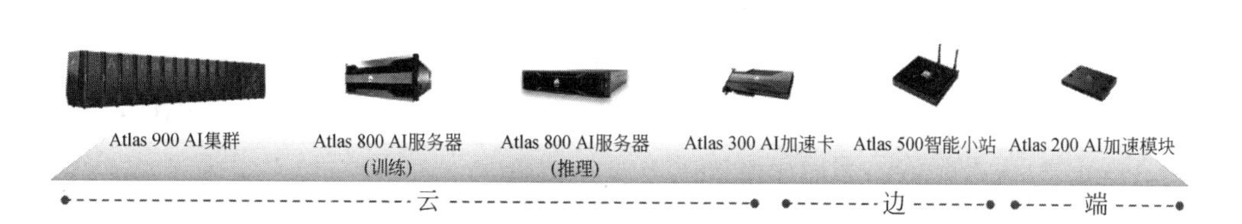

图1-24　Atlas硬件计算平台全景图

目前,市场上可以买到的产品包括Atlas 200 AI加速模块、Atlas 200DK AI开发者套件、Atlas 300 AI加速卡、Atlas 500智能小站、Atlas 800 AI服务器、Atlas 900 AI集群等产品,可广泛用于"平安城市、智能交通、智能医疗、智能零售、智能金融"等领域。

1.4.1 模组(Atlas 200)与开发者套件(Atlas 200DK)

模组和开发者套件用于支持端侧推理应用。Atlas 200 AI 加速模块集成了一颗完整昇腾 310 处理器,可缩短用户的研发周期,简化用户的设计。Atlas 200 AI 加速模块(型号为 3000)的结构如图 1-25(a)所示。它的尺寸只有半张信用卡大小,可提供 22 TOPS int8 算力,支持 20 路高清视频的实时分析,可以在端侧实现人脸识别、图像分类等,外形见图 1-25(b)。Atlas 200 AI 加速模块支持毫瓦级休眠、毫秒级唤醒,典型功耗仅 6.5W,主要用于边缘模块,能够嵌入边缘设备,使能智能边缘。常见应用设备包括摄像机、机器人、无人机、工控机等。

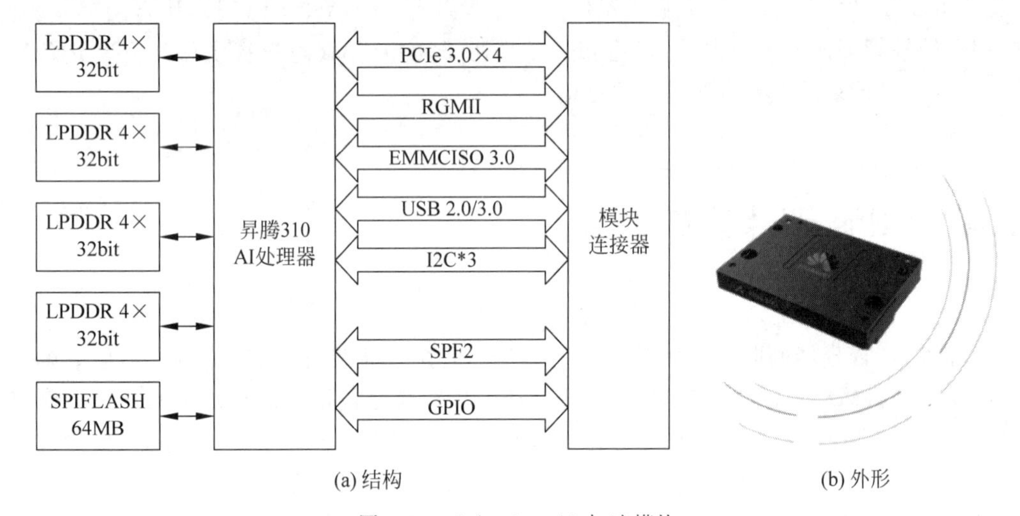

图 1-25 Atlas 200 AI 加速模块

华为 Atlas 开发者套件(Atlas 200 Developer Kit,缩写为 Atlas 200DK)是以昇腾 310 处理器为核心的一个开发者板形产品,外形如图 1-26 所示。Atlas 200DK 主要的功能是将昇腾 310 处理器的核心功能通过该板上的外围接口开放出来,方便用户快速简捷地接入并使用昇腾 310 处理器强大的处理能力。Atlas 200DK 开发板主要包含多媒体处理芯片 Hi3559C 和 Atlas 200 AI 加速模块两大部分,如图 1-27 所示。

图 1-26 开发者套件(Atlas 200DK)

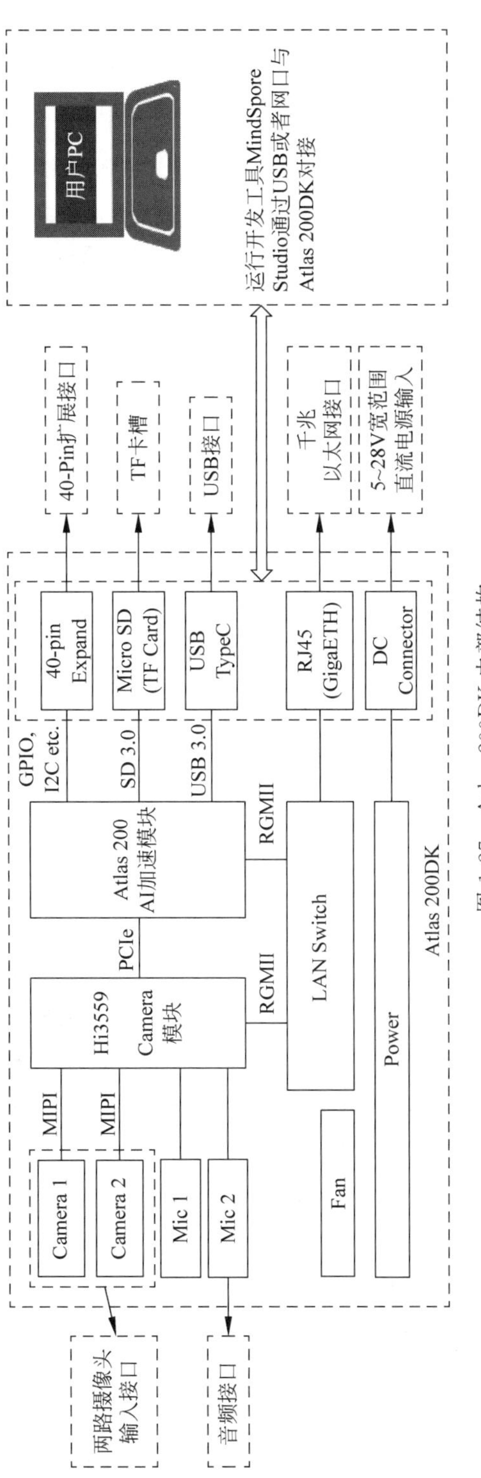

图 1-27　Atlas 200DK 内部结构

1.4.2 Atlas 300板卡

Atlas 300板卡分别面向推理和训练应用，提供推理卡及训练卡两种形态。Atlas 300I推理卡采用4个昇腾310处理器，是标准的PCIe半高半长卡（PCIe 3.0的半高指不超过167.65mm，半长指不超过68.9mm），外形如图1-28所示。它一般配合主设备（x86、ARM等各种服务器），实现快速高效的推理、图像识别及处理等工作。单卡算力可达88 TOPS int8，最大功耗67W，目前可支持80路高清视频的实时分析，其性能是业界水平的2倍，可广泛应用于智慧城市、智慧交通、智慧金融等场景。

图1-28　Atlas 300I推理卡

Atlas 300T训练卡基于1颗昇腾910 AI处理器的结构，结构框图如图1-29(a)所示。它是标准的PCIe 3/4长全高卡，槽位为双宽槽位，外形见图1-29(b)。它一般用于配合服务器，为数据中心提供高达320 TFLOPS FP16的强算力，加快深度学习的训练进程，具有高计算密度、大内存、高带宽等优点，适用于通用服务器，满足运营商、互联网、金融等需要AI训练以及高性能计算领域的算力需求。

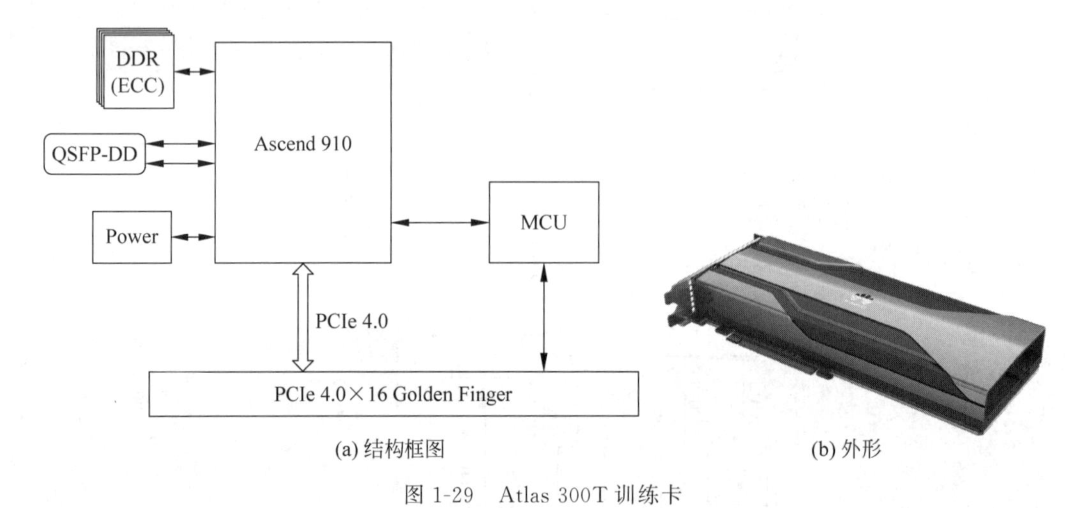

(a) 结构框图　　(b) 外形

图1-29　Atlas 300T训练卡

1.4.3 Atlas 500智能小站

Atlas 500智能小站使用的处理器是华为Hi3559A，为边缘AI计算场景提供算力支持，外形如图1-30(a)所示。它可以很容易通过扩展一个Atlas 200 AI加速模块（如图1-30(b)所示），获得额外22TOPS int8算力。它具有超强计算性能，同时具备体积小、环境适应性强、易于维护和支持“云-边”协同等特点，可以在边缘环境广泛部署，满足在安防、交通、社区、园区、商场、超市等复杂环境区域的应用需求。

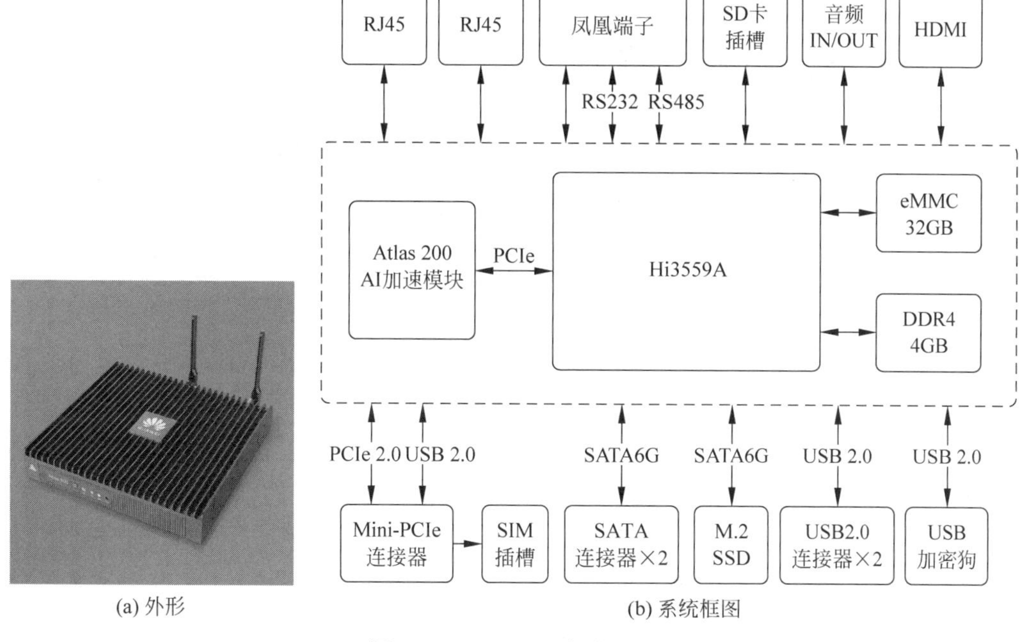

(a) 外形　　(b) 系统框图

图 1-30　Atlas 500 智能小站

1.4.4　服务器(Atlas 800/Atlas 500 Pro)

基于昇腾推理处理器和鲲鹏/Intel 处理器平台,华为公司提供了 Atlas 800 系列服务器,分为推理服务器和训练服务器。Atlas 800 推理服务器采用标准 2U 服务器形态,如图 1-31 所示。它集 AI 推理、存储和网络功能于一体,可以容纳最大 8 张 AI 推理卡,提供最大 704 TOPS int8 推理性能,可用于视频分析、光学字符识别(Optical Character Recognition,OCR)、精准营销、医疗影像分析等推理服务。

图 1-31　Atlas 800 推理服务器

Atlas 800 训练服务器采用标准 4U 服务器形态,如图 1-32 所示。它集成 8 颗昇腾 910 训练处理器,提供 2.24P FLOPS FP16 高算力,最大整机功率为 5.6kW,支持风冷和水冷两种散热方式,可广泛应用于深度学习模型开发和训练。Atlas 800 训练服务器适用于智慧城市、智慧医疗、天文探索、石油勘探等需要大算力的行业领域。

另外,华为公司面向边缘应用需求还推出了 Atlas 500 Pro 智能边缘服务器,如图 1-33 所示。它采用标准 2U 服务器形态,集 AI 推理、存储和网络功能于一体,可以容纳最大 4 张 Atlas 300I 推理卡,提供 352 TOPS int8 高 AI 推理性能,边缘服务器拥有 475mm 的短机箱，支持 600mm 的机架，可以在边缘场景中广泛部署。

图 1-32 Atlas 800 训练服务器

图 1-33 Atlas 500 Pro 智能边缘服务器

1.4.5 Atlas 900 AI 集群

Atlas 900 AI 集群由数千颗昇腾 910 处理器构成，外形如图 1-34 所示。通过华为集合通信库(HCCL)和作业调度平台，整合 HCCS、PCIe 4.0 和 100G RoCE 三种高速接口，充分释放昇腾训练处理器的强大性能。其总算力达到 256～1024P FLOPS FP16，相当于 50 万台高性能 PC 的计算能力。这可以让研究人员更快地进行图像、语音 AI 模型训练，让人类更高效地探索宇宙奥秘、预测天气、勘探石油加速自动驾驶的商用进程。

图 1-34 Atlas 900 AI 集群

1.5 本章小结

为了满足当今飞速发展的深度神经网络对处理器算力的需求，华为公司自 2018 年以来陆续推出了 2 款昇腾 AI 处理器——昇腾 310 和昇腾 910，可以对 8 位整数(int8)或 16 位浮点数(FP16)提供强大、高效的乘加计算能力。昇腾 AI 处理器具有创新的硬件架构设计和强大的算力并且对于深度神经网络进行了特殊的优化，从而能以极高的效率完成目前主流深度神经网络的训练和推理计算需求，支撑 AI 赋能各行各业。基于昇腾 AI 处理器，华为公司推出了一系列 Atlas 硬件计算平台，能够覆盖全场景下的 AI 应用场景。同时华为公司遵循“硬件开放”策略，为用户提供灵活、多样的算力选择。

第2章

昇腾AI异构计算架构CANN

昇腾AI异构计算架构CANN是专门为高性能深度神经网络计算需求所设计和优化的一套架构。在硬件层面,昇腾AI处理器所包含的达芬奇架构在硬件设计上进行计算资源的定制化设计,在功能实现上进行深度适配,为深度神经网络计算性能的提升提供了强大的硬件基础。在软件层面,CANN所包含的软件栈则提供了管理网络模型、计算流以及数据流的功能,支撑起深度神经网络在异构处理器上的执行流程。

本章首先介绍CANN的每个功能模块,接着介绍在训练和推理场景下软件运行架构的区别,然后简单介绍开发环境的安装,最后介绍全流程开发及全流程开发工具链MindStudio。

2.1 CANN概述

CANN作为昇腾处理器的AI异构计算架构,支持业界多种主流的AI框架,包括MindSpore、TensorFlow、PyTorch、Caffe等,并提供1200多个基础算子。同时,CANN具有开放易用的AscendCL(昇腾计算语言),实现对网络模型进行图级和算子级的编译优化、自动调优等功能。CANN对上承接多种AI框架,对下服务于AI芯片与编程,是提升昇腾AI处理器计算效率的关键平台。CANN系统架构如图2-1所示。

CANN提供了功能强大、适配性好、可自定义开发的AI异构计算架构,自顶向下分为五部分。

1. 昇腾计算语言

昇腾计算语言(AscendCL)为昇腾计算开放编程框架,包含模型开发、应用开发、算子开发等各类用户编程接口,具体介绍如下。

(1) 模型开发:用户可以通过开放的昇腾图管理接口进行构图,并编译为离线模型,用于在昇腾AI处理器上进行离线推理。

(2) 应用开发:提供Device(设备)管理、Context(上下文)管理、Stream(流)管理、内存管理、模型加载与执行、算子加载与执行、媒体数据处理、Graph(图)管理等API库,供用户开发人工智能应用。

(3) 算子开发:提供了基于张量虚拟机(Tensor Virtual Machine,TVM)框架的自定

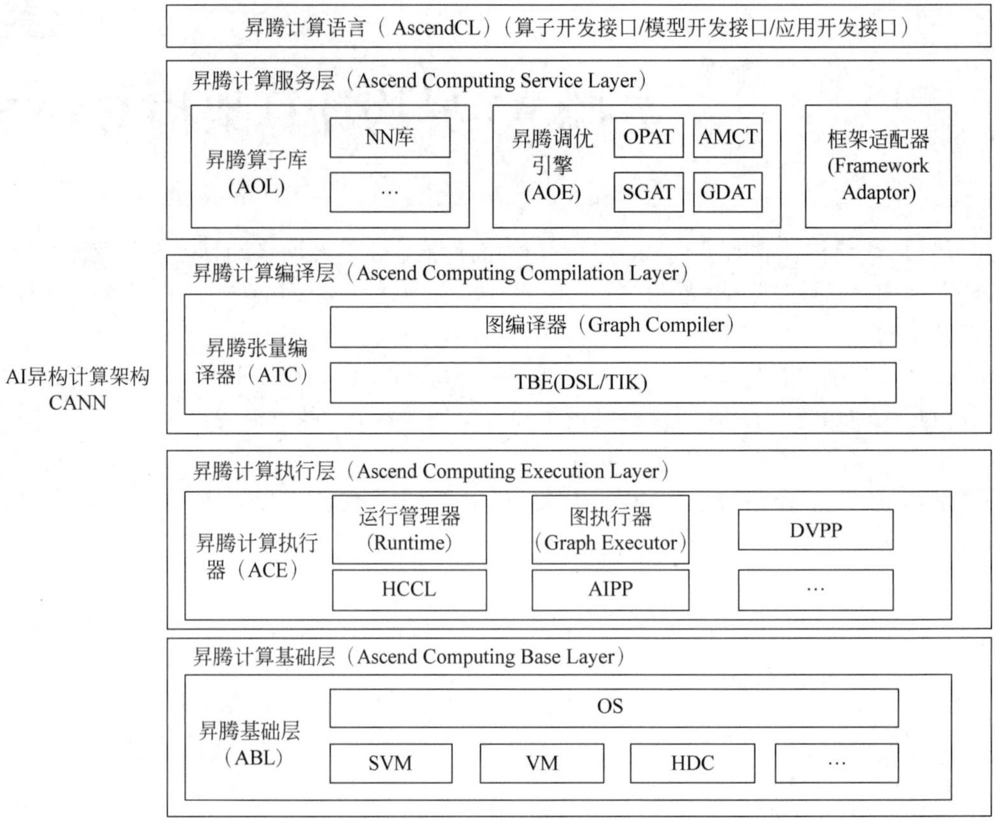

AI异构计算架构 CANN

昇腾计算语言（AscendCL）（算子开发接口/模型开发接口/应用开发接口）

昇腾计算服务层（Ascend Computing Service Layer）
昇腾算子库 (AOL)：NN库、…
昇腾调优引擎 (AOE)：OPAT、AMCT、SGAT、GDAT
框架适配器 (Framework Adaptor)

昇腾计算编译层（Ascend Computing Compilation Layer）
昇腾张量编译器（ATC）：图编译器（Graph Compiler）、TBE(DSL/TIK)

昇腾计算执行层（Ascend Computing Execution Layer）
昇腾计算执行器（ACE）：运行管理器（Runtime）、图执行器（Graph Executor）、DVPP、HCCL、AIPP、…

昇腾计算基础层（Ascend Computing Base Layer）
昇腾基础层（ABL）：OS、SVM、VM、HDC、…

图 2-1　CANN 系统架构

义算子开发能力，通过张量加速引擎提供的 API 和自定义算子编程开发界面完成相应神经网络算子的开发，由于张量加速引擎是基于 TVM 框架扩展而来，使用户在开发算子的时候也可以采用 TVM 原生接口。TBE 内部包含了特性域语言（Domain-Specific Language，DSL）模块、调度（Schedule）模块、中间表示（Intermediate Representation，IR）模块、编译优化（Pass）模块以及代码生成（CodeGen）模块。

2. 昇腾计算服务层

昇腾计算服务层提供了算子和模型的开发调优工具、AI 算子库、AI 框架适配、系统管理工具等应用层能力。

（1）昇腾算子库（AOL）：包括 NN 库、CV 库和 BLAS 库等。其中 NN 库即昇腾神经网络加速库，内置丰富算子，支撑神经网络训练和推理加速；CV 库即昇腾计算机视觉和机器学习库；BLAS(Basic Linear Algebra Subprograms，基础线性代数计算库）是一个应用程序接口标准，即面向昇腾平台的标准线性代数操作的数值库（如矢量或矩阵乘法）。

（2）昇腾调优引擎（AOE）：包括算子自动调优（OPAT）、子图自动调优（SGAT）、梯度自动调优(GDAT)。AOE用于自动地完成模型中算子、计算子图、梯度计算的性能优化,提升模型端到端的运行速度。调优完成后输出知识库文件,用户可以将知识库文件部署到新的环境上,同样地,模型无须再次调优即可获得之前调优的性能;昇腾模型压缩工具(AMCT)提供一系列的模型压缩方法(量化、张量分解等),对模型进行压缩处理后,生成的部署模型在昇腾AI处理器上可使能一系列性能优化操作,提高性能。

(3) 框架适配器(Framework Adaptor):提供主流框架(TensorFlow、PyTorch等)的适配插件,用于兼容基于该框架的网络模型直接迁移部署至昇腾NPU。

3. 昇腾计算编译层

该层由昇腾张量编译器(ATC)构成,具体包括:

(1) 图编译器(Graph Compiler):作为图编译和运行的控制中心,提供图运行环境管理、图执行引擎管理、算子库管理、子图优化管理、图操作管理和图执行控制。

(2) 张量加速引擎(TBE):利用AscendCL提供的开发算子接口,可以直接使用TBE提供的自动调度(Auto Schedule)机制,执行算子编译。

4. 昇腾计算执行层

该层由昇腾计算执行器(ACE)构成,具体包括:

(1) 运行管理器(Runtime):为神经网络的任务分配提供了资源管理通道。昇腾AI处理器Runtime运行在应用程序的进程空间中,为应用程序提供存储(Memory)管理、设备(Device)管理、执行流(Stream)管理、事件(Event)管理、核(Kernel)函数执行等功能。

(2) 图执行器(Graph Executor):为图执行提供最优执行引擎匹配、端到端执行路径优化、最低执行开销,支持不同的物理运行环境部署。

(3) 数字视频预处理(DVPP):主要实现视频编解码(VDEC/VENC)、JPEG编解码(JPEGD/E)、PNG解码(PNGD)、图像预处理(VPC),图像预处理包括抠图、缩放、叠加、粘贴、格式转换。

(4) 华为集合通信库(HCCL):负责HCCL算子信息管理。HCCL实现参与并行计算中所有工作服务器(Worker)的梯度聚合(AllReduce)功能,为昇腾多机多卡训练提供高效的数据传输能力。

(5) 人工智能预处理(AIPP):用于在AI Core上完成图像预处理,包括改变图像尺寸、色域转换(转换图像格式)、减均值/乘系数(改变图像像素),数据处理之后再进行真正的模型推理。

5. 昇腾计算基础层

昇腾计算基础层为CANN各层提供基础服务,如共享虚拟内存(Shared Virtual Memory,SVM)、虚拟机(Virtual Machine,VM)、主机-设备通信(Host-Device Communication,HDC)等。

2.2 昇腾计算图

昇腾计算图在 CANN 的计算架构中扮演了重要的角色，CANN 支持来自前端的计算图执行请求，完成计算图的执行引擎匹配、资源分配，并通过计算执行层完成图执行，其涉及的 CANN 的模块和功能如图 2-2 所示。

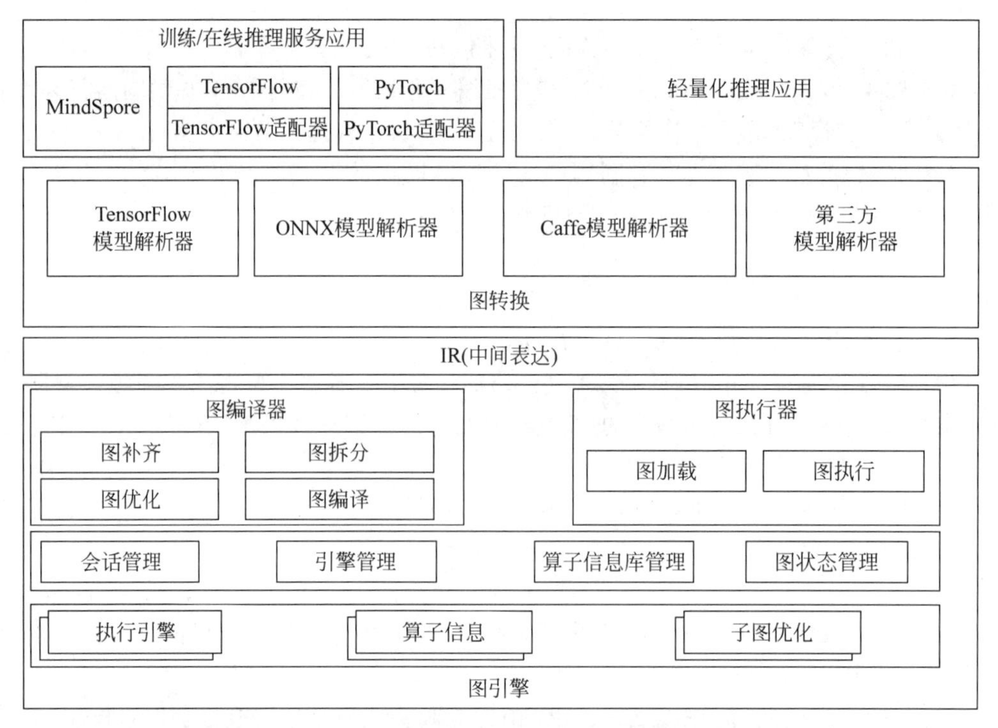

图 2-2 昇腾计算图涉及的 CANN 模块和功能

其主要功能包括：

(1) 提供统一的 IR(中间表达)构建的 API，支持前端通过 API 创建 IR 图。

(2) 支持对整图进行 Shape(形状)推导以及基于整图的优化，如 InferShape 用于计算图信息的补齐，计算图初级等价变化(常量折叠/传播、剪枝、循环/分支死边消除)，高效执行优化(数据格式优化、混合精度优化、设备无关的算子融合、梯度聚合的算子融合、依赖关系构建)。

(3) 支持图执行引擎的最优化分配，基于分配的引擎进行子图拆分，并根据引擎间的连接关系补齐连接算子。

(4) 支持调用不同引擎的接口完成图编译(包含图优化、资源分配、图编译的过程)，通过优化计算图节点到计算资源的映射减少峰值内存使用量并提高硬件利用率。

(5) 提供管理功能,如变量管理、图管理、引擎管理、算子管理,并支持上述功能的执行。

(6) 提供算子信息库管理：算子信息库由具体的算子实现模块提供,支持算子信息的查询,具有算子编译的能力。图编译器负责所有算子信息库的加载管理,通过算子信息库查询算子的基础属性、运行属性,完成不同算子库之间的衔接处理,完成运行资源分配及算子编译。一个算子信息库必然归属于一个执行引擎,同一个执行引擎可以有不同的算子信息库,支持算子的不同实现。

(7) 提供子图优化管理：在同一个执行引擎上执行的算子存在融合优化的可能性,因此,在算子库之外,可以提供跨算子库的融合引擎,支持融合优化。对于跨执行引擎的融合优化,当前暂不考虑。图编译器负责所有融合库的加载管理,并在图优化阶段,通过融合库完成图优化。

不同的应用场景,用户可以利用设置不同的编译选项使能各项特定优化,例如缓存优化、权重压缩、动态输入维度、设置计算图的精度模式。详细的编译优化选项参见CANN用户使用指南,以下对关键的图优化编译选项进行说明。

(1) 精度模式：系统提供了对算子的输入输出数据类型选择,如半精度浮点数(FP16)或单精度浮点数(FP32),在不影响精度的情况下,优先选择FP16提升性能。在运行用户网络时,不同的算子混合使用FP16和FP32,达到不影响精度的前提下,提升性能。例如,对于部分算子同时支持FP16和FP32的场景,在不影响精度的前提下,优先选择FP16提升性能。

(2) 权重压缩：AI Core支持权重压缩功能,即编译阶段对权重进行数据压缩,然后计算执行器利用AI Core的高算力对权重进行解压缩,从而达到减低带宽消耗、提高性能的目的。目前支持对全局压缩、对指定层压缩。

(3) 缓存数据复用：缓存数据复用是一个神经网络本地化计算的加速方案,通过数据切分来增加片上L1、L2高速缓存利用率,减少外部数据访问,突破全局内存(Global Memory)的带宽限制,提升AI Core引擎的计算效率。通过应用该推理网络模型编译优化特性,大幅提升模型计算时的数据访问速度,充分发挥昇腾处理器AI Core的计算力,从而提升了网络部署后的实时计算性能,帮助用户建立起更广泛的业务优势。

(4) 动态输入：在有些计算场景下,模型每次输入的Batch Size(批大小)是不固定的,如检测出人脸后再执行人脸识别,由于人脸个数不固定导致人脸识别网络输入的Batch Size不固定。如果每次推理都按照最大的Batch Size进行计算,会造成计算资源浪费。另外在图片检测、语音识别等场景,图片大小与序列长度也由于算法和应用的要求存在大小不定的情况,因此,需要支持动态Batch Size和动态数据维度的场景。当应用场景的变化范围有限,设置对应的挡位参数,编译器利用分支控制,并进行相关的权重共享和内存共享,达到与静态形状(Shape)接近的执行效果；当应用场景的变化策略有多种可能,且无法提前设置挡位参数时,指定编译选项的动态输入和变化范围,利用预编译和动态执行方式满足业务泛化度要求。

(5) AllReduce融合：大规模AI训练集群中，通常采用数据并行的方式完成训练。数据并行即每个设备使用相同的模型、不同的训练样本，每个Device计算得到的梯度数据需要聚合之后进行参数更新。如果按照梯度聚合方式分类，数据并行的主流实现有PS-Workers架构和AllReduce集合通信架构两种。在AllReduce架构中，每个参与训练的设备形成一个环，没有中心节点来聚合所有计算梯度。AllReduce算法将参与训练的设备放置在一个逻辑环路中。每个Device从上行的设备接收数据，并向下行的设备发送数据，可充分利用每个设备的上下行带宽。通过设置开关使能梯度聚合与后向计算的并行执行，也可以基于实际执行环境的带宽情况，基于梯度数据量百分比，在集合通信组内设置切分策略，实现对应的融合。

(6) 权重参数计算格式优化：为了提高计算效率，在网络执行的权重参数初始化过程中，将权重参数转换成更适合在昇腾AI处理器SoC上运行的数据格式，例如进行NCHW到NC1HWC0的数据格式转换。

(7) 内存共享设置：图编译器默认采用生命周期依赖分析方式对计算图中的节点分配内存，无生命周期依赖的多层节点间会共享使用同一块内存，从而能够极大地提升AI模型计算中占用的内存资源峰值；允许在编译选项中手动关闭内存复用特性进行功能调试；训练场景中的训练参数、推理场景中的权值数据与计算过程中产生的中间结果数据有不同的生命周期，允许分别配置不同生命周期的内存容量。

2.3 运行架构

CANN在训练场景和推理场景有不同的软件安装包和运行软件栈。训练场景的运行环境有AI计算图编译、算子编译以及执行加速引擎，包括图编译器(Graph Compiler)、图执行器(Graph Executor)、TBE、HCCL，以及Host CPU算子等。推理场景的运行环境无须部署图编译相关的组件，也没有HCCL和Host CPU的算子。另外，推理场景依据昇腾处理器的PCIe连接方式可分为根复合体(Root Complex，RC)模式和端点设备(Endpoint Device，EP)模式两种，各种硬件支持PCIe连接方式，如图2-3所示。

2.3.1 训练场景运行架构

以昇腾910处理器为例，训练场景下CANN的运行架构和流程如图2-4所示。

在训练过程中，用户直接使用的是MindSpore、TensorFlow、PyTorch和Caffe等AI框架，它们通过CANN昇腾计算服务层(ASL)提供的框架适配器(Framework Adaptor)与AscendCL对接实现计算加速，如TensorFlow框架的适配插件TF Adapter

图 2-3　昇腾 AI 处理器 PCIe 连接方式

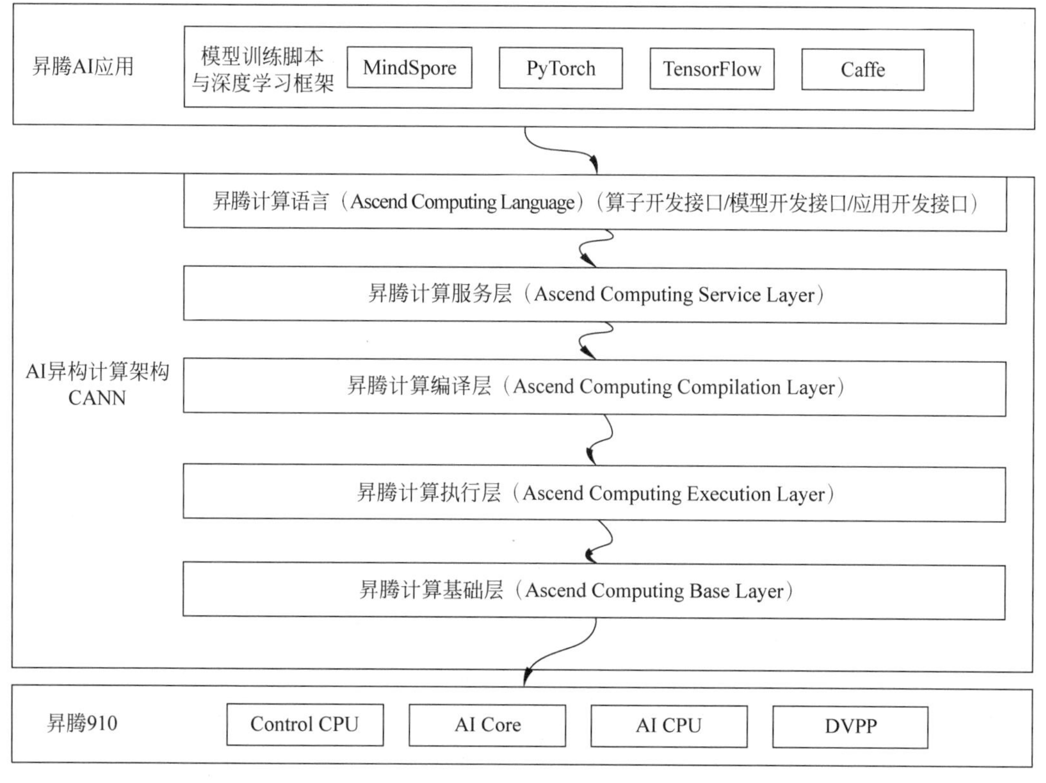

图 2-4　训练场景下 CANN 运行架构与流程

（TensorFlow 适配器，简称 TF 适配器）。AscendCL 作为昇腾计算开放编程框架，提供 Device 管理、内存管理、图编译、图加载与执行的 API 调用，实现对 AI 框架的运行管理。昇腾计算编译层的图编译器和 TBE 完成图和算子的编译，再由昇腾计算执行层的图执行器执行计算图。接着通过昇腾计算基础层的驱动和操作系统提供的运行环境，实现对

Host CPU 和昇腾 AI 处理器的数据传输，以及昇腾 AI 处理器的硬件资源管理。其中 CANN 软件栈部署在 Host 侧（主机侧），昇腾 AI 处理器位于 Device 侧（设备侧）。

2.3.2 推理场景运行架构

以昇腾 310 AI 处理器为例，标准部署形态是指昇腾 AI 处理器作为 PCIe EP 设备和协处理器完成 AI 加速，简称 EP 模式。标准部署形态下昇腾软件部署架构如图 2-5 所示。

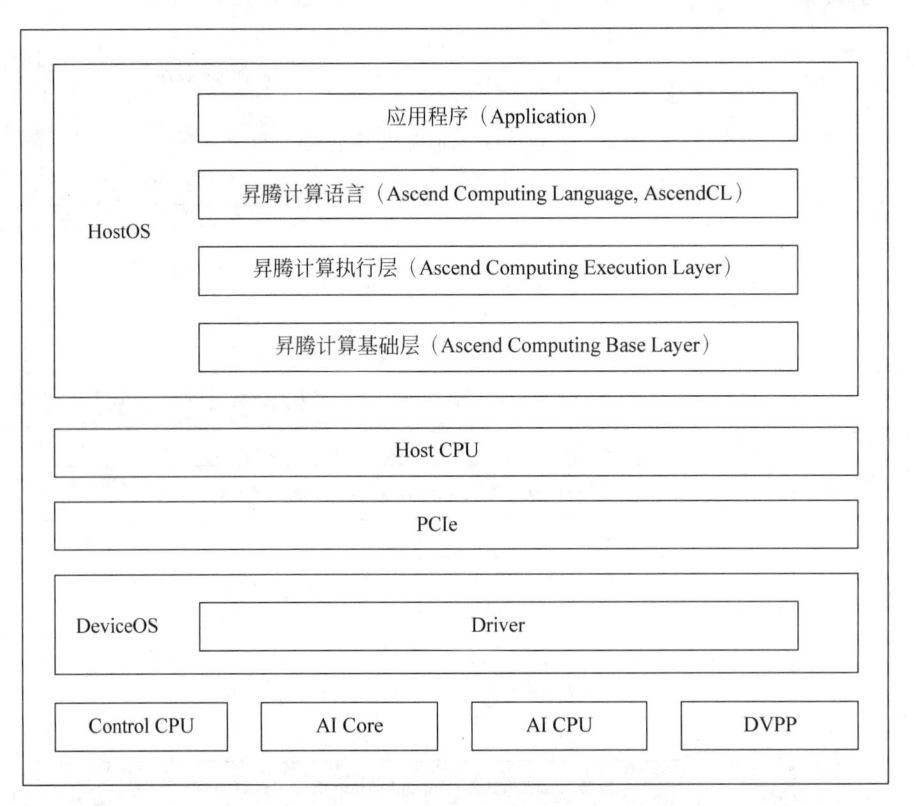

图 2-5 在标准部署形态下昇腾软件部署架构

在标准部署形态下，应用程序、AscendCL 和昇腾 AI 处理器驱动均部署在 Host 侧。昇腾 AI 处理器位于 Device 侧，提供任务调度功能，以及硬件计算能力开放，包括 AI Core、AI CPU、DVPP 等。

在推理应用的执行过程中，用户代码通过 AscendCL 调用昇腾软硬件提供的计算加速能力，如神经网络推理、视频/图片的编解码和图像缩放等，由昇腾计算执行层中的相关执行器承载。昇腾计算基础层提供了操作系统、驱动、主机-设备通信（HDC）的支持，将计算任务下发到昇腾 AI 处理器执行。

开放部署形态是指利用昇腾 AI 处理器的片上 CPU 作为主处理器实现逻辑控制和

AI 计算加速的模式，简称 RC 模式。在开放部署形态下 CANN 软件部署架构如图 2-6 所示。

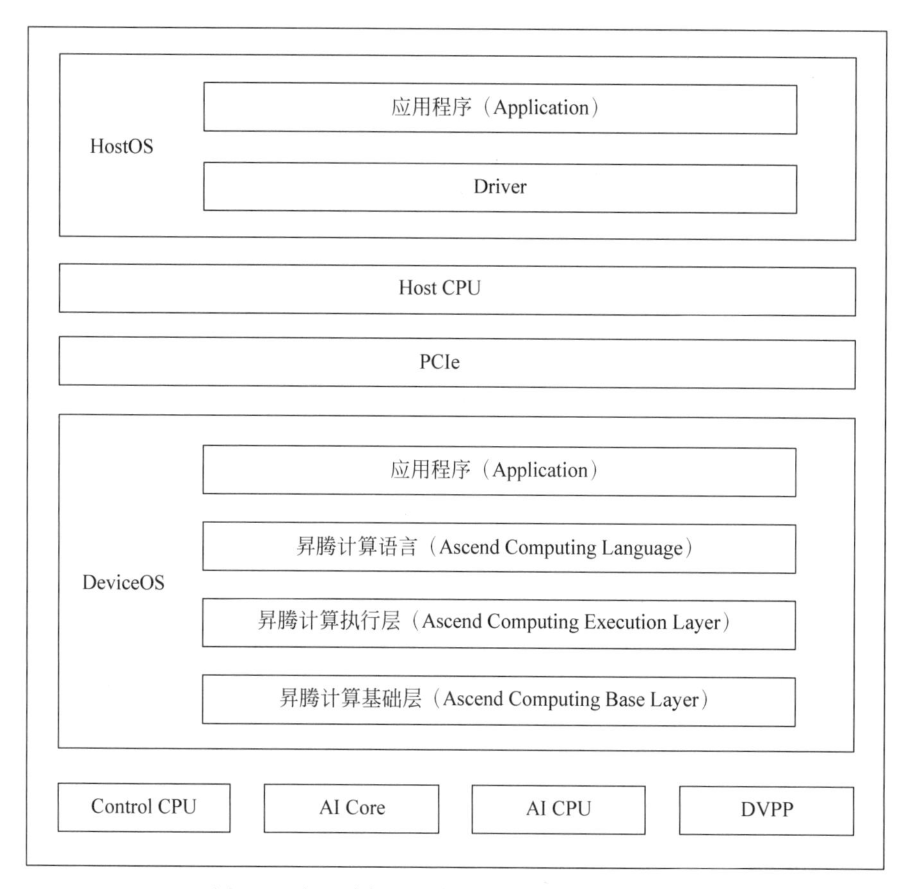

图 2-6　在开放部署形态下 CANN 软件部署架构

在开放部署形态下，昇腾软件部署架构和运行流程与在标准部署形态下相同，差别在于在开放部署形态下直接使用昇腾 AI 处理器的 Control CPU 运行应用程序，应用程序、CANN 软件栈以及操作系统的部署和运行都在昇腾 AI 处理器上，以模组或开发板的形式对外提供昇腾 AI 解决方案。

2.4　开发环境安装

目前支持开发环境安装的昇腾 AI 设备有已配置 Atlas 200 AI 加速模块（EP 场景）的服务器、已配置 Atlas 300I 推理卡的服务器、已配置 Atlas 300T 训练卡的服务器、Atlas

500 Pro 智能边缘服务器、Atlas 800 推理服务器、Atlas 800 训练服务器、Atlas 900 AI 集群。Atlas 200 AI 加速模块(RC 场景)、Atlas 500 智能小站仅能用于运行环境,需要另外准备一台服务器用于安装纯开发环境。对于非昇腾 AI 设备,支持安装纯开发环境,无须安装固件与驱动,仅能用于代码开发、编译等不依赖于昇腾设备的开发活动。其中 RC 模式和 EP 模式的安装区别如图 2-7 所示。

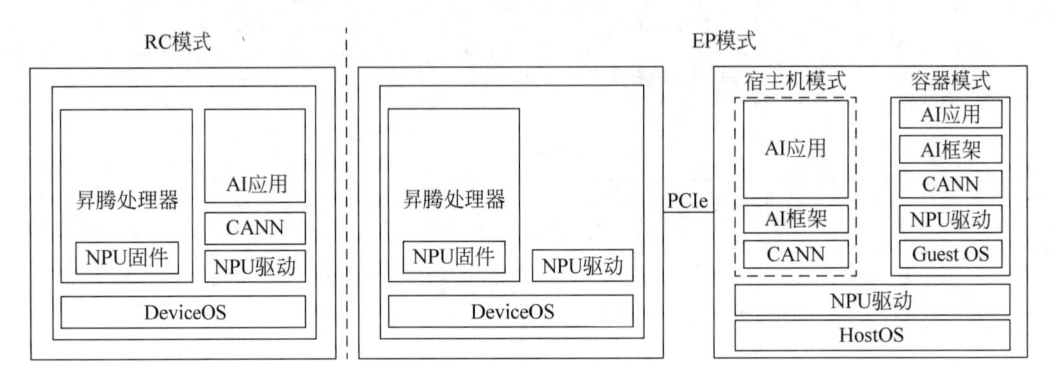

图 2-7 RC 模式和 EP 模式的安装区别

安装和配置分为九步,分别为准备硬件环境、准备软件包、准备安装及运行用户、安装 OS 依赖、安装开发套件包、安装深度学习框架、安装 Python 版本的 proto、配置设备的网卡 IP 和配置环境变量。更多安装细节请参考 https://support.huaweicloud.com/cann/ 的软件安装部分。

2.5 全流程开发

本节将介绍 CANN 在训练和推理场景下的开发工具链,以及基于开发工具链的典型训练和推理全流程开发。

2.5.1 开发工具链

CANN 的全流程开发场景分为训练场景和推理场景,详细文档可以参考链接 https://support.huaweicloud.com/cann/,两种场景下的全流程开发工具链如图 2-8 所示。

推理场景是指针对推理应用开发支持用户快速构建基于昇腾平台的 AI 应用和业务,训练场景是指在昇腾设备上使用 PyTorch、TensorFlow、MindSpore 网络框架进行模型训练。下面简要概述全流程开发过程中的主要功能模块,后续章节将详细展开说明各

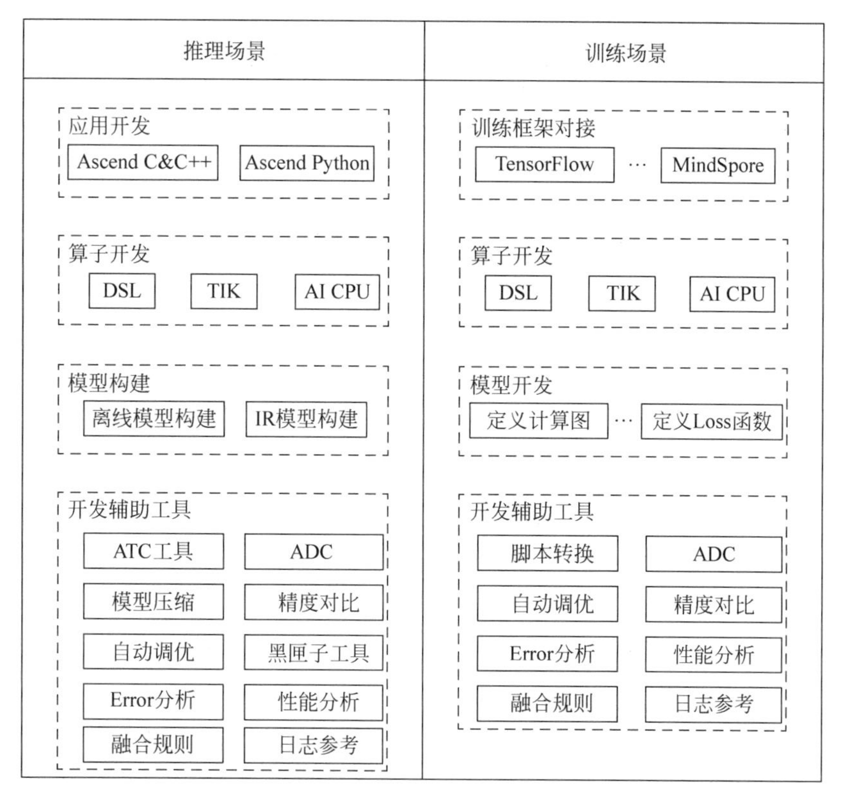

图 2-8　全流程开发工具链

个功能模块的设计与实现。更多资料可以参考开发文档 https://www.hiascend.com/document。

(1) 训练框架对接：针对不同的第三方框架，需要完成第三方框架对接昇腾计算图的开发，目前已经支持大部分场景框架，如 PyTorch、TensorFlow、MindSpore 等。在昇腾 AI 解决方案中，昇腾 AI 处理器被当作是和 GPU 同一类别的设备，包括内存管理、设备管理，以及算子调用实现。因此在适配修改方案中，会仿照第三方框架中原有的 CUDA(Computer Unified Device Architecture，计算机统一设备架构)形式，做一个昇腾 AI 处理器的扩展，如 TensorFlow 适配插件 TF Adapter。

(2) 应用开发：使用 AscendCL 所提供的 C&C++/Python 语言 API 库开发深度神经网络推理应用，用于实现目标识别、图像分类等功能。

(3) 算子开发：支持用户编写高性能算子，如果遇到算子不支持的情况，可以使用不同的算子开发方式，如 DSL、TIK 和 AI CPU 完成对应算子开发。

(4) 模型构建：可以从模型转换和 IR 构图两种方式构建离线模型。目前 ModelZoo 提供了丰富的深度学习模型，包括计算机视觉(CV)、推荐(Recommendation)、自然语言处理(NLP)、语音处理(Speech)等各个方面的场景模型，具体模型可参考开源仓库 https://

gitee.com/ascend/modelzoo。IR 自定义模型可以通过开放的昇腾图接口构建离线模型，用于在昇腾 AI 处理器上进行离线推理。

(5) 模型开发：使用深度学习框架完成预处理、计算图、损失函数、后处理等环节的定义，进而完成深度学习模型的开发。

(6) 脚本转换工具：基于 GPU 的训练和在线推理脚本不能直接在昇腾 AI 处理器上使用，需要通过简单的配置和代码修改才能转换为支持昇腾 AI 处理器的脚本。如果是使用 TensorFlow 框架开发的 GPU 训练脚本，目前能够通过脚本转换工具自动将 GPU 训练脚本转换为昇腾 AI 处理器能够运行的脚本。

(7) 昇腾张量编译器(Ascend Tensor Compiler，ATC)工具：支持将开源框架(如 Caffe、TensorFlow 等)的网络模型以及昇腾 IR 定义的单算子描述文件(json 格式)，通过昇腾张量编译器工具(以下简称为 ATC 工具，以区别于昇腾计算编译器)将其转换成昇腾 AI 处理器支持的离线模型，模型转换过程中可以实现算子调度的优化、权值数据重排、内存使用优化等，可以脱离设备完成模型的预处理。

(8) 模型压缩：支持对原始 TensorFlow 和 Caffe 框架的网络模型进行量化，量化是指对模型的参数和数据进行低比特处理，让最终生成的网络模型更加轻量化，从而达到节省网络模型存储空间、降低传输时延、提高计算效率，达到性能提升与优化的目标。

(9) 精度比对工具：ATC 工具在模型转换过程中对模型进行了优化，包括算子消除、算子融合、算子拆分，可能会造成自有实现的算子运算结果与业界标准算子运算结果存在偏差的情况，此时需要提供工具比对两者之间的差距，帮助开发人员快速解决算子精度问题。精度比对工具提供比对华为自有模型算子的运算结果与 Caffe、TensorFlow 标准算子的运算结果，以便确认误差发生的算子。

(10) AutoTune 工具：在推理场景下使用 ATC 工具生成网络模型或者训练网络模型时，算子搜索工具能够在网络模型编译时直接对算子自动调优。

(11) Profiling 工具：用于分析运行在昇腾 AI 处理器上的工程在各个运行阶段的关键性能瓶颈并提出针对性能优化的建议，最终实现产品的极致性能。

(12) 错误分析(Error Analyzer)工具：在执行过程中发现 AI Core 报错时，使用 AI Core 错误分析工具可以自动快速准确地收集定位关键信息，提升用户对 AI Core 错误的排查效率。

(13) 黑匣子工具：为了增强昇腾 AI 处理器系统功能的可维护性，需要一套黑匣子工具，保证系统在发生异常时能保存必要的软硬件参数信息，方便系统故障的诊断分析，快速实现问题定位。

(14) 昇腾调试客户端(Ascend Debug Client，ADC)：实现向 Host/Device(主机/外设)传输文件、设置日志级别、检测与 Host 之间的心跳等功能。

(15) 融合规则：包含 TensorFlow Parser 域(Scope)融合规则参考、图融合和 UB (Unified Buffer，统一缓冲区)融合规则参考。域融合是一种基于域进行融合的过程，把域内的多个小算子替换为一个大算子或多个算子组合，以实现效率的提升。图融合是根据融合规则进行改图的过程。图融合用融合后算子替换图中融合前算子，提升计算效率，包括图融合、图拆分融合。UB 融合是在使用图方式描述网络时，经过图编译对图进行 UB 融合优化，实现硬件相关的融合优化，提升算子执行性能。

（16）日志参考：记录了运行环境的运行情况和功能流程的处理情况，是维护人员查看系统状态，进行问题定位的重要工具和手段。日志模块根据系统设置的日志级别，记录不同详细程度的内容，满足不同系统维护需求。可以通过以下三种方式设置日志级别：①通过 adc 命令行修改；②通过/var/log/npu/conf/slog/slog.conf 配置文件修改；③通过 GLOBAL_LOG_LEVEL 环境变量修改日志级别。

2.5.2　典型开发流程

在训练场景下训练全流程如图 2-9 所示。首先需要选定深度学习框架（含第三方框架），用于模型开发，目前 CANN 已经支持 TensorFlow、PyTorch、MindSpore 等框架，如果使用新的框架，需要先判断新的框架是否与 CANN 完成框架对接，因为只有完成框架对接才能将程序运行到昇腾 AI 处理器上，可以参考 TF Adapter 实现的链接：https://gitee.com/ascend/tensorflow。

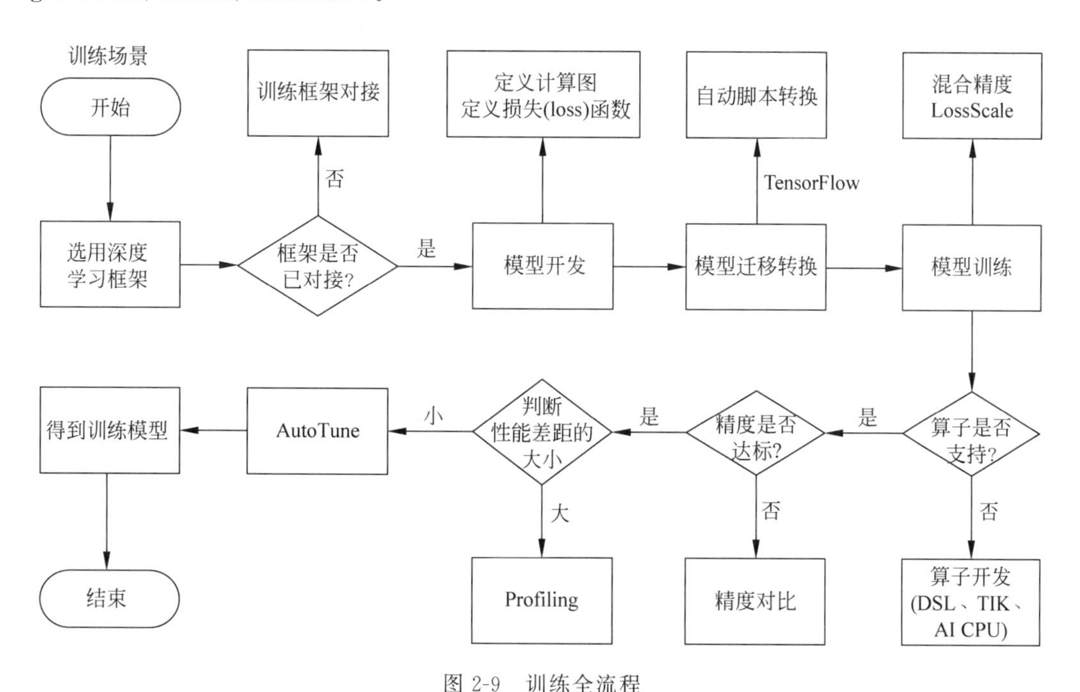

图 2-9　训练全流程

完成框架对接的深度学习框架，可以实现模型开发，即完成计算图、损失函数的定义等，可以参考第 5 章的内容。

完成深度学习模型开发以后，还需完成模型迁移转换，才能将代码运行到昇腾 AI 软件栈。如果使用的是 TensorFlow 框架，可使用自动脚本转换工具，完成代码的自动迁移，可以参考文档 https://support.huaweicloud.com/tensorflow-cann502alpha2training/atlasmprtg_13_0002.html。另外 ModelZoo 开源仓库的 Wiki 和 Issues 记录迁移的大量案例，以及迁移过程中遇到的常见问题，可参考链接 https://gitee.com/ascend/modelzoo/wikis。

完成训练脚本迁移以后，就可以进行模型训练。目前华为云提供 ModelArts 服务用于模型训练，网址为：https://www.huaweicloud.com/product/modelarts.html。模型训练可以采用混合精度加速训练过程，由于混合精度将计算从 FP32 转换为 FP16，可能存在梯度溢出或下溢的情况，因此可以采用损失缩放(Loss Scale)避免。

模型训练可能会出现算子不支持的情况，如果遇到算子不支持，需要完成算子开发，可以参考特性域语言(Domain-Specific Language，DSL)、张量迭代内核(Tensor Iterator Kernel，TIK)、AI CPU 三种开发方式。

如果在 CANN 训练的模型与其他平台(如 GPU)存在精度差异，就可以采用精度对比工具，完成算子精度对比，进而分析出现问题的算子。

如果在 CANN 训练过程中与其他平台(如 GPU)存在性能差异，且性能差异较大，可以直接使用 Profiling 工具分析关键性能瓶颈，进而改善性能。如果性能差异较小，或想追求更好的性能，可以采用 AutoTune 工具完成性能调优。

在推理场景下的推理全流程如图 2-10 所示，首先要构建模型，有算子原型构建和原

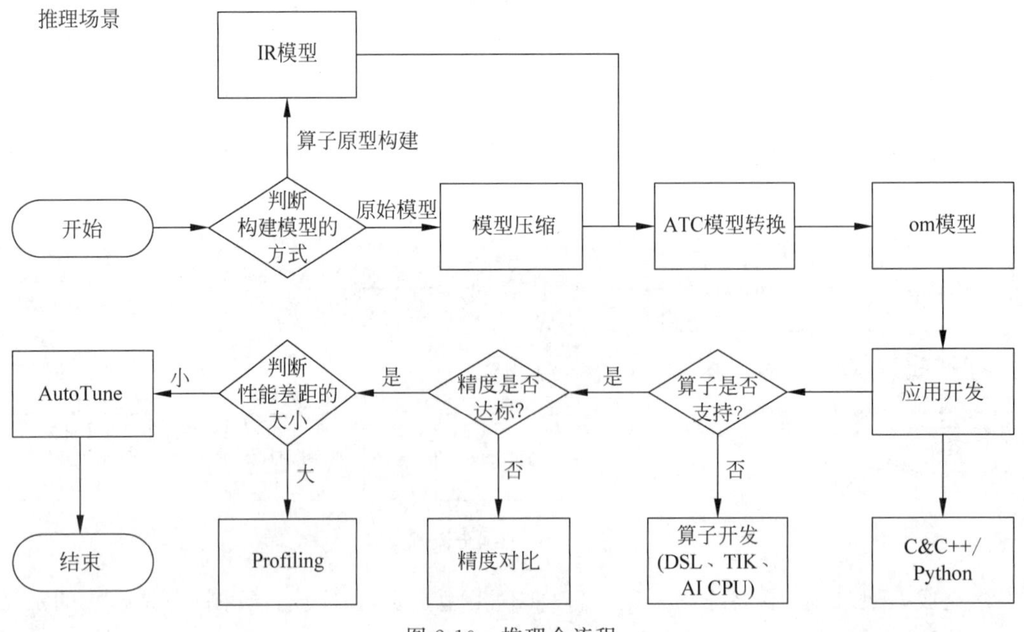

图 2-10　推理全流程

始模型构建两种方式，可以参考链接 https://support.huaweicloud.com/irug-infer-cann/atlasir_05_0002.html。算子原型构建是通过分析原始网络算子，通过定义这些算子的输入、输出、属性以及算子之间的管理关系完成IR模型构建。原始模型构建是通过训练得到深度学习模型，目前支持TensorFlow、Caffe、MindSpore等。原始模型构建时还可以通过模型压缩工具，完成对模型的权重和数据的低比特量化。

完成模型构建以后，可以使用ATC模型转换工具将现有模型转换为om模型，具体内容可以参考第6章。接着就可以使用C&C++/Python语言完成推理应用开发。应用开发完成以后，如果遇到算子不支持，则完成对应算子开发。如果精度不达标，则使用精度对比工具进行精度对比。性能不达标，则先使用Profiling工具分析性能瓶颈，再使用AutoTune工具进行性能调优。

2.6 全流程开发工具链MindStudio

全流程开发工具链MindStudio是一个基于昇腾AI异构计算架构的集成开发环境(IDE)，涵盖模型转换、量化、精度对比、调试、性能分析、算子开发、调试、性能分析，以及应用开发、调试和性能分析等功能。更多详细内容请参考网址：https://www.hiascend.com/zh/software/mindstudio。

2.6.1 MindStudio简介

MindStudio是一套基于IntelliJ Platform框架的集成开发环境，配套昇腾全栈AI解决方案，提供应用开发、模型训练与调优、算子开发等特性，实现一键式全流程开发工具链。MindStudio全流程解决方案如图2-11所示。

MindStudio为基于“芯-端-云”三层开放架构的华为HiAI智能终端AI功能开放平台提供了全流程解决方案。开放平台由HiAI基础模块(HiAI Foundation)、HiAI引擎(HiAI Engine)和HiAI服务(HiAI Service)三部分构成，分别对应芯片功能开放、应用功能开放和服务功能开放。借助MindStudio，开放平台构筑了全面开放的智慧生态，同时提供预集成解决方案(pre-integrated solutions)，让开发者能够快速地利用华为强大的AI处理能力，让用户获得更好的智慧应用体验。

图2-12是MindStudio典型开发流程，MindStudio针对每个环节提供相应的工具，快速地完成环境部署，提供相应的工程模板，让用户聚焦于AI业务的开发中。

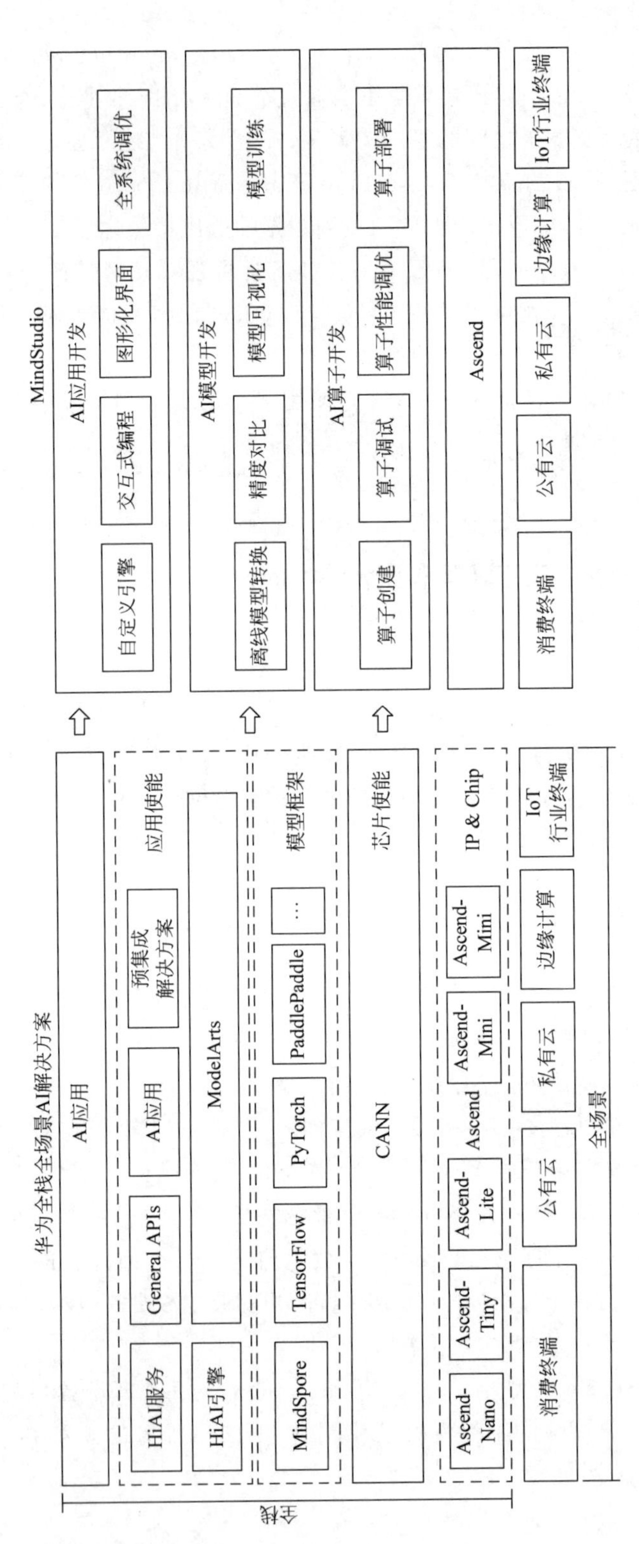

图 2-11　MindStudio 全流程解决方案

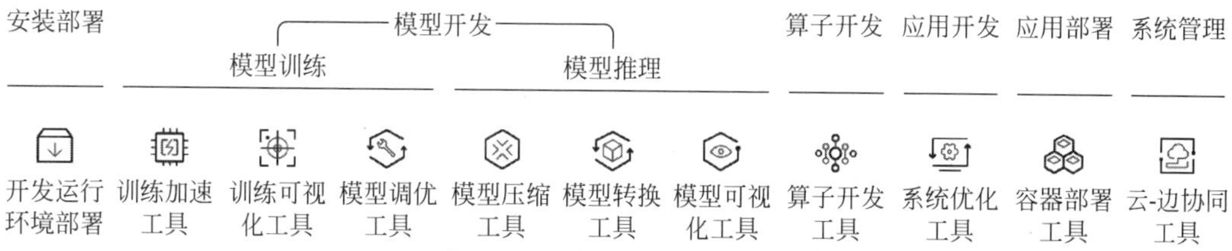

安装部署　模型开发（模型训练　模型推理）　算子开发　应用开发　应用部署　系统管理

开发运行环境部署　训练加速工具　训练可视化工具　模型调优工具　模型压缩工具　模型转换工具　模型可视化工具　算子开发工具　系统优化工具　容器部署工具　云-边协同工具

图 2-12　MindStudio 典型开发流程

2.6.2　模型开发

MindStudio 提供了训练工程管理功能，支持基于 MindSpore、TensorFlow、PyTorch 等 AI 框架进行模型开发，如图 2-13 所示。

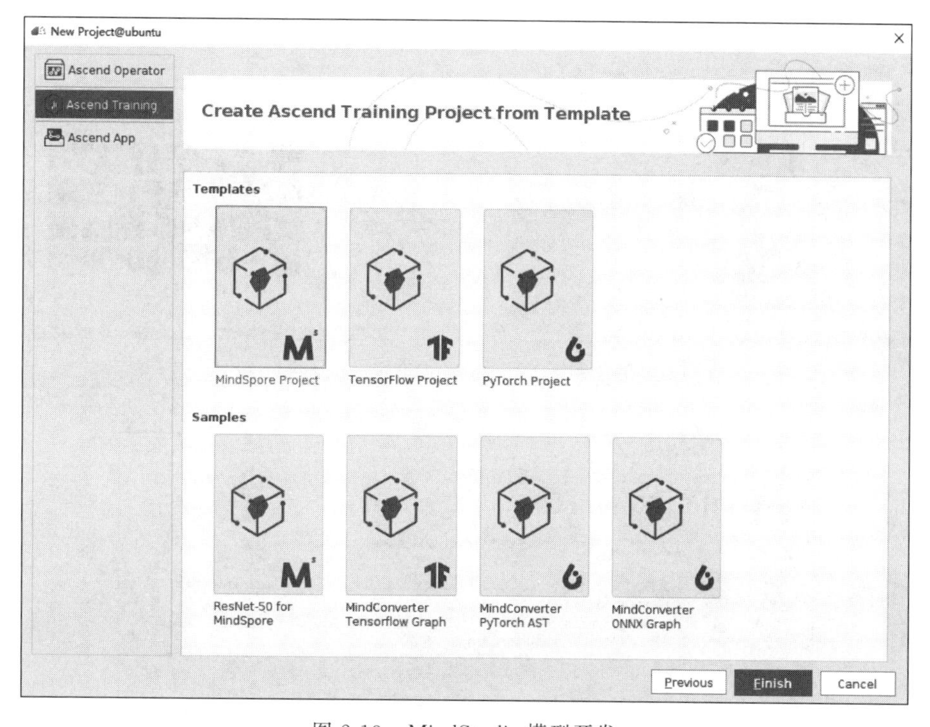

图 2-13　MindStudio 模型开发

除语法高亮、函数补全/跳转等基础 IDE（Integrated Development Environment，集成开发环境）功能外，MindStudio 集成 MindSpore 训练可视化工具 MindInsight。在训练过程中，可以将标量、张量、图像、计算图、模型超参、训练耗时等数据记录到文件中，通过 MindInsight 可视化页面进行查看及分析，帮助用户深入训练过程，观察参数收敛情况及性能参数，MindInsight 可视化工具如图 2-14 所示。

同时为发挥昇腾硬件的超强算力，MindStudio 集成脚本迁移工具（MindConverter），可以将 TensorFlow、PyTorch 快速迁移至 MindSpore 框架，提供基于抽象语法树（Abstract

Syntax Tree，AST)的 PyTorch 脚本迁移，基于 TensorFlow/ONNX 图结构的脚本生成方案，如图 2-15 所示。

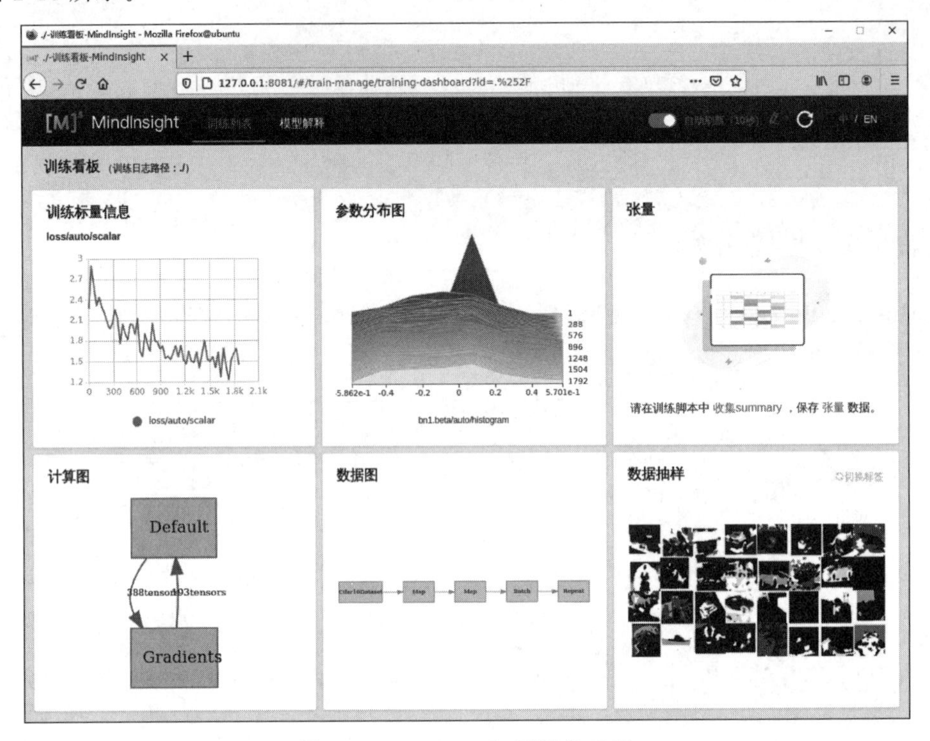

图 2-14　MindInsight 可视化工具

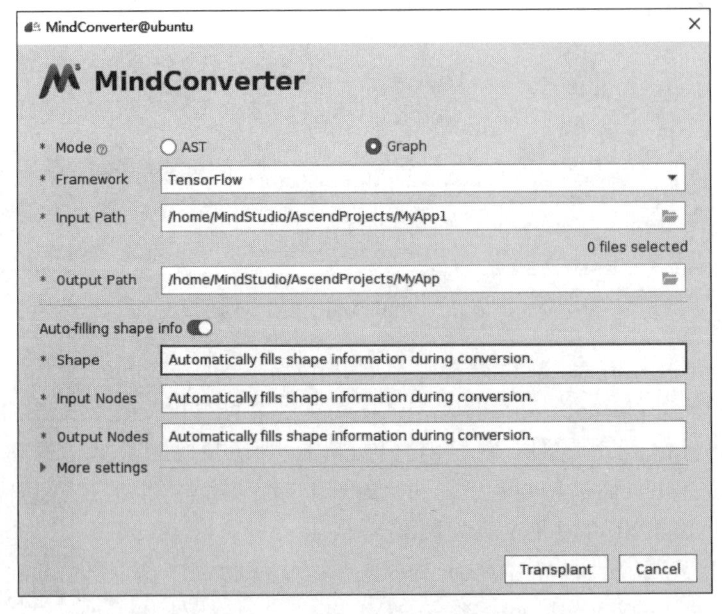

图 2-15　MindConverter 脚本迁移

MindStudio 支持本地和远程执行训练脚本，对于远程执行，MindStudio 将整个工程推送到远程环境（如 ModelArts）执行训练任务，执行完成后将日志同步至本地，如图 2-16 所示。

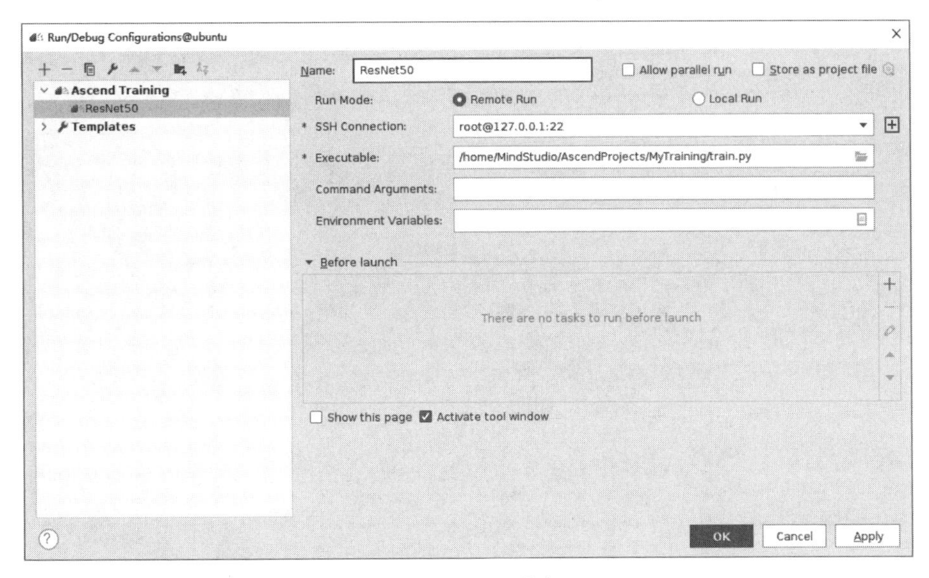

图 2-16　远程执行

2.6.3　应用开发与调优

1. 模型转换与可视化

上述训练的模型可以基于 AI 框架进行在线推理，为使模型可以在更多的推理设备上使用，如终端设备等，昇腾推出了 AscendCL 的离线推理解决方案，首先使用模型转换工具将训练得到的模型，如 pb、ONNX 等格式的模型，转换为 om(offline model，离线模型)格式，用于推理。MindStudio 提供 Model Converter 工具，通过简单的配置，即可完成模型转换，如图 2-17 所示。

同时 MindStudio 提供模型可视化工具 Model Visualizer，帮助用户查看训练模型网络内部结构，如图 2-18 所示。中间为模型整体可视化图，可以上下滑动鼠标查看每部分，其中矩形框的放大结果显示在左侧，可以单击查看图中每个节点的信息，结果展示在右上角，如果需要搜索算子，通过输入框搜索即可。

2. 基于 AscendCL 的应用开发

MindStudio 支持基于 AscendCL 和 MindX SDK 两种开发方式的应用，前者通过编写 C/C++或者 Python 代码完成业务，后者主要通过可视化的业务流编排完成业务开发，应用开发方式选择页面如图 2-19 所示。

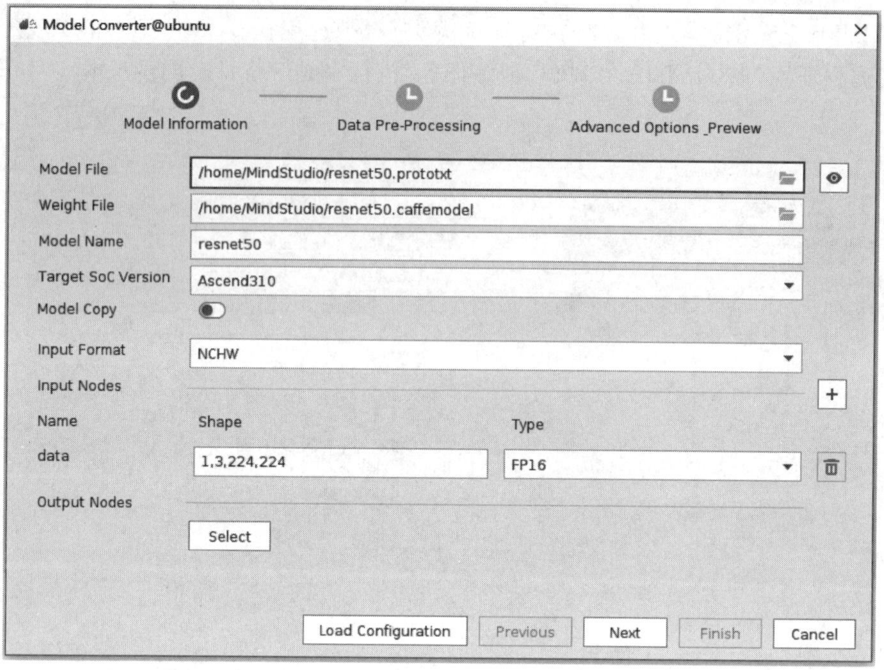

Model Converter@ubuntu

Model Information　Data Pre-Processing　Advanced Options _Preview

Model File　/home/MindStudio/resnet50.prototxt

Weight File　/home/MindStudio/resnet50.caffemodel

Model Name　resnet50

Target SoC Version　Ascend310

Model Copy

Input Format　NCHW

Input Nodes

Name　Shape　Type

data　1,3,224,224　FP16

Output Nodes

Select

Load Configuration　Previous　Next　Finish　Cancel

图 2-17　Model Converter 工具

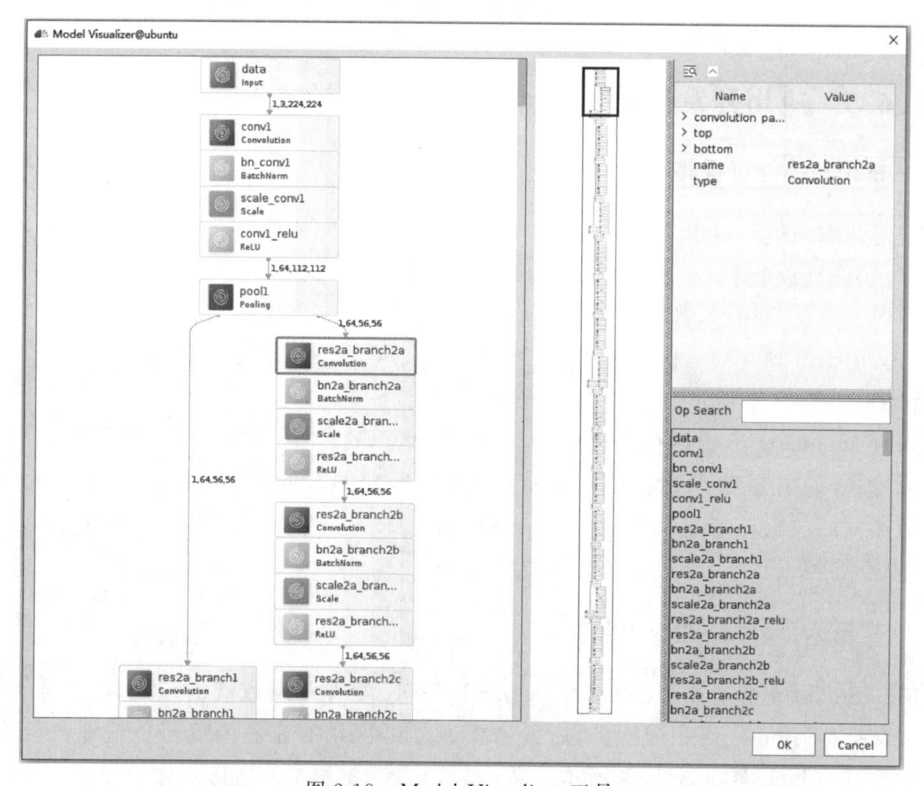

图 2-18　Model Visualizer 工具

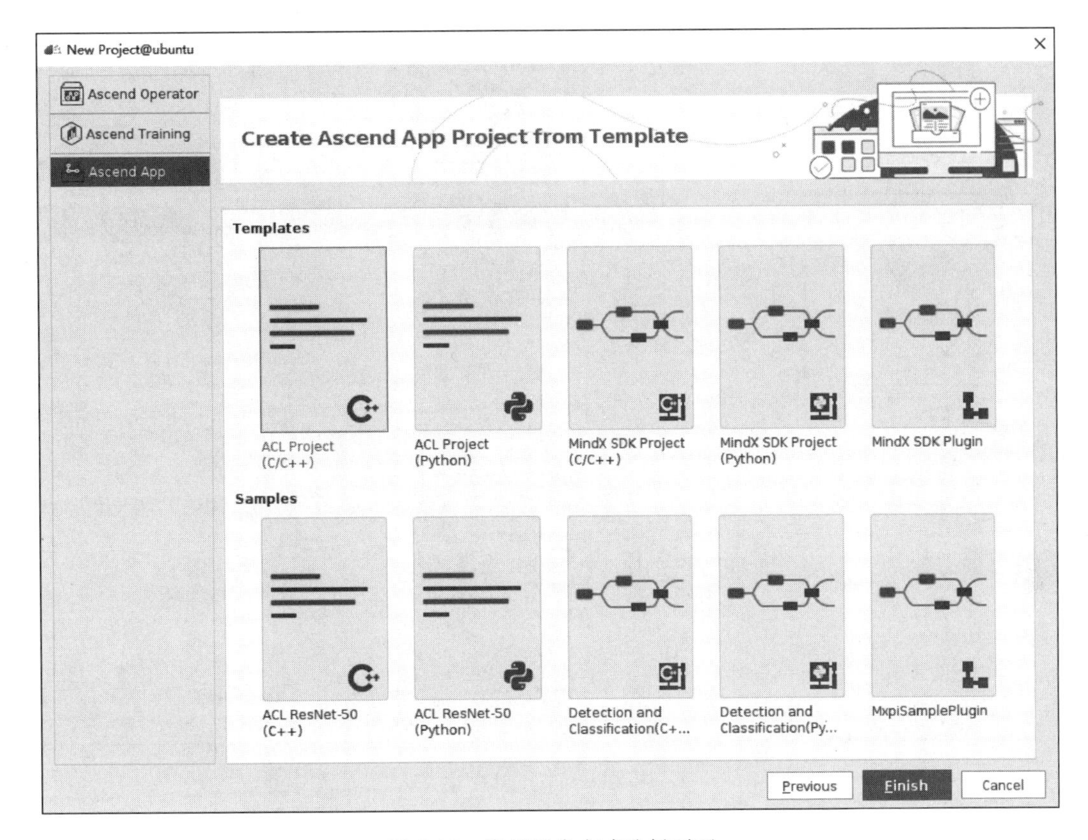

图 2-19　应用开发方式选择页面

对于基于 AscendCL 的应用开发，MindStudio 提供 C/C++编译、调试等基础 IDE 功能，同时提供模型数据转储（Data Dump）、精度对比、性能分析（Profiling）等功能。

用户可以基于模型可视化，如图 2-20 所示，在 Dump Configuration 功能中，通过设置右侧 Dump Option 为 Several 模式，选择左侧放大结果中的矩形框中的一部分节点，接着设置右侧 Dump Mode 为 All 模式，同时转储算子的输入、输出数据。最后通过离线推理数据或者与在线推理数据进行比较，分析离线推理精度问题，如图 2-21 所示。

同时 MindStudio 提供 Profiling 工具采集推理过程底层数据，实现了 Device 侧丰富的性能数据采集功能和全景时间线（Timeline）交互分析功能，展示各项性能指标，帮助用户快速发现和定位 AI 应用的性能瓶颈（包括资源瓶颈导致的 AI 算法短板），指导算法性能提升和系统资源利用率的优化。Profiling 工具支持资源利用可视化统计分析，具体包括 Host 侧 CPU、内存、磁盘、网络利用率和 Device 侧 App 工程的硬件和软件性能数据，如图 2-22 所示。

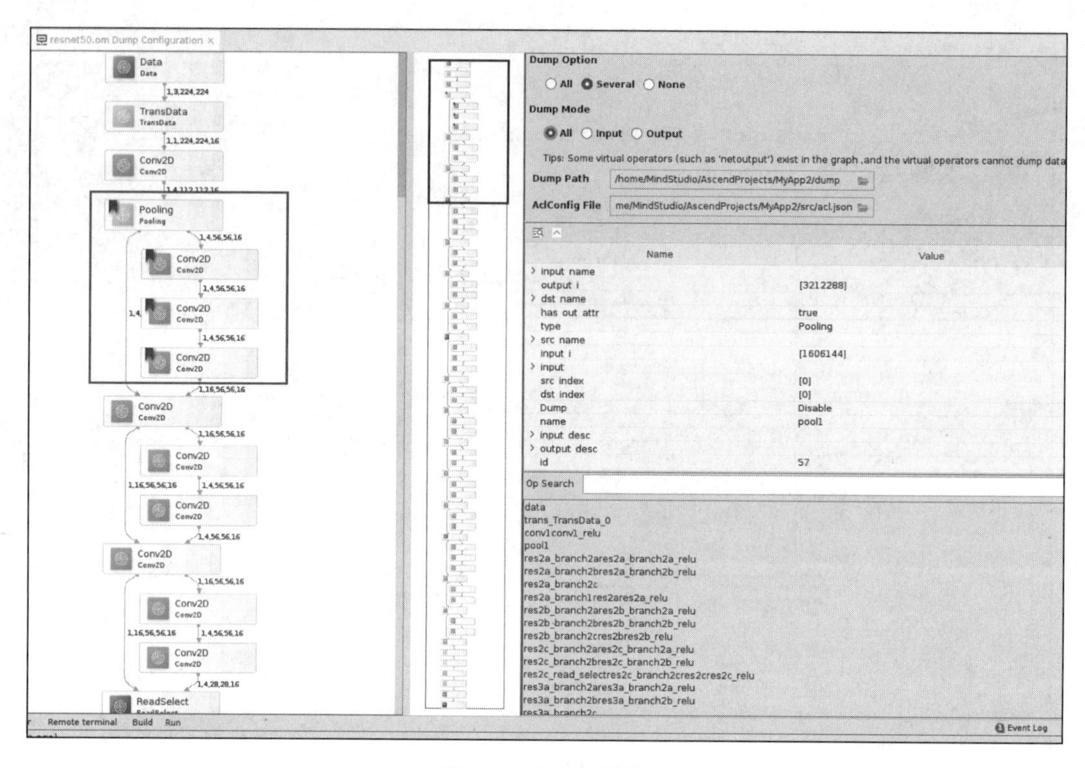

图 2-20　节点可视化

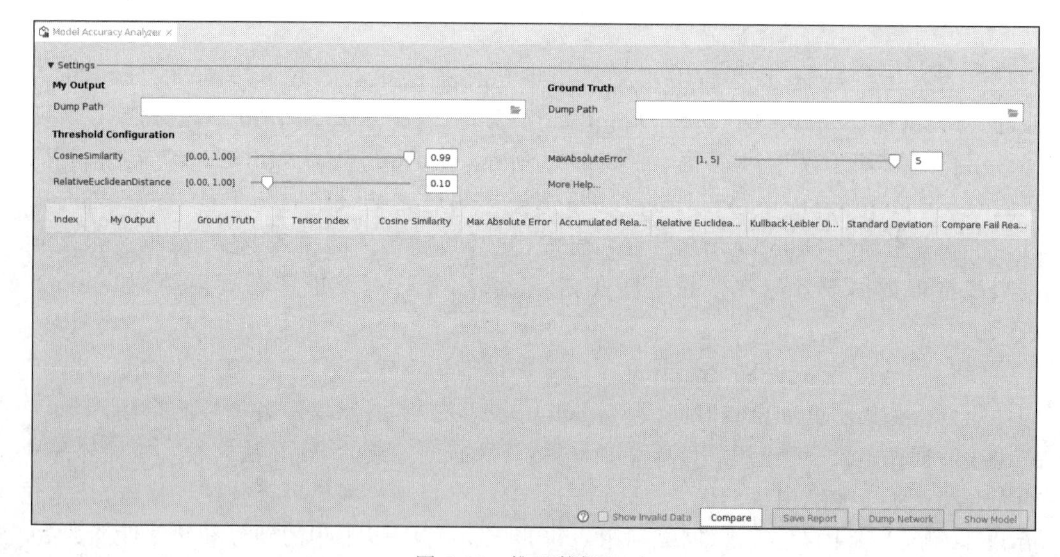

图 2-21　推理数据比对

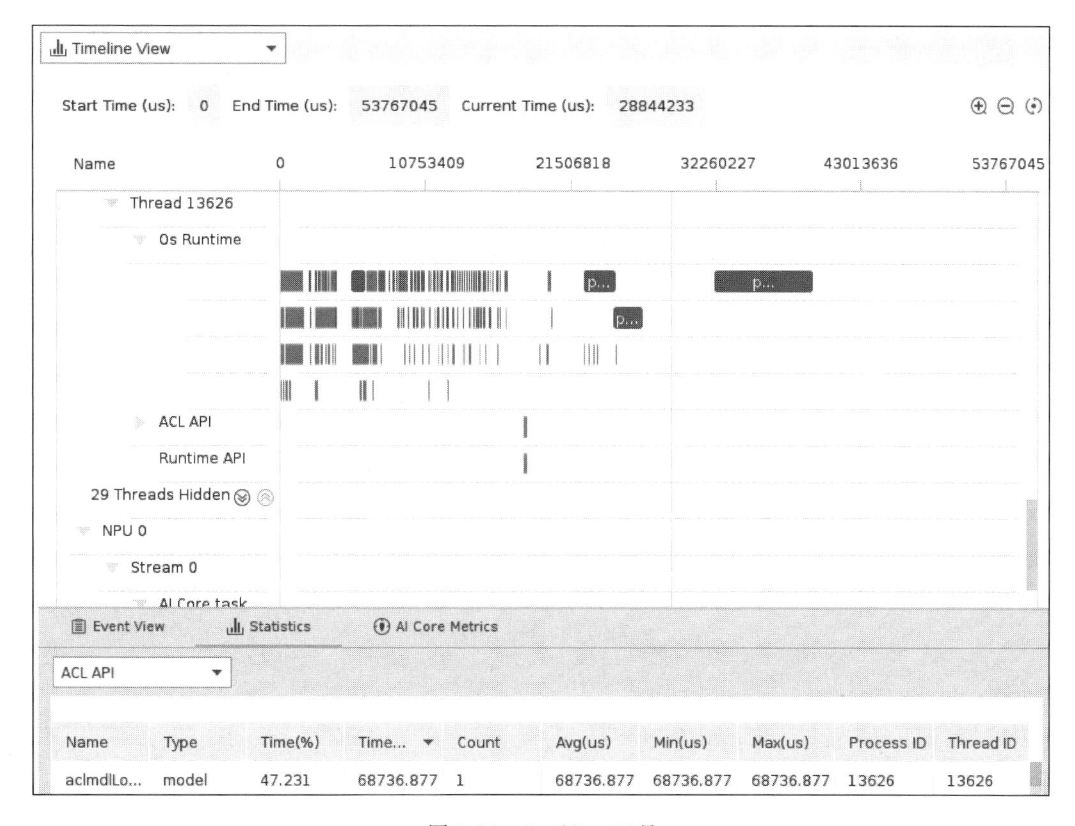

图 2-22　Profiling 工具

2.6.4　算子开发

在训练或模型转换过程中，可能会遇到不支持的算子，或者原有算子不能满足当前性能需求的情况，此时还需要开发算子。MindStudio 提供算子工程管理功能，帮助用户快速搭建算子开发环境和工程模板，让用户聚焦于算子业务的代码实现。

使用 MindStudio 工具可实现不同框架的算子开发，包括 TensorFlow、PyTorch、MindSpore 的 TBE 算子开发和 TensorFlow 的 AI CPU 算子开发，如图 2-23 所示。

自定义 TBE 算子开发提供了 TBE-DSL 和 TBE-TIK 两种算子开发方式，并且提供 Cube 算子自动调优、仿真调试调优以及最优算子搜索工具，帮助用户完成从开发算子到实时调试再到算子调优的算子开发全流程。自定义 TBE 算子的同时支持 TensorFlow、MindSpore、PyTorch 等多种主流框架，华为公司也提供了大量的算子模板及案例帮助用户快速上手，更详细的算子开发内容请参考第 3 章。

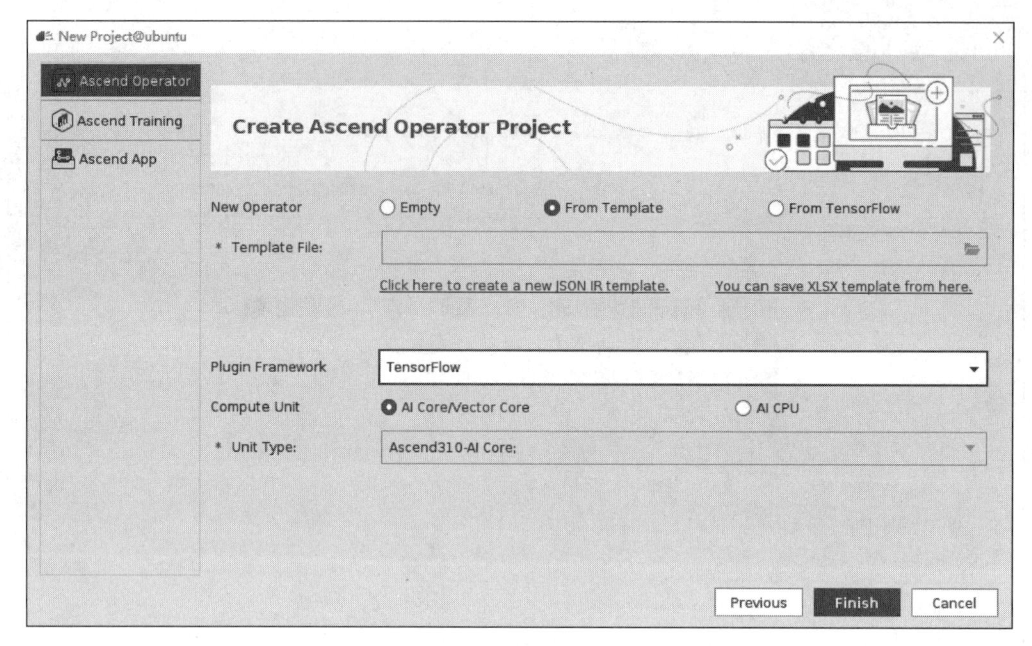

图 2-23　算子开发图

2.7　本章小结

在本章中,首先系统地介绍了昇腾 AI 异构计算架构 CANN 的软件栈,接着介绍了软件栈的各个功能模块,以及开发过程中的开发工具。随后,介绍了在训练场景和推理场景下 CANN 的运行架构。最后介绍了训练和推理的常见全流程开发和全流程开发工具 MindStudio。

第3章

CANN 自定义算子开发

深度学习通过组合算子构建不同应用功能的网络结构。昇腾 CANN 软件栈提供的算子都是预先实现和编译的,是华为公司工程师使用达芬奇架构专用编程语言开发的高度优化的内核函数,能够较好地适配底层的硬件架构,具有较高的性能。当遇到昇腾 CANN 软件栈不支持网络中的算子、用户想要修改现有算子中的计算逻辑或者用户想要开发更高性能的算子这三种情况时,昇腾 CANN 软件栈允许用户根据自己的需求借助张量加速引擎(Tensor Boost Engine,TBE)工具开发自定义算子,并支持开发运行在 AI Core 上或 AI CPU 上的算子。

本章首先简要介绍 TBE 开发,然后对 TBE 自定义算子开发工具体系进行叙述,通过三种方式(TBE DSL、TBE TIK、AI CPU)介绍算子开发的原理及实现方法,并提供了自定义算子样例。

3.1 TBE 开发概述

本节首先简单概述算子和 TBE 基本概念,接着介绍 TBE 开发方式的选择、开发流程、开发交付件等内容。

3.1.1 算子基本概念

算子(Operator,简称 OP)是深度学习算法的基本函数计算单元。在网络模型中,算子对应网络层中的计算逻辑。例如卷积层(Convolution Layer)是一个卷积函数的算子;全连接层(Fully-Connected Layer, FC Layer)中的权值加权求和过程也是一个算子。这些算子计算所涉及数据的容器称为张量(Tensor)。张量具有特定的数据排布格式(如 NCHW 或 NHWC)。下面介绍算子中常用术语的基本概念。

1. 算子名称与类型

算子名称用于标识网络中的某个算子,同一网络中算子的名称需要保持唯一。例如在一个网络中可以定义 conv1、pool1、conv2 等算子名称,其中 conv1 与 conv2 算子的类型为 Convolution,表示分别做一次卷积运算。

算子类型是代表算子的函数运算类型，例如卷积算子的类型为卷积运算，在一个网络中同一类型的算子可能存在多个。

2. 张量的描述

算子中的数据经常是多维的，那么 Tensor 就是记录数据的容器。在几何代数中定义的张量是基于向量和矩阵的推广。通俗一点理解，可以将标量视为零阶张量，向量视为一阶张量，那么矩阵就是二阶张量。数据包括输入数据与输出数据，TensorDesc（Tensor 描述符）是对输入数据与输出数据的描述，TensorDesc 数据结构说明如表 3-1 所示。

表 3-1　TensorDesc 数据结构说明

属　　性	定　　义
名称(name)	用于对张量进行索引，不同张量的名称需要保持唯一
形状(shape)	张量的形状：比如(10,)或者(1024,1024)或者(2,3,4)等 默认值：无
数据类型(dtype)	功能描述：指定张量对象的数据类型 默认值：无 取值范围：float16，float32，int8，int16，int32，uint8，uint16，bool 说明：不同计算操作支持的数据类型不同
数据排布格式(format)	数据的物理排布格式，定义解读数据的维度

3. 张量排布格式

在深度学习领域，多维数据通过多维数组存储，比如卷积神经网络的特征图(Feature Map)通常用四维数组保存，即 4D。四维数组格式解释如下：

(1) N：Batch 数量，例如图像的数目。

(2) H：Height，特征图高度，即垂直高度方向的像素个数。

(3) W：Width，特征图宽度，即水平宽度方向的像素个数。

(4) C：Channels，特征图通道，例如彩色 RGB 图像的 Channels 为 3。

由于数据只能线性存储，因此这四个维度有对应的顺序。不同深度学习框架会按照不同的顺序存储特征图数据。比如 Caffe，排列顺序为[Batch，Channels，Height，Width]，即 NCHW。TensorFlow 中，排列顺序为[Batch，Height，Width，Channels]，即 NHWC。

以一张格式为 RGB 的图片为例，如图 3-1 所示。使用 NCHW 排布格式时，C 排列在外层，实际存储的是“RRRRRRGGGGGGBBBBBB”，即同一通道的所有像素值顺序存储

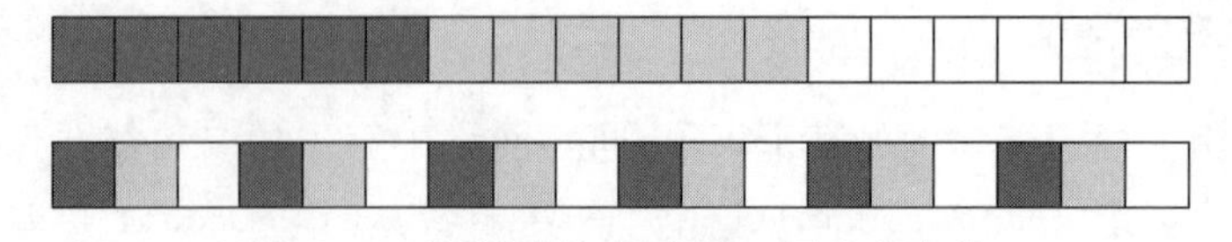

图 3-1　不同排布格式下 RGB 图片的存储

在一起；而NHWC中C排列在最内层，实际存储的则是“RGBRGBRGBRGBRGBRGB”，即多个通道的同一位置的像素值顺序存储在一起。

在不同的硬件加速的情况下，选用的数据排布格式不同：

(1) 对于CPU，NHWC比NCHW稍快一些，因为NHWC的局部性更好，缓存利用率更高。

(2) 对于GPU，图像处理比较多，希望访问同一个通道的像素是连续的，则一般存储采用NCHW。

3.1.2　TBE基本概念

TBE(张量加速引擎)提供了基于张量虚拟机(Tensor Virtual Machine，TVM)这一开源神经网络编译器开发自定义算子的功能。一般情况下，通过深度学习框架中的标准算子实现的神经网络模型已经通过GPU或者其他类型神经网络芯片的训练。如果将这个神经网络模型继续运行在昇腾AI处理器上时，希望尽量在不改变原始代码的前提下发挥它的最大性能，TBE提供了一套完整的算子加速库，库中的算子功能与神经网络中的常见标准算子保持了一一对应关系，并且由CANN软件栈提供了编程接口供调用算子使用。

如果在神经网络模型构造中出现了新的算子，这时张量加速引擎中提供的标准算子库无法满足开发需求。此时需要通过TBE语言进行自定义算子开发，这种开发方式和GPU上利用CUDA C++的方式相似，可以实现更多功能的算子，灵活编写各种网络模型。用户需要进行自定义算子开发的场景有：

(1) 昇腾CANN软件栈不支持网络中的算子。

(2) 用户想要修改现有算子中的计算逻辑。

(3) 用户想要自己开发算子来提高计算性能。

通过TBE语言和自定义算子编程开发界面可以完成相应神经网络算子的开发，TBE功能框架如图3-2所示，包含了算子逻辑描述语言模块、调度(Schedule)模块、中间表示(Intermediate Representation，IR)模块、编译器传递(Pass)模块以及代码生成(CodeGen)模块。

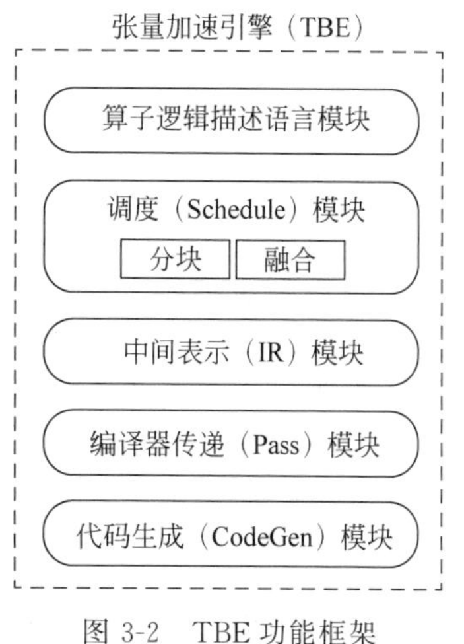

图3-2　TBE功能框架

对于一个TBE算子的开发流程叙述如下。

(1) TBE算子开发分为计算过程的编写与调度开发，TBE提供直接基于特性域语言(Domain-Specific Language，DSL)以及张量迭代内核(Tensor Iterator Kernel，TIK)开发算子的计算过程和调度过程。算子计算过程描述指明算子的计算方法和步骤，而调度过程描述完成数据切块和数据流向的规划。算子每次计算都按照固定数据形状进行处理，这就需要提前针对在昇腾AI处理器中的不同计算单元上执行的算子进行数据形状切分，如矩阵计算单元、向量计算单元以及AI CPU上执行的算子对输入数据形状的需求各不相同。

(2) 在完成算子的基本实现过程定义后，需要启动调度模块中分块(Tiling)子模块，对算子中的数据按照调度描述进行切分，同时指定好数据的搬运流程，确保在硬件上的执行达到最优。除了数据形状切分之外，TBE的算子融合和优化能力也是由调度模块中的融合(Fusion)子模块提供的。

(3) 算子编写完成后，需要生成中间表示进一步优化，而中间表示模块通过类似于TVM的IR(Intermediate Representation)格式进行中间表示的生成。在中间表示生成后，需要将模块针对各种应用场景进行编译优化，优化的方式有双缓冲(Double Buffer)、流水线(Pipeline)同步、内存分配管理、指令映射、分块适配矩阵计算单元等。

(4) 在算子经过编译器传递模块处理后，由CodeGen生成类C代码的临时文件，这个临时代码文件可以通过编译器生成算子的实现文件，可被网络模型直接加载调用。

综上所述，一个完整的自定义算子可由TBE中的子模块完成整个开发流程，首先基于DSL或者TIK提供算子计算逻辑和调度描述，构成算子原型后，由调度模块进行数据切分和算子融合，进入中间表示模块，生成算子的中间表示。编译器传递模块以中间表示进行内存分配等编译优化，最后由代码生成模块产生类C代码可供编译器直接编译。张量加速引擎在算子的定义过程中不但完成了算子编写，而且还完成了相关的优化，提升了算子的执行性能。

3.1.3 TBE开发方式与流程

用户可以基于TBE使用Python语言开发自定义算子，或者使用C++语言开发AI CPU算子，有以下三种方式：DSL算子开发、TIK算子开发、AI CPU算子开发。本节首先介绍三种算子开发方式，随后对三者进行对比并给出各自适应的场景，接着介绍开发所需的交付件内容，最后提供算子开发总体流程。

1. DSL算子开发

为了方便用户进行自定义算子开发，DSL接口已高度封装，用户仅需要使用DSL接口完成计算过程的表达，后续的调度(Schedule)创建、优化及编译都可通过已有接口一键式完成，适合初级开发用户。DSL开发的算子性能可能较低。

2. TIK算子开发

TIK是一种基于Python语言的动态编程框架，呈现为一个Python模块。用户可以通过调用TIK提供的API基于Python语言编写自定义算子，即TIK DSL，然后TIK编译器会将TIK DSL编译为CCEC(Cube-based Computing Engine C，面向C语言编程的矩阵计算引擎)代码，最终CCEC编译器会将CCEC代码编译为二进制文件。

基于TIK的自定义算子开发，提供了对Buffer的管理和数据自动同步机制，但需要用户手动计算数据的分片和索引，需要用户对达芬奇架构非常了解，入门难度更高。TIK

对矩阵的操作更加灵活，性能会更优。

3. AI CPU 算子开发

AI CPU 算子是运行在昇腾 AI 处理器中 AI CPU 计算单元中的表达一个完整计算逻辑的运算。昇腾处理器包含了 AI Core 和 AI CPU 两种计算单元，在某些特殊情况下可能存在 AI Core 不支持的算子（比如部分算子需要 int64 类型），这时可以通过开发 AI CPU 自定义算子实现昇腾 AI 处理器对此算子的支持。

4. 开发方式的选择

DSL、TIK、AI CPU 三种算子开发方式的比较如表 3-2 所示。

表 3-2 DSL、TIK、AI CPU 三种算子开发方式的比较

参　数	DSL	TIK	AI CPU
语言	Python	Python	C++
计算单元	AI Core	AI Core	AI CPU
运用场景	常用于各种算术逻辑简单的向量运算或内置支持的矩阵运算及池化运算，例如 element-wise 类操作	适用各类算子的开发，对于无法通过 lambda 表达描述的复杂计算场景也有很好的支持，例如排序类操作	在某些场景下，无法通过 AI Core 实现的自定义算子
入门难度	较低	较高	中等
适用人群	入门用户，需要了解神经网络、DSL 相关知识	高级用户，需要了解神经网络，深入理解昇腾 AI 处理器架构、指令集、数据搬运等相关知识	具备 C++程序开发能力，对机器学习、深度学习、AI CPU 开发流程有一定的了解
特点	DSL 接口已高度封装，用户仅需要使用 DSL 接口完成计算过程的表达，后续的调度创建、优化及编译都可通过已有接口一键式完成	入门难度高，程序员直接使用 TIK 提供的 API 完成计算过程的描述及调度过程，需要手工控制数据搬运的参数和调度。用户无须关注 Buffer 地址的分配及数据同步处理，由 TIK 工具进行管理	开发的流程与 DSL 类似，不需要了解 AI Core 的内部架构设计，入门较快
不足	在某些场景下性能可能较低，复杂算子逻辑无法支持表达	TIK 对数据的操作更加灵活，但需要手工控制数据搬运的参数和调度过程。代码编写接近底层硬件架构，过程优化等基于特定硬件特性	因为没有相关封装接口，计算过程相对比较烦琐，因为 AI CPU 性能较低，一般只有在 AI Core 不支持或者临时快速打通的场景下使用

用户在进行算子开发前，需要先进行算子的初步分析，分析算子算法的原理，提取出算子的数学表达式，分析 DSL 提供的接口是否可满足计算逻辑描述的要求，若能够满足，

则优先选用 DSL 方式进行开发。若 DSL 接口无法满足计算逻辑描述或者实现后性能无法满足用户要求，则选择 TIK 算子开发方式，如图 3-3 所示，若 DSL 和 TIK 都不适合开发，则使用 AI CPU 开发方式。

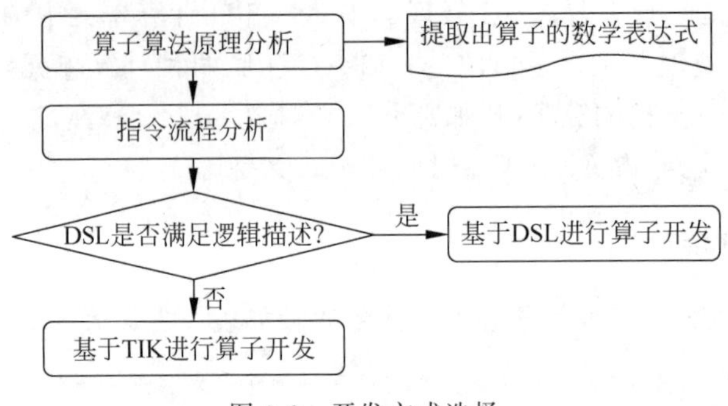

图 3-3　开发方式选择

5. 开发交付件

TBE 算子开发完成后在昇腾 AI 处理器硬件平台上的运行架构如图 3-4 所示。从图中可以看出，算子实现、算子适配插件、算子原型库、算子信息库是开发人员在自定义算子开发时需要实现的交付件。

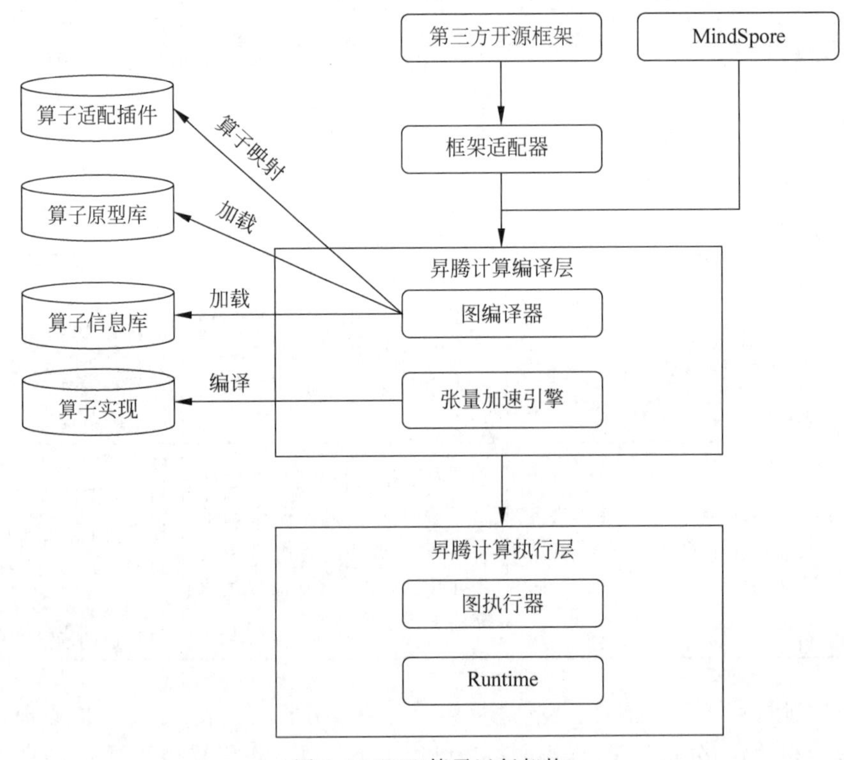

图 3-4　TBE 算子运行架构

(1) 算子实现：主要提交内容是算子实现的 Python 文件，包含算子的计算实现及调度实现。

(2) 算子适配插件：主要提交内容是基于第三方框架，例如 Tensorflow 进行自定义算子开发的场景，开发人员完成自定义算子的实现代码后，需要进行适配插件的开发将基于第三方框架的算子映射成适合昇腾 AI 处理器的算子，将算子信息注册到图编译器(Graph Compiler)中。基于第三方框架的网络运行时，首先会加载并调用算子适配插件信息，将第三方框架网络中的算子进行解析并映射成昇腾 AI 处理器中的算子。

(3) 算子原型库：算子原型库主要体现算子的数学含义，包含定义算子输入、输出、属性和取值范围，基本参数的校验和形状(shape)的推导。网络运行时，图编译器会调用算子原型库的校验接口进行基本参数的校验，校验通过后，会根据原型库中的推导函数推导每个节点的输出形状与数据类型，进行输出张量的静态内存的分配。

(4) 算子信息库：算子信息库主要体现算子在昇腾 AI 处理器上物理实现的限制，包括算子的输入/输出数据类型、数据排布格式(format)以及输入形状信息。网络运行时，图编译器会根据算子信息库中的算子信息做基本校验，判断是否需要为算子插入合适的转换节点，并根据算子信息库中信息找到对应的算子实现文件进行编译，生成算子二进制文件进行执行。

6. 开发流程

本章将结合几个简单的算子示例讲述如何基于 TBE 的 DSL、TIK、AI CPU 三种方式进行算子开发。总体的开发流程如图 3-5 所示，其中算子单元测试(UT)仅在 MindStudio 开发场景下支持。

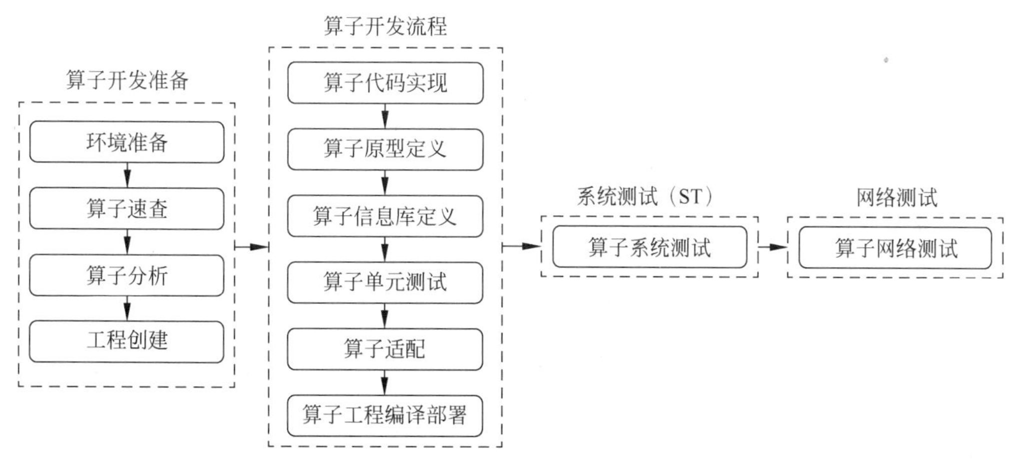

图 3-5　总体的开发流程

3.2 TBE DSL 算子开发

为了方便用户进行自定义算子开发，昇腾 CANN 软件栈借鉴了 TVM 中的 TOPI 机制，预先提供一些常用运算的调度，封装成一个个运算接口，称为基于 TBE DSL 开发。用户只需要利用这些特定域语言声明计算的流程，再使用自动调度（Auto Schedule）机制，指定目标生成代码，即可进一步使目标生成代码被编译成专用内核。

3.2.1 开发环境准备

算子开发可以通过命令行方式开发，也可以通过 IDE MindStudio 方式开发，推荐使用 MindStudio 方式开发。MindStudio 是一套基于 IntelliJ 框架的开发工具链平台，提供了应用开发、调试、模型转换功能，同时还提供了网络移植、优化和分析功能，为用户开发应用程序带来了极大的便利。

MindStudio 只能安装在 Linux 服务器上，因为 MindStudio 是一款 GUI 程序，所以在 Windows 服务器上通过 SSH 登录到 Linux 服务器进行安装时，需要使用集成了 X 服务器的 SSH 终端（比如 MobaXterm，该工具版本需要为 v20.2 及以上）。

MindStudio 可以通过脚本安装，也可以手动安装，为了简化操作，可以选择脚本 msInstaller 安装，具体的安装请参考网址链接 https://support.huawei.com/enterprise/zh/doc/EDOC1100180787/1d74210。

3.2.2 DSL 的 API 接口

TBE 提供了一套计算接口供用户组装算子的计算逻辑，使得 70%以上的算子可以基于这些接口进行开发，极大地降低自定义算子的开发难度。TBE 提供的这套计算接口，称为 DSL 接口。该接口涵盖了向量运算，包括 Math 操作、NN 操作等。

1. 各种计算接口分类

各种计算接口分类与描述如表 3-3 所示。

表 3-3 各种计算接口的分类与描述

分类	描述
Math	对张量中每个原子值分别做相同操作的计算接口
NN	与神经网络相关的计算接口
Cast	取整计算接口，对输入张量中的每个元素按照一定的规则进行取整操作

续表

分　类	描　述
Inplace	对张量按行进行相关计算的接口
Reduce	对张量按轴进行相关操作的计算接口
Matmul	矩阵乘计算接口
Gemm	通用矩阵乘计算接口
Conv	包含2D卷积运算和3D卷积运算的相关接口
Pooling2d	2D池化接口
Pooling3d	3D池化接口
Array	在指定轴上对输入张量进行重新连接或者切分的接口

2. 自动调度(Auto Schedule)接口

自动调度是一个比较特殊的接口,如果要基于TBE DSL编写一个算子,首先通过组合DSL计算接口表达算子的计算逻辑,然后调用自动调度接口进行算子的自动调度,完成数据切块和数据流向的划分。调度是与硬件相关的,其功能主要是调整计算过程的逻辑,意图优化计算过程,使计算过程更高效,保证计算过程中占用硬件存储空间不会超过上限。通过自动调度可以简化开发过程,实现过程中只需要关注算子的逻辑表达,底层的优化交给自动调度就可以了。同时,自动调度机制是TBE底层的默认调度调优机制,用户无法在算子开发代码过程中进行控制,具体自动调度的原理将在后面代码实现后进行简要介绍。更详细的API介绍可以参考链接https://www.hiascend.com/document中的TBE自定义算子开发。

3.2.3 DSL算子开发示例

本节正式开始开发一个DSL算子程序。为了方便用户进行自定义算子的开发,基于DSL开发的算子可以直接使用TBE提供的自动调度机制,自动完成调度过程,省去最复杂的调度编写过程。目前昇腾官网提供在线实验TBE算子开发(DSL)供用户练习,参考链接为https://www.hiascend.com/zh/college/onlineExperiment/codeLabTbe/tab,同时也提供了MindStudio图形化界面体验算子开发流程,参考链接https://lab.huaweicloud.com/testdetail_462。

DSL算子开发大致流程如图3-6所示,具体步骤详述如下。

1. 算子分析

使用TBE DSL方式开发算子前,首先需要确定算子的功能、输入/输出和逻辑表达,其中重点分析算子算法的原理,提取出算子的数学表达式,再查询TBE DSL API接口,看看是否满足算子实现的要求,若TBE DSL接口无法满足算子实现的要求,请考虑使用TIK开发方式(请参考3.3节)。

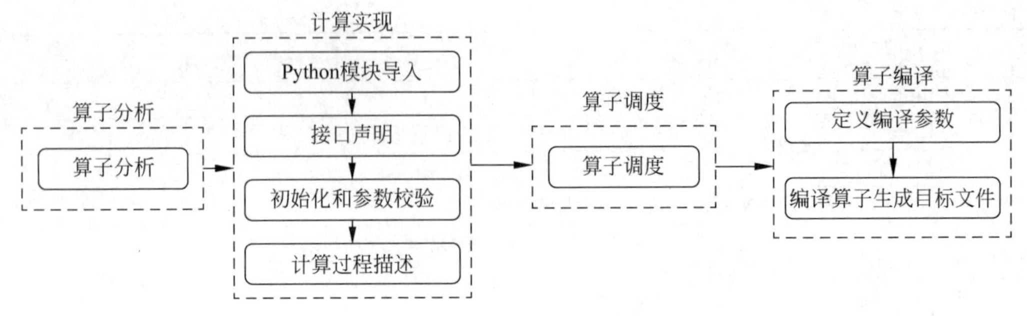

图 3-6　DSL 算子开发大致流程

本节开发的算子就是开平方，输入数据 x，对其进行开平方计算得到输出值 y，即 $y=\sqrt{x}$。

假设当前 TBE DSL API 并没有开平方的现存接口，那么可以通过等价变化，利用已经实现的 API 接口实现开平方功能。对于开平方，转换后的数学表达式为：

$$y=\sqrt{x}=\exp(0.5\times\ln(x))$$

具体的转换逻辑，可以自己推算或者查询，这里不再展开。转换后的表达式主要包括求对数、乘法以及幂的运算。查询 API 手册，相关接口如下：

(1) tbe.dsl.vlog(raw_tensor)；

(2) tbe.dsl.vmuls(raw_tensor,scalar)；

(3) tbe.dsl.vexp(raw_tensor)。

当然，开平方的实现逻辑可以有多种，不一定非要按照上面的表达式实现，比如，可以通过牛顿迭代实现，后面在讲精度优化时会介绍。

2. 算子计算代码实现

算子实现会使用 IDE 工具 MindStudio 进行开发，打开 MindStudio，如果是首次登录 MindStudio，在 MindStudio 欢迎界面中可以单击 Create New Project，创建新工程，也可以直接在 MindStudio 提供的样例工程中新建算子，对于初学者来说可以参考样例代码，提升学习效率。MindStudio 算子样例工程在如下路径：MindStudio→samples→tbe_operator_sample。

右击工程名 tbe_operator_sample，选择 New→Operator 命令，弹出如图 3-7 所示界面，在 Operator Type 栏输入算子类型名称 sqrt，在 Plugin Framework 栏选择 TensorFlow，即算子所在模型文件的 AI 框架类型，Compute Unit 栏是选择开发 TBE 算子还是 AI CPU 算子，Unit Type 栏用于根据实际昇腾 AI 处理器版本通过下拉列表选择算子计算单元，单击 OK 按钮，完成算子工程的创建。

关于算子名称需要采用大驼峰的命名方式，即采用大写字母区分不同的语义，当前需要将大写字母转换为下画线加小写字母(首字符只转换为小写字母不带下画线)，作为算

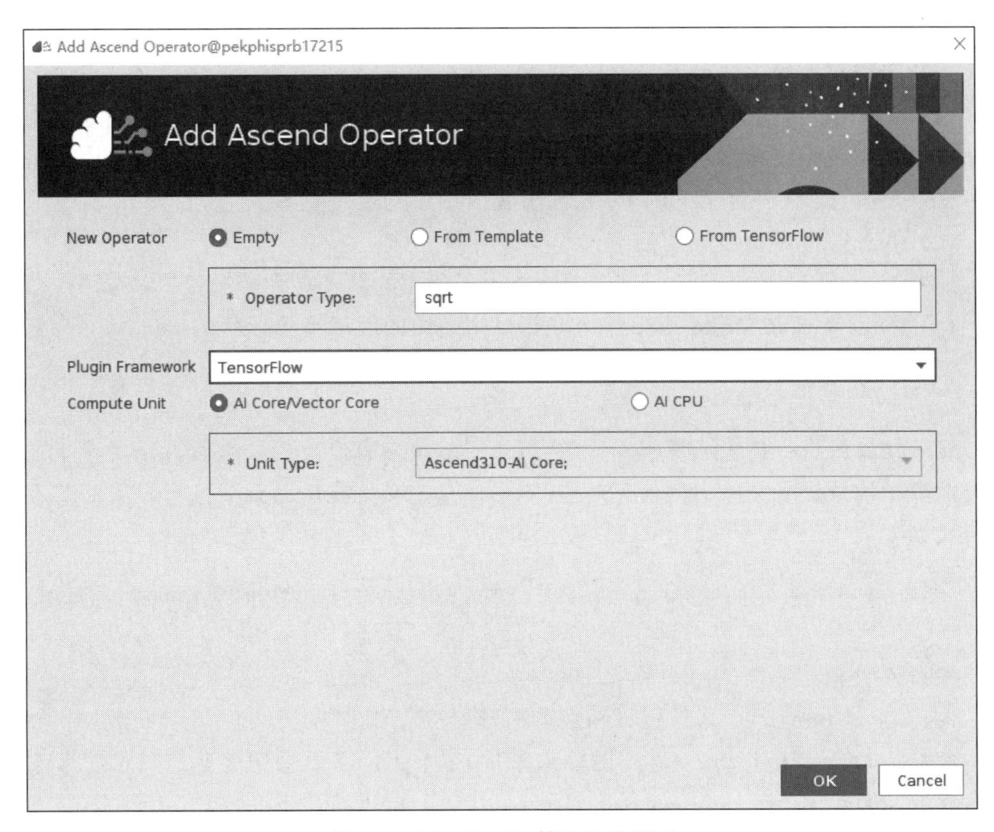

图 3-7　MindStudio 算子开发界面

子文件名称和算子函数名称。比如算子类型命名为 AbcDef，那么算子文件名和函数名就为 abc_def。

MindStudio 会自动生成算子框架代码，在工程 tbe→impl 目录下，自动生成了一个名为 sqrt.py 的 Python 程序，里面包含以下两个函数：

```
def sqrt(input_x, output_y, kernel_name = "sqrt"):
def sqrt_compute(input_x, output_y, kernel_name = "sqrt"):
```

为了保证函数功能的单一性，函数 sqrt 主要是进行参数检查、实现主干逻辑，sqrt_compute 函数实现具体的算子计算逻辑，被函数 sqrt 调用。

3. 导入 Python 模块

进行 TBE DSL 算子开发时，首先需要在算子实现文件中导入昇腾 CANN 软件栈提供的 Python 模块，代码示例如下。

```
import tbe.dsl
from tbe import tvm
from tbe.common.utils import para_check
```

```
from tbe.common.utils import shape_util
```

对这段代码做如下解释：

（1）tbe.dsl：引入TBE支持的特定域语言接口，包括常见的运算vmuls、vadds、matmul等，以及编译接口。具体的接口定义可查看ATC工具安装路径下atc/python/site-packages/tbe/dsl/目录下的Python函数。

（2）tbe.tvm：引入TVM后端代码生成机制。

（3）tbe.common.utils.para_check：提供了通用的算子参数校验接口。

（4）tbe.common.utils.shape_util：提供了通用的处理算子形状的接口。

4. 算子函数定义

算子接口函数中包含了算子输入信息、算子输出信息以及内核名称，函数的声明信息需要与算子信息定义文件中的信息对应(算子信息定义将在后面章节进行介绍)。算子函数定义如下：

```
def operationname(input_x1, input_x2, output_y, attribute1 = None, attribute2 = None,...,
kernel_name = "KernelName", impl_mode = "high_performance")
```

参数说明：

（1）operationname：算子接口函数名称，请与算子实现文件名称保持一致。

（2）input_x1,input_x2：算子的输入张量，每个张量需要采用字典的形式进行定义，包含参数shape、ori_shape、format、ori_format与dtype信息，例如：

```
dict input_x1 = {'shape' : (2,2), 'ori_shape' : (2,2), 'format': 'ND', 'ori_format':'ND', 'dtype' :
'float16'} #输入张量的名称、个数及顺序,需要与算子信息库定义保持一致
```

之所以输入的张量要采用上面这种形式定义，其原因是TBE DSL只是定义算子过程，并不执行，最终会生成CCE代码，在TBE中是通过tvm.placeholder进行数据占位，这时并没有真正的数据，只是告诉TVM占位的形状和数据类型，最后通过TVM机制，把数据地址作为生成的CCE代码的输入，placeholder相当于定义了一个位置，这个位置中的数据在程序运行时再指定。

（3）output_y：算子的输出张量，包含参数shape和dtype等信息，采用字典形式，此字段为预留位。

（4）attribute1,attribute2,…：算子的属性，此处需要为算子的属性赋默认值，算子属性的名称、个数与顺序需要与算子信息库中的定义保持一致。若算子无相关属性信息，此参数忽略。

（5）kernel_name：算子在内核中的名称(生成的二进制文件与算子描述文件的名称)，由用户自定义，为了保持唯一，只能是字母、数字、“_”的组合，且必须是字母或者“_”开头，长度小于或等于200个字符。

（6）impl_mode(可选)：为字符串(String)类型，算子运行时可选择精度优先还是性

能优先模式，该字段仅影响输入为 float32 类型数据时的精度与性能。有 high_precision 与 high_performance 两种取值，默认值为 high_performance。

用户在进行算子接口函数声明时可使用装饰器函数 check_op_params 或者 check_input_type 对算子参数进基本的校验。其中 check_op_params 校验算子输入/输出是否满足必选与可选的要求，check_input_type 校验算子的参数类型是否合法。例如：

```
@para_check.check_op_params(para_check.REQUIRED_INPUT,para_check.REQUIRED_OUTPUT,para_
check.KERNEL_NAME)
@para_check.check_input_type(dict, dict, str)
def sqrt(x, y, kernel_name = "sqrt")
```

这里装饰器函数 check_input_type 会检查参数 x 的类型是不是字典，其他参数也是如此。

5. 算子函数实现

完成算子函数声明后，就要具体实现算子接口定义 sqrt 函数和 sqrt-compute 函数。首先在算子接口定义函数中，获取算子输入张量的形状(shape)以及数据类型(dtype)，并对其及其他属性信息进行校验，一些基本的校验检查，框架代码会自动生成：

```
para_check.check_shape_rule(shape)              # 校验算子的 shape 参数
para_check.check_shape_size(shape)              # 校验算子输入 shape 参数的大小
para_check.check_kernel_name(kernel_name)       # 校验算子的 kernel_name 参数
```

除了上面这些校验之外，还可以根据新开发算子本身的需要，新增相关的校验，比如，如果开发的算子只支持 float16 和 float32，就可以对输入的数据类型进行校验。代码如下：

```
para_check.check_dtype_rule(input_dtype, ("float16", "float32"))
```

校验完成之后，根据 shape 参数与 dtype 参数定义输入张量的张量占位符，使用 TVM 的 placeholder 接口对输入张量进行占位，返回一个张量对象，如前所述，此位置中的数据在程序运行时才被指定。在算子接口定义 sqrt 函数中调用 sqrt_compute()函数，输入张量为 tvm.placeholder 定义的占位张量，其他为算子接口定义函数传送的参数，具体如下(这些代码都为框架自动生成的，可能需要根据算子的实际需要进行修改)：

```
data_x = tvm.placeholder(shape, name = "data_input", dtype = input_dtype)
res = sqrt_compute(data_x, output_y, kernel_n6ame)
```

在 sqrt-compute 函数中，完成算子的计算过程。计算过程的实现主要根据算子分析中的 TBE DSL API 进行代码开发。再回顾开平方的计算逻辑：

$$y=\sqrt{x}=\exp(0.5\times\ln(x))$$

（1）调用 tbe.dsl.vlog(raw_tensor)，计算 ln(x)。

（2）调用 tbe.dsl.vmuls(raw_tensor,scalar)，计算 0.5×ln(x)。

（3）调用 tbe.dsl.vexp(raw_tensor)接口得到最终结果。

完整代码如程序清单 3-1 所示。

程序清单 3-1　平方根计算函数

```
def sqrt_compute(x, y, kernel_name = "sqrt"):
    log_val = tbe.dsl.vlog(x)
    const_val = tvm.const(0.5, "float32")
    mul_val = tbe.dsl.vmuls(log_val, const_val)
    res = tbe.dsl.vexp(mul_val)
    return res
```

6. 自动调度

至此，算子的基本逻辑都开发完成了，当定义完计算逻辑后，需要在算子接口实现函数中实现调度与编译。通过调用 auto_schedule 接口，便可以自动生成相应的调度，此处通过 TVM 的打印机制可以看到相应计算的中间表示。配置信息包括是否需要打印 IR、是否编译，以及算子内核名及输入、输出张量的列表（张量列表需要根据算子实际情况进行修改，框架代码默认是单输入单输出，如果不是这样就需要修改）。具体代码如程序清单 3-2 所示（都是框架自动生成的）。

程序清单 3-2　自动调度代码

```
with tvm.target.cce():
    sch = tbe.dsl.auto_schedule(result)
config = {
    "print_ir": True,
    "need_build": True,
    "name": kernel_name,
    "tensor_list": [input_data, result]
    "bool_storage_as_bit":True
}
tbe.dsl.build(sch,config)
```

使用 auto_schedule 接口，自动生成相应的调度（schedule），auto_schedule 接口的参数为算子的输出张量。其中的参数说明如下。

（1）schedule：可以理解为描述的计算过程如何在硬件上高效执行，即把相关的计算和硬件设备上的相关指令对应起来。schedule 对象中包含一个“中间表示（IR）”，它用一种类似伪代码来描述计算过程，可以通过“print_ir”参数把它打印出来查看。

（2）“need_build”：表示是否进行编译并生成，默认是 True。

(3)“name”：编译生成的算子二进制文件名称，只能是字母、数字、“_”的组合，且必须是字母或者“_”开头，长度小于或等于200个字符。

(4)“tensor_list”：用于保存输入张量、输出张量，这个顺序需要严格按照算子本身的输入、输出数据顺序排列。注意：输入张量需要是placeholder接口返回的张量对象，此张量对象的内存地址不能被覆盖。例如："tensor_list"：[tensor_a，tensor_b，res]，tensor_a与tensor_b是输入张量，res为输出张量。

(5)“bool_storage_as_1bit”：bool类型数据存储时是否按照1位存储。True表示按照1位存储，False表示按照8位进行存储，默认值为True。当tbe.dsl.vcmp(lhs，rhs，op，mode)接口的mode(模式)为bool类型时，需要设置此参数为False。

(6) tbe.dsl.build：根据调度和配置使用“tbe.dsl”提供的“build”接口来进行算子编译，算子编译过程会根据输入的数据形状、类别、算子参数等编译出专用内核，这个过程在生成模型时发生。

(7) sch：生成的算子计算调度对象。

(8) config：编译参数配置的映射。

编译完成后，会生成算子目标文件*.o与算子描述文件*.json。

sqrt算子接口函数完整的示例代码如程序清单3-3所示。

程序清单3-3　sqrt算子接口函数

```
@para_check.check_input_type(dict, dict, str)
def sqrt(x, y, kernel_name = "sqrt"):
    shape_x = shape_util.scalar2tensor_one(x.get("shape"))
    para_check.check_kernel_name(kernel_name)
    para_check.check_shape_rule(shape_x)
    para_check.check_shape_size(shape_x, SHAPE_SIZE_LIMIT)
    check_tuple = ("float16", "float32", "int32")
    x_dtype = x.get("dtype").lower()
    para_check.check_dtype_rule(x_dtype, check_tuple)

    data_x = tvm.placeholder(x.get("shape"), dtype = x_dtype, name = "data_x")
    res = sqrt_compute(data_x, y, kernel_name)

    # auto schedule
    with tvm.target.cce():
        schedule = tbe.dsl.auto_schedule(res)

    # operator build
    config = {"name": kernel_name,"tensor_list": [data_x, res]}
tbe.dsl.build(schedule, config)
```

7. 简单精度优化

绝对误差和相对误差是常用的衡量精度的概念，通俗地说，绝对误差是指真实值和实际值的差值，相对误差是这个差值和真实值的比。用公式表示为：

$$绝对误差 = |真实值 - 实际值|$$

$$相对误差 = |真实值 - 实际值| / 真实值$$

在昇腾 910 AI 处理器场景下，在 float16 的情况下，将入参的数据类型转成 float32 进行计算，可以提高中间计算过程的精度，从而提升最终结果的精度，尤其当中间计算过程较为复杂时效果比较明显。对于对精度要求较高的场景，可通过牛顿迭代、泰勒展开式的方式对计算公式进行变换。这里先介绍将数据类型转成 float32 进行计算的优化方法，其他方法后续章节进行详细介绍。

在 sqrt 算子接口函数中，sqrt_compute 函数调用 TBE DSL API tbe.dsl.cast_to 函数将输入数据的数据类型转换成 float32，当计算逻辑结束得到结果后，需要将结果数据的数据类型转换成 float16，具体实现如程序清单 3-4 所示。

程序清单 3-4　数据类型转换

```
def sqrt_compute(input_x, y , kernel_name = "sqrt"):
    dtype = input_x.dtype
    if dtype == "float16":
        input_x = tbe.dsl.cast_to(input_x, "float32")
    log_val = tbe.dsl.vlog(input_x)
    mul_val = tbe.dsl.vmuls(log_val, tvm.const(0.5, "float32"))
    res = tbe.dsl.vexp(mul_val)

    if dtype == "float16":
        res = tbe.dsl.cast_to(res, "float16")
return res
```

由于数据类型转换会有性能开销，因此如果 float16 类型的数据计算精度在可允许范围内，尽量不要转换数据类型。

最后在 Python 代码最下方添加 main 函数调用该算子，通过 MindStudio 编译算子实现文件，用于单算子代码的简单语法校验，代码如程序清单 3-5 所示。

程序清单 3-5　语法校验

```
if __name__ == '__main__':
    input_output_dict = {"shape": (5, 6, 7),"format": "ND","ori_shape": (5, 6, 7),
"ori_format": "ND", "dtype": "float16"}
    sqrt(input_output_dict, input_output_dict, kernel_name = "sqrt")
```

在编译界面右击 tbe/impl/sqrt.py，选择 Run‘sqrt’，编译算子。如果编译没有报错，且在当前目录“tbe/impl”下生成 kernel_meta 文件夹，该文件夹包括算子二进制文件 *.o 和算子描述文件 *.json(用于定义算子属性及运行时所需要的资源)，则表示算子代码能够编译运行。

8. 通过变换公式进行精度优化

在某些场景下，直接使用相关指令可能会出现算子精度不达标的情况，这种情况就需要通过变换公式来避免使用有精度问题的指令。

上面简单介绍将fp16数据转换成fp32进行计算，用高精度数据进行中间计算提升精度。当算子出现精度不达标的情况时，可以通过变换公式避免直接调用API引起的精度问题。下面还是以开平方(sqrt算子)举例说明。

对于开平方根的近似解法，很自然就想到牛顿迭代法，其思想就是切线是曲线的线性逼近，牛顿迭代公式为：

$$x_{n+1}=x_n-\frac{f(x_n)}{f'(x_n)}$$

根据上式重写sqrt算子，核心代码见程序清单3-6，通过测试发现3次迭代就能得到精度满足要求的结果。

程序清单3-6　重写sqrt算子

```
def _sqrt(x, shape, dtype, iter = 3):
    # iter: 迭代次数
    y_last = tbe.dsl.vexp(tbe.dsl.vmuls(tbe.dsl.vlog(x), tvm.const(0.5)))
    for i in range(iter):
        y = tbe.dsl.vmul(x, tbe.dsl.vrec(y_last))
        y = tbe.dsl.vadd(y, y_last)
        y = tbe.dsl.vmuls(y, tvm.const(0.5, dtype))
        y_last = y
    return y
```

当然，牛顿迭代法只是方法之一，对于一些数学算子，常常采用泰勒级数用无限项连加式来拟合，这些相加的项由函数在某一点的导数求得，通过函数在自变量零点的导数求得的泰勒级数又叫作麦克劳林级数。在数学上，对于一个在实数或复数邻域上，以实数作为变量或以复数a作为变量、无穷可微的函数$f(x)$，它的泰勒级数是以下这种形式的幂级数：

$$\sum_{n=0}^{\infty}\frac{f^{(n)}(a)}{n!}(x-a)^n$$

对于函数$f(x)$，虽然它们的展开式会收敛，但函数与其泰勒级数也可能不相等。在实际应用中，泰勒级数需要截断，只取有限项，可以根据误差的上限选取泰勒级数展开的阶数。函数$f(x)$在进行泰勒级数展开的时候，在展开点附近拟合误差比较小，一般定义域离展开点越远，收敛越慢，误差越大。为了简化级数表达式，一般函数往往采用在$a=0$处进行泰勒级数展开(即麦克劳林级数展开)来拟合，例如：

指数函数：$\mathrm{e}^x=\sum_{n=0}^{\infty}\frac{x^n}{n!}$

自然对数：$\ln(x+1)=\sum_{n=1}^{\infty}\frac{(-1)^{n+1}}{n}x^n \quad \forall x\in(-1,1]$

而有些函数在某些区间的收敛十分缓慢，如图 3-8 所示为 arcsin 函数的拟合曲线，当 x 接近 1 的时候拟合误差很大，无法直接采用麦克劳林级数展开来近似表示(由于收敛过慢，即使提高展开阶数也达不到精度要求)，因此需要针对这类函数进行分区间拟合。因此针对这种情况，为了达到精度的要求，可以采用分区间在不同的展开点进行泰勒级数展开，或者将精度达标的展开区间的拟合结果通过数学公式映射到其他区间。

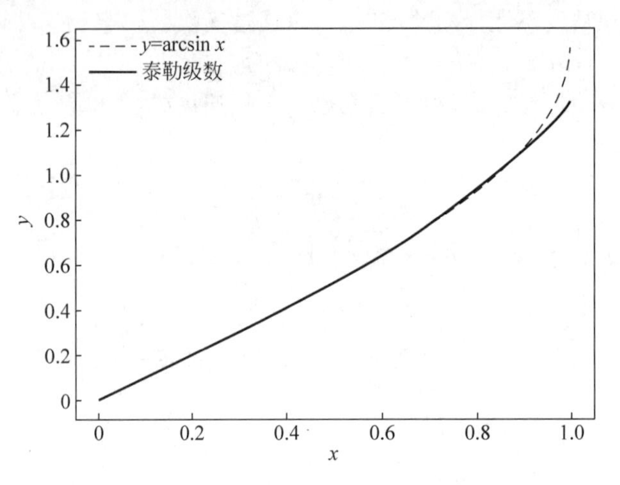

图 3-8　arcsin 函数的拟合曲线

下面以 $\arcsin x$ 为例简单介绍三种解决拟合精度问题的方法，反正弦函数 $\arcsin x$ 是正弦函数 $\sin x$ 将值域限制在 $[-\pi/2,\pi/2]$ 的反函数，定义域区间为 $[-1,1]$，关于原点对称，为奇函数。其麦克劳林展开的无穷级数表示为：

$$\arcsin x=\sum_{k=0}^{\infty}\binom{-\frac{1}{2}}{k}(-1)^k\frac{x^{2k+1}}{2k+1}=x+\frac{1}{6}x^3+\frac{3}{40}x^5+\frac{5}{112}x^7+\cdots$$

除此之外，它还满足：

$$\arcsin(2x)=2\arcsin\left(\sqrt{\frac{1-\sqrt{1-4x^2}}{2}}\right)$$

$$\arcsin x=\frac{\pi}{2}-\arcsin\sqrt{1-x^2}$$

方法 1：区间映射。

由于 $y=\arcsin x$ 在零点附近收敛很快，拟合精度很高，因此可以考虑利用公式将零点附近的区间映射到 $x=1$ 附近的区间。经过分析，公式 $\arcsin x=\frac{\pi}{2}-\arcsin\sqrt{1-x^2}$ 可用于进行区间映射。将区间分界点选在 $x=\sqrt{2}/2$ 的时候，正好可以利用上述公式将区间 $[0,\sqrt{2}/2]$ 上的麦克劳林级数展开拟合结果映射到区间 $[\sqrt{2}/2,1]$。

但当区间 $[0,\sqrt{2}/2]$ 上的麦克劳林级数展开阶数小于等于 13 阶(7 个系数)时，x 在 0.68～0.73 存在精度问题(即不满足万分之一的相对误差要求)。

方法2：提高泰勒级数展开阶数。

一般情况下，可以直接通过MATLAB或者OCTAVE等工具仿真最少需要用多少阶数展开可以达到精度要求，虽然展开阶数越多精度越高，但也会带来更多的乘加操作使得运行性能下降，因此需要在满足精度的条件下选择更小的展开阶数。

在进行OCTAVE仿真的时候，可以看到当麦克劳林级数展开15阶(8个系数)时，误差全都小于万分之一。

但针对有些函数在某些区间难以收敛，即使提高泰勒级数展开阶数也无法满足精度要求，可以再次通过区间映射方法将精度较高区间的计算结果映射到精度不达标区间(比如可以通过公式 $\arcsin 2x = 2\arcsin\sqrt{\frac{1-\sqrt{1-4x^2}}{2}}$ 将区间[0,0.5]的麦克劳林级数展开结果映射到区间)[0.5,$\sqrt{2}/2$]，或者在不同的展开点进行泰勒级数展开。接下来就介绍分区间泰勒级数展开的方法。

方法3：分区间泰勒级数展开。

当对 $\arcsin x$ 在 $a\,!=0$，即 a 不等于0处进行泰勒级数展开时，其泰勒级数展开的无穷级数可以表示为：

$$
\begin{aligned}
\arcsin x = {} & \arcsin a + (1-a^2)^{-\frac{1}{2}}(x-a) + \frac{1}{2}a(1-a^2)^{-\frac{3}{2}}(x-a)^2 + \\
& \frac{1}{6}[(1-a^2)^{-\frac{3}{2}} + 3a^2(1-a^2)^{-\frac{5}{2}}](x-a)^3 + \\
& \frac{1}{24}[9a(1-a^2)^{-\frac{5}{2}} + 15a^3(1-a^2)^{-\frac{7}{2}}](x-a)^4 + \\
& \frac{1}{120}[9(1-a^2)^{-\frac{5}{2}} + 90a^2(1-a^2)^{-\frac{7}{2}} + 105a^4(1-a^2)^{-\frac{9}{2}}](x-a)^5 + \cdots
\end{aligned}
$$

可以考虑在区间[0,0.5]继续采用麦克劳林级数展开来拟合，针对直接采用麦克劳林级数展开拟合精度较差的区间[0.5,$\sqrt{2}/2$]，用 $a=0.6$ 处的泰勒级数展开来近似，区间[$\sqrt{2}/2$,1]的结果依旧由将区间[0,$\sqrt{2}/2$]的麦克劳林级数展开结果映射得到。

3.2.4　算子原型定义与算子信息定义

1. 算子原型定义

算子原型定义规定了在昇腾AI处理器上可运行算子的约束，主要体现算子的数学含义，包含定义算子输入、输出和属性信息，基本参数的校验和形状(shape)的推导，原型定义的信息会被注册到图编译器的算子原型库中。当网络模型生成时，图编译器会调用算子原型库的校验接口进行基本参数的校验，校验通过后，会根据原型库中的推导函数推导每个节点的输出形状与数据类型(dtype)，进行输出张量的静态内存的分配。

算子原型库在整个网络模型生成流程中的作用如图3-9所示。

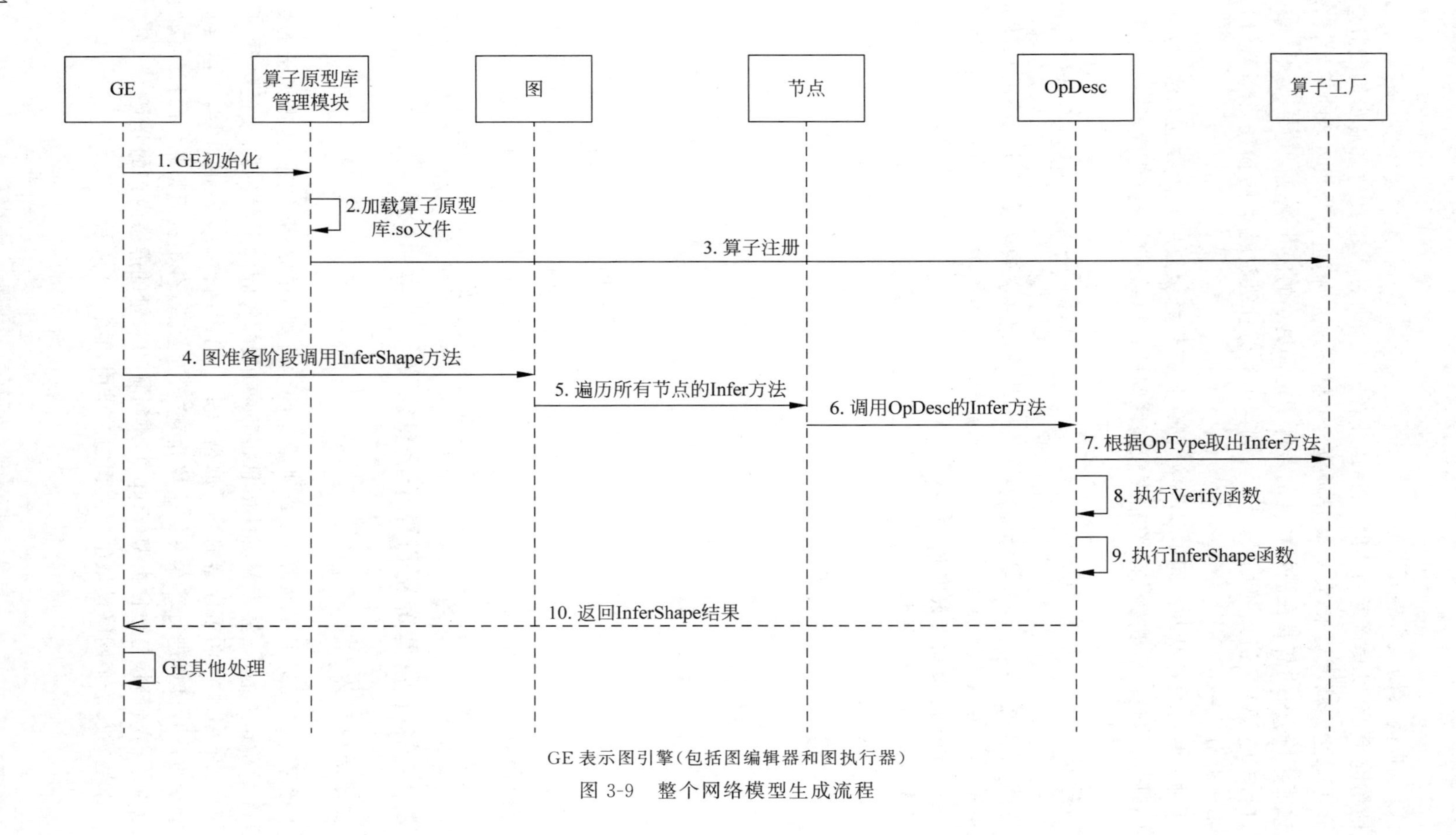

GE 表示图引擎（包括图编辑器和图执行器）

图 3-9　整个网络模型生成流程

算子的原型定义(IR)需要在算子工程目录下的文件，如/op_proto/算子名称.h和/op_proto/算子名称.cc中实现，MindStudio会自动生成框架代码。

1) 算子IR头文件.h注册代码实现

(1) 宏定义：使用如下语句进行算子IR注册宏的定义，宏名称固定为GE_OP_OPERATORTYPE_H，OPERATORTYPE为REG_OP(OpType)语句中OpType的大写形式。

```
#ifndef GE_OP_OPERATORTYPE_H                //条件编译
#define GE_OP_OPERATORTYPE_H                //进行宏定义
```

(2) 包含头文件：在算子IR实现文件的头部使用预编译命令"#include"将算子注册的头文件包含到算子IR实现的文件中。

```
#include "graph/operator_reg.h"
```

operator_reg.h存在于ATC工具安装路径/include/graph/下，包含此头文件，可使用算子类型注册相关的函数、宏、结构体等。

(3) 原型注册：提供REG_OP宏，以"."连接INPUT、OUTPUT、ATTR等接口注册算子的输入、输出和属性信息，最终以OP_END_FACTORY_REG接口结束，完成算子的注册。

其中输入、输出的描述信息顺序需要与算子实现中定义的信息保持一致，ATTR的顺序可变。

注册代码如程序清单3-7所示。

程序清单3-7　注册代码

```
namespace ge{
    REG_OP(OpType)                          //算子类型名称
    .INPUT(x1, TensorType({ DT_FLOAT, DT_INT32 }))
    .INPUT(x2, TensorType({ DT_FLOAT, DT_INT32 }))
    // .DYNAMIC_INPUT(x, TensorType{DT_FLOAT, DT_INT32})
    // .OPTIONAL_INPUT(b, TensorType{DT_FLOAT})
    .OUTPUT(y, TensorType({ DT_FLOAT, DT_INT32 }))
    // .DYNAMIC_OUTPUT(y, TensorType{DT_FLOAT, DT_INT32})
    .ATTR(x, Type, DefaultValue)
    // .REQUIRED_ATTR(x, Type)
    // .GRAPH(z1)
    // .DYNAMIC_GRAPH(z2)
    .OP_END_FACTORY_REG(OpType)
}
```

下面对上述代码做部分说明。

① REG_OP(OpType)：OpType为注册到昇腾AI处理器的自定义算子库的算子类

型,需要与适配开发框架(TensorFlow 框架)中 REGISTER_CUSTOM_OP("OpType")定义的算子类型名称保持一致。

② INPUT(x,TensorType({DT_FLOAT,DT_UINT32,…})):注册算子的输入信息。

x:宏参数,算子的输入名称,用户可自定义。

TensorType({ DT_FLOAT,DT_UINT8,…}):“{ }”中为此输入支持的数据类型的列表。

若算子有多个输入,每个输入需要使用一条 INPUT(x,TensorType({DT_FLOAT,DT_UINT32,…}))语句进行描述。

③ DYNAMIC_INPUT(x,TensorType{DT_FLOAT,DT_INT32,…}):算子为动态多输入场景下的输入信息注册。

x:宏参数,算子的输入名称,图运行时,会根据输入的个数自动生成 x0,x1,x2,…,序号依次递增。

④ OPTIONAL_INPUT(x,TensorType{DT_FLOAT,…}):若算子输入为可选输入,可使用此接口进行算子输入的注册。

x:宏参数,算子的输入名称。

⑤ OUTPUT(y,TensorType({DT_FLOAT,DT_UINT32,…})):注册算子的输出信息。

y:宏参数,算子的输出名称,用户可自定义。

若算子有多个输出,每个输出需要使用一条 OUTPUT(y,TensorType({DT_FLOAT,DT_UINT32,…}))语句进行注册。

⑥ DYNAMIC_OUTPUT(y,TensorType{DT_FLOAT,DT_INT32}):算子为动态多输出场景下的输出信息注册。

⑦ ATTR(x,Type,DefaultValue):注册算子的属性,包括算子的属性名称、属性类型以及属性值的默认值,当用户不设置算子对象的属性值时需要使用默认值。ATTR 接口中 Type 的取值与对应的属性类型请参见原型定义接口(REG_OP)。

例如:ATTR(mode,Int,1),表示注册属性名称为 mode,属性类型为整型,默认值为 1。

若算子有多个属性,每个属性需要使用一条 ATTR(x,Type,DefaultValue)语句或者 REQUIRED_ATTR (x,Type)语句进行注册。

⑧ REQUIRED_ATTR (x,Type):注册算子的属性,包括算子的属性名称与属性类型,无默认值,用户必须设置算子对象的属性值。此接口中 Type 的取值与对应的属性类型请参见原型定义接口(REG_OP)。

⑨ GRAPH(z1):注册算子中包含的子图信息,输入 z1 为子图名称,一般用于控制类算子(分支算子/循环算子等)。

注册完成后,会自动生成子图相关的接口,用户获取子图名称,获取或设置子图描述信息等,用户可使用生成的相关接口进行 IR 模型的构建。对于同一个算子,注册的算子子图名称需要保持唯一。

⑩ DYNAMIC_GRAPH(z2)：注册动态算子子图信息，输入 z2 为子图名称，一般用于控制类算子（分支算子/循环算子等）。

⑪ OP_END_FACTORY_REG(OpType)：结束算子注册。OpType 与 REG_OP(OpType)中的 OpType 保持一致。

sqrt 算子头文件.h 的注册代码见程序清单 3-8。

程序清单 3-8　sqrt 算子头文件.h 的注册代码

```
#ifndef GE_OP_SQRT_H
#define GE_OP_SQRT_H
#include "graph/operator_reg.h"
namespace ge {

REG_OP(sqrt)
    .INPUT(x, TensorType({DT_FLOAT16,DT_FLOAT,DT_DOUBLE,DT_INT8,
DT_INT16,DT_INT32,DT_INT64}))
    .OUTPUT(y, TensorType({DT_FLOAT16,DT_FLOAT,DT_DOUBLE,DT_INT8,
DT_INT16,DT_INT32,DT_INT64}))
    .OP_END_FACTORY_REG(sqrt)
}
#endif //GE_OP_SQRT_H
```

2）算子 IR 定义的.cc 文件注册代码实现

算子 IR 定义的.cc 文件主要实现如下两个功能：一是对算子参数的校验，实现程序健壮性并提高定位效率；二是根据算子的输入张量描述、算子逻辑及算子属性，推理出算子的输出张量描述，包括张量的形状、数据类型及数据排布格式等信息。这样算子构图准备阶段就可以为所有的张量静态分配内存，避免动态内存分配带来的开销。

首先是实现 InferShape 方法，算子 IR 中 InferShape 的定义可以使用如下接口：

```
IMPLEMT_COMMON_INFERFUNC(func_name)
```

会自动生成的一个类型为 Operator 类的对象 op，可直接调用 Operator 类接口进行 InferShape 的实现。若 InferShape 方法具有通用性，可被多个算子的原型实现调用，可选择此接口实现。其中的 func_name 是自定义的名称。

如果输出的张量形状、数据类型、排布格式和输入是一样的，可以将输入描述直接赋给输出描述，对于 sqrt 算子来说，就是这样的，其实现代码如程序清单 3-9 所示。

程序清单 3-9　输出描述

```
IMPLEMT_COMMON_INFERFUNC(SqrtInferShape)
{
    TensorDesc tensordesc_output = op.GetOutputDescByName("y");
    tensordesc_output.SetShape(op.GetInputDescByName("x").GetShape());
```

```
    tensordesc_output.SetDataType(op.GetInputDescByName("x").GetDataType());
    tensordesc_output.SetFormat(op.GetInputDescByName("x").GetFormat());

    (void)op.UpdateOutputDesc("y", tensordesc_output);

    return GRAPH_SUCCESS;
}
```

其次是实现 Verify 方法，算子 Verify 函数的实现使用如下接口：

```
IMPLEMT_VERIFIER (OpType, func_name)
```

传入的 OpType 为基于 Operator 类派生出来的子类，会自动生成一个类型为此子类的对象 op，可以使用子类的成员函数获取算子的相关属性。

(1) OpType：自定义算子的类型。

(2) func_name：自定义的 Verify 函数的名称。

Verify 函数主要校验算子内在关联关系，例如对于多输入算子，多个张量的数据类型参数(dtype)需要保持一致，此时需要校验多个输入的参数 dtype，其他情况下，dtype 不需要校验。

比如 Pow 算子，要求输入 x 和 y 的数据类型必须一致，实现样例如程序清单 3-10 所示。

程序清单 3-10　数据类型

```
IMPLEMT_VERIFIER(Pow, PowVerify) {
    DataType input_type_x = op.GetInputDesc("x").GetDataType();
    DataType input_type_y = op.GetInputDesc("y").GetDataType();
    if (input_type_x != input_type_y) {
      return GRAPH_FAILED;
    }
    return GRAPH_SUCCESS;
}
```

最后是注册 InferShape 方法与 Verify 方法。

调用 InferShape 注册宏与 Verify 注册宏完成 InferShape 方法与 Verify 方法的注册，具体代码如下：

```
COMMON_INFER_FUNC_REG(OpType, func_name);
VERIFY_FUNC_REG (OpType, func_name);
```

func_name 即为 IMPLEMT_COMMON_INFERFUNC(func_name)与 IMPLEMT_VERIFIER(OpType,func_name)函数中的 func_name。

2. 算子信息定义

算子信息库作为算子开发的交付件之一，主要体现算子在昇腾AI处理器上的具体实现规格，包括算子支持输入、输出的数据类型(dtype)、数据排布格式(format)以及输入形状(shape)等信息。网络运行时，图编译器会根据算子信息库中的算子信息做基本校验，选择参数dtype、format等信息，并根据算子信息库中的信息找到对应的算子实现文件进行编译，用于生成算子二进制文件。

算子用户需要通过配置算子信息库文件，将算子在昇腾AI处理器上相关实现信息注册到算子信息库文件中。

算子信息库文件的路径为：自定义算子工程目录下的/tbe/op_info_cfg/ai_core/${soc_version}/xx.ini。

其中，${soc_version}表示昇腾AI处理器的版本。对于昇腾910系列处理器，统一使用“ascend910”。需将"xx.ini"文件的文件名的大写字母转换为小写字母，如Sqrt改为sqrt。

对于开平方算子，它的算子信息定义见程序清单3-11(MindStudio会自动生成默认代码)：

程序清单3-11　算子信息定义

```
[Sqrt]
input0.name = x
input0.dtype = float16,float,int8,int16,int32,int64
input0.paramType = required
input0.format = ND,ND,ND,ND,ND,ND
output0.name = y
output0.dtype = float16,float,int8,int16,int32,int64
output0.paramType = required
output0.format = ND,ND,ND,ND,ND,ND
opFile.value = sqrt
opInterface.value = sqrt
```

3.2.5 算子适配插件开发与算子编译及部署

1. 算子适配插件开发

如果是基于第三方框架TensorFlow进行自定义算子开发的场景，开发人员完成自定义算子的实现代码后，需要进行适配插件的开发，将基于第三方框架的算子映射成适配昇腾AI处理器的算子，将算子信息注册到图编译器中。基于TensorFlow框架开发的神经网络模型在昇腾处理器上运行时，首先会加载并调用图编译器中的插件信息，将原始框架网络中的算子进行解析并映射成昇腾AI处理器中的算子。

原始框架为 TensorFlow 的自定义算子注册代码，sqrt 算子的插件代码如程序清单 3-12 所示。

程序清单 3-12　sqrt 算子的插件代码

```
#include "register/register.h"
namespace domi
{
REGISTER_CUSTOM_OP("OpType")
    .FrameworkType(TENSORFLOW)
    .OriginOpType("OriginOpType")
    .ParseParamsByOperatorFn(ParseParamByOpFunc)
    .ImplyType(ImplyType::TVM);
}
```

下面对部分代码说明如下。

(1) REGISTER_CUSTOM_OP：算子注册到图编译器的算子类型。

(2) FrameworkType(TENSORFLOW)：原始框架类型为 TensorFlow。

(3) OriginOpType：算子在 TensorFlow 框架中的类型。

(4) ParseParamsByOperatorFn：用来注册解析模型的函数，若原始 TensorFlow 框架算子属性与昇腾 AI 处理器中算子属性一一对应(属性个数、属性名称与属性含义一致)，可直接使用自动映射回调函数 AutoMappingByOpFn 自动实现映射。若原始 TensorFlow 框架算子属性与昇腾 AI 处理器中算子属性无法一一对应，比如针对 Conv2DBackpropInput 算子，strides 属性无法直接使用 TensorFlow 的对应算子中的 strides 属性，需要重新计算。所以需要在回调函数 ParseParamByOpFunc 中进行对应的代码实现。

2. 算子编译

将自定义算子工程编译生成自定义算子安装包 custom_opp_Target OS_Target Architecture.run。具体编译内容包括将算子插件实现文件、算子原型定义文件、算子信息定义文件分别编译成算子插件、算子原型库、算子信息库。编译过程如图 3-10 所示。

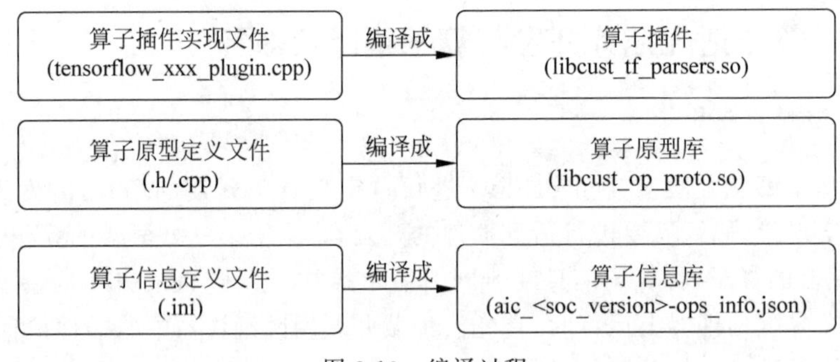

图 3-10　编译过程

编译时，在MindStudio工程界面选中算子工程，之后单击顶部菜单栏的Build→Edit Build Configuration…命令，进入编译配置界面，如图3-11所示。

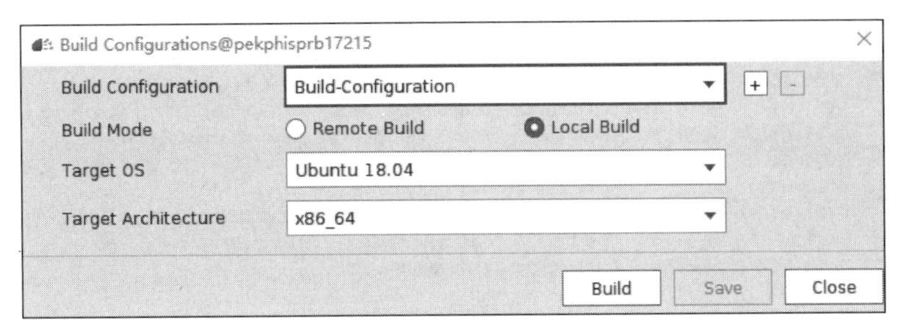

图3-11 编译配置界面

编译配置界面中的参数说明如表3-4所示。

表3-4 编译配置界面中的参数说明

参数	说明
Build Configuration	编译配置名称，默认为Build-Configuration
Build Mode	编译方式。Remote Build：远端编译(远端编译需要g++版本为7.5.0)。Local Build：本地编译。算子工程在MindStudio安装服务器进行编译，方便用户通过编译日志快速定位到MindStudio的实现代码所在位置，从而快速定位问题。此种方式下需要配置交叉编译环境
SSH Connection	在Remote Build模式下显示该配置。从下拉列表选择SSH配置信息，若未添加配置信息，请单击 ⊞ 添加
Target OS	在Local Build模式下显示该配置。针对Ascend EP，选择昇腾AI处理器所在硬件环境的Host侧的操作系统，比如CentOS 7.6或EulerOS 2.5。 针对Ascend RC，选择板端环境的操作系统，比如Ubuntu 18.04
Target Architecture	在Local Build模式下显示该配置。选择Target OS的操作系统架构，比如x86_64或Arm64

最后单击Build按钮进行工程编译。在界面最下方的窗口查看编译结果，并在算子工程的cmake-build目录下生成自定义算子安装包custom_opp_Target OS_Target Architecture.run。

3. 算子部署

算子部署指将算子编译生成的自定义算子安装包(*.run)部署到OPP算子信息库中。算子部署可以是本地部署或远程部署。这里先介绍本地部署。在MindStudio工程界面菜单栏中依次选择Ascend→Deploy命令，随后弹出算子部署界面。在弹出的界面中选择Deploy Locally，并单击Deploy按钮。在下方Output选项卡出现如图3-12所示的信息，代表自定义算子部署成功。

自定义算子包安装成功后，会将自定义算子部署在Ascend-cann-toolkit安装目录

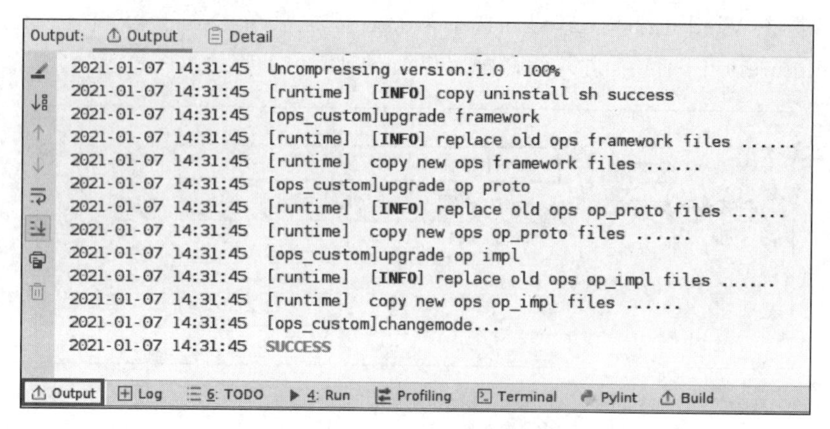

图 3-12　自定义算子部署成功

/ascend-toolkit/{version}/{arch}-linux/opp 下的对应文件夹中。

也可以将自定义算子安装包 custom_opp_Targert OS_Target Architecture. run 部署到昇腾 AI 处理器所在硬件环境的算子库中，为后续算子在网络中运行构造必要条件。

远程部署操作的步骤如下(如图 3-13 所示)。

(1) 在 MindStudio 工程界面选中算子工程。

(2) 选择顶部菜单栏的 Ascend→Deploy 命令，进入算子打包部署界面。选择 Deploy Remotely 单选按钮，在 SSH Connection 栏从下拉列表中选择 SSH 配置信息。

图 3-13　远程部署操作

配置环境变量时，在 MindStudio 中使用 Host 侧的运行用户在 Host 侧进行算子部署，进行算子部署执行前，需要在 Host 侧进行如下环境变量的配置(以运行用户在 Host 侧的 $ HOME/. bashrc 文件中配置为例)。

```
export ASCEND_OPP_PATH = /home/xxx/Ascend/opp
```

/home/xxx/Ascend/为 OPP 组件(算子库)的安装路径，请根据实际情况配置。

执行命令使环境变量生效。

```
source ~/.bashrc
```

(3) 选择算子部署的目标服务器，单击 Deploy 按钮。

(4) 算子部署过程即算子工程编译生成的自定义算子安装包的安装过程，部署完成后，算子被部署在Host侧算子库OPP对应文件夹中。

3.2.6 算子单元测试

基于MindStudio进行算子开发，用户可进行算子的单元测试（Unit Test，UT）。单元测试是开发人员进行算子代码验证的手段之一，主要目的是：

（1）单元测试测试算子代码的正确性，验证输入、输出结果与设计的一致性。

（2）单元测试侧重于保证算子程序能够正确运行，选取的场景组合应能覆盖算子代码的所有分支（一般来说覆盖率要达到100%），从而降低不同场景下算子代码的编译失败率。

1. 接口介绍

1）OpUT测试类定义

OpUT为UT框架的基类，提供了测试用例定义及测试用例执行的接口，函数原型如下：

```
OpUT(op_type, op_module_name = None, op_func_name = None)
```

其中，op_type：算子的类型。

op_module_name：算子的module名称（即算子的实现文件名称和路径），例如impl.sqrt（文件路径为：impl/sqrt.py）。默认值为None，可根据op_type自动生成。

op_func_name：算子的接口名称，算子实现文件中的算子接口名。默认值为None，可根据op_type自动生成。

（1）OpUT.add_case接口：函数原型如下。

```
OpUT.add_case(support_soc = None, case = None)
```

support_soc：测试该用例是否支持对应的昇腾AI处理器。

case：测试用例，该参数为dict类型，示例见程序清单3-13。

程序清单3-13 配置信息

```
{
    "params": [
        {
            "shape": (32, 64),
            "ori_shape": (32, 64),
             "format": "ND",
            "ori_format": (32, 64),
            "dtype": "float16"
        },
        {
            "shape": (32, 64),
```

```
                "ori_shape": (32, 64),
                "format": "ND",
                "ori_format": (32, 64),
                "dtype": "float16"
            }
        ],
        "case_name": "test_sqrt_case_1",
        "expect": "success"
    }
```

该 dict 中 key 字段含义如下：

params：该字段在测试用例运行时传递给算子接口。

case_name：测试用例的名称，可选参数。若不设置，测试框架会自动生成用例名称，生成规则是：test_[op_type]_auto_case_name_[case_count]，例如：test_Sqrt_auto_case_name_1。

expect：期望结果。默认为期望“success”，也可以是预期抛出的异常，例如 RuntimeError。

（2）OpUT.add_precision_case 接口：用于添加算子编译＋精度测试的用例，函数原型如下：

```
OpUT.add_precision_case(support_soc = None, case)
```

case 示例如程序清单 3-14 所示。

程序清单 3-14　add_precision_case 接口 case 参数配置信息

```
{
    "params": [ … ],
    "case_name": "test_add_case_1",
    "calc_expect_func": np_add                                              #一个函数
    "precision_standard": precision_info.PrecisionStandard(0.001,0.001)    #可选字段
}
```

该 dic 中字段含义如下，其中 params 与 add_case 接口类似。

calc_expect_func：期望结果生成函数。precision_standard：自定义精度标准，若不配置此字段，按照如下默认精度与期望数据进行比对。float16：双千分之一，即每个数据之间的误差不超过千分之一，误差超过千分之一的数据总和不超过总数据数的千分之一。float32：双万分之一，即每个数据之间的误差不超过万分之一，误差超过万分之一的数据总和不超过总数据数的万分之一。

（3）OpUT.run 接口：用于执行测试用例，使用 MindStudio 运行 UT 用例时，无须用户手工调用 OpUT.run 接口，函数原型如下：

```
OpUT.run(soc, case_name = None, simulator_mode = None, simulator_lib_path = None)
```

soc：执行测试用例的昇腾 AI 处理器。

case_name：指定执行的 case，配置为 add_case 接口及 add_precision_case 接口中的"case_name"。

simulator_lib_path：仿真库所在的路径。该路径结构如下：

```
simulator_lib_path/
  Ascend910/
      lib/
          libpv_model.so
          ...
  Ascend310/
      lib/
          libpv_model.so
          ...
```

2）BroadcastOpUT 测试类定义

BroadcastOpUT 继承了 OpUT 类，包含了 OpUT 类的能力。BroadcastOpUT 主要供双输入、单输出的 Broadcast 类型的算子进行测试用例的定义，例如 Add、Mul 等算子。BroadcastOpUT 为这类算子提供了更加便利的接口，例如，创建算子编译用例时，对于一些简单场景无须输入数据排布格式(format)等信息，函数原型如下：

```
BroadcastOpUT(op_type, op_module_name = None, op_func_name = None)
```

(1) BroadcastOpUT. add_broadcast_case 接口：用于添加算子编译的测试用例，测试算子是否支持相关规格，编译出".o"文件，函数原型如下：

```
BroadcastOpUT.add_broadcast_case(self, soc, input_1_info, input_2_info,
output_info = None, expect = op_status.SUCCESS, case_name = None)
```

soc：测试该用例是否支持对应的昇腾 AI 处理器，支持的数据类型为 str、tuple 或者 list，tuple 或者 list 表示可以支持多个 SoC。

input_1_info：算子的第一个输入的信息，有两种形式：[dtype，shape，format，ori_shape，ori_format]和[dtype，shape，format]。采取后一种形式，ori_shape 与 ori_format 的取值与 shape、format 的取值相同。

input_2_info：算子的第二个输入的信息，与 input_1_info 含义相同。

output_info：默认为 None，不需要填写。

测试示例见程序清单 3-15。

程序清单 3-15　测试示例

```
ut_case.add_broadcast_case("all", ["float16", (32, 32), "ND"], ["float16", (32, 32), "ND"])
ut_case.add_broadcast_case("all", ["float16", (32, 32), "ND", (32, 32), "ND"], ["float16",
```

```
(32, 32), "ND", (32, 32), "ND"])
# 期望异常的用例
ut_case.add_broadcast_case("all", ["float16", (31, 32), "ND"], ["float16", (32, 32),
"ND"], expect = RuntimeError)
```

（2）BroadcastOpUT. add_broadcast_case_simple 接口，此接口较 BroadcastOpUT. add_broadcast_case 接口更加简化，函数原型为：

```
BroadcastOpUT.add_broadcast_case_simple(self, soc, dtypes, shape1, shape2,
expect = op_status.SUCCESS, case_name = None)
```

dtypes：需要测试的数据类型，填写多个数据，相当于一次添加了多个测试用例。

shape1：算子的第一个输入的形状。

shape2：算子的第二个输入的形状。

测试示例如下：

```
ut_case.add_broadcast_case_simple(["Ascend910", "Ascend310"], ["float16", "float32"],
(32, 32), (32, 32))
```

这个示例就相当于一次添加了 dtype= float16 和 dtype= float32 两类测试用例。

3）ElementwiseOpUT 测试类定义

ElementwiseOpUT 继承了 OpUT 类，包含了 OpUT 类的能力。ElementwiseOpUT 主要供单输入、单输出的 Elementwise 类型的算子进行测试用例的定义，例如 Abs、Square 等算子，函数原型和接口如下：

```
ElementwiseOpUT(op_type, op_module_name = None, op_func_name = None)
ElementwiseOpUT.add_elewise_case(self, soc, param_info,
expect = op_status.SUCCESS, case_name = None)
ElementwiseOpUT.add_elewise_case_simple(self, soc, dtypes, shape,
expect = op_status.SUCCESS, case_name = None)
```

4）ReduceOpUT 测试类定义

ReduceOpUT 继承了 OpUT 类，包含了 OpUT 类的能力。ReduceOpUT 主要供 Reduce 类型的算子进行测试用例的定义，例如 ReduceSum，ReduceMean 等算子。函数原型如下：

```
ReduceOpUT(op_type, op_module_name = None, op_func_name = None)
ReduceOpUT.add_reduce_case(self, soc, input_info, axes, keep_dim = False,
expect = op_status.SUCCESS, case_name = None)
ReduceOpUT.add_reduce_case_simple(self, soc, dtypes, shape, axes, keep_dim = False,
expect = op_status.SUCCESS, case_name = None)
```

2. 创建和运行单元测试用例

1）创建 UT 用例。

创建 UT 用例，有以下入口：右击算子工程根目录，选择 New Cases→UT Case 命令；若已经存在了算子的 UT 用例，可以右击 testcases 目录或者 testcases→ut 目录，选择 New Cases→UT Case 命令，创建 UT 用例。

在弹出的算子选择界面，选择需要创建 UT 用例的算子 sqrt，单击 OK 按钮。

UT 用例创建完成后，会在算子工程根目录下生成 testcases 文件夹，目录结构如下：

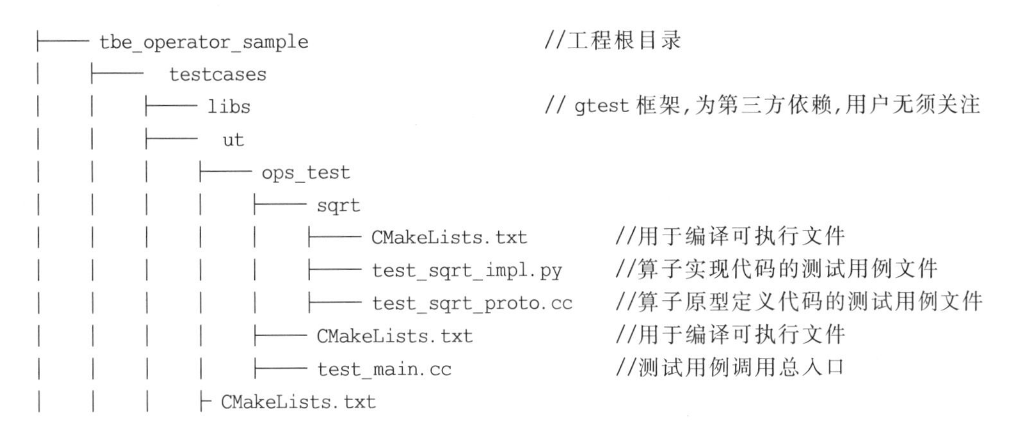

```
├── tbe_operator_sample                     //工程根目录
│   ├──  testcases
│   │   ├── libs                            // gtest 框架，为第三方依赖，用户无须关注
│   │   ├──  ut
│   │   │   ├── ops_test
│   │   │   │   ├── sqrt
│   │   │   │   │   ├── CMakeLists.txt          //用于编译可执行文件
│   │   │   │   │   ├── test_sqrt_impl.py       //算子实现代码的测试用例文件
│   │   │   │   │   ├── test_sqrt_proto.cc      //算子原型定义代码的测试用例文件
│   │   │   │   ├── CMakeLists.txt              //用于编译可执行文件
│   │   │   │   ├── test_main.cc                //测试用例调用总入口
│   │   │   ├ CMakeLists.txt
```

2）编写算子实现代码的 UT Python 测试用例

在 testcases/ut/ops_test/test_sqrt_impl.py 文件中，编写算子实现代码的 UT Python 测试用例，计算出算子执行结果，并取回结果和预期结果进行比较，来测试算子逻辑的正确性。

下面还是以 sqrt 算子为示例编写单元测试用例，开平方属于 Elementwise(元素积)操作，所以可以调用 ElementwiseOpUT 接口，具体参考代码见程序清单 3-16。

程序清单 3-16　UT Python 用例

```
import numpy as np
from op_test_frame.ut import ElementwiseOpUT  # 导入 UT 测试类,可根据算子类型选择使用
哪个测试类

# 实例化 UT 用例,ut_case 为 UT 框架关键字,不可修改
# 修改 op_func_name 的值,与 sqrt_impl.py 中注册算子函数名相同
ut_case = ElementwiseOpUT ("sqrt", op_func_name = " sqrt")

# 利用 numpy 的开平方函数 sqrt()实现生成期望数据的函数
def calc_expect_func(input_x, output_y):
    res = np.sqrt(input_x["value"])
    return [res, ]

# 添加测试用例
ut_case.add_precision_case("all", {
    "params": [{"dtype": "float16", "format": "ND", "ori_format": "ND",
"ori_shape": (32,), "shape": (32,),"param_type": "input"},
```

```
             {"dtype": "float16", "format": "ND", "ori_format": "ND",
"ori_shape": (32,), "shape": (32,),"param_type": "output"}],
    "calc_expect_func": calc_expect_func
})

# 若定义多个用例,定义多个 ut_case.add_precision_case 函数
ut_case.add_precision_case("all", {
    "params": [{"dtype": "float16", "format": "ND", "ori_format": "ND",
"ori_shape": (16,2), "shape": (16,2),"param_type": "input"},
             {"dtype": "float16", "format": "ND", "ori_format": "ND",
"ori_shape": (16,2), "shape": (16,2),"param_type": "output"},],
    "calc_expect_func": calc_expect_func
})
```

3）编写算子原型定义的 UT C++测试用例

在 testcases/ut/ops_test/sqrt/test_sqrt_proto.cc 文件中,编写算子原型定义的 UT C++测试用例,用于定义算子实例、更新算子输入/输出并调用 InferShapeAndType 函数,最后验证 InferShapeAndType 函数执行过程及结果的正确性。

（1）导入 gtest 测试框架和算子 IR 定义的头文件。UT 的 C++用例采用的是 gtest 框架,所以需要导入 gtest 测试框架；算子原型定义在原型定义头文件中,所以需要导入原型定义的 *.h 文件,见程序清单 3-17。

程序清单 3-17　导入原型定义的 *.h 文件

```
//导入 gtest 框架
#include <gtest/gtest.h>
//导入基础的 vector 类库
#include <vector>
//导入算子的 IR 定义头文件
#include "sqrt.h"
```

（2）定义测试类。UT 的 C++用例采用的是 gtest 框架,所以需要定义一个类来继承 gtest 的测试类。测试类的名称可自定义,以 test 为后缀,MindStudio 会默认生成这个测试类,见程序清单 3-18。

程序清单 3-18　测试类

```
class SqrtTest : public testing::Test {
protected:
    static void SetUpTestCase() {
        std::cout << "sqrt test SetUp" << std::endl;
}
    static void TearDownTestCase() {
```

```
        std::cout << "sqrt test TearDown" << std::endl;
    }
};
```

（3）编写测试用例。每一个场景写一个测试用例函数，该用例中需要构造算子实例，包括算子名称、形状、数据类型。然后调用 InferShapeAndType 函数，并将推导出的参数 shape、dtype 与预期结果进行对比。

sqrt 算子的测试用例代码见程序清单 3-19。

程序清单 3-19　sqrt 算子的测试用例代码

```
TEST_F(SqrtTest, sqrt_test_case_1) {
    // 定义算子实例及输入参数 shape 和 type，以 TensorDesc 实例承载
    ge::op::Sqrt sqrt_op;  //sqrt 为算子的类型，需要与原型定义的 REG_OP(OpType)中的
OpType 保持一致
    ge::TensorDesc tensorDesc;
    ge::Shape shape({2, 3, 4});
    tensorDesc.SetDataType(ge::DT_FLOAT16);
tensorDesc.SetShape(shape);
    // 更新算子输入，输入的名称需要与原型定义 *.h 文件中的名称保持一致，x 为 Sqrt 算子
的输入
    sqrt_op.UpdateInputDesc("x", tensorDesc);
    // 调用 InferShapeAndType 函数，InferShapeAndType()接口为固定接口，用例执行时会自动
调用算子原型定义中的 shape 推导函数
    auto ret = sqrt_op.InferShapeAndType();
    // 验证调用过程是否成功
    EXPECT_EQ(ret, ge::GRAPH_SUCCESS);

    // 获取算子输出并比较参数 shape 和 type，算子输出的名字需要与原型定义 *.h 文件中的
名称保持一致，例如：算子的输出为 y
    auto output_desc = sqrt_op.GetOutputDesc("y");
    EXPECT_EQ(output_desc.GetDataType(), ge::DT_FLOAT16);
    std::vector<int64_t> expected_output_shape = {2, 3, 4};
    EXPECT_EQ(output_desc.GetShape().GetDims(), expected_output_shape);
}
```

若不同输入的参数 shape 不同，请自行定义多个 TensorDesc 对象进行设置，例如：

```
ge::op::Operator1 operator1_op;                    //Operator1 为算子的类型
ge::TensorDesc tensorDesc1;
ge::TensorDesc tensorDesc2;
ge::Shape shape1({2, 3, 4});
ge::Shape shape2({3, 4, 5});
```

```
tensorDesc1.SetDataType(ge::DT_FLOAT16);
tensorDesc1.SetShape(shape1);
tensorDesc2.SetDataType(ge::DT_FLOAT16);
tensorDesc2.SetShape(shape2);
// 更新算子输入
operator1_op.UpdateInputDesc("x1", tensorDesc1);
operator1_op.UpdateInputDesc("x2", tensorDesc2);
```

4）运行算子实现文件的 UT 用例

开发人员可以执行当前工程中所有算子的 UT 用例，也可以执行单个算子的 UT 用例。前者可以通过右击 testcases/ut/ops_test 文件夹，选择 Run Tbe Operator'All'UT Impl with coverage，执行整个文件夹下算子实现代码的测试用例。后者通过右击"testcases/ut/ops_test/test_sqrt_impl. py"文件夹，选择 Run Tbe Operator'算子名称'UT Impl with coverage，执行单个算子实现代码的测试用例。

测试用例第一次运行时会弹出运行配置界面，请根据界面提示配置，然后单击 Run。运行完成后，通过界面下方的 Run 日志打印窗口查看运行结果。在 Run 窗口中单击 index. html 的 URL（URL 中的 localhost 为 MindStudio 安装服务器的 IP，建议直接单击打开），查看 UT 用例的覆盖率结果，运行完成后，生成的中间文件与可执行文件目录结构如下：

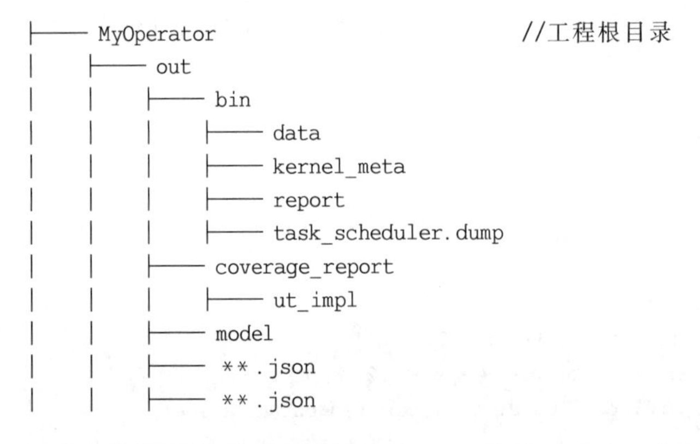

```
├── MyOperator                              //工程根目录
|    ├── out
|    |    ├── bin
|    |    |    ├── data
|    |    |    ├── kernel_meta
|    |    |    ├── report
|    |    |    ├── task_scheduler.dump
|    |    ├── coverage_report
|    |    |    ├── ut_impl
|    |    ├── model
|    |    ├── **.json
|    |    ├── **.json
```

如果在配置运行信息选择的 Target 为 Simulator_TMModel，还可以查看执行流水线，如图 3-14 所示。

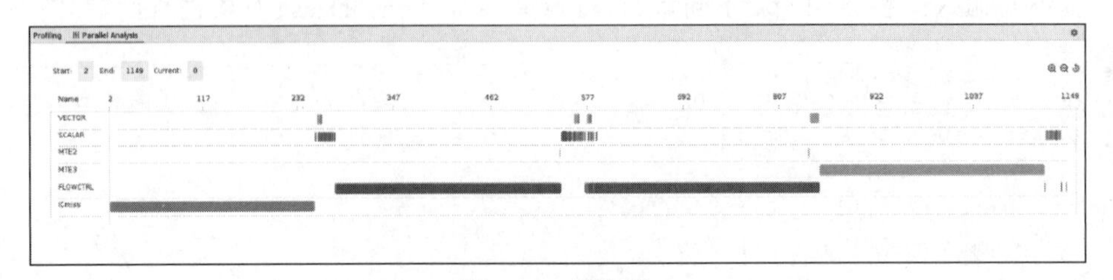

图 3-14　流水线

3.2.7　算子系统测试

MindStudio 提供了算子 ST(System Test,系统测试)框架,可以自动生成测试用例,在真实的硬件环境中,验证算子功能的正确性和计算结果准确性,包括:

(1) 根据算子实现和算子信息文件(*_impl.py)生成算子测试用例定义文件(*.json),作为算子 ST 用例的输入。

(2) 根据算子测试用例定义文件生成 ST 数据及测试用例执行代码,在硬件环境上执行算子测试用例。

ST 的流程为:生成算子测试用例定义文件 *.json,将自定义算子转换成单算子离线模型文件(*.om),然后使用 AscendCL 加载离线模型,并传入算子输入数据,执行算子,通过查看输出结果验证算子功能是否正确,如图 3-15 所示。

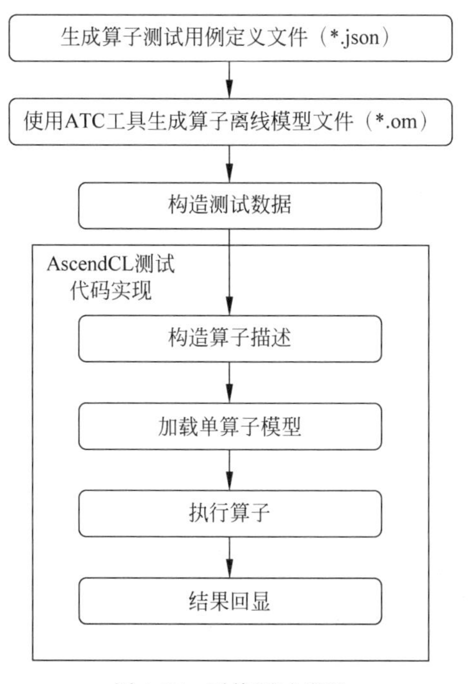

图 3-15　系统测试流程

其中,MindStudio 中的 ST 用例生成工具已进行了测试框架的封装,用户只需定义算子测试用例文件 *.json,即可自动生成测试数据以及 AscendCL 测试代码。

1. 配置算子测试用例定义文件(*.json)

在 MindStudio 工程界面右击算子工程根目录,选择 New Cases→ST Case 命令,在弹出的 Create ST Cases for an Operator 界面中选择需要创建 ST 用例的算子,如图 3-16 所示。

Operator
sqrt
SOC Version
ascend310
Import operator info from a model
OK
Cancel

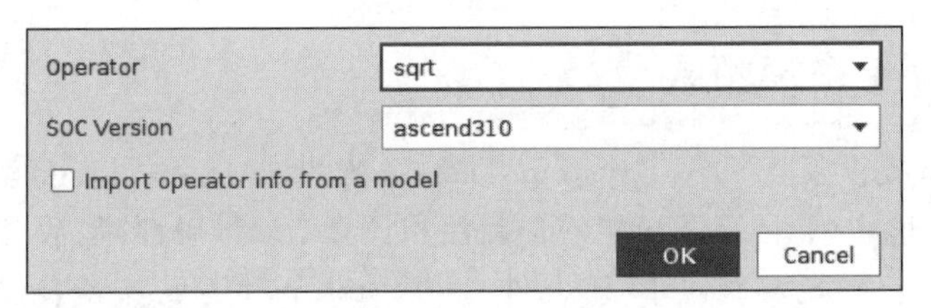

图 3-16　创建 ST 用例的算子

若不勾选 Import operator info from a model，单击 OK 按钮后，会生成 Shape 为空的算子测试用例定义文件，Design 视图如图 3-17 所示。

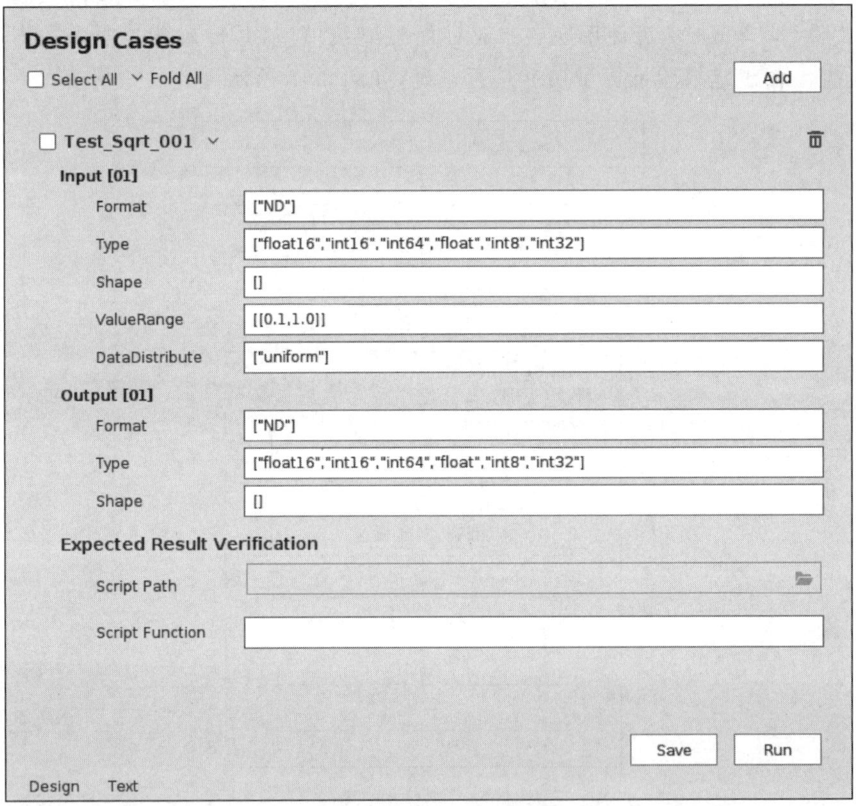

Design Cases
Select All
Fold All
Add
Test_Sqrt_001
Input [01]
Format
["ND"]
Type
["float16","int16","int64","float","int8","int32"]
Shape
[]
ValueRange
[[0.1,1.0]]
DataDistribute
["uniform"]
Output [01]
Format
["ND"]
Type
["float16","int16","int64","float","int8","int32"]
Shape
[]
Expected Result Verification
Script Path
Script Function
Save
Run
Design
Text

图 3-17　Design 视图

需要进行 Shape 信息的配置，用于生成测试数据及测试用例，也可以根据需要进行其他字段的配置，每个字段的详细说明可以参考网站 https://www.hiascend.com/document 中的《MindStudio 用户指南》文档。若用户勾选 Import operator info from a model，选择包含算子的 TensorFlow 模型文件（*.pb）后，界面会显示获取到的模型文件的首层 Shape 参数信息。

若要将算子与标杆数据对比，需要定义并配置算子期望数据生成函数，算子期望数据生成函数是用TensorFlow或Caffe等框架实现的与自定义算子功能相同的函数，其可以在CPU上运行并生成标杆数据。标杆数据用来与自定义算子生成数据进行对比，根据对比结果确定自定义算子精度。算子期望数据生成函数用Python语言实现，在一个Python文件中可以实现多个算子期望数据生成函数。该函数的输入、输出、属性与自定义算子的输入、输出、属性的Format、Type、Shape保持一致。

在Design视图下，配置方法为：在Expected Result Verification下的Script Path中选择算子期望数据生成函数的Python文件所在路径；在Script Function中输入算子期望数据生成函数的函数名。

如果不进行标杆数据对比，那么会自动根据输入数据生成输出数据，并把实际结果返回。

在Text视图下，可以看到自定义算子json文件用于进行算子的描述，需要按照算子原型定义进行配置，包括算子的输入、输出及属性信息，配置示例如程序清单3-20所示。

程序清单3-20　配置示例

```
[
  {
    "op": "Sqrt",
    "input_desc": [
      {
        "format": "NCHW",
        "shape": [8, 512, 7, 7],
        "type": "float16"
      },
      {
        "format": "NCHW",
        "shape": [512, 512, 3, 3],
        "type": "float16"
      }
    ],
    "output_desc": [
      {
        "format": "NCHW",
        "shape": [8, 512, 7, 7],
        "type": "float16"
      }
    ],
  }
]
```

修改测试用例信息后，单击Save按钮，修改会保存到算子测试用例定义文件。

算子测试用例定义文件存储在算子工程根目录下的testcases/st/OpType/{SocVersion}文件夹下，命名为OpType_case_timestamp.json。

json 文件为 OpDesc 的数组，OpDesc 数组参数说明如表 3-5 所示。

表 3-5　OpDesc 数组参数说明

属 性 名	类　型	说　明	是否必填
Op	string	算子类型	是
input_desc	TensorDesc 数组	算子输入描述	是
output_desc	TensorDesc 数组	算子输出描述	是
Attr	Attr 数组	算子属性	否

其中，TensorDesc 数组的常用参数说明如表 3-6 所示。

表 3-6　TensorDesc 数组的常用参数说明

属性名	类　型	说　明	是否必填
format	string	Tensor 的排布格式，配置为算子原始框架支持的 format。当前支持 NHWC、NCHW、ND、NC1HWC0 等	是
type	string	Tensor 的数据格式	是
shape	int 数组	Tensor 的形状，例如[1,224,224,3]	是

Attr 数组的参数说明如表 3-7 所示。

表 3-7　Attr 数组的参数说明

属性名	类　型	说　明	是否必填
Name	string	属性名	是
Type	string	属性值的类型	是
Value	由类型的取值决定	属性值，根据类型的不同，属性值不同	是

2. 使用 ATC 工具生成单算子模型文件

使用 ATC 工具，加载单算子描述的 json 文件，生成单算子的离线模型，命令格式如下（具体使用可参考 6.3 节内容）：

```
atc --singleop=test_data/config/xxx.json --soc_version=${soc_version} --output=op_models
```

（1）singleop：算子描述的 json 文件，为相对于执行 atc 命令所在目录的相对路径。

（2）soc_version：昇腾 AI 处理器的型号，请根据实际情况替换。

（3）output：生成模型文件的存储路径，为相对于执行 atc 命令所在目录的相对路径。

模型转换成功后，在当前目录的 op_models 目录下生成单算子的模型文件 0_Sqrt_3_

2_8_16_3_2_8_16_3_2_8_16.om,命名规范为：序号+opType + 输入的描述(dateType_format_shape)+输出的描述。

3. 运行 ST 用例

右击生成的 ST 用例定义文件(路径为"testcases/st/sqrt/{SOC Version}/xxxx.json"),选择 Run The Operator 'xxx' ST Case,配置界面如图 3-18 所示。

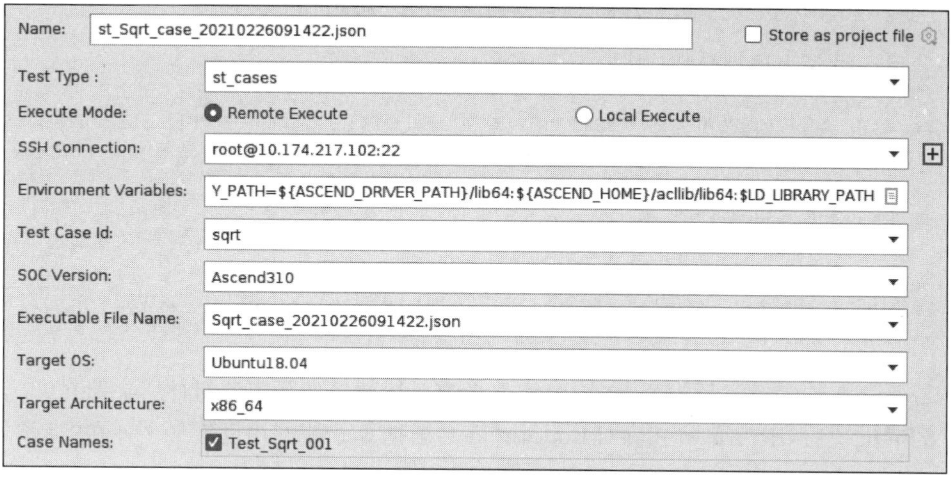

Name: st_Sqrt_case_20210226091422.json　Store as project file
Test Type : st_cases
Execute Mode: Remote Execute　Local Execute
SSH Connection: root@10.174.217.102:22
Environment Variables: Y_PATH=${ASCEND_DRIVER_PATH}/lib64:${ASCEND_HOME}/acllib/lib64:$LD_LIBRARY_PATH
Test Case Id: sqrt
SOC Version: Ascend310
Executable File Name: Sqrt_case_20210226091422.json
Target OS: Ubuntu18.04
Target Architecture: x86_64
Case Names: Test_Sqrt_001

图 3-18　配置界面

其中需要添加如下配置：

(1) SSH Connection：当 Execute Mode 栏选择 Remote Execute 单选按钮时，在 SSH Connection 栏从下拉列表中选择 SSH 配置信息，若未添加配置信息，请单击+按钮添加。

(2) Environment Variables：设置环境变量。

环境变量设置如下：

```
export install_path=/home/HwHiAiUser/Ascend/ascend-toolkit/latest
export PATH=${install_path}/atc/ccec_compiler/bin:${install_path}/atc/bin:$PATH
export ASCEND_OPP_PATH=${install_path}/opp
```

其中,install_path 为 ATC 工具与 OPP 组件的安装路径。若远程设备为推理环境，则有：

```
LD_LIBRARY_PATH=${ASCEND_DRIVER_PATH}/lib64:${ASCEND_HOME}/acllib/lib64:$LD_LIBRARY_
PATH;
```

若远程设备为训练环境，则有：

```
LD_LIBRARY_PATH=${ASCEND_DRIVER_PATH}/lib64/driver:${ASCEND_DRIVER_PATH}/lib64/
common:${ASCEND_HOME}/lib64:$LD_LIBRARY_PATH;
```

另外，在远程设备上也需要配置环境变量。针对 Ascend EP，需要在硬件设备的 Host 侧配置安装组件路径的环境变量。以 Host 侧运行用户在～/.bashrc 文件中配置 acllib 或 fwkacllib、driver 组件的安装路径。打开运行用户下的.bashrc 文件，在文件最后添加如下信息：

```
export ASCEND_DRIVER_PATH = /usr/local/Ascend/driver
export ASCEND_HOME = /usr/local/Ascend/ascend - toolkit/latest
export ASCEND_AICPU_PATH = ${ASCEND_HOME}/<target architecture>
```

若远程设备为推理环境，则有：

```
export LD_LIBRARY_PATH = ${ASCEND_DRIVER_PATH}/lib64:${ASCEND_HOME}/acllib/lib64:$LD_
LIBRARY_PATH
```

若远程设备为训练环境，则有：

```
export
LD_LIBRARY_PATH = ${ASCEND_DRIVER_PATH}/lib64/driver:${ASCEND_DRIVER_PATH}/lib64/
common:${ASCEND_HOME}/fwkacllib/lib64:$LD_LIBRARY_PATH
```

若已存在如上所述环境变量，请确认为当前运行环境实际安装组件所在路径。

完成配置后，单击 Run 按钮，MindStudio 会根据算子测试用例定义文件在“算子工程根目录/testcases/st/out/OpType”下生成测试数据和测试代码，并编译出可执行文件，在指定的硬件设备上执行测试用例，并将执行结果与标杆数据对比，打印报告到输出窗口中，同时在“算子工程根目录/testcases/st/out/OpType”下生成 st_report.json 文件。

3.3 TBE TIK 算子开发

TIK(Tensor Iterator Kernel，张量迭代内核)是一种基于 Python 语言的动态编程框架，为一个 Python 模块，运行于 Host CPU 上。TIK 算子开发方式灵活，在算子开发效率和算子性能自动优化上有着一定的优势。

3.3.1 TIK 的适用场景

DSL 算子开发方式具有入门容易、易于实现、工具自动调度等优点，但也存在调测不方便、性能调优难度高等缺点，TIK 就是为对性能和调测要求较高的用户准备的，当然这也意味着开发难度的提升。

TIK 算子开发方式有两个优势：一是支持 Debug 模式，支持 TIK Debug 模式实现类似 PDB(Python Debugger，Python 调试器)的调试命令行界面并集成到 MindStudio 中，能帮助用户快速定位功能问题，极大缩短开发调测时间；二是性能优化，通过手动调度可以更加精确地控制数据搬运和计算流程，从而实现更高的性能，将昇腾 AI 处理器的功能发挥到极致。目前昇腾官网提供在线实验 TIK 算子开发供用户练习，参考链接 https://www.hiascend.com/zh/college/onlineExperiment/codeLabTbeTik/tiks。

3.3.2 TIK 算子开发示例

1. 算子分析

TIK 算子用于实现从全局内存(Global Memory)中的 A、B 处分别读取 128 个 float16 类型的数值并相加，将结果写入全局内存地址 C 中，即两个张量的 Elementwise(元素级)相加，数学表达式为 C=A+B。

算子需要定义实现文件名称、实现函数名称以及算子的 OpType。算子 OpType 需要采用大驼峰的命名方式，即采用大写字母区分不同的语义，算子文件名称、算子函数名称则采用全小写；按照规则定义该算子 OpType 为 Add，算子实现文件名称与算子实现函数名称命名为 add。

通过查询 API 列表和分析算子要求，整个实现过程需要调用以下接口：

(1) 定义数据：需要使用张量接口。

(2) 数据搬运：将输入数据从全局内存搬入统一缓冲区(UB)。需要使用 data_move 接口。

(3) 数据运算：将搬入的数据进行 vadd 计算。需要使用 vadd 接口。

(4) 数据搬运：将得到的结果从统一缓冲区(UB)搬出到全局内存。需要使用 data_move 接口。

如 DSL 定义新建一个算子一样，OpType 为 Add，MindStudio 会在 tbe/impl 目录下生成 add.py。

首先导入必要的 Python 模块，代码如下：

```
from tbe import tik
import numpy as np
```

2. 定义目标机并构建 TIK DSL 容器

通过 TIK 类构造函数构造 TIK DSL 容器，代码如下：

```
tik_instance = tik.Tik()
```

3. 算子实现

算子实现由数据定义、数据搬运、数据计算三个部分组成，下面分别进行讲解。

1）数据定义

算子要实现 C=A+B,需要三个数据,并且它们需要在全局内存(GM)和统一缓冲区(UB)均通过 tik_instance. Tensor 函数进行定义,其中在全局内存中定义输入数据 data_A、data_B 和输出数据 data_C,在统一缓冲区中定义数据 data_A_ub、data_B_ub、data_C_ub。它们均为 128 个 float16 类型的数据。定义数据见程序清单 3-21。

程序清单 3-21　定义数据

```
data_A = tik_instance.Tensor("float16", (128,), name = "data_A", scope = tik.scope_gm)
data_B = tik_instance.Tensor("float16", (128,), name = "data_B", scope = tik.scope_gm)
data_C = tik_instance.Tensor("float16", (128,), name = "data_C", scope = tik.scope_gm)

data_A_ub = tik_instance.Tensor("float16", (128,), name = "data_A_ub", scope = tik.scope_
ubuf)
data_B_ub = tik_instance.Tensor("float16", (128,), name = "data_B_ub", scope = tik.scope_
ubuf)
data_C_ub = tik_instance.Tensor("float16", (128,), name = "data_C_ub", scope = tik.scope_
ubuf)
```

程序中调用 tik_instance. Tensor 函数生成算子需要的张量 data_A,其中元素的数据类型为 float16,地址在全局内存上,其他类似。

TIK 提供标量(Scalar)数据与张量(Tensor)数据两种类型,它们的属性 dtype 标识数据类型,如 int8、uint8、int16、uint16、int32、uint32、float16、float32、uint1(bool)等。TIK 为强类型语言,即不同类型的数据之间无法进行计算。

张量数据对应于存储缓冲区(含 GM 和 UB)中的数据,定义方式如程序清单 3-21 所示。TIK 会自动为每个申请的张量对象分配空间,并且避免各数据块之间的地址冲突。每个张量有四个属性(dtype、shape、scope、name),格式如下:

```
Tensor(dtype, shape, scope, name)
```

- dtype:指定张量对象的数据类型。
- shape:指定张量对象的形状。
- scope:指定张量对象所在缓冲区的空间(scope_gm 表示全局内存中的数据;scope_ubuf 表示统一缓冲区中的数据)。
- name:指定张量名字,不同张量名字需要保持唯一。

张量的生命周期自申请时被创建,若跳出所在代码块,则张量被释放,张量创建与释放之间的状态称为活跃状态,张量只有在活跃状态时才能被访问;同时由于存储空间的限制,任何时刻活跃状态的张量所占用的缓冲区的总大小不超过对应物理缓冲区的总大小,如图 3-19 所示。

标量数据对应于存储寄存器或者标量缓冲区中的数据,定义为

```
① UB use(256 * 2 Byte): B0        B0 = tik_instance.Tensor("float16", [256], name ="B0", scope = tik.scope_ub)
                                   ...
                                   with tik_instance.if_scope(condition):
② UB use(512 * 2 Byte): B0+B1        B1 = tik_instance.Tensor("float16", [256], name ="B1", scope = tik.scope_ub)
                                     ...
                                     with tik_instance.for_range(0, 4) as i:
③ UB use(768 * 2 Byte): B0+B1+B2       B2 = tik_instance.Tensor("float16", [256], name ="B2", scope = tik.scope_ub)
                                       ...
                                     with tik_instance.for_range(0, 4) as i:
④ UB use(768 * 2 Byte): B0+B1+B3       B3 = tik_instance.Tensor("float16", [256], name ="B3", scope = tik.scope_ub)
                                       ...
                                   with tik_instance.if_scope(condition):
⑤ UB use(512 * 2 Byte): B0+B4        B4 = tik_instance.Tensor("float16", [256], name ="B4", scope = tik.scope_ub)
                                     ...
```

图 3-19　缓冲区使用

```
data_Sample = tik_instance.Scalar(dtype = "float32")
```

标量的生命周期自申请时被创建，若跳出所在代码块，则标量被释放，标量创建与释放之间的状态称为活跃状态，标量只有在活跃状态时才能被访问。如图 3-20 显示 S0、S1、S2 三个标量的活跃状态。

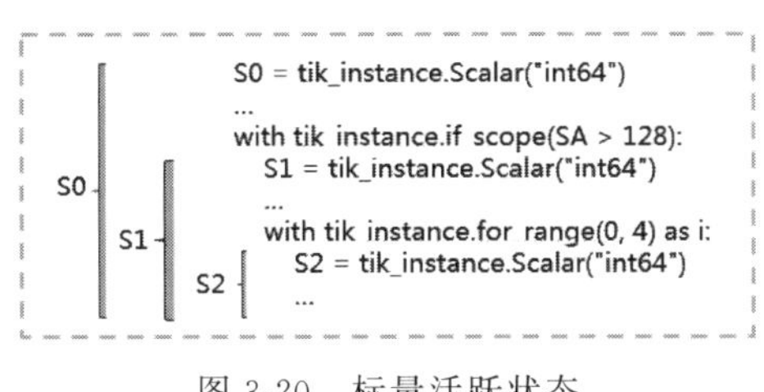

图 3-20　标量活跃状态

2）数据搬运与数据计算

数据搬运、数据计算等属于算子的计算主体，主要靠指令 API 实现。指令 API 与 AI Core 的指令集基本一一对应，分为数据搬运接口、矢量运算接口、矩阵运算接口和特定算法接口。示例算子主要用的是前两个接口。

（1）数据搬运接口：AI Core 数据运算在片上缓冲区中进行，因此需要将数据从全局内存中搬运到片上缓冲区中；同时计算完成后需要将计算结果从片上缓冲区搬运到全局内存中。数据搬运接口就是用于在不同的内存之间相互搬运数据，与 DSL 不同，TIK 需要用户自己根据数据大小来实现数据搬运和数据计算，同时对于不同类型数据有不同的指令。示例算子中用到的数据搬运接口指令如下：

```
data_move (dst, src, sid, nburst, burst, src_stride, dst_stride, *args, **argv)
```

其中，dst、src 是源地址与目标地址，用前面定义的 data_A、data_A_ub 等来表示；sid 是 SMMU ID，为硬件保留接口，输入 0 即可；burst 是指一次搬运连续的块数量，取值范围是[1,65535]，在 UB 里面一个块是 32B，比如搬运的数据量是 32KB，且都是地址连续搬运，那么 burst=32×1024/32=1024；nburst 就是搬运的次数，即 burst 的数量，取值范围是[1,4095]。如果是连续搬运，那么 nburst=1，如果不连续，那么 nburst 就是搬运总量除以 burst。

src_stride,dst_stride 是张量相邻连续数据片段间隔,即前 burst 尾与后 burst 头的间隔(前后两个块的间隔)。AI Core 中的向量计算单元要求所有计算的源数据以及目标数据存储在统一缓冲区中,并要求 32 字节对齐,它覆盖各种基本的计算类型和许多定制的计算类型,主要包括 FP16/FP32/int32/Int8 等数据类型的计算。固定型号芯片的每个缓冲区都有自己的大小和最小访问粒度,如表 3-8 所示。

表 3-8　缓冲区的大小和最小访问粒度

缓冲区(Buffer)名称	大小/KB	最小访问粒度/B
L1 Buffer	1024	32
L0A/L0B Buffer	64	512/128
L0C Buffer	256	512/1024
Unified Buffer(UB)	256	32/2
Scalar Buffer(SB)	16	2

块即在空间维度上运算单元一次访问数据的最小粒度,对于不同的计算单元,块的大小也不一样,向量运算从 UB 读取数据,一次最小 32B,也就是一个块为 32B,包括 16 个 float16/uint16/int16、8 个 float32/uint32/int32 或 32 个 int8/uint8 的数据。由于支持连续寻址和间隔寻址方式,因此需要指定寻址跨度(stride,即块的头与头之间距离),以块为单位;如果读取的数据是连续的块,那么 src_stride=0,如果读取的数据需要间隔一个块,那么 src_stride=1,dst_stride 也是如此。

* args, ** argv 是预留参数,暂不使用。

(2) 矢量运算接口:矢量运算使用的计算单元是 Vector 计算单元,使用的片上内存是统一缓冲区,遵循的执行模型是 SIMD(SingleInstruction Multiple Data,单指令多数据流指令,指单条指令可以完成多个数据操作)。指令操作分布在空间和时间两个维度,空间上即按照块为单位进行分组,时间上会以 repeat 参数为单位进行迭代,通过这两个维度可以最大限度地实现一行代码操作多个数据。

示例算子使用的是 vadd,如下:

```
vec_add(mask, dst, src0, src1, repeat_times, dst_rep_stride, src0_rep_stride, src1_rep_stride)
```

- mask 参数有的时候取一个块,只想其中的部分数据参与运算,该如何处理? 1 次迭代内部的数据,计算哪些数据,不计算哪些数据,由 mask 参数决定。针对 float16 数据,Vector 计算单元一次最多计算 128 个元素,如 mask=16,表示前 16 个元素参与计算。128 表示计算所有元素;
- dst,src 是源地址与目标地址,用前面定义的 data_A、data_A_ub 等表示;
- repeat_time,dst_rep_stride,src0_rep_stride,src1_rep_stride 是在当前版本的 TIK API 中,Vector 计算单元每次读取连续的 8 个块(256 字节)数据进行计算;为完成对输入数据的处理,Vector 计算单元必须通过多次迭代(repeat)才能完成所有数据的读取与计算。参数 repeat_times 表示单次 API 调用中执行的迭代次数。考虑到每次 API 启动都有固定时延，将多次迭代放入单次 API 调用中，可大幅减少不必要的启动开销，从而提升整体执行效率。考虑到 AI Core 本身的硬件限制，repeat_times 取值上限为 255。参数 dst_rep_stride、src_rep_stride 分别表示目的操作数和源操作数在相邻迭代间相同块间的地址步长，为方便起见，这类参数以下记为 * _rep_stride。如图 3-21 所示，一个数字方框表示一个块，一次取 8 个块计算，* _rep_stride 为 8，代表每次迭代之间为 8 个块。

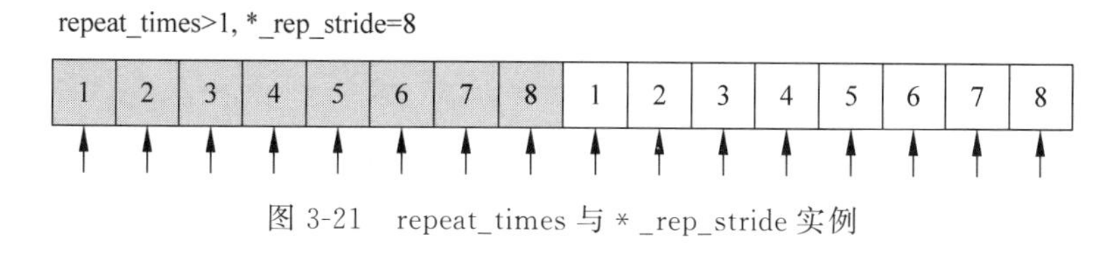

图 3-21　repeat_times 与 * _rep_stride 实例

3）算子实现及解读

示例算子实现见程序清单 3-22。

程序清单 3-22　示例算子

```
tik_instance.data_move(data_A_ub, data_A, 0, 1, 128 //16, 0, 0)
tik_instance.data_move(data_B_ub, data_B, 0, 1, 128 //16, 0, 0)
tik_instance.vec_add(128, data_C_ub[0], data_A_ub[0], data_B_ub[0], 1, 8, 8, 8)
tik_instance.data_move(data_C, data_C_ub, 0, 1, 128 //16, 0, 0)
```

首先是数据从全局内存搬运到统一缓冲区中，需要搬运的数据为 128 个 float16 类型的数据，占 128×2 字节，等于统一缓冲区的大小(256KB)，因此搬一次就可以把输入数据全部搬到统一缓冲区，搬运的次数 nburst 为 1；由于 burst 单位为 32B，每次搬运的数据大小 burst 为 128×2/32B，间隔跳跃式搬运时需要设置参数 stride，示例中为连续搬运，因此两个参数都设置为 0；

TIK 的向量指令每个周期能处理 256B 的数据，并提供 mask 参数调整计算的数据，同时在时间上支持迭代操作，完成一连串的数据计算。TIK 指令操作分布在空间和时间两个维度，其中空间上最多处理 256B 数据(包括 128 个 float16/uint16/int16、64 个 float32/uint32/int32 或 256 个 int8/uint8 的数据)，时间上支持迭代操作。1 次迭代内部的数据计算由 mask 参数决定。针对 float16 数据，Vector 计算单元一次计算 128 个元素，如 mask=128，表示前 128 个元素参与计算。

在 vec_add 中，所有元素参与运算，mask 设置为 128；然后是三个操作数的地址，本次为连续寻址运算 128 个元素，对于 128 个 float16 的数据，通过 1 次迭代可以完成计算，因此 repeat_times 为 1；一次迭代内，因为块大小是 16 个 FP16，那么 128 个 FP16 元素需要 8 个块，所以 * _rep_stride =8，表示一次迭代连续处理 8×32B 数据。

最后，通过 date_move API 把计算结果从统一缓冲区搬运到全局内存中。

4. 算子编译

算子实现后,需要通过 BuildCCE 函数将上述定义的 TIK DSL 容器编译成昇腾 AI 处理器上可执行的二进制代码,即算子的.o 文件和算子描述.json 文件。BuildCCE 属于前述的控制函数,例如:

```
tik_instance.BuildCCE(kernel_name = "add", inputs = [data_A, data_B], outputs = [data_C])
```

其中,kernel_name 指明编译产生的二进制代码中的 AI Core 核函数名称,inputs、outputs 分别指明程序的输入和输出张量。

最后结束程序,代码如下:

```
return tik_instance
```

至此,示例程序已经完成,代码见程序清单 3-23。

程序清单 3-23　示例程序

```
from tbe import tik
import numpy as np

def add():
    tik_instance = tik.Tik()

    data_A = tik_instance.Tensor("float16", (128,), name = "data_A", scope = tik.scope_gm)
    data_B = tik_instance.Tensor("float16", (128,), name = "data_B", scope = tik.scope_gm)
    data_C = tik_instance.Tensor("float16", (128,), name = "data_C", scope = tik.scope_gm)
    data_A_ub = tik_instance.Tensor("float16", (128,), name = "data_A_ub", scope = tik.
scope_ubuf)
    data_B_ub = tik_instance.Tensor("float16", (128,), name = "data_B_ub", scope = tik.
scope_ubuf)
    data_C_ub = tik_instance.Tensor("float16", (128,), name = "data_C_ub", scope = tik.
scope_ubuf)

    tik_instance.data_move(data_A_ub, data_A, 0, 1, 128 //16, 0, 0)
    tik_instance.data_move(data_B_ub, data_B, 0, 1, 128 //16, 0, 0)
    tik_instance.vec_add(128, data_C_ub[0], data_A_ub[0], data_B_ub[0], 1, 8, 8, 8)
    tik_instance.data_move(data_C, data_C_ub, 0, 1, 128 //16, 0, 0)
    tik_instance.BuildCCE(kernel_name = "simple_add", inputs = [data_A, data_B], outputs =
[data_C])

    return tik_instance
```

5. TIK 调试

到目前为止,TIK 算子基本编写完成。与张量加速引擎(TBE)相比,TIK 给予用户更多的自主权，也比TBE更加复杂。而实际上TIK优势很多，比如调试，TIK功能调试是基于功能仿真的一个调试工具，与开源GDB一样，可进行断点设置、单步调试、变量打印等操作。TIK提供start_debug和debug_print接口，方便用户进行调用，见程序清单3-24。

程序清单3-24　调试代码

```
if __name__ == "__main__":

    #调用TIK算子函数
    tik_instance = add()
    #初始化输入数据。调用numpy在data中初始化,生成一个具有128个float16类型的数字1的一维矩阵,并通过描述一个字典类型的格式,将data_A、data_B的数据与data进行绑定。初始化的数据需要和对应的tensor定义的shape和dtype保持一致,否则会报错。feed_dict字典里面的key需要和对应的输入tensor的name保持一致
    data = np.ones((128,), dtype=np.float16)
    feed_dict = {"data_A": data, "data_B": data}
    #启动TIK调试,传入字典类型的数据,并在调试结束后返回输出结果data_C。interactive=True,表示调试器会进入交互模式
    data_C, = tik_instance.tikdb.start_debug(feed_dict=feed_dict, interactive=True)
    #打印输出数据
    print("data_C:\n{}".format(data_C))
```

在需要设置断点的行的左边单击，即设置断点（再次单击即取消断点）；使用Shift+F9或者在RUN菜单中选择Debug'add'命令即可进入Debug模式，如图3-22所示。

此时程序会停在断点处，并在下方Debugger选项卡中显示当前变量值的输出；按F8键则进入单步执行模式，同时每条语句执行完后在语句后面会出现此时对应的值，方便定位，如图3-23所示。

执行到程序的最后会跳到console（控制台）中，此时可以输入L查看正在执行处的语句，输入n则执行到下一条TIK语句，输入p变量名则可以打印当前存在的变量值，如图3-24所示。

输入p(print)对表达式求值并打印结果。

表达式（expression）可以是任意Python表达式。表达式可以使用的变量有TIK DSL当前作用域的Tensor（张量）和Scalar（标量）。其中Tensor会被替换为与Tensor等价的numpy.ndarray，这个numpy对象的形状、类型和数据都与Tensor一致，Scalar会被求值并替换为Python的float或int类型的数值。表达式也可以传入纯字符串或者字符串与表达式的复合情况，如图3-25所示。

在命令行输入C结束整个程序。

通过断点设置和单步调试、打印等功能，TIK让用户定位问题更加简单，大大提升了开发效率。

```
from te import tik
import numpy as np

def add():
    tik_instance = tik.Tik(tik.Dprofile("v100", "mini"))   tik_instance: <te.tik.api.tik_build.Tik object at 0x7f1ea4ba7cc0>

    data_A = tik_instance.Tensor("float16", (128,), name="data_A", scope=tik.scope_gm)   data_A: data_A
    data_B = tik_instance.Tensor("float16", (128,), name="data_B", scope=tik.scope_gm)   data_B: data_B
    data_C = tik_instance.Tensor("float16", (128,), name="data_C", scope=tik.scope_gm)   data_C: data_C

    data_A_ub = tik_instance.Tensor("float16", (128,), name="data_A_ub", scope=tik.scope_ubuf)   data_A_ub: data_A_ub
    data_B_ub = tik_instance.Tensor("float16", (128,), name="data_B_ub", scope=tik.scope_ubuf)   data_B_ub: data_B_ub
    data_C_ub = tik_instance.Tensor("float16", (128,), name="data_C_ub", scope=tik.scope_ubuf)   data_C_ub: data_C_ub

    tik_instance.data_move(data_A_ub, data_A, 0, 1, 128 //16, 0, 0)
    tik_instance.data_move(data_B_ub, data_B, 0, 1, 128 //16, 0, 0)

    repeat = tik_instance.Scalar('int32')   repeat: reg_buf1[0]
    repeat.set_as(1)

    tik_instance.vadd(128, data_C_ub[0], data_A_ub[0], data_B_ub[0], 1,8,8,8)

    tik_instance.data_move(data_C, data_C_ub, 0, 1, 128 //16, 0, 0)

    tik_instance.BuildCCE(kernel_name="add",inputs=[data_A,data_B],outputs=[data_C])

    return tik_instance

if __name__ == "__main__":
```

```
Frames
MainThread
add, add.py:21
<module>, add.py:31
execfile, _pydev_execfile.py:18
run, pydevd.py:1147
main, pydevd.py:1752
<module>, pydevd.py:1758

Variables
data_A = {Tensor} data_A
data_A_ub = {Tensor} data_A_ub
data_B = {Tensor} data_B
data_B_ub = {Tensor} data_B_ub
data_C = {Tensor} data_C
data_C_ub = {Tensor} data_C_ub
repeat = {Scalar} reg_buf1[0]
tik_instance = {Tik} <te.tik.api.tik_build.Tik object at 0x7f1ea4ba7cc0>
```

图 3-22　Debug 模式

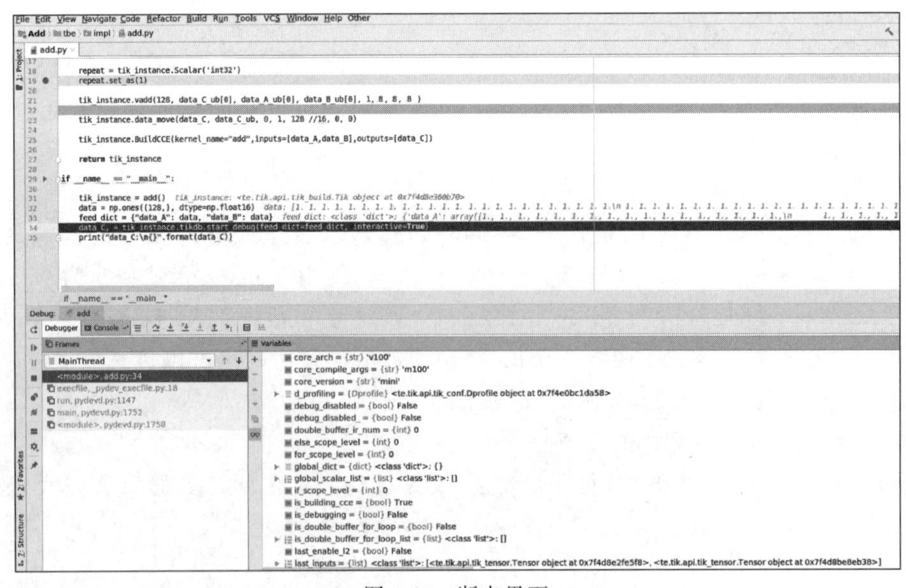

图 3-23　断点界面

```
Debug:  add
Debugger  Console
 4      def add():
 5          tik_instance = tik.Tik(tik.Dprofile("v100", "mini"))
 6
 7 ->       data_A = tik_instance.Tensor("float16", (128,), name="data_A", scope=tik.scope_gm)
 8          data_B = tik_instance.Tensor("float16", (128,), name="data_B", scope=tik.scope_gm)
 9          data_C = tik_instance.Tensor("float16", (128,), name="data_C", scope=tik.scope_gm)
10
[TIK]>n
[TIK]>l
 5          tik_instance = tik.Tik(tik.Dprofile("v100", "mini"))
 6
 7          data_A = tik_instance.Tensor("float16", (128,), name="data_A", scope=tik.scope_gm)
 8 ->       data_B = tik_instance.Tensor("float16", (128,), name="data_B", scope=tik.scope_gm)
 9          data_C = tik_instance.Tensor("float16", (128,), name="data_C", scope=tik.scope_gm)
10
11          data_A_ub = tik_instance.Tensor("float16", (128,), name="data_A_ub", scope=tik.scope_ubuf)
[TIK]>p data_A
[1. 1. 1. 1. 1. 1. 1. 1. 1. 1. 1. 1. 1. 1. 1. 1. 1. 1. 1. 1. 1. 1. 1. 1.
 1. 1. 1. 1. 1. 1. 1. 1. 1. 1. 1. 1. 1. 1. 1. 1. 1. 1. 1. 1. 1. 1. 1. 1.
 1. 1. 1. 1. 1. 1. 1. 1. 1. 1. 1. 1. 1. 1. 1. 1. 1. 1. 1. 1. 1. 1. 1. 1.
 1. 1. 1. 1. 1. 1. 1. 1. 1. 1. 1. 1. 1. 1. 1. 1. 1. 1. 1. 1. 1. 1. 1. 1.
 1. 1. 1. 1. 1. 1. 1. 1. 1. 1. 1. 1. 1. 1. 1. 1. 1. 1. 1. 1. 1. 1. 1. 1.
 1. 1. 1. 1. 1. 1. 1. 1.]
[TIK]>
```

图 3-24　打印结果

```
[TIK]>p 'abc'
abc
[TIK]>p 123456
123456
[TIK]>p 1+2
3
[TIK]>p data_A
[1. 1. 1. 1. 1. 1. 1. 1. 1. 1. 1. 1. 1. 1. 1. 1. 1. 1. 1. 1. 1. 1. 1. 1.
 1. 1. 1. 1. 1. 1. 1. 1. 1. 1. 1. 1. 1. 1. 1. 1. 1. 1. 1. 1. 1. 1. 1. 1.
 1. 1. 1. 1. 1. 1. 1. 1. 1. 1. 1. 1. 1. 1. 1. 1. 1. 1. 1. 1. 1. 1. 1. 1.
 1. 1. 1. 1. 1. 1. 1. 1. 1. 1. 1. 1. 1. 1. 1. 1. 1. 1. 1. 1. 1. 1. 1. 1.
 1. 1. 1. 1. 1. 1. 1. 1. 1. 1. 1. 1. 1. 1. 1. 1. 1. 1. 1. 1. 1. 1. 1. 1.
 1. 1. 1. 1. 1. 1. 1. 1.]
[TIK]>p data_A+data_A
[2. 2. 2. 2. 2. 2. 2. 2. 2. 2. 2. 2. 2. 2. 2. 2. 2. 2. 2. 2. 2. 2. 2. 2.
 2. 2. 2. 2. 2. 2. 2. 2. 2. 2. 2. 2. 2. 2. 2. 2. 2. 2. 2. 2. 2. 2. 2. 2.
 2. 2. 2. 2. 2. 2. 2. 2. 2. 2. 2. 2. 2. 2. 2. 2. 2. 2. 2. 2. 2. 2. 2. 2.
 2. 2. 2. 2. 2. 2. 2. 2. 2. 2. 2. 2. 2. 2. 2. 2. 2. 2. 2. 2. 2. 2. 2. 2.
 2. 2. 2. 2. 2. 2. 2. 2. 2. 2. 2. 2. 2. 2. 2. 2. 2. 2. 2. 2. 2. 2. 2. 2.
 2. 2. 2. 2. 2. 2. 2. 2.]
[TIK]>
```

图 3-25　复合情况

3.3.3　算子的性能优化

1. 计算分片

由于统一缓冲区(简称 UB)空间有限,在数据量很大的情况下,无法完整放入输入数据和输出结果,需要对输入数据分片搬入、计算和再搬出。在进行计算分片时,主要考虑如下因素:

(1) 在切分输入数据时要合理地利用 UB 空间,减少搬运次数,从而提高性能。

(2) 由于 UB 上的物理限制,要求数据存储必须保持 32B 数据对齐。

(3) 计算时相同指令运算数据尽可能连续存储,充分利用迭代操作,提高向量利用率。

(4) 计算尾块的处理。对于向量指令计算,单条向量指令支持最大的迭代次数,为

255,以 float16 类型数据举例,每次计算 128 个数。因此,向量计算需要分三步判断:

① 如果数据量大于 255×128 个数,可以设置 repeat=255,mask=128,处理 N 次,把这部分数据处理完。

② 剩下的数据量在小于 255×128 个数,大于 128 个数之间,此时设置 mask=128,求出迭代次数,通过一条指令处理完。

③ 剩下的数据量小于 128 个数,通过设置 mask 参数使用一条指令处理完即可。

下面以张量加法为例,给出较大数据场景下的计算分片方案,见程序清单 3-25。

程序清单 3-25　计算分片方案

```
# 给定数据类型,data_each_block 表示一个块能够存放的数据数目
# 向量指令每次迭代最多计算 8 个块,vector_mask_max 为 mask 的最大值
vector_mask_max = 8 * data_each_block

# move_num 表示搬入的数据数目
# 计算 repeat_times 取得最大值 255 时,需要循环调用 vec_add 多少次
vadd_loop = move_num // (vector_mask_max * 255)
add_offset = 0

if vadd_loop > 0:
with tik_instance.for_range(0, vadd_loop) as add_index:
        add_offset = add_index * vector_mask_max * 255
        tik_instance.vec_add(vector_mask_max, input_x_ub[add_offset],
                    input_x_ub[add_offset], input_y_ub[add_offset], 255, 8, 8, 8)

        # 对剩余数据,当向量计算单元满载运行时,计算单次调用 vec_add 需要多少次迭代
        repeat_time = (move_num % (vector_mask_max * 255) // vector_mask_max)
        if repeat_time > 0:
           add_offset = vadd_loop * vector_mask_max * 255
           tik_instance.vec_add(vector_mask_max, input_x_ub[add_offset],
                         input_x_ub[add_offset],
                         input_y_ub[add_offset], repeat_time, 8, 8, 8)

       # 数据尾巴,此时最后一次调用 vec_add,计算需要多少向量计算单元参与计算
       last_num = move_num % vector_mask_max
       if last_num > 0:
           add_offset += repeat_time * vector_mask_max
           tik_instance.vec_add(last_num, input_x_ub[add_offset],
                         input_x_ub[add_offset], input_y_ub[add_offset], 1, 8, 8, 8)
```

2. 双缓冲

如前面介绍,并行计算可以划分为时间并行和空间并行计算。时间并行计算即指令流水化,空间并行计算即使用多个处理器或者多个计算单元执行并发计算。

执行于 AI Core 上的指令队列主要包括如下几类，即向量指令队列(V)、矩阵指令队列(M)和存储移动指令队列(MTE2、MTE3)。不同指令队列间的相互独立性和可并行性是双缓冲优化机制的基石。

考虑一个完整的数据搬运和计算过程，如图 3-26 所示。MTE2 将数据从全局内存搬运到统一缓冲区，向量计算单元完成计算后将结果写回统一缓冲区，最后由 MTE3 将计算结果搬回全局内存。

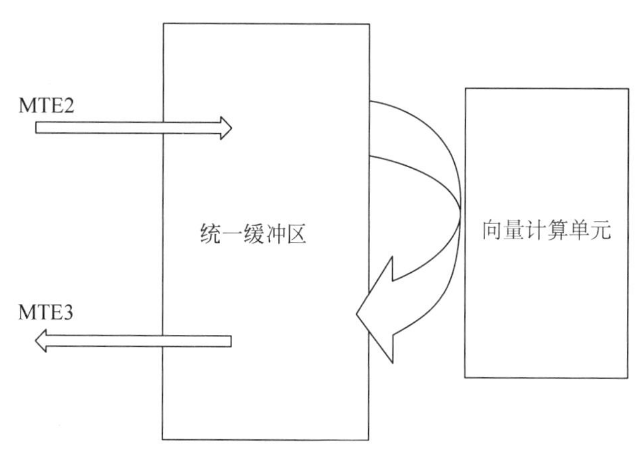

图 3-26　数据搬运和计算过程

在此过程中，数据搬运与向量计算串行执行，向量计算单元无可避免存在资源闲置问题。举例说明，若 MTE2、向量、MTE3 三阶段分别耗时 t，则向量计算单元的时间利用率仅为 1/3，等待时间过长，向量利用率严重不足。

为减少向量计算单元等待时间，双缓冲机制将统一缓冲区一分为二，即 UB_A、UB_B。如图 3-27 所示，当向量计算单元对 UB_A 中数据进行读取和计算时，MTE2 可将下一份数据搬入 UB_B 中；而当向量计算单元切换到计算 UB_B 时，MTE3 将 UB_A 的计算结果搬出，而 MTE2 则继续将下一份数据搬入 UB_A 中。由此，数据的进出搬运和向量计算实现并行执行，向量计算单元闲置问题得以有效缓解。

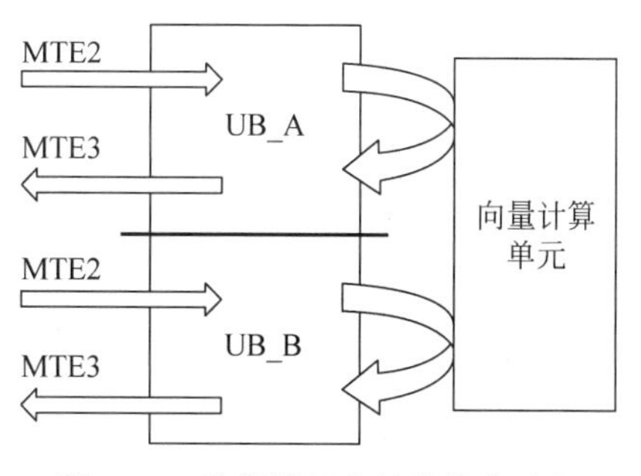

图 3-27　数据搬运和计算优化过程

总体来说，双缓冲机制是基于 MTE 指令队列与向量指令队列的独立性和可并行性，通过将数据搬运与向量计算单元并行执行以隐藏数据搬运时间并降低向量指令的等待时间，最终提高向量计算单元的利用效率。用户可以通过在 for_range 函数中设置参数 thread_num 来实现数据并行，简单代码示例如下：

```
with tik_instance.for_range(0, 10, thread_num = 2) as i:
```

考虑到算子通常具有计算简单、计算快速的特性，向量计算时间与数据搬运时间往往相差较小。多数情况下，采用双缓冲机制能有效提升向量的时间利用率，缩减算子执行时间。然而双缓冲机制缓解向量闲置问题并不代表它总能带来整体的性能提升。当数据搬运时间较短，而向量计算时间显著较长时，由于数据搬运在整个计算过程中的时间占比较低，双缓冲机制带来的性能收益会偏小。又如，当原始数据较小且向量可一次性完成所有计算时，强行使用双缓冲机制会降低向量计算资源的利用率，最终效果可能适得其反。

因此，双缓冲机制的性能收益需综合考虑向量算力、数据量大小、搬运与计算时间占比等多种因素。

3. 多核

多核并行计算属于空间并行，TIK 绑定多核的方式比较简单，TIK 所有的循环都是在代码中通过 for_range 函数创建，只需要设置最外层循环的参数 block_num 即可。代码如下：

```
with tik_instance.for_range( 0, 10, block_num = 10) as i:
```

其中，for_range 循环的表达式会被作用在 10 个执行实例上，最终 10 个执行实例会被分配到 10 个 AI Core 上并行运行，每个 AI Core 拿到一个执行实例和一个不同的块 ID。如果当前可用的 AI Core 小于 10，则执行实例会在当前可用的 AI Core 上分批调度执行；如果当前可用的 AI Core 大于等于 10，则会根据实际情况调度执行，实际运行的核数可能小于等于 10。

需要注意的是，block_num 默认取值为 1，即不分核；而采用分核并行时，其取值上限为 65535，用户需要保证 block_num 的实际值不超过阈值。采用分核并行时，L2/HBM/DDR(统称全局内存)对每个 AI Core 均可见，因而位于全局内存中的张量必须定义在 for_range 循环外；其他存放在标量缓冲区和统一缓冲区中的张量，只对其所在的 AI Core 可见，其张量定义必须放到多核循环内部。

用户可以通过如下接口函数获取 AI Core 的个数：

```
tbe.platform.get_soc_spec("CORE_NUM")
```

为保证负载均衡，block_num 一般尽量设置为 AI Core 的倍数。以昇腾 910 处理器为例，该处理器内含 32 个 AI Core。假如一个张量的形状为(16，2，32，32，32)，如果以张量的第一维度(最外层)进行分核，则只能绑定 16 个核。此时，可通过将张量的第一维度和第二维度合并，使得最外层的长度变成 32，以此将任务均摊到 32 个 AI Core 上。需要注意的是，顾及后端内存自动分配机制的限制，用户实施分核并行时必须从最外层开始做维度合并。

此外，分核并行特别需要注意非 32B 大小的数据对齐写入全局内存的情况，此时存在多余的数据尾巴，导致不同 AI Core 往全局内存写数据存在数据覆盖。

3.4 AI CPU算子开发

AI CPU算子是运行在昇腾AI处理器中AI CPU计算单元上的表达一个完整计算逻辑的运算。AI CPU算子包括控制算子、标量和向量等通用计算逻辑。对于如下情况，用户需要自定义AI CPU算子。

(1) 在NN模型训练或者推理过程中，将第三方开源框架转换为适配昇腾AI处理器的模型时遇到了昇腾AI处理器不支持的算子。此时，为了快速打通模型执行流程，用户可以通过自定义AI CPU算子进行功能调测，提升调测效率。功能调通之后，后续性能调测过程中再将AI CPU自定义算子转换成TBE算子实现。

(2) 某些场景下，无法通过AI Core实现自定义算子(比如部分算子需要int64类型，但AI Core指令不支持)，且该算子不是网络的性能瓶颈，此时可以通过开发AI CPU自定义算子实现昇腾AI处理器对此算子的支持。

这里结合实例介绍AI CPU算子开发的流程。关于AI CPU引擎的实现不属于本章讨论的范围，具体可参考前面介绍的AI CPU引擎。

1. 算子分析

使用AI CPU方式开发算子前，需要确定算子功能、输入和输出参数及数据类型、算子开发方式、算子类型以及算子实现函数名称等。

明确算子的功能以及数学表达式。以Add算子为例，Add算子的数学表达式为：

$$z = x + y$$

计算过程是：将两个输入参数x,y相加，得到最终结果z并将其返回。

明确输入和输出参数及数据类型。例如Add算子有两个输入：x与y，输出为z。本样例中算子的输入支持的数据类型为int64，算子输出的数据类型与输入数据类型相同。算子输入支持所有形状(shape)，要求输出形状与输入形状相同。算子输入支持的格式(format)为：NCHW、NC1HWC0、NHWC、ND。

明确算子实现文件名称以及算子的类型(OpType)。

2. 新建算子

右击工程名tbe_operator_sample，选择New→Operator命令，弹出如图3-28所示界面，在Operator Type栏输入算子类型名称：Add，在Plugin Framework栏选择TensorFlow，即算子所在模型文件的AI框架类型，在Compute Unit栏选择AI CPU算子，如图3-28所示。

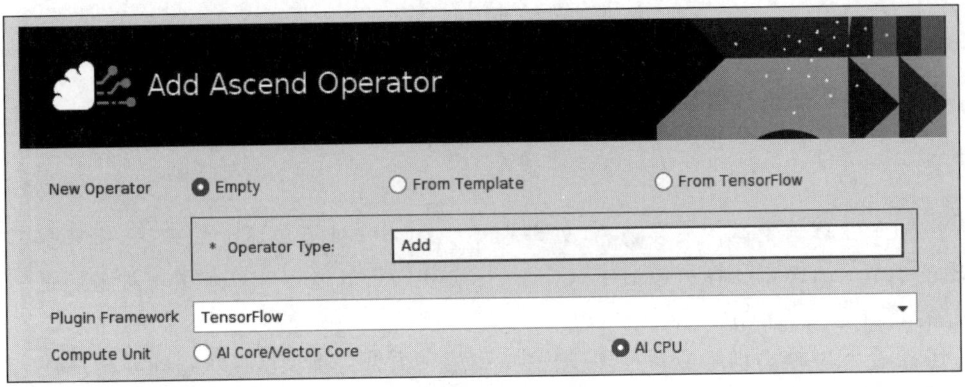

图 3-28　工程创建界面

3. 算子实现

首先是头文件的实现，需要在算子工程的 cpukernel/impl/add_kernels.h 文件中进行算子类的声明，如程序清单 3-26 所示。

程序清单 3-26　头文件

```
#ifndef _ADD_KERNELS_H_
#define _ADD_KERNELS_H_
#include "cpu_kernel.h"

namespace aicpu {
class AddCpuKernel : public CpuKernel {
public:
    ~AddCpuKernel() = default;
    virtual uint32_t Compute(CpuKernelContext &ctx) override;
};
} // namespace aicpu
#endif
```

具体说明如下：

（1）头文件 cpu_kernel.h 中包含了 AI CPU 算子基类 CpuKernel 的定义，以及 Kernels 的注册宏的定义；

（2）声明算子类，此类为 CpuKernel 类的派生类，并需要声明重载函数 Compute，Compute 函数需要在算子实现文件中实现。

（3）在算子工程的 cpukernel/impl/add_kernels.cc 文件中进行算子计算逻辑的实现，AI CPU 算子实现的关键是 Compute 函数的实现。

（4）定义命名空间 aicpu，并在命名空间 aicpu 中实现自定义算子的 Compute 函数，定义算子的计算逻辑。命名空间的名称 aicpu 为固定值，基类及相关定义都在 aicpu 命名空间中。

(5) Compute函数声明。例如:

```
uint32_t AddCpuKernel::Compute(CpuKernelContext &ctx)
```

AddCpuKernel为头文件中定义的自定义算子类,形参CpuKernelContext为CPU Kernel的上下文,包括算子的输入/输出Tensor以及属性等相关信息。

Compute函数体中,根据算子开发需求,编写相关代码实现获取输入张量相关信息,并根据输入信息组织计算逻辑,得出输出结果,并将输出结果设置到输出张量中。

Add算子的参考实现如程序清单3-27所示。

程序清单3-27 Add算子的参考实现

```
#include "add.h"
#include "Eigen/Core"
#include "unsupported/Eigen/CXX11/Tensor"
#include "cpu_kernel_utils.h"
#include "utils/eigen_tensor.h"
#include "utils/kernel_util.h"
namespace {
constexpr uint32_t kOutputNum = 1;
constexpr uint32_t kInputNum = 2;
const char *kAdd = "Add";

#define ADD_COMPUTE_CASE(DTYPE, TYPE, CTX)                              \
  case (DTYPE): {                                                       \
    uint32_t result = AddCompute<TYPE>(CTX);                            \
    if (result != KERNEL_STATUS_OK) {                                   \
      KERNEL_LOG_ERROR("Add kernel compute failed [%d].", result);      \
      return result;                                                    \
    }                                                                   \
    break;                                                              \
  }
}

namespace aicpu {
uint32_t AddCpuKernel::Compute(CpuKernelContext &ctx) {
  // check params
  KERNEL_HANDLE_ERROR(NormalCheck(ctx, kInputNum, kOutputNum),
                      "Check Add params failed.");

  auto data_type = ctx.Input(0)->GetDataType();
  switch (data_type) {
    ADD_COMPUTE_CASE(DT_INT8, int8_t, ctx)
    ADD_COMPUTE_CASE(DT_INT16, int16_t, ctx)
```

```
    ADD_COMPUTE_CASE(DT_INT32, int32_t, ctx)
    ADD_COMPUTE_CASE(DT_INT64, int64_t, ctx)
    ADD_COMPUTE_CASE(DT_UINT8, uint8_t, ctx)
    ADD_COMPUTE_CASE(DT_FLOAT16, Eigen::half, ctx)
    ADD_COMPUTE_CASE(DT_FLOAT, float, ctx)
    ADD_COMPUTE_CASE(DT_DOUBLE, double, ctx)
    ADD_COMPUTE_CASE(DT_BOOL, bool, ctx)
    ADD_COMPUTE_CASE(DT_COMPLEX64, std::complex<float>, ctx)
    ADD_COMPUTE_CASE(DT_COMPLEX128, std::complex<double>, ctx)
    default:
      KERNEL_LOG_WARN("Add kernel data type [ %u] not support.", data_type);
      return KERNEL_STATUS_PARAM_INVALID;
  }
  return KERNEL_STATUS_OK;
}

template <typename T>
uint32_t AddCpuKernel::AddCompute(CpuKernelContext &ctx) {
  BCalcInfo calc_info;
  calc_info.input_0 = ctx.Input(0);
  calc_info.input_1 = ctx.Input(1);
  calc_info.output = ctx.Output(0);
  DataType input0_type = calc_info.input_0->GetDataType();
  DataType input1_type = calc_info.input_1->GetDataType();
  DataType output_type = calc_info.output->GetDataType();

  Bcast bcast;
  KERNEL_HANDLE_ERROR(bcast.GenerateBcastInfo(calc_info), "Generate broadcast info
failed.")
  (void)bcast.BCastIndexes(calc_info.x_indexes, calc_info.y_indexes);
  (void)bcast.GetBcastVec(calc_info);

  return AddCalculate<T>(ctx, calc_info);
}

template <typename T>
uint32_t AddCpuKernel::AddCalculate(CpuKernelContext &ctx, BCalcInfo &calc_info) {
  auto input_x1 = reinterpret_cast<T *>(calc_info.input_0->GetData());
  auto input_x2 = r
einterpret_cast<T *>(calc_info.input_1->GetData());
  auto output_y = reinterpret_cast<bool *>(calc_info.output->GetData());

  size_t data_num = calc_info.x_indexes.size();
  auto shard_add = [&](size_t start, size_t end) {
    for (size_t i = start; i < end; i++) {
```

```
        auto x_index = input_x1 + calc_info.x_indexes[i];
        auto y_index = input_x2 + calc_info.y_indexes[i];
        output_y[i] = (*x_index + *y_index);
      }
    };
    KERNEL_HANDLE_ERROR(CpuKernelUtils::ParallelFor(ctx, data_num, 1, shard_add),
                        "Add calculate failed.")
    return KERNEL_STATUS_OK;
  }

  REGISTER_CPU_KERNEL(kAdd, AddCpuKernel);
  } // namespace aicpu
```

REGISTER_CPU_KERNEL(kAdd,AddCpuKernel)用于注册算子的 Kernel 实现，第一个参数 kAdd 为定义的指向算子 OpType 的字符串指针，第二个参数 AddCpuKernel 为自定义算子类的名称。

4. 算子原型定义

算子原型定义(IR)用于描述算子，包括算子输入信息、输出信息、属性信息等，用于把算子注册到算子原型库中。算子原型定义需要在算子的工程目录的“op_proto/算子名称.h”和“op_proto/算子名称.cc”文件中实现。与 TBE 算子的原型定义是类似的，这里只以 Add 算子为例进行简单介绍。

Add.h 实现如程序清单 3-28 所示。

程序清单 3-28　Add.h 实现

```
#ifndef GE_OP_ADD_H
#define GE_OP_ADD_H
#include "graph/operator_reg.h"
namespace ge {

REG_OP(Add)
    .INPUT(x, TensorType({DT_FLOAT16,DT_FLOAT,DT_DOUBLE,
DT_INT8,DT_INT16,DT_INT32,DT_INT64}))
    .OUTPUT(y, TensorType({DT_FLOAT16,DT_FLOAT,DT_DOUBLE,
DT_INT8,DT_INT16,DT_INT32,DT_INT64}))
    .OP_END_FACTORY_REG(Add)
}
#endif //GE_OP_ADD_H
```

add.cc 实现如程序清单 3-29 所示。

程序清单 3-29　add.cc 实现

```
#include "./add.h"
#include <string>
#include <vector>

namespace ge {
bool InferShapeAndTypeAdd(Operator &op, const string &inputName1, const string &inputName2, const string &outputName)
{
    TensorDesc vOutputDesc = op.GetOutputDescByName(outputName.c_str());

    DataType inputDtype = op.GetInputDescByName(inputName1.c_str()).GetDataType();
    Format inputFormat = op.GetInputDescByName(inputName1.c_str()).GetFormat();
    // 针对 shape 参数维度大小进行交换
    ge::Shape shapeX = op.GetInputDescByName(inputName1.c_str()).GetShape();
    ge::Shape shapeY = op.GetInputDescByName(inputName2.c_str()).GetShape();
    std::vector<int64_t> dimsX = shapeX.GetDims();
    std::vector<int64_t> dimsY = shapeY.GetDims();
    if (dimsX.size() < dimsY.size()) {
        std::vector<int64_t> dimsTmp = dimsX;
        dimsX = dimsY;
        dimsY = dimsTmp;
    }

    // 对小的 shape 进行 1 补齐
    if (dimsX.size() != dimsY.size()) {
        int dec = dimsX.size() - dimsY.size();
        for (int i = 0; i < dec; i++) {
            dimsY.insert(dimsY.begin(), (int64_t)1);
        }
    }

    // 设置输出的 shape 维度
    std::vector<int64_t> dimVec;
    for (size_t i = 0; i < dimsX.size(); i++) {
        if ((dimsX[i] != dimsY[i]) && (dimsX[i] != 1) && (dimsY[i] != 1)) {
            return false;
        }

        int64_t dims = dimsX[i] > dimsY[i] ? dimsX[i] : dimsY[i];
        dimVec.push_back(dims);
    }
    ge::Shape outputShape = ge::Shape(dimVec);

    vOutputDesc.SetShape(outputShape);
```

```
    vOutputDesc.SetDataType(inputDtype);
    vOutputDesc.SetFormat(inputFormat);
    op.UpdateOutputDesc(outputName.c_str(), vOutputDesc);

    return true;
}

// ---------------- Add -------------------
IMPLEMT_VERIFIER(Add, AddVerify)
{
    if (op.GetInputDescByName("x1").GetDataType()!= op.GetInputDescByName("x2").
GetDataType())
{
        return GRAPH_FAILED;
    }
    return GRAPH_SUCCESS;
}

// Obtains the processing function of the output tensor description.
IMPLEMT_COMMON_INFERFUNC(AddInferShape)
{
    if (InferShapeAndTypeAdd(op, "x1", "x2", "y")) {
        return GRAPH_SUCCESS;
    }
    return GRAPH_FAILED;
}

// Registered inferfunction
COMMON_INFER_FUNC_REG(Add, AddInferShape);

// Registered verify function
VERIFY_FUNC_REG(Add, AddVerify);
// ---------------- Add -------------------
} // namespace ge
```

5. 算子信息定义

算子信息库文件路径(在自定义算子工程目录下)为：

cpukernel/op_info_cfg/aicpu_kernel/xx.ini

Add 算子的信息定义如程序清单 3-30 所示。

程序清单 3-30　Add 算子的信息定义

```
[Add]
opInfo.engine = DNN_VM_AICPU
opInfo.flagPartial = False
opInfo.computeCost = 100
opInfo.flagAsync = False
opInfo.opKernelLib = CUSTAICPUKernel
opInfo.kernelSo = libcust_aicpu_kernels.so
opInfo.functionName = RunCpuKernel
opInfo.workspaceSize = 1024
```

其中

（1）opInfo.engine 为配置算子调用的引擎。AI CPU 自定义算子的引擎固定为 DNN_VM_AICPU。

（2）opInfo.opKernelLib 是配置算子调用的 kernelLib。AI CPU 自定义算子调用的 kernelLib 固定为 CUSTAICPUKernel。

（3）opInfo.kernelSo 是配置 AI CPU 算子实现文件编译生成的动态库文件的名称，建议使用 libcust_aicpu_kernels.so。

（4）opInfo.functionName 是配置自定义算子调用的 kernel 函数接口名称。自定义算子的 kernel 函数接口固定为 RunCpuKernel。

（5）opInfo.workspaceSize 是配置内存空间，用于分配算子临时计算的内存（单位为 KB），建议配置为 1024。

（6）opInfo.flagPartial/ opInfo.computeCost/ opInfo.flagAsync 为预留字段，默认值见程序清单 3-30 中设置的值。

另外推荐的 inputx.name 与 inputx.type 字段配置，可以在算子信息库中做校验，具体可参考相关开发文档。算子的适配插件开发和 TBE 是一样的，这里就不赘述了。

3.5　本章小结

本章介绍了 TBE 工具三种自定义算子开发方式（TBE DSL、TIK、AI CPU），并为每种开发方式提供了简单实现示例。TBE 工具提供了多层灵活的算子开发方式，可以根据对硬件的理解程度自由选择，利用工具的优化和代码生成能力，生成昇腾 AI 处理器的高性能可执行算子。TBE 极大地满足了多样化需求，对昇腾 CANN 软件栈支持多样化的场景增加了灵活性。

第4章

昇腾计算语言

昇腾计算语言(Ascend Computing Language,AscendCL)是昇腾 CANN 软件栈对外暴露的接口层,提供了一套用于在昇腾系列处理器上进行加速计算的 API。基于这套 API,能够管理和使用昇腾软硬件计算资源,并进行人工智能应用的开发。当前 AscendCL 提供了一套 C/C++和 Python 编程接口,能够完成第三方框架的适配,也能完成训练和推理应用开发。

本章首先介绍 AscendCL 的编程模型,包括基本概念、逻辑架构、线程模型和内存模型等,接着以 C/C++语言讲解五大功能的编程实现技巧,包括资源管理、模型加载与执行、算子能力开发、数据预处理、AscendCL 高级功能。另外为了提高 AscendCL 编程效率,专门对同步/异步、AI Core 异常信息获取、日志、Profiling 等辅助功能予以介绍。

4.1 AscendCL 编程模型

本节首先介绍 AscendCL 涉及的基本概念,然后介绍 AscendCL 逻辑架构,最后介绍 AscendCL 编程的线程模型和内存模型。

4.1.1 基本概念

为了抽象 AscendCL 编程模型,需要引入一些重要概念。这里对这些概念进行简介,后续有的内容会做进一步展开描述。

1) Host/Device

Device 在本书中特指安装了昇腾 AI 处理器的硬件设备,Host 在本书中特指与 Device 相连接的 x86 服务器、ARM 服务器。对于 Host 而言,会利用 Device 提供的神经网络(Neural-Network,NN)加速计算功能,完成业务;对于 Device 而言,利用 PCIe 接口与 Host 侧连接,为 Host 提供 NN 计算能力。

2) 同步/异步

本书提及的同步、异步概念是站在调用者和执行者的角度来看。在当前场景下,若在 Host 调用接口时不用等待 Device 执行完成后再返回,则表示 Host 的调度是异步的;若在 Host 调用接口时需等待 Device 执行完成后再返回,则表示 Host 的调度是同步的。

3）进程/线程

本书中提及的进程、线程，若无特别注明，则表示 Host 上的进程、线程。

4）Context

Context 作为一个容器，管理所有对象（包括 Stream、Event、设备内存等）的生命周期。不同 Context 的 Stream、Event 是完全隔离的，无法建立同步等待关系。Context 分为默认 Context 和显式创建的 Context 两种。调用 aclrtSetDevice 接口指定用于运算的 Device 时，系统会自动隐式创建一个默认 Context，一个 Device 对应一个默认 Context，默认 Context 不能通过 aclrtDestroyContext 接口来释放。显式创建的 Context 是推荐的用法，在进程或线程中调用 aclrtCreateContext 接口显式创建一个 Context。

5）Stream

Stream 对象用于维护一些异步操作的执行顺序，确保应用程序中的代码按照调用顺序在 Device 上执行。基于 Stream 的内核执行和数据传输能够实现 Host 运算操作、Host 与 Device 间的数据传输、Device 内的运算并行。Stream 分默认 Stream 和显式创建的 Stream 两种。默认 Stream 是调用 aclrtSetDevice 接口指定用于运算的 Device 时，系统会自动隐式创建一个默认 Stream，一个 Device 对应一个默认 Stream，默认 Stream 不能通过 aclrtDestroyStream 接口来释放。显式创建的 Stream 是推荐用法，在进程或线程中调用 aclrtCreateStream 接口显式创建一个 Stream。

6）Task

Task 由 AI CPU 引擎和 AI Core 引擎根据本身硬件优化指令生成可供执行的任务，并由昇腾计算执行引擎发送到 AI CPU 和 AI Core 运行。

7）Event

支持调用 AscendCL 接口同步 Stream 之间的任务，包括同步 Host 与 Device 之间的任务、Device 与 Device 之间的任务。例如，若 Stream2 的任务依赖 Stream1 的任务，如果要保证 Stream1 中的任务先完成，这时可创建一个 Event，并将 Event 插入 Stream1，在执行 Stream2 的任务前，先同步等待 Event 完成。

8）AIPP

AIPP（人工智能预处理）用于在 AI Core 上完成图像预处理，包括色域转换（转换图像格式）、图像归一化（减均值/乘系数）和抠图（指定抠图起始点，抠出神经网络需要大小的图片）等。AIPP 分为静态 AIPP 和动态 AIPP。用户只能选择静态 AIPP 或动态 AIPP 方式来处理图片，不能同时配置静态 AIPP 和动态 AIPP 两种方式。静态 AIPP 是模型转换时设置 AIPP 模式为静态，同时设置 AIPP 参数，模型生成后，AIPP 参数值被保存在离线模型（*.om）中，每次模型推理过程采用固定的 AIPP 预处理参数（无法修改）。如果使用静态 AIPP 方式，在不同批次数据的情况下共用同一份 AIPP 参数。动态 AIPP 是模型转换时仅设置 AIPP 模式为动态，每次模型推理前，根据需求，在执行模型前设置动态 AIPP 参数值，然后在模型执行时可使用不同的 AIPP 参数。可调用 aclmdlAIPP 数据类型下的操作接口设置动态 AIPP 参数值。如果使用动态 AIPP 方式，不同批次的数据可使用不同的AIPP参数。

9）动态批大小/动态分辨率

在某些场景下，模型每次输入的批大小(Batch Size)或分辨率是不固定的，如检测出目标后再执行目标识别网络，由于目标个数不固定导致目标识别网络输入批大小不固定。动态批大小是指执行推理时，其批大小是动态可变的。动态分辨率是指执行推理时，每张图片的分辨率 $H \times W$ 是动态可变的。

10）动态维度(ND格式)

为了支持Transformer等网络在输入格式的维度不确定的场景，需要支持ND格式下任意维度的动态设置。ND表示支持任意格式，当前 $N \leqslant 4$。

11）通道

在RGB色彩模式下，图像通道就是指单独的红色R、绿色G、蓝色B部分。也就是说，一幅完整的图像，是由红色、绿色、蓝色三个通道组成的，它们共同作用产生了完整的图像。同样在HSV色系中指的是色调H、饱和度S、亮度V三个通道。

12）标准形态

标准形态指Device作为终端(End Point，EP)设备，通过PCIe配合主设备(x86、ARM等各种服务器)进行工作，此时Device上的CPU资源仅能通过Host调用，相关推理应用程序运行在Host。Device只为服务器提供神经网络计算能力，详细介绍可参考2.3节运行架构部分。

13）开放形态

开放形态指开放Device上的Control CPU，可以直接在Device上运行应用，利用Device侧Control CPU的通用算力，降低Host侧CPU的负载，从而可降低对Host CPU的硬件要求，减少Host与Device之间的数据传输通信开销，提升整体处理性能，详细可参考2.3节运行架构部分。

4.1.2　逻辑架构

AscendCL提供Device管理、Context管理、Stream管理、内存管理、模型加载与执行、算子加载与执行、媒体数据处理等C/C++语言API库，供用户开发深度神经网络应用，用于实现目标识别、图像分类等功能。可以通过第三方框架调用AscendCL，以便使用昇腾AI处理器的计算能力；还可以使用AscendCL封装实现第三方lib库，以便提供昇腾AI处理器的运行管理、资源管理能力。

在运行应用时，AscendCL调用GE(Graph Engine，图引擎)执行器(这里GE包括了图编译器和图执行器)提供的接口实现模型和算子的加载与执行，调用运行管理器的接口实现Device管理、Context管理、Stream管理和内存管理等。

计算资源层是昇腾AI处理器的硬件算力基础，主要完成神经网络的矩阵相关计算、完成控制算子/标量/向量等通用计算和执行控制功能、完成图像和视频数据的预处理，为深度神经网络计算提供了执行上的保障。其逻辑架构如图4-1所示。

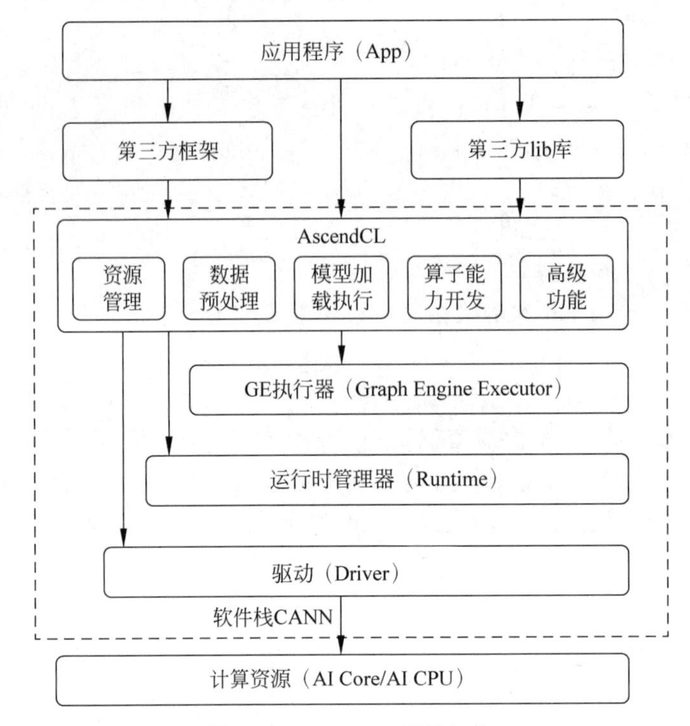

图 4-1　AscendCL 逻辑架构

AscendCL 主要分为资源管理、数据预处理、模型加载与执行、算子能力开发和 AscendCL 高级功能五大开放能力。为了满足五大开放能力的实现，还提供了同步/异步、AI Core 异常信息获取、日志、Profiling 等辅助功能。

（1）资源管理：主要是申请和释放运行管理资源，包括 Device、Context、Stream，以及内存管理等，还提供 AscendCL 初始化管理。

（2）数据预处理：可实现 JPEG 图片解码、视频解码、抠图/图片缩放、JPEG 图片编码、视频编码等功能，具体内容可参考第 6 章数字视觉预处理模块。

（3）模型加载与执行：可实现模型的加载和模型的运行，包括单/多批次数据、同步等待、异步推理/回调、AIPP 和动态分辨率等。

（4）算子能力开发：是对单算子能力的实现，包括向量/矩阵乘等操作。

（5）AscendCL 高级功能：主要是对 AscendCL 的高级使用，包括图开发、分布式开发、融合规则开发等。

4.1.3　线程模型

当前 AscendCL 支持多线程加速计算，AscendCL 同 CUDA（计算统一设备架构）一样，有一套专属的线程模型，如图 4-2 所示。其中 CANN 软件栈关于计算资源定义了四层概念 Device—Context—Stream—Task；实线矩形框代表调度控制，分为 Host 操作系

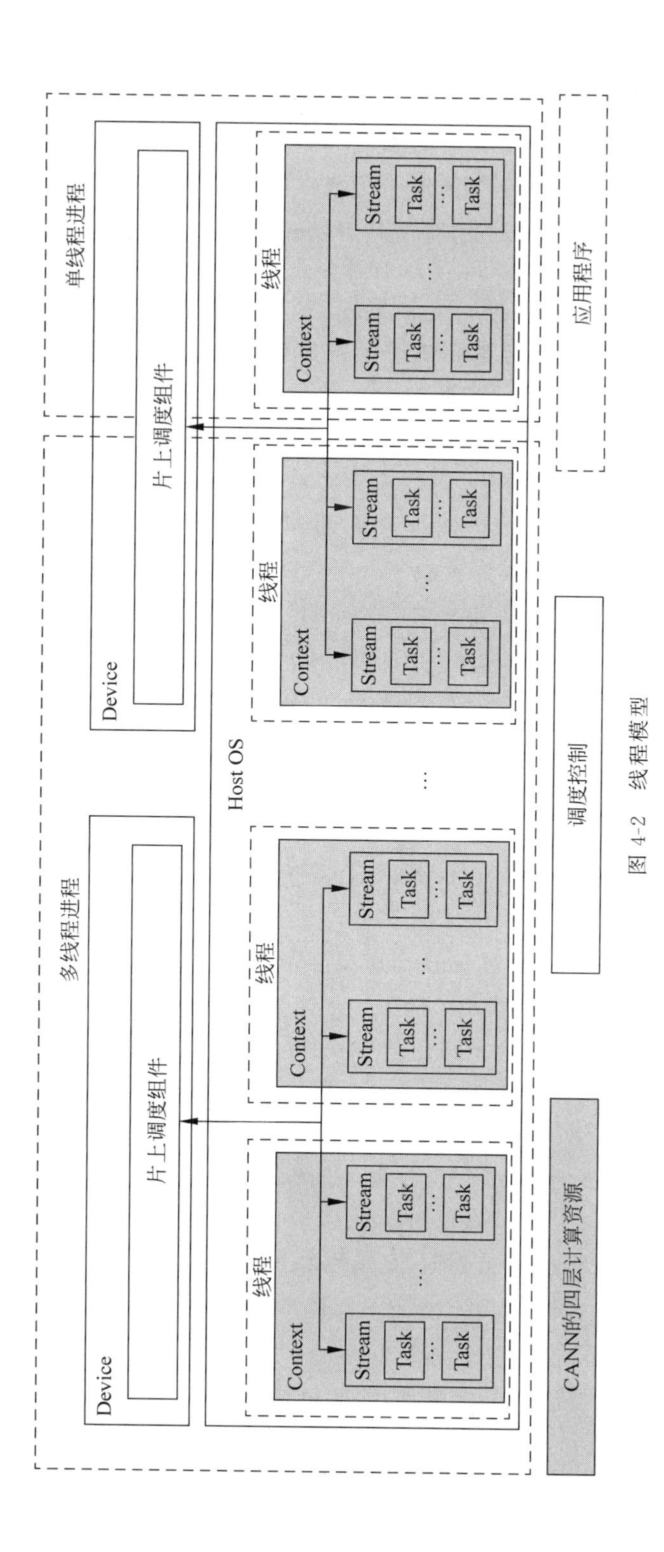
单线程进程
多线程进程
Device
片上调度组件
Host OS
线程
Context
Stream
Task
…
应用程序
调度控制
CANN的四层计算资源

图 4-2　线程模型

统调度和片上调度组件；虚线矩形框部分代表应用程序中的概念。

目前一个 Device 上最多只能支持 64 个用户进程对其调度。一个进程可以包含一个线程，也可以包含多个线程。一个进程中可以创建多个 Context，但一个线程同一时刻只能使用一个 Context，Context 中已经关联了本线程要使用的 Device，所有 Device 的资源使用或调度，都必须基于 Context。一个线程中可以创建多个 Stream，不同的 Stream 上计算任务(Task)是可以并行执行的；多线程场景下，也可以每个线程创建一个 Stream，线程之间的 Stream 在 Device 上相互独立，每个 Stream 内部的任务是按照 Stream 下发的 Task 顺序执行。多线程的调度依赖于运行应用的操作系统调度，多 Stream 调度 Device 侧，由 Device 上调度组件进行调度，Device 上的 Task 执行流，在同一个 Stream 中的 Task 严格保序(保证顺序)执行。Task 根据算子的类型，选择 AI CPU 或者 AI Core 进行运算。

其中，Device、Context、Stream、Task 之间的关系如图 4-3 所示。Device 指定计算设备；Context 在 Device 下，一个 Context 一定属于一个唯一的 Device；每个 Context 都会包含一个默认的 Stream，也可以调用 aclrtCreateStream 显式创建；Task 为 Stream 上的执行流，在同一个 Stream 中，Task 是严格保序的。

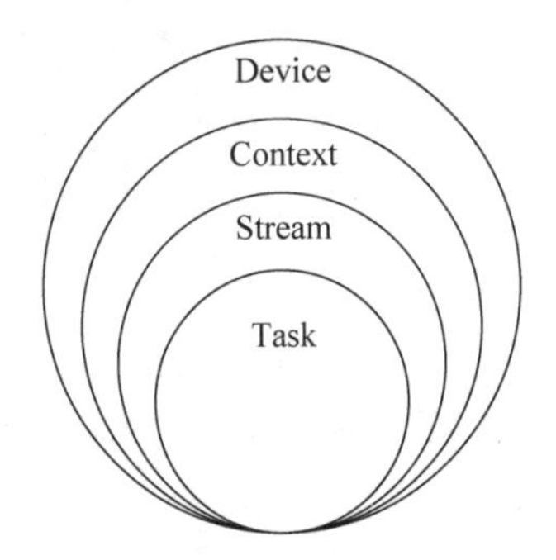

图 4-3　Device、Context、Stream、Task 之间的关系

上面介绍到一个进程中可以创建多个 Context，但一个线程同一时刻只能使用一个 Context，即一个进程内多个线程间的 Context 可以迁移。线程中创建的多个 Context，线程默认使用最后一次创建的 Context。进程内创建的多个 Context，可以通过 aclrtSetCurrentContext 接口设置当前需要使用的 Context。如图 4-4 所示，外层实线矩形框为一个进程，内部虚线框为进程中的三个线程，三个线程自己创建了一个 Context 和 Stream，可以并发执行。线程可以调用 aclrtSetCurrentContext 接口切换 Context，Context3 所在的线程将 Context 切换为 Context2。

上面介绍到在 Device 上执行任务，必须有 Context 和 Stream，这个 Context、Stream 可以显式创建，也可以隐式创建。隐式创建的 Context 和 Stream 就是默认 Context 和默认 Stream。默认 Stream 作为接口入参时，直接传为 NULL。默认 Context 不允许用户执行 aclrtGetCurrentContext 或 aclrtSetCurrentContext 操作，也不允许执行 aclrtDestroyContext 操作。默认 Context 和默认 Stream 一般适用于简单应用，应用在用户仅仅需要一个 Device 的计算场景下。多线程应用程序建议全部使用显式创建的 Context 和 Stream。

上面介绍线程调度依赖运行的操作系统，在 Stream 上下发了任务后，Stream 的调度由 Device 的调度单元调度，但如果一个进程内的多 Stream 上的任务在 Device 上存在资源争抢的情况时，性能可能会比单 Stream 低。当前芯片有不同的执行部件，如 AI Core、

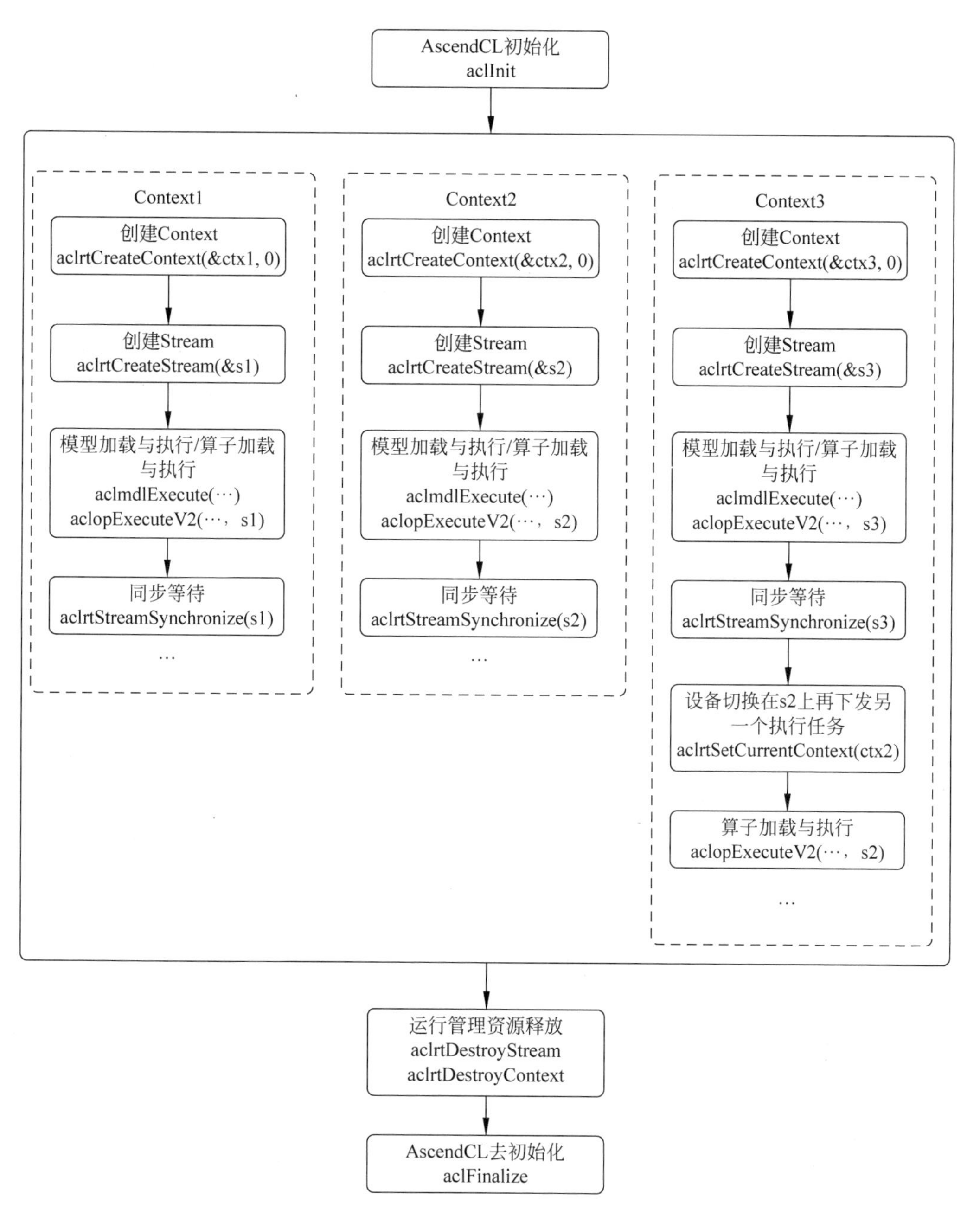

图 4-4　多线程间的 Context 迁移

AI CPU、Vector Core 等，对应使用不同执行部件的任务，建议多 Stream 的创建按照算子执行引擎划分。单线程多 Stream 与多线程多 Stream（进程属于多线程，每个线程中有一个 Stream)在性能上哪个更优,具体取决于应用本身的逻辑实现,一般来说前者性能略好,原因是应用层少了线程调度开销。

但是,当前 AscendCL 不支持使用 fork 函数创建多个进程且在进程中调用 AscendCL 的场景,否则进程运行时会报错或者卡死;AscendCL 也不支持在 aclrtMemcpyAsync、aclrtMemsetAsync 接口等异步操作内存过程中使用 fork 函数以及封装了 fork 的函数,如 system、posix_spawnp 等,否则会导致进程运行时报错,甚至卡死等不可预期的错误。

4.1.4 内存模型

AscendCL 具有一套专属的内存管理逻辑,任何用于参与 AscendCL 运算的内存(Device 侧)都不能使用 C/C++ 原生内存管理接口(Malloc、new)申请的内存,而是调用 AscendCL 提供的内存管理专用接口。

AscendCL 在设备管理上要区分 Host 和 Device,所有的加速计算最终都是要在 Device 上执行的,也就是说所有的数据(数据集、模型等)最终都会在 Device 侧参与计算。在 2.3 节运行架构部分介绍了标准形态和开发形态。在标准形态中,如 Atlas 300 场景(虽然在同一台机器上,但是通过 PCIe 接口交互的,本质上是两个设备),此时数据、模型都在 Host 侧加载,然后将这些数据传输到 Device 侧进行计算,计算完毕将结果回传至 Host 侧进行使用。在开放形态中,如 Atlas 200DK 场景,此时不区分 Host 与 Device,只有 Device,数据、模型都在 Device 上直接加载、计算、使用。

此部分将讲解 Host 侧和 Device 侧的内存模型,内存模型如图 4-5 所示。其中深色矩形框代表硬件存储结构;实线矩形框代表调度控制;虚线矩形框代表应用程序中用到的概念。

左侧代表 Host 侧,每个进程有独立的内存,此时使用 aclrtMallocHost 函数申请内存,Thread 通过 Stream 将任务发送到任务调度器和控制 CPU 之上,其中任务调度器协调多个 AI Core 的计算单元和内存部件,控制 CPU 协调多个 AI CPU 的计算单元和内存部件。

AI Core 有两种计算单元的寄存器,分别是通用寄存器和专用寄存器;另外有四个缓冲区,分别是 L0 缓冲区、L1 缓冲区、标量缓冲区和输出缓冲区;AI Core 的存储单元之间通过内存传输引擎(MTE/BIU)在各个存储部件当中进行数据传输,所有的 AI Core 都统一和 L2 缓冲区进行数据交换。具体各个组件之间的作用可参考 1.2 节;AI CPU 就是多个 ARM 架构的 CPU 结构,每个核有独立的寄存器、L1 Cache(缓冲区)、L2 Cache;多个核之间都与 L3 Cache 进行数据交换。AI Core 和 AI CPU 最后都通过一致性总线完成与主存(DDR/HBM)之间的数据交换。

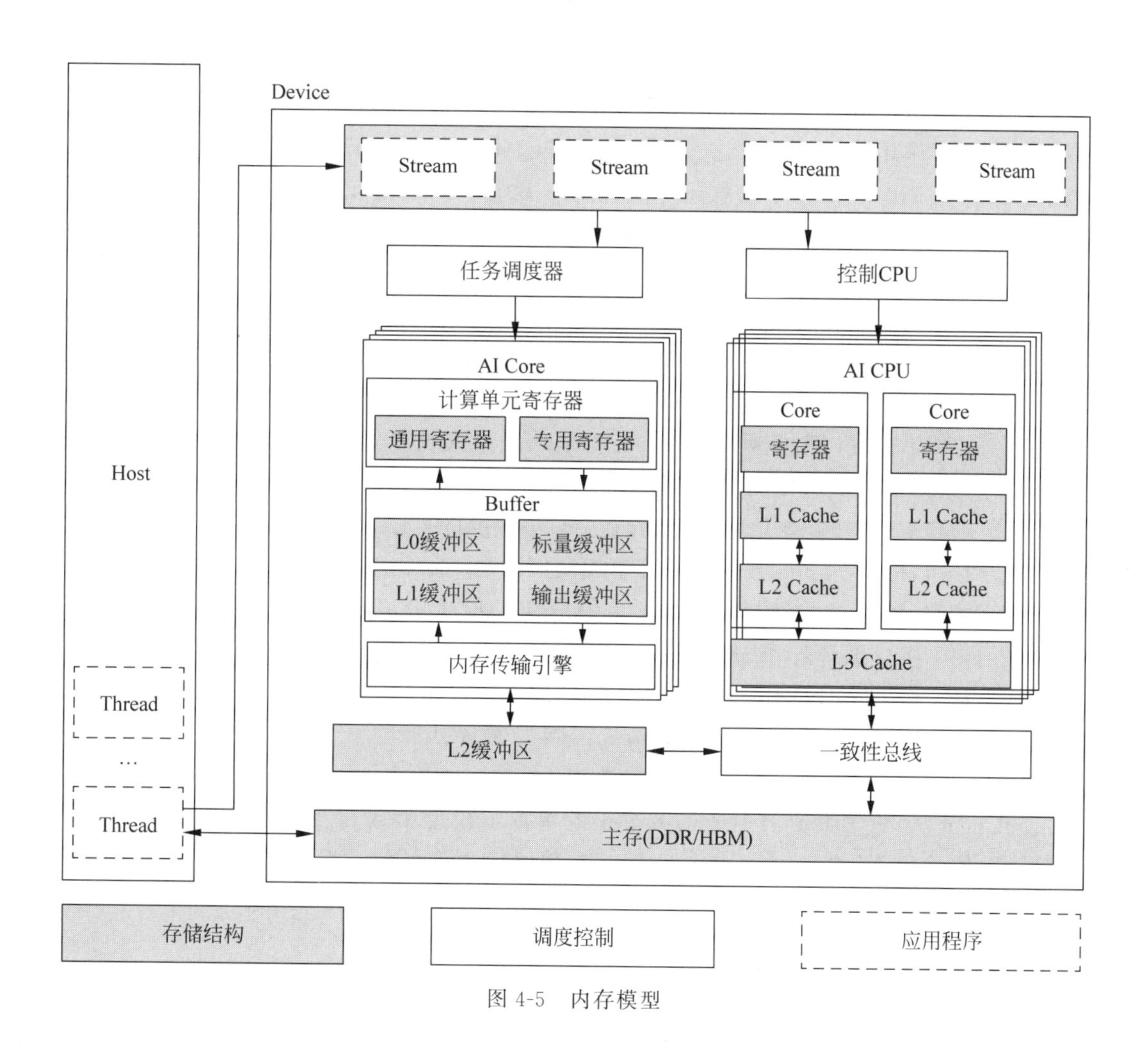

图4-5　内存模型

4.2　资源管理

上面已经介绍了AscendCL的线程和内存模型，本节将讲解如何使用AscendCL管理相关资源。

4.2.1　初始化管理

1. 初始化配置

使用AscendCL开发应用时，必须先调用aclInit接口，否则可能会导致后续系统内部资源初始化出错，进而导致其他业务异常，且一个进程内只能调用一次 aclInit 接口。

aclInit 接口可以配置 Dump 信息、Profiling 采集信息、算子缓存信息老化。其中 Dump 信息的作用可以参考 5.5.4 节，Profiling 采集信息的作用可以参考 5.5.2 节。Dump 信息和 Profiling 采集信息还可通过 API 设置。目前建议不要同时配置 Dump 信息和 Profiling 采集信息，否则 Dump 操作会影响系统性能，导致 Profiling 采集的性能数据指标不准确。

算子缓存信息老化是为了节约内存和平衡调用性能，可通过 max_opqueue_num 参数配置“算子类型-单算子模型”映射队列的最大长度，如果长度达到最大，则会先删除长期未使用的映射信息以及缓存中的单算子模型，再加载最新的映射信息以及对应的单算子模型。如果不配置映射队列的最大长度，则默认最大长度为 10000。对于静态加载的算子，调用 aclopSetModelDir 接口加载指定目录下的单算子模型或调用 aclopLoad 接口加载指定单算子模型时，老化配置无效，不会对该部分的算子信息做老化。对于在线编译的算子，调用 aclopCompile 接口编译算子或调用 aclopCompileandExecute 接口编译执行算子时，接口内部会按照入参加载单算子模型，老化配置有效。如果用户调用 aclopCompile 接口编译算子、调用 aclopExecute 接口或 aclopExecuteV2 接口执行算子，则在编译算子后需及时执行算子，否则可能导致执行算子时，算子信息已被老化，需要重新编译。建议调用 aclopCompileandExecute 接口编译执行算子。AscendCL 内部分开维护固定 Shape 和动态 Shape 算子的映射队列，最大长度都为 max_opqueue_num 参数值。max_opqueue_num 参数值为静态加载算子的单算子模型个数和在线编译算子的单算子模型个数的总和，因此 max_opqueue_num 参数值应大于当前进程中可用的、静态加载算子的单算子模型个数，否则会导致在线编译算子的信息无法老化。

2. 去初始化(资源释放)

应用的进程退出前，必须显式调用 aclFinalize 接口实现 AscendCL 去初始化及释放 AscendCL 所占用的资源。在 aclFinalize 接口内，默认增加 2000ms 延时(实际最大延时可达 2000ms)，用于 Device 业务日志回传，保证 ERROR 级别和 EVENT 级别日志不丢失，可以将 ASCEND_LOG_DEVICE_FLUSH_TIMEOUT 环境变量设置为 0(命令示例：export ASCEND_LOG_DEVICE_FLUSH_TIMEOUT=0)，去除该默认延时。

3. 查询版本号

如果需要兼容不同的 AscendCL 版本，可以调用 aclrtGetVersion 接口查询芯片版本号，AscendCL 芯片版本号命名采用 A. B. C 模式，其中 C 表示 bug 修复，B 表示新增接口，A 表示有不兼容修改。

aclrtGetSocVersion 接口用于查询当前运行环境的芯片版本。如果通过该接口获取芯片版本失败，则返回空指针。

4. 设置编译选项

可调用 aclSetCompileopt 接口设置对应的编译选项，该选项为进程级全局共享，算子或模型开始编译时，以当前的编译选项为准，一次编译过程中不会变更。通常是在调用 aclopCompile 接口编译算子或 aclopCompileAndExecute 接口编译执行算子前，调用本接口设置编译选项。aclSetCompileopt 编译选项如表 4-1 所示。

表 4-1 aclSetCompileopt 编译选项

参　　数	解　　释
ACL_PRECISION_MODE	用于配置算子精度模式。如果不配置该编译选项，默认采用 allow_fp32_to_fp16。还支持 force_fp16、must_keep_origin_dtype 和 allow_mix_precision 三种模式
ACL_AICORE_NUM	用于配置模型编译时使用的 AI Core 数量，取值范围为[1,2,4,8,10]
ACL_AUTO_TUNE_MODE	用于配置算子的自动调优模式
ACL_OP_SELECT_IMPL_MODE	用于选择算子是高精度(high_precision)实现还是高性能(high_performance)实现。如果不配置该编译选项，默认采用 high_precision
ACL_OPTYPELIST_FOR_IMPLMODE	列举算子 optype 的列表。当前支持的算子为 Pooling、SoftmaxV2、LRN、ROIAlign。算子类型列表中的算子使用 ACL_OP_SELECT_IMPL_MODE 指定的模式
ACL_OP_DEBUG_LEVEL	用于配置 TBE 算子编译 debug(调试)功能开关
ACL_DEBUG_DIR	用于配置保存模型转换、网络迁移过程中算子编译生成的调试相关过程文件的路径
ACL_OP_COMPILER_CACHE_MODE	用于配置算子编译磁盘缓存模式。该编译选项需要与 ACL_OP_COMPILER_CACHE_DIR 配合使用
ACL_OP_COMPILER_CACHE_DIR	用于配置算子编译磁盘缓存的目录

5. 初始化示例

初始化和去初始化代码简单示例如程序清单 4-1 所示。

程序清单 4-1 初始化管理

```
#include "acl/acl.h"
//......
//初始化基本配置
const char *aclConfigPath = "../src/acl.json";      //此处的..表示相对路径,相对可执行
                                                    //文件所在的目录
//例如,编译出来的可执行文件存放在 out 目录下,此处的..就表示 out 目录的上一级目录
aclError ret = aclInit(aclConfigPath);
```

```
//调用aclFinalize接口实现AscendCL去初始化
ret = aclFinalize();
//......
```

acl.json文件中配置max_opqueue_num参数，例如：

```
{
    "max_opqueue_num": "10000"
}
```

4.2.2 Device管理

1. 查询可用Device

Device是当前的运算资源，调用aclrtGetDeviceCount接口获取可用的Device数量后，这个Device ID的取值范围为[0,(可用的Device数量−1)]。

2. 指定运算Device

aclrtSetDevice接口用于指定运算的Device，同CUDA编程里面的CUDA_VISIBLE_DEVICES参数类似。调用aclrtSetDevice接口的同时隐式创建默认Context，该默认Context中包含2个Stream，1个默认Stream和1个执行内部同步的Stream。aclrtSetDevice接口和aclrtResetDevice接口配对使用，在不使用Device上资源时，通过调用aclrtResetDevice接口及时释放本进程使用的Device资源。

在不同进程或线程中可指定同一个Device用于运算，当前Device可以多进程多线程共用。在某一进程中指定Device，该进程内的多个线程可共用此Device显式创建Context(aclrtCreateContext接口)。多Device场景下，可在进程中通过aclrtSetDevice接口切换到其他Device。但利用Context切换(调用aclrtSetCurrentContext接口)来切换Device，比使用aclrtSetDevice接口效率高。

3. 复位Device

aclrtResetDevice接口用于复位当前运算的Device，释放Device上的资源(包括默认Context、默认Stream以及默认Context下创建的所有Stream)，同步接口。若默认Context或默认Stream下的任务还未完成，系统会等待任务完成后再释放。若要复位的Device上存在显式创建的Context、Stream、Event对象，在复位前，建议遵循如下接口调用顺序，首先用aclrtDestroyEvent接口释放Event，调用aclrtDestroyStream接口释放显式创建的Stream，然后调用aclrtDestroyContext接口释放显式创建的Context，再调用aclrtResetDevice接口，否则可能会导致业务异常。

4. 获取当前运算 Device

aclrtGetDevice 接口用于获取当前正在使用的 Device 的 ID。如果没有调用 aclrtSetDevice 接口显式指定 Device 或没有调用 aclrtCreateContext 接口隐式指定 Device，则调用 aclrtGetDevice 接口时，返回错误。

5. 运行模式

aclrtGetRunMode 接口用于获取当前昇腾 AI 软件栈的运行模式。其中，ACL_DEVICE 表示昇腾 AI 软件栈运行在 Device 的 Control CPU 上，ACL_HOST 表示昇腾 AI 软件栈运行在 Host CPU 上。

6. 设置 Task Schedule

aclrtSetTsDevice 接口用于设置本次计算需要使用的任务调度（Task Schedule），仅芯片支持 Vector Core 计算单元才生效。如果昇腾 AI 软件栈中只有 AI Core 任务调度，则设置该参数无效，默认使用 AI CORE 任务调度。其中 ACL_TS_ID_AICORE 表示使用 AI Core 任务调度，ACL_TS_ID_AIVECTOR 使用 AIVECTOR 任务调度，ACL_TS_ID_RESERVED 反转当前设置。

7. Device 管理示例

需要按顺序依次申请如下资源：Device、Context、Stream，确保可以使用这些资源执行运算和管理任务，Context、Stream 管理会在 4.2.3 节和 4.2.4 节介绍。Device 管理简单示例如程序清单 4-2 所示。

程序清单 4-2　Device 管理示例

```
#include "acl/acl.h"
//......
//1.初始化变量
extern bool g_isDevice;
//......

//2.指定运算的 Device
ret = aclrtSetDevice(deviceId);

//3.显式创建一个 Context,用于管理 Stream 对象
ret = aclrtCreateContext(&context, deviceId);

//4.显式创建一个 Stream
//用于维护一些异步操作的执行顺序,确保按照应用程序中的代码调用顺序执行任务
```

```
ret = aclrtCreateStream(&stream);

//5.获取当前昇腾 AI 软件栈的运行模式,根据不同的运行模式,后续的接口调用方式不同
aclrtRunMode runMode;
ret = aclrtGetRunMode(&runMode);
g_isDevice = (runMode == ACL_DEVICE);

//......

//6.复位当前 Device
ret = aclrtResetDevice(deviceId);
//......
```

4.2.3 Context 管理

1. 显式创建 Context

aclrtCreateContext 接口用于显式创建一个 Context,该 Context 中包含 2 个 Stream、1 个默认 Stream 和 1 个执行内部同步的 Stream。若不调用 aclrtCreateContext 接口显式创建 Context,那系统会使用默认 Context,该默认 Context 是在调用 aclrtSetDevice 接口时隐式创建的。当前推荐显式创建 Context,适合大型、复杂交互逻辑的应用,且便于提高程序的可读性、可维护性。

如果在程序中没有调用 aclrtSetDevice 接口,那么在首次调用 aclrtCreateContext 接口时,系统内部会根据该接口传入的 Device ID,为该 Device 绑定一个默认 Stream(一个 Device 仅绑定一个默认 Stream),因此仅在首次调用 aclrtCreateContext 接口时,会占用 3 个 Stream,即 Device 上绑定的默认 Stream、Context 内的默认 Stream、Context 内的用于执行内部同步的 Stream。

若在某一进程内创建多个 Context(Context 的数量与 Stream 相关,Stream 数量有限制,请参见 aclrtCreateStream 接口),当前线程在同一时刻内只能使用其中一个 Context,建议通过 aclrtSetCurrentContext 接口明确指定当前线程的 Context,增加程序的可维护性。

2. 显示销毁 Context

aclrtDestroyContext 接口用于销毁一个 Context,释放 Context 的资源,并且只能销毁通过 aclrtCreateContext 接口创建的 Context。

3. 设置线程的 Context

aclrtSetCurrentContext 接口设置线程的 Context,如果多次调用 aclrtSetCurrentContext

接口设置线程的 Context,则以最后一次为准。

如果在某线程(例如 thread1)中调用 aclrtCreateContext 接口显式创建一个 Context(例如 ctx1),则可以不调用 aclrtSetCurrentContext 接口指定该线程的 Context,系统默认将 ctx1 作为 thread1 的 Context。如果没有调用 aclrtCreateContext 接口显式创建 Context,则系统将默认 Context 作为线程的 Context,此时,不能通过 aclrtDestroyContext 接口来释放默认 Context。若给线程设置的 Context 所对应的 Device 已经被复位,则不能将该 Context 设置为线程的 Context,否则会导致业务异常。推荐在某一线程中创建的 Context,在该线程中使用。若在线程 A 中调用 aclrtCreateContext 接口创建 Context,在线程 B 中使用该 Context,则需由用户自行保证两个线程中同一个 Context 下同一个 Stream 中任务执行的顺序。

4. 获取线程的 Context

aclrtGetCurrentContext 接口用于获取当前线程的 Context。

5. Context 管理示例

如果是默认 Context 则不需要显式销毁 Context,这里以显式创建和销毁 Context 为例,如程序清单 4-3 所示。

程序清单 4-3 Context 管理示例

```
#include "acl/acl.h"
//......

//1.指定运算的 Device
ret = aclrtSetDevice(deviceId);

//2.显式创建一个 Context,用于管理 Stream 对象
ret = aclrtCreateContext(&context, deviceId);

//3.显式销毁 Context 和复位 Device
ret = aclrtDestroyContext(context);
ret = aclrtResetDevice(deviceId);
```

4.2.4 Stream 管理

在 AscendCL 中,Stream 是一个任务队列,应用程序通过 Stream 来管理任务的并行,一个 Stream 内部的任务保序执行,即 Stream 根据发送过来的任务依次执行;不同 Stream 中的任务并行执行。一个默认 Context 下会挂一个默认 Stream,如果不显式创建 Stream,可使用默认 Stream。默认 Stream 作为接口入参时,直接传入 NULL。

1. 显式创建 Stream

aclrtCreateStream 接口用于显式创建一个 Stream，硬件资源最多支持 1024 个 Stream，如果已存在多个默认 Stream，只能显式创建 N 个 Stream（N=1024−默认 Stream 个数−执行内部同步的 Stream 个数），例如若已存在一个默认 Stream 和一个执行内部同步的 Stream，则只能显式创建 1022 个 Stream。每个 Context 对应一个默认 Stream，该默认 Stream 是调用 aclrtSetDevice 接口或 aclrtCreateContext 接口隐式创建的。推荐调用 aclrtCreateStream 接口显式创建 Stream。

2. 显式销毁 Stream

aclrtDestroyStream 接口用于显式销毁一个 Stream。在调用 aclrtDestroyStream 接口销毁指定 Stream 前，需要先调用 aclrtSynchronizeStream 接口确保 Stream 中的任务都已完成，需确保该 Stream 在当前 Context 下，需确保其他接口没有正在使用该 Stream。

3. 等待 Stream 任务

aclrtSynchronizeStream 接口用于阻塞应用程序运行，直到指定 Stream 中的所有任务都完成。

4. 单线程单 Stream 示例

调用接口后，需增加异常处理的分支，示例代码中不一一列举。程序清单 4-4 是关键步骤的代码示例，不可以直接复制并编译运行，仅供参考。

程序清单 4-4　单线程单 Stream 示例

```
#include "acl/acl.h"
//......
//显式创建一个 Stream
aclrtStream stream;
aclrtCreateStream(&stream);

//调用触发任务的接口,传入 Stream 参数
aclrtMemcpyAsync(devPtr, devSize, hostPtr, hostSize, ACL_MEMCPY_HOST_TO_DEVICE, stream);
//调用 aclrtSynchronizeStream 接口,阻塞应用程序运行,直到指定 Stream 中的所有任务都完成
aclrtSynchronizeStream(stream);

//Stream 使用结束后,显式销毁 Stream
aclrtDestroyStream(stream);
//......
```

5. 单线程多 Stream 示例

调用接口后，需增加异常处理的分支，示例代码中不一一列举。程序清单 4-5 是关键步骤的代码示例，不可以直接复制并编译运行，仅供参考。

程序清单 4-5　单线程多 Stream 示例

```
#include "acl/acl.h"
//......
int32_t deviceId = 0 ;
uint32_t modelId1 = 0;
uint32_t modelId2 = 1;
aclrtContext context;
aclrtStream stream1;
aclrtStream stream2;

//如果只创建了一个 Context,线程默认将这个 Context 作为线程当前的 Context
//如果是多个 Context,则需要调用 aclrtSetCurrentContext 接口设置当前线程的 Context
aclrtCreateContext(&context, deviceId);

aclrtCreateStream(&stream1);
//调用触发任务的接口,例如异步模型推理,任务下发在 stream1
aclmdlDataset * input1;
aclmdlDataset * output1;
aclmdlExecuteAsync(modelId1, input1, output1, stream1);

aclrtCreateStream(&stream2);
//调用触发任务的接口,例如异步模型推理, 任务下发在 stream2
aclmdlDataset * input2;
aclmdlDataset * output2;
aclmdlExecuteAsync(modelId2, input1, output2, stream2);

// 流同步
aclrtSynchronizeStream(stream1);
aclrtSynchronizeStream(stream2);

//释放资源
aclrtDestroyStream(stream1);
aclrtDestroyStream(stream2);
aclrtDestroyContext(context);
//......
```

6. 多线程多 Stream 示例

调用接口后，需增加异常处理的分支，示例代码中不一一列举。程序清单 4-6 是关键步骤的代码示例，不可以直接复制并编译运行，仅供参考。

程序清单 4-6　多线程多 Stream 示例

```
#include "acl/acl.h"
//......
void runThread(aclrtStream stream) {
    int32_t deviceId = 0 ;
    aclrtContext context;

    //如果只创建了一个 Context,则线程默认将这个 Context 作为线程当前的 Context
    //如果是多个 Context,则需要调用 aclrtSetCurrentContext 接口设置当前线程的 Context
    aclrtCreateContext(&context, deviceId);
    aclrtCreateStream(&stream);

    //调用触发任务的接口
    //......

    //释放资源
    aclrtDestroyStream(stream);
    aclrtDestroyContext(context);
}

aclrtStream stream1;
aclrtStream stream2;
//创建 2 个线程,每个线程对应一个 Stream
std::thread t1(runThread, stream1);
std::thread t2(runThread, stream2);
//显式调用 join 函数确保结束线程
t1.join();
t2.join();
```

4.2.5　内存管理

内存管理包含对 Host 侧和 Device 侧内存申请与释放，也包括 Host 和 Device 数据传输，在进行内存数据传输时需先调用 aclrtGetRunMode 接口获取软件栈的运行模式，当查询结果为 ACL_HOST，则数据传输时涉及申请 Host 上的内存；当查询结果为 ACL_DEVICE，则数据传输时不涉及申请 Host 上的内存，仅需申请 Device 上的内存。

1. 内存申请与释放

aclrtMalloc 接口用于申请 Device 上的内存。使用 aclrtMalloc 接口申请的内存，需要通过 aclrtFree 接口释放内存。若频繁调用 aclrtMalloc 接口申请内存、调用 aclrtFree

接口释放内存,会损耗性能,建议用户提前做内存预先分配或二次管理,避免频繁申请/释放内存。调用 aclrtMalloc 接口申请内存时,会对用户输入的参数 size 按向上对齐成 32 字节的整数倍后,再多加 32 字节。若用户使用 aclrtMalloc 接口申请大块内存并自行划分、管理内存时,每段内存需满足:内存大小向上对齐成32的整数倍+32字节,且内存起始地址需满足64字节对齐。

aclrtMallocHost 接口用于申请 Host 侧或 Device 侧上的内存。使用 aclrtMallocHost 接口申请的内存,需要通过 aclrtFreeHost 接口释放。应用在 Host 上运行时,调用 aclrtMallocHost 接口申请的是 Host 内存,由系统保证内存首地址 64 字节对齐。应用在 Device 上运行时,调用 aclrtMallocHost 接口申请的是 Device 内存,Device 上的内存按普通页申请,如需首地址 64 字节对齐,需要用户自行处理对齐。若用户使用 aclrtMallocHost 接口申请大块内存并自行划分、管理内存时,则每段内存需满足:内存大小向上对齐成32的整数倍+32字节,且内存起始地址需满足64字节对齐。

若调用媒体数据处理的接口,且要申请 Device 上的内存存放输入或输出数据,则需调用 acldvppMalloc 接口申请内存和调用 acldvppFree 接口释放内存。

2. 内存初始化

aclrtMemset 接口用于初始化内存,将内存中的内容设置为指定的值,是同步接口。aclrtMemsetAsync 同 aclrtMemset 功能一样,是异步接口。要初始化的内存都在 Host 侧或 Device 侧,系统根据地址判定是 Host 还是 Device。aclrtMemsetAsync 接口是异步接口,调用接口成功仅表示任务下发成功,不表示任务执行成功。调用该接口后,一定要调用 aclrtSynchronizeStream 接口确保内存初始化的任务已执行完成。

3. 内存复制

aclrtMemcpy 接口和 aclrtMemcpyAsync 接口均用于实现 Host 内、Host 与 Device 之间、Device 内、Device 间的异步内存复制。系统内部会根据源内存地址指针、目的内存地址指针判断是否可以将源地址的数据复制到目的地址,如果不可以,则系统会返回报错。aclrtMemcpyAsync 接口是异步接口,调用接口成功仅表示任务下发成功,不表示任务执行成功。调用该接口后,一定要调用 aclrtSynchronizeStream 接口确保内存复制的任务已执行完成。

其中通过参数 ACL_MEMCPY_HOST_TO_HOST 配置 Host 内的内存复制,通过参数 ACL_MEMCPY_HOST_TO_DEVICE 配置 Host 到 Device 的内存复制,通过参数 ACL_MEMCPY_DEVICE_TO_HOST 配置 Device 到 Host 的内存复制,通过参数 ACL_MEMCPY_DEVICE_TO_DEVICE 配置 Device 内或 Device 间的内存复制。

如果执行 Device 间的内存复制,需先调用 aclrtDeviceCanAccessPeer 接口查询两个 Device 间是否支持内存复制,再调用 aclrtDeviceEnablePeerAccess 接口使用两个 Device 间的内存复制,再调用 aclrtMemcpyAsync/aclrtMemcpy 接口进行内存复制。

aclrtDeviceDisablePeerAccess 接口可以关闭当前 Device 与指定 Device 之间的内存复制功能，关闭内存复制功能是 Device 级的。如果当前在 Control CPU 开放形态下，应用程序运行在 Device 的 Control CPU 上时，该接口不支持 Device 之间的内存复制。

4. 数据传输

这里以从 Host 同步传输数据到 Device 为例，调用接口后，需增加异常处理的分支，示例代码中不一一列举。程序清单 4-7 是关键步骤的代码示例，不可以直接复制并编译运行，仅供参考。

程序清单 4-7　内存数据传输

```
#include "acl/acl.h"
//......

//1. 申请内存
uint64_t size = 1 * 1024 * 1024;
void* hostAddr = NULL;
void* devAddr = NULL;
//由于异步内存复制时，要求首地址 64 字节对齐，因此申请内存时，参数 size 需加 64
aclrtMallocHost(&hostAddr, size + 64);
//通过 aclrtMalloc 接口申请的内存，系统已保证内存地址 64 字节对齐，无须用户处理对齐的
//逻辑
aclrtMalloc(&devAddr, size, ACL_MEM_MALLOC_NORMAL_ONLY);

//2. 异步内存复制
aclrtStream stream = NULL;
aclrtCreateStream(&stream);
//获取 64 字节对齐的地址
char *hostAlignAddr = (char *)hostAddr + 64 - ((uintptr_t)hostAddr % 64);
//申请内存后，可向内存中读入数据，该自定义函数 ReadFile 由用户实现
ReadFile(fileName, hostAlignAddr, size);
aclrtMemcpyAsync(devAddr, size, hostAlignAddr, size, ACL_MEMCPY_HOST_TO_DEVICE, stream);
aclrtSynchronizeStream(stream);

//3. 释放资源
aclrtDestroyStream(stream);
aclrtFreeHost(hostAddr);
aclrtFree(devAddr);

//......
```

4.3 模型加载与执行

模型加载与执行是 AscendCL 提供的重要开放功能之一，本节将主要关注模型加载与执行的流程，包括设置动态 Batch/动态分辨率/动态 AIPP/动态维度和准备模型执行的输入/输出数据结构，详细实现可参考 6.1 节“模型部署概述”。

4.3.1 模型加载

在模型加载前，需使用 ATC 工具将第三方网络（例如 Caffe ResNet-50 网络）转换为适配昇腾 AI 处理器的离线模型文件（*.om），可参考 6.3 节。

根据不同的场景选用不同 API 加载模型，模型加载成功后，返回标识模型的模型 ID。如果是用户管理内存，首先需要调用 aclmdlQuerySize 接口获取模型运行的权值内存和工作内存大小，再接着使用 aclrtMalloc 接口申请权值内存和工作内存。从文件加载离线模型数据，则调用 aclmdlLoadFromFileWithMem 接口，从内存加载离线模型数据则调用 aclmdlLoadFromFileWithMem 接口。如果是由系统内部管理内存，从文件加载离线模型数据则使用 aclmdlLoadFromFile 接口，从内存加载离线模型数据则使用 aclmdlLoadFromMem 接口。模型加载流程如图 4-6 所示。

4.3.2 模型执行

本节描述的是整网模型执行的接口调用流程，模型执行流程如图 4-7 所示。首先调用 aclmdlCreateDesc 接口创建描述模型基本信息的数据类型，然后调用 aclmdlGetDesc 接口根据模型加载中返回的模型 ID 获取模型基本信息。接着准备模型执行的输入、输出数据结构，具体见 4.3.4 节，如果模型的输入涉及动态 Batch、动态分辨率、动态 AIPP、动态维度（ND 格式）等特性，可以参考 4.3.3 节。对于固定的多 Batch 场景，需要满足 Batch 数后，才能将输入数据发送给模型进行推理。不满足 Batch 数时，用户需根据自己的实际场景处理。

当前系统支持模型的同步推理和异步推理，同步推理时调用 aclmdlExecute 接口，异步推理时调用 aclmdlExecuteAsync 接口，还需调用 aclrtSynchronizeStream 接口阻塞 Host 运行，直到指定 Stream 中的所有任务都完成。如果同时需要实现回调函数（Callback）功能，可以参考 4.5.1 节。接着获取模型推理的结果，用于后续处理，最后释放内存和释放相关数据类型的数据。

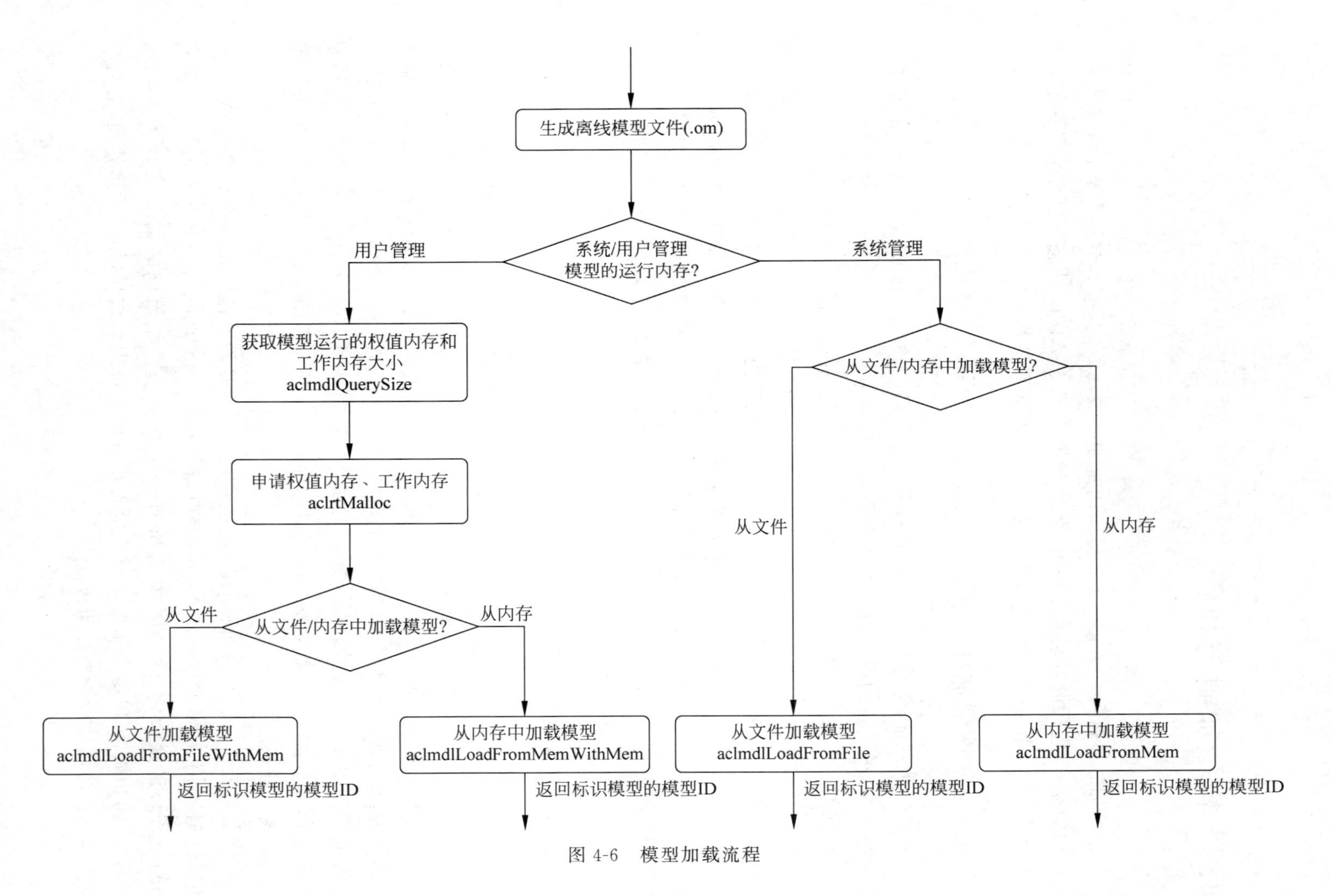
生成离线模型文件(.om)
系统/用户管理模型的运行内存?
用户管理
系统管理
获取模型运行的权值内存和工作内存大小 aclmdlQuerySize
申请权值内存、工作内存 aclrtMalloc
从文件/内存中加载模型?
从文件
从内存
从文件加载模型 aclmdlLoadFromFileWithMem
从内存中加载模型 aclmdlLoadFromMemWithMem
从文件/内存中加载模型?
从文件
从内存
从文件加载模型 aclmdlLoadFromFile
从内存中加载模型 aclmdlLoadFromMem
返回标识模型的模型ID

图 4-6 模型加载流程

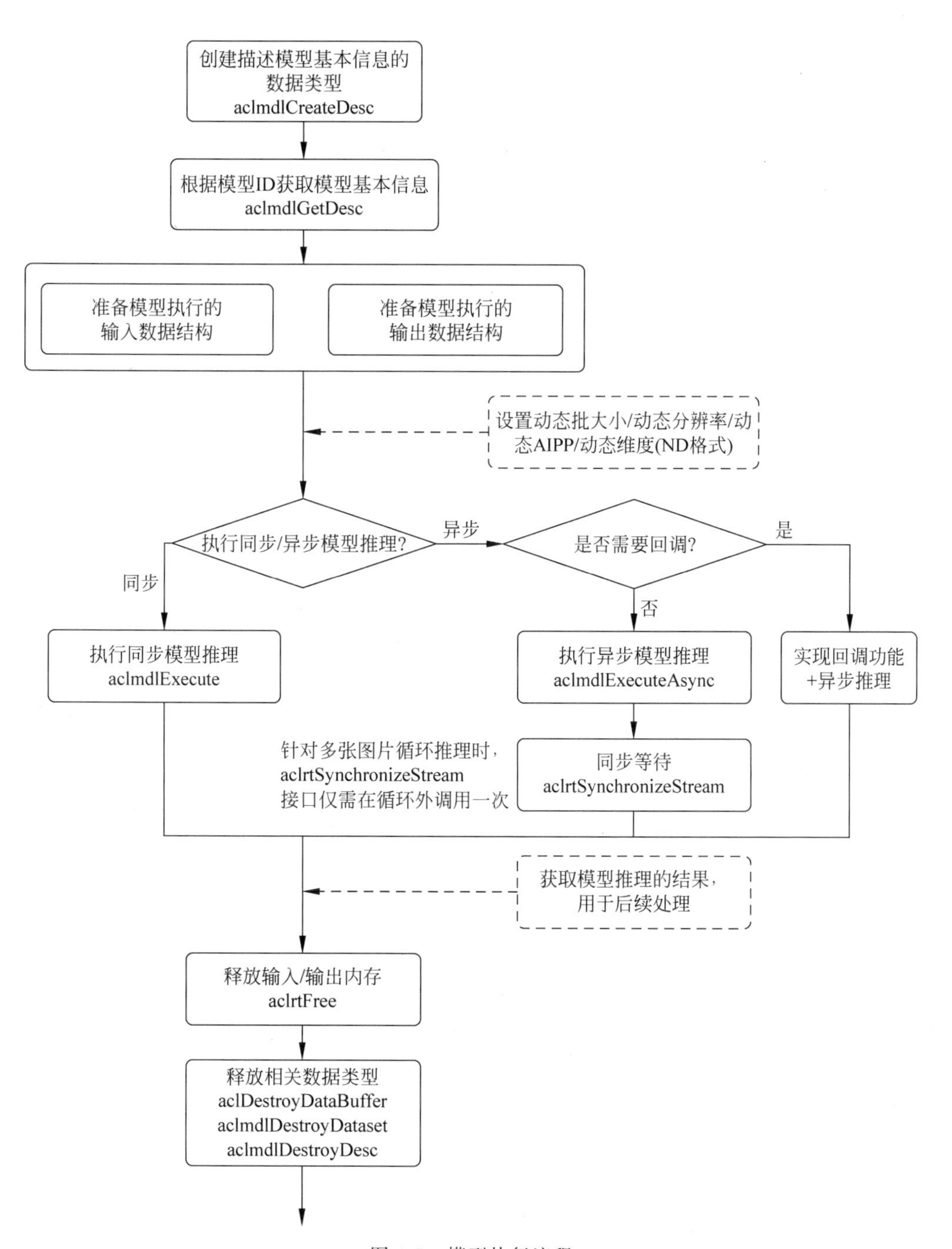
创建描述模型基本信息的数据类型
aclmdlCreateDesc
根据模型ID获取模型基本信息
aclmdlGetDesc
准备模型执行的输入数据结构
准备模型执行的输出数据结构
设置动态批大小/动态分辨率/动态AIPP/动态维度(ND格式)
执行同步/异步模型推理?
异步
是否需要回调?
是
同步
否
执行同步模型推理
aclmdlExecute
执行异步模型推理
aclmdlExecuteAsync
实现回调功能+异步推理
针对多张图片循环推理时，aclrtSynchronizeStream接口仅需在循环外调用一次
同步等待
aclrtSynchronizeStream
获取模型推理的结果，用于后续处理
释放输入/输出内存
aclrtFree
释放相关数据类型
aclDestroyDataBuffer
aclmdlDestroyDataset
aclmdlDestroyDesc

图 4-7 模型执行流程

4.3.3 设置动态Batch/动态分辨率/动态AIPP/动态维度

在模型加载前，构建模型时，需设置动态Batch、动态分辨率、动态AIPP、动态维度(ND格式)相关的信息，构建模型成功后，在生成的om模型中，会新增相应的输入(下面统称动态Batch/动态分辨率/动态AIPP/动态维度输入)，在模型推理时通过该新增的输入提供具体的批大小/动态分辨率/动态AIPP/动态维度值。

设置动态批大小/动态分辨率/动态AIPP/动态维度的流程如图4-8所示，在执行模型之前，首先调用aclmdlGetInputIndexByName接口根据输入名称(固定为ACL_DYNAMIC_TENSOR_NAME)获取模型中标识动态Batch/动态分辨率/动态AIPP输入的索引(index)。接着设置动态Batch/动态分辨率/动态AIPP/动态维度值，可以调用aclmdlSetDynamicBatchSize接口设置动态Batch数，调用aclmdlSetDynamicHWSize接口设置动态分辨率，调用aclmdlSetInputDynamicDims接口设置动态维度值。如果是设置模型推理的动态AIPP数据，首先调用aclmdlCreateAIPP接口创建aclmdlAIPP类型，接着根据实际需求，调用aclmdlAIPP数据类型下的操作接口设置动态AIPP参数值，如果是在动态AIPP场景下，aclmdlSetAIPPSrcImageSize接口(设置原始图片的宽和高)必须调用，最后调用aclmdlSetInputAIPP接口设置模型推理时的动态AIPP数据，并及时调用aclmdlDestroyAIPP接口销毁aclmdlAIPP类型。

对同一个模型，不能同时调用aclmdlSetDynamicBatchSize接口设置动态Batch，调用aclmdlSetDynamicHWSize接口设置动态分辨率，调用aclmdlSetInputDynamicDims接口设置动态维度的维度值，也不能同时使用AIPP(包括静态AIPP和动态AIPP)与动态维度(ND格式)。

4.3.4 准备模型执行的输入/输出数据结构

首先调用aclmdlCreateDataset接口创建描述模型输入/输出的数据类型，模型存在多个输入/输出时，可调用aclmdlGetNumInputs接口、aclmdlGetNumOutputs接口获取输入和输出的个数。用户可调用aclmdlGetInputSizeByIndex接口和aclmdlGetOutputSizeByIndex接口获取模型每个输入和输出所需的内存大小。如果模型的输入涉及动态Batch、动态分辨率、动态维度(ND格式)等特性，输入张量数据的参数Shape支持多种挡位，在模型执行前才能确定，因此该输入所需的内存大小建议用户调用aclmdlGetInputSizeByIndex接口获取，该接口获取的是最大挡位的内存，确保内存够用。

模型存在多个输入/输出时，用户在向aclmdlDataset中添加aclDataBuffer时，为避免顺序出错，可以先调用aclmdlGetInputNameByIndex接口、aclmdlGetOutputNameByIndex接口获取输入和输出的名称，根据输入和输出名称所对应的索引的顺序添加。模型执行的输入/输出数据结构的准备流程如图4-9所示。

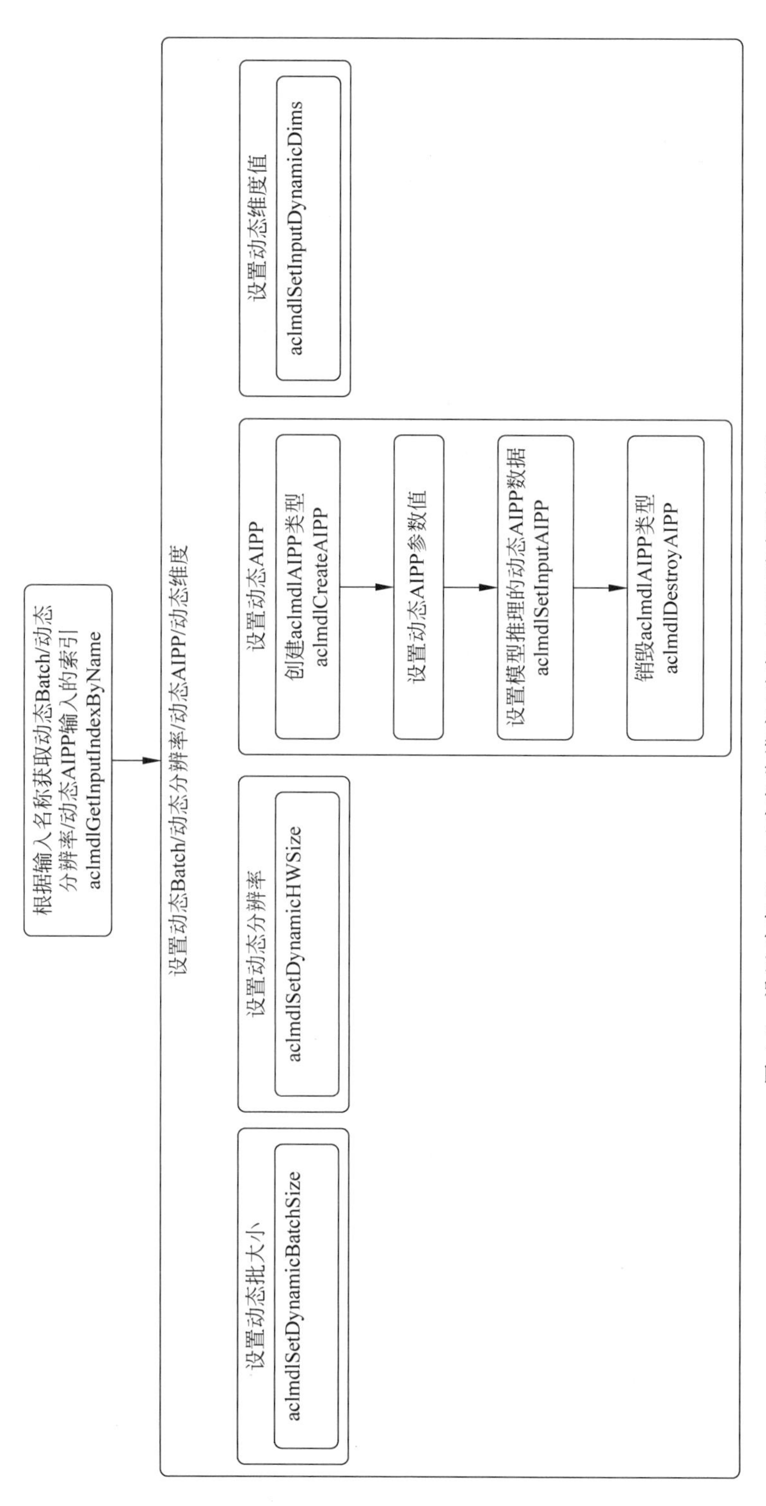

图 4-8　设置动态 Batch/动态分辨率/动态 AIPP/动态维度流程

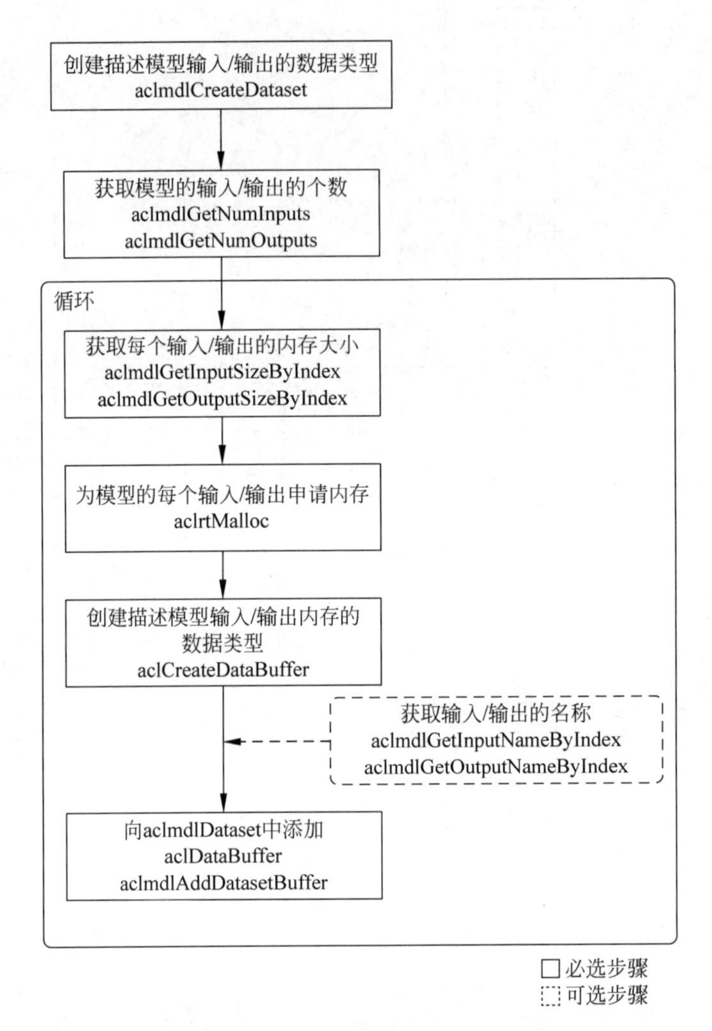

图 4-9　模型执行的输入/输出数据结构的准备流程

4.4　算子功能开发

第 3 章介绍了自定义算子开发的实现，本节将使用 AscendCL 调用这些算子，以便发挥算子的开发功能。

4.4.1 算子功能开发典型流程

对于昇腾 CANN 不支持的算子，用户需参考第 3 章 CANN 自定义算子开发的内容先完成自定义算子的开发，再参考如下内容执行单算子。

对于固定 Shape 的算子或不需要注册算子选择器的动态 Shape 算子，调用 AscendCL 加载算子。单算子模型文件需要参考 6.3 节将单算子定义文件(*.json)编译成适配昇腾 AI 处理器的离线模型文件(*.om)。加载单算子模型文件，有两种方式。第一种方式是调用 aclopSetModelDir 接口，设置加载模型文件的目录，目录下存放单算子模型文件；第二种方式是调用 aclopLoad 接口，从内存中加载单算子模型数据，由用户管理内存。单算子模型数据是指"单算子编译成 *.om 文件后，再将 *.om 文件读取到内存中的数据"。

对于需要注册算子选择器的动态 Shape 算子，需先注册要编译的自定义算子。首先调用 aclopRegisterCompileFunc 接口注册算子选择器[选择 Tiling(分块)策略的函数]，用于在算子执行时，能针对不同 Shape，选择相应的 Tiling 策略。接着调用 aclopCreateKernel 接口将算子注册到系统内部，用于在算子执行时，查找到算子实现代码。最后调用 aclopUpdateParams 接口编译指定算子，触发算子选择器的调用逻辑。

完成算子加载和编译以后，就需要调用 aclrtMalloc 接口申请 Device 上的内存用于存放执行算子的输入/输出数据。如果需要将 Host 上数据传输到 Device，则需要调用 aclrtMemcpy 接口(同步接口)或 aclrtMemcpyAsync 接口(异步接口)通过内存复制的方式实现数据传输。

如果是系统内置的算子 GEMM(GEneral Matrix to Matrix Multiplication，通用矩阵与矩阵乘法)，该算子已经被封装成 AscendCL，用户可直接调用 CBLAS(C Basic Linear Algebra Subprograms，C 语言版本基础线性代数计算库)接口执行该算子。如果是系统内置的算子，但未被封装成 AscendCL，需自行构造算子描述信息(输入/输出 Tensor 描述、算子属性等)、申请存放算子输入/输出数据的内存、调用 aclopExecuteV2 接口加载并执行算子。对于不需要注册算子选择器的动态 Shape 算子，如果无法明确算子的输出 Shape，则还需要配合调用一些其他接口推导或预估算子的输出 Shape，作为算子执行接口 aclopExecuteV2 的输入。

最后调用 aclrtSynchronizeStream 接口阻塞应用运行，直到指定 Stream 中的所有任务都完成，调用 aclrtFree 接口释放内存。算子功能开发典型流程如图 4-10 所示。

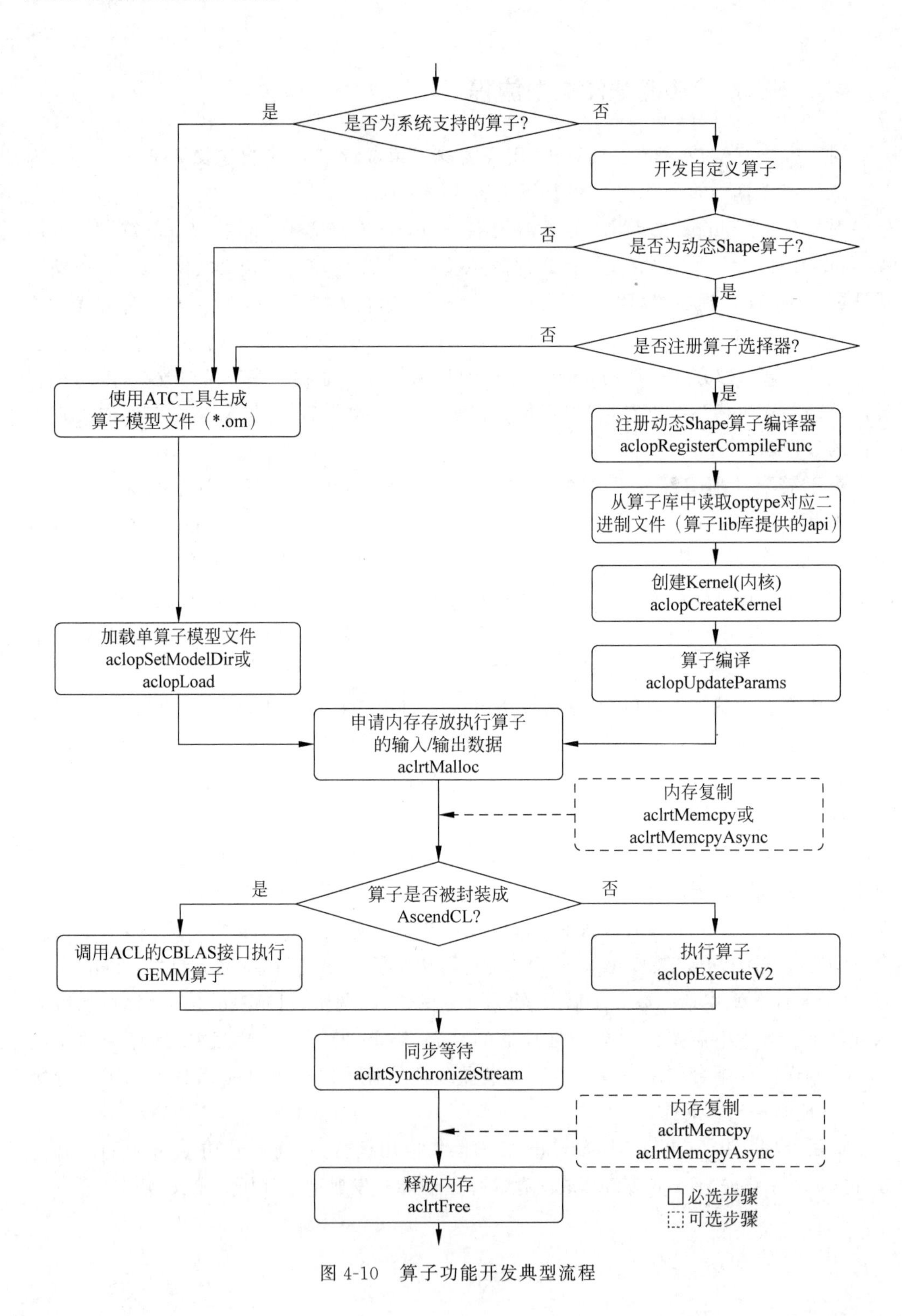

图 4-10 算子功能开发典型流程

4.4.2 封装成 AscendCL 的算子

目前，AscendCL 已将矩阵-向量乘、矩阵-矩阵乘相关的 GEMM 算子封装成 AscendCL 的 CBLAS 接口。其中 CBLAS 算子调用示例如程序清单 4-8 所示。

程序清单 4-8 CBLAS 算子调用示例

```
#include "acl/acl.h"
//......

//1. AscendCL 初始化
//此处是相对路径,相对可执行文件所在的目录
aclInit("test_data/config/acl.json");

//2.设置单算子模型文件所在的目录
//该目录是相对路径,表示可执行文件所在的目录,例如编译出来的可执行文件存放在 run/out
//目录下,此处就表示 run/out/op_models 目录
aclopSetModelDir("op_models");

//3. 指定用于运算的设备
int deviceId = 0;
aclrtSetDevice(deviceId);

//4.申请 Device 上的内存存放算子的输入数据
//对于该矩阵乘示例,sizeA 表示矩阵 A 数据的大小,sizeB 表示矩阵 B 数据的大小,sizeC 表示
//矩阵 C 数据的大小
aclrtMalloc((void **) &devMatrixA, sizeA, ACL_MEM_MALLOC_NORMAL_ONLY)
aclrtMalloc((void **) &devMatrixB, sizeB, ACL_MEM_MALLOC_NORMAL_ONLY)
aclrtMalloc((void **) &devMatrixC, sizeC, ACL_MEM_MALLOC_NORMAL_ONLY)

//5.申请 Host 上的内存存放算子的回传结果
//对于该矩阵乘示例,m 表示矩阵 A 的行数与矩阵 C 的行数,n 表示矩阵 B 的列数与矩阵 C 的列
//数,k 表示矩阵 A 的列数与矩阵 B 的行数
hostMatrixA_ = new(std::nothrow) aclFloat16[m * k];
hostMatrixB_ = new(std::nothrow) aclFloat16[k * n];
hostMatrixC_ = new(std::nothrow) aclFloat16[m * n]

//6.对于该矩阵乘示例,将矩阵 A 和矩阵 B 的数据从 Host 复制到 Device
auto ret = aclrtMemcpy((void *) devMatrixA, sizeA, hostMatrixA, sizeA, ACL_MEMCPY_HOST_
TO_DEVICE);
ret = aclrtMemcpy((void *) devMatrixB, sizeB, hostMatrixB, sizeB, ACL_MEMCPY_HOST_TO_
DEVICE);

//7.显式创建一个 Stream
aclrtStream stream = nullptr;
```

```
aclrtCreateStream(&stream);

//8.对于该示例,调用 aclblasGemmEx 接口(异步接口)实现矩阵 - 矩阵的乘法
aclblasGemmEx(ACL_TRANS_N, ACL_TRANS_N, ACL_TRANS_N, m, n, k,
              devAlpha, devMatrixA, k, inputType, devMatrixB, n, inputType,
              devBeta, devMatrixC, n, outputType, ACL_COMPUTE_HIGH_PRECISION,
              stream);

//9.调用 aclrtSynchronizeStream 接口阻塞 Host 运行,直到指定 Stream 中的所有任务都完成
aclrtSynchronizeStream(stream);

//10.将算子的输出数据从 Device 复制到 Host
aclrtMemcpy(hostMatrixC, sizeC, devMatrixC, sizeC, ACL_MEMCPY_DEVICE_TO_HOST);

//11.将算子的输出数据在终端屏幕上显示,同时将算子的输出数据写到文件中

// 释放显式创建的 Stream
(void) aclrtDestroyStream(stream);

//释放 Device 资源
(void) aclrtResetDevice(deviceId);

//AscendCL 去初始化
aclFinalize();
//......
```

4.4.3 未被封装成 AscendCL 的算子

当前 AscendCL 支持以下两种方式执行单算子。第一种方式是调用 aclopExecuteV2 接口执行算子,系统内部都会根据算子描述信息匹配内存中的模型。第二种方式是调用 aclopCreateHandle 接口创建一个 Handle,再调用 aclopExecWithHandle 接口加载并执行算子。

这里以调用 BatchNorm 算子为例,关键代码如程序清单 4-9 所示。

程序清单 4-9　调用 BatchNorm 算子

```
#include "acl/acl.h"
//......

//1.资源初始化
//此处是相对路径,相对可执行文件所在的目录
aclError ret = aclInit(NULL);
aclopRegisterCompileFunc("BatchNorm", SelectAclopBatchNorm);
```

```
//将算子 Kernel 的 *.o 文件提前编译好,并调用用户自定义函数将该文件加载到内存的缓冲区
//中,length 表示内存大小,如果有多个算子 Kernel 的 *.o 文件,需要多次调用该接口
aclopCreateKernel("BatchNorm", "tiling_mode_1__kernel0", "tiling_mode_1__kernel0",
                  buffer, length, ACL_ENGINE_AICORE, Deallocator);

//----- 自定义函数 BatchNormTest(n, c, h, w),执行以下操作 -----

//2.构造 BatchNorm 算子的输入/输出向量、输入/输出向量描述,并申请存放算子输入数据/输出
//数据的内存
aclTensorDesc *input_desc[3];
aclTensorDesc *output_desc[1];
input_desc[0] = aclCreateTensorDesc(ACL_FLOAT16, 4, shape_input, ACL_FORMAT_NCHW);
input_desc[1] = aclCreateTensorDesc(ACL_FLOAT16, 1, shape_gamma, ACL_FORMAT_ND);
input_desc[2] = aclCreateTensorDesc(ACL_FLOAT16, 1, shape_beta, ACL_FORMAT_ND);
output_desc[0] = aclCreateTensorDesc(ACL_FLOAT16, 4, shape_out, ACL_FORMAT_NCHW);

for (int i = 0; i < n * c * h * w; ++i) {
        input[i] = aclFloatToFloat16(1.0f);
    }

    for (int i = 0; i < c; ++i) {
        gamma[i] = aclFloatToFloat16(0.5f);
        beta[i] = aclFloatToFloat16(0.1f);
    }

aclrtMalloc(&devInput, size_input, ACL_MEM_MALLOC_NORMAL_ONLY);
aclrtMalloc(&devInput_gamma, size_gamma, ACL_MEM_MALLOC_NORMAL_ONLY);
aclrtMalloc(&devInput_beta, size_beta, ACL_MEM_MALLOC_NORMAL_ONLY);
aclrtMalloc(&devOutput, size_output, ACL_MEM_MALLOC_NORMAL_ONLY);

//3.将算子输入数据从 Host 复制到 Device 上
aclrtMemcpy(devInput, size_input, input, size_input, ACL_MEMCPY_HOST_TO_DEVICE);
aclrtMemcpy(devInput_gamma, size_gamma, gamma, size_gamma, ACL_MEMCPY_HOST_TO_DEVICE);
aclrtMemcpy(devInput_beta, size_beta, beta, size_beta, ACL_MEMCPY_HOST_TO_DEVICE);

//4.调用 aclopUpdateParams 接口编译算子
aclopUpdateParams("BatchNorm", 3, input_desc, 1, output_desc, nullptr, ACL_ENGINE_
AICORE, ACL_COMPILE_UNREGISTERED, nullptr));

//5.调用 aclopExecuteV2 接口加载并执行算子

aclopExecuteV2("BatchNorm", 3, input_desc, inputs, 1, output_desc, outputs, nullptr,
stream);

//----- 自定义函数 BatchNormTest(n, c, h, w),执行以上操作 -----

//6.将算子运算的输出数据从 Device 上复制到 Host 上(提前申请 Host 上的内存)
aclrtMemcpy(output, size_output, devOutput, size_output, ACL_MEMCPY_DEVICE_TO_HOST);
```

```
//7.按顺序释放资源
//7.1 释放算子的输入/输出张量描述
for (auto desc : input_desc) {
        aclDestroyTensorDesc(desc);
    }

for (auto desc : output_desc) {
        aclDestroyTensorDesc(desc);
    }
//7.2 释放 Host 上的内存
delete[ ]input;
delete[ ]gamma;
delete[ ]beta;
delete[ ]output;
//7.3 释放 Device 上的内存
aclrtFree(devInput);
aclrtFree(devInput_gamma);
aclrtFree(devInput_beta));
aclrtFree(devOutput);
//7.4 依次释放 Stream、Context、Device 资源,如果未显式创建 Stream、Context,则无须释放
aclrtDestroyStream(stream);
aclrtDestroyContext(context);
aclrtResetDevice(deviceId);
aclFinalize();
```

4.5 辅助功能

本节将对AscendCL的同步/异步、AI Core异常信息获取、日志、Profiling等辅助功能进行简单介绍,了解辅助功能在AscendCL中发挥的重要作用。

4.5.1 同步/异步

AscendCL提供以下五种同步/异步机制:Event的同步等待、Stream内任务的同步等待、多Stream间任务的同步等待、Device的同步等待、Callback的异步推理。

1. Event的同步等待

调用aclrtSynchronizeEvent接口,阻塞应用程序运行,等待Event完成。调用接口后,需增加异常处理的分支,在示例代码中不一一列举。程序清单4-10是Event的同步等待关键步骤的代码示例,不可以直接复制并编译运行,仅供参考。

程序清单 4-10　Event 的同步等待关键步骤的代码示例

```
#include "acl/acl.h"
//......
//创建一个 Event
aclrtEvent event;
aclrtCreateEvent(&event);

//创建一个 Stream
aclrtStream stream;
aclrtCreateStream(&stream);

//Stream 末尾添加了一个 Event
aclrtRecordEvent(event, stream);

//阻塞应用程序运行,等待 Event 发生,也就是 Stream 执行完成
//Stream 完成后产生 Event,唤醒执行应用程序的控制流,开始执行程序
aclrtSynchronizeEvent(event);

//显式销毁资源
aclrtDestroyStream(stream);
aclrtDestroyEvent(event);
//......
```

2. Stream 内任务的同步等待

调用 aclrtSynchronizeStream 接口，阻塞应用程序运行，直到指定 Stream 中的所有任务都完成。调用接口后，需增加异常处理的分支，在示例代码中不一一列举。程序清单 4-11 是Stream 内任务的同步等待关键步骤的代码示例，不可以直接复制并编译运行，仅供参考。

程序清单 4-11　Stream 内任务的同步等待关键步骤的代码示例

```
#include "acl/acl.h"
//......
//显式创建一个 Stream
aclrtStream stream;
aclrtCreateStream(&stream);

//调用触发任务的接口,传入 Stream 参数
aclrtMemcpyAsync(devPtr, devSize, hostPtr, hostSize, ACL_MEMCPY_HOST_TO_DEVICE, stream);
//调用 aclrtSynchronizeStream 接口,阻塞应用程序运行,直到指定 Stream 中的所有任务都完成
aclrtSynchronizeStream(stream);

//Stream 使用结束后,显式销毁 Stream
aclrtDestroyStream(stream);
//......
```

3. 多 Stream 间任务的同步等待

多 Stream 间任务的同步等待可以利用 Event 实现，调用 aclrtStreamWaitEvent 接口阻塞指定 Stream 的运行，直到指定的 Event 完成。需在调用 aclrtStreamWaitEvent 接口前，先调用 aclrtRecordEvent 接口。其流程如图 4-11 所示。

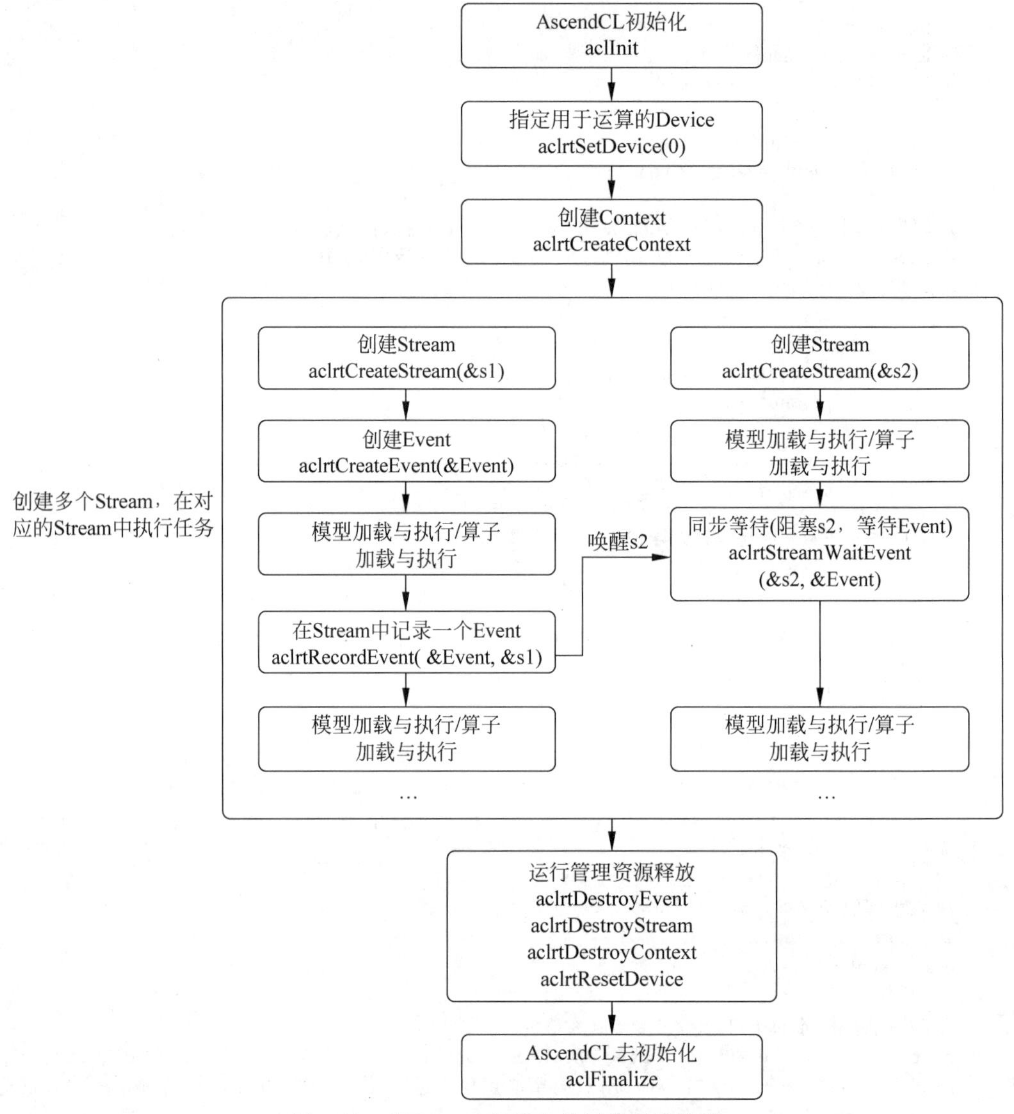

图 4-11 多 Stream 间任务的同步等待流程

调用接口后，需增加异常处理的分支，在示例代码中不一一列举。程序清单 4-12 为多 Stream 间任务的同步等待关键步骤的代码示例，不可以直接复制并编译运行，仅供参考。

程序清单 4-12　多 Stream 间任务的同步等待

```
#include "acl/acl.h"
//......
//创建一个 Event
aclrtEvent event;
aclrtCreateEvent(&event);

//创建两个 Stream
aclrtStream s1;
aclrtStream s2;
aclrtCreateStream(&s1);
aclrtCreateStream(&s2);

//在 s1 末尾添加了一个 Event
aclrtRecordEvent(event, s1);

//阻塞 s2 运行,直到指定 Event 发生,也就是 s1 执行完成
//s1 完成后,唤醒 s2,继续执行 s2 的任务
aclrtStreamWaitEvent(s2, event);

//显式销毁资源
aclrtDestroyStream(s2);
aclrtDestroyStream(s1);
aclrtDestroyEvent(event);
//......
```

4. Device 的同步等待

调用 aclrtSynchronizeDevice 接口,阻塞应用程序运行,直到正在运算中的 Device 完成运算。在多 Device 场景下,调用该接口等待的是当前 Context 对应的 Device。调用接口后,需增加异常处理的分支,在示例代码中不一一列举。程序清单 4-13 是 Device 的同步等待关键步骤示例,不可以直接复制并编译运行,仅供参考。

程序清单 4-13　Device 的同步等待关键步骤示例

```
#include "acl/acl.h"
//......
//指定 Device
aclrtSetDevice(0);

//创建 Context
aclrtContext ctx;
aclrtCreateContext(&ctx, 0);

//创建 Stream
aclrtStream stream;
```

```
aclrtCreateStream(&stream);

//阻塞应用程序运行,直到正在运算中的Device完成运算
aclrtSynchronizeDevice();

//资源销毁
aclrtDestroyStream(stream);
aclrtDestroyContext(ctx);
aclrtResetDevice(0);
```

5. Callback的异步推理

Callback(回调)函数需用户提前创建,用于获取并处理模型推理或算子执行的结果。线程需用户提前创建,并自定义线程函数,在线程函数内调用aclrtProcessReport接口,等待指定时间后触发回调函数。调用aclrtSubscribeReport接口处理Stream上回调函数的线程。调用aclrtLaunchCallback接口在Stream的任务队列中增加一个需要在Host/Device上执行的回调函数,调用aclrtUnSubscribeReport接口取消线程注册。如果是回调异步推理场景,为确保Stream中所有任务都完成、模型推理的结果数据都经过回调函数处理,在Stream销毁前,需要调用一次aclrtSynchronizeStream接口。回调模型推理流程如图4-12所示。

调用接口后,需增加异常处理的分支,示例代码中不一一列举。程序清单4-14是Callback的异步推理关键步骤示例,不可以直接复制并编译运行,仅供参考。

程序清单4-14　Callback的异步推理关键步骤示例

```
//自定义线程函数,在线程函数内调用aclrtProcessReport接口,等待指定时间后触发回调函数
void SampleProcess::ProcessCallback(void * arg)
{
    aclrtSetCurrentContext(context);
    while (g_callbackInterval != 0) {
        // timeout value is 100ms
        (void)aclrtProcessReport(100);
        if( * (static_cast < bool * >(arg)) == true) {
            return;
        }
    }
}

//创建线程tid,并将该tid线程指定为处理Stream上回调函数的线程
pthread_t tid;
(void)pthread_create(&tid, nullptr, ProcessCallback, &s_isExit);

//指定处理Stream上回调函数的线程
```

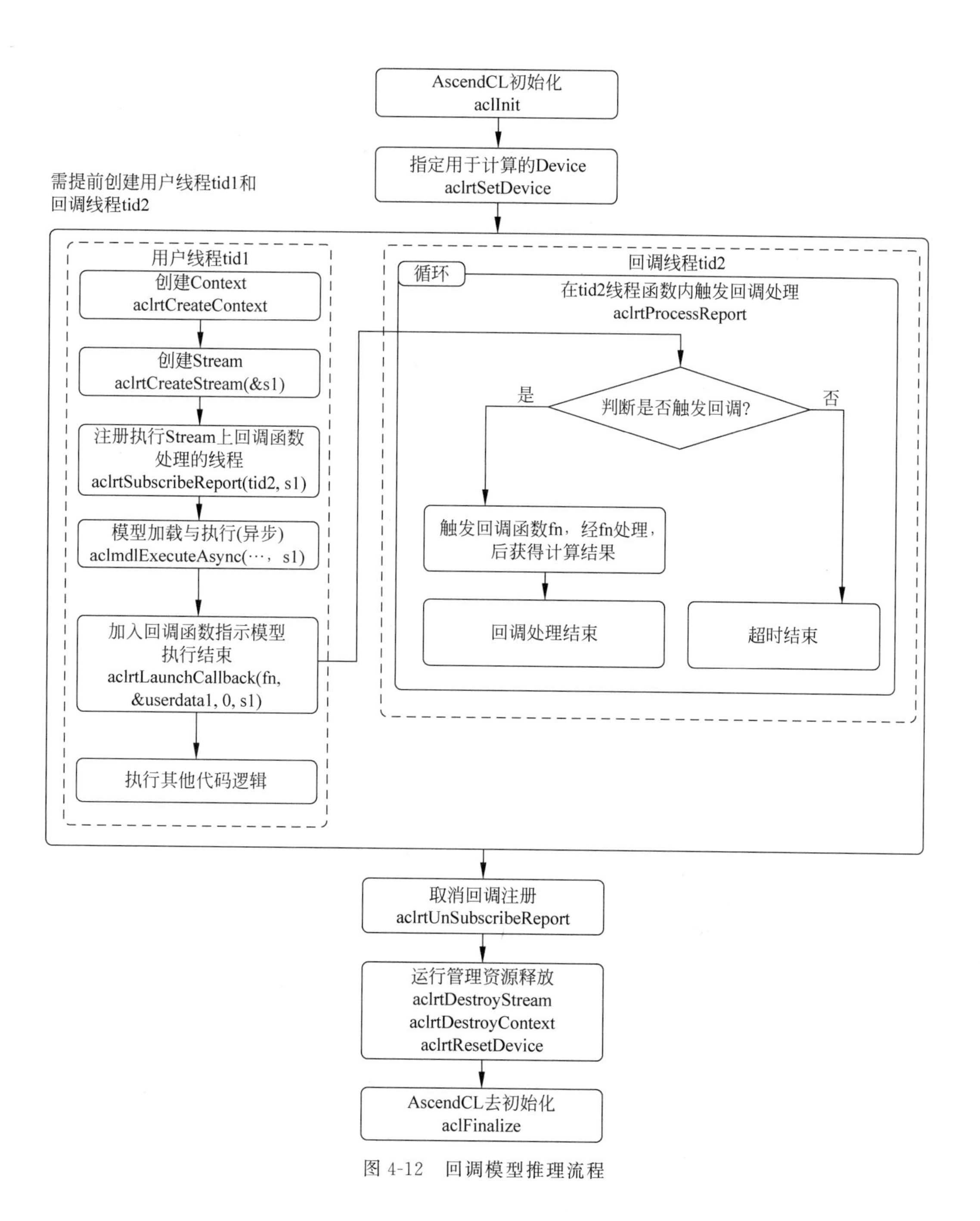

图 4-12　回调模型推理流程

```
aclError aclRt = aclrtSubscribeReport(tid, stream);

//创建回调函数,用户处理模型推理的结果,由用户自行定义
void ModelProcess::CallBackFunc(void * arg)
{
    std::map<aclmdlDataset *, aclmdlDataset *> * dataMap =
        (std::map<aclmdlDataset *, aclmdlDataset *> * )arg;

    aclmdlDataset * input = nullptr;
    aclmdlDataset * output = nullptr;
    MemoryPool * memPool = MemoryPool::Instance();

    for (auto& data : * dataMap) {
        ModelProcess::OutputModelResult(data.second);
        memPool->FreeMemory(data.first, data.second);
    }

    delete dataMap;
}

//在 Stream 的任务队列中增加一个需要在 Host 上执行的回调函数
ret = aclrtLaunchCallback(CallBackFunc, (void * )dataMap, ACL_CALLBACK_BLOCK, stream_);

//对于异步推理,需阻塞应用程序运行,直到指定 Stream 中的所有任务都完成
aclrtSynchronizeStream(stream);

//取消线程注册,Stream 上的回调函数不再由指定线程处理
aclRt = aclrtUnSubscribeReport(static_cast<uint64_t>(tid), stream);
s_isExit = true;
(void)pthread_join(tid, nullptr);
// 释放运行管理资源与 AscendCL 去初始化
//......
```

4.5.2 AI Core 异常信息获取

执行整个网络模型推理时,如果产生 AI Core 报错,可以按照以下流程获取报错算子的描述信息,再做进一步错误排查。首先实现异常回调函数。在异常回调函数 fn 内调用 aclrtGetDeviceIdFromExceptionInfo 接口、aclrtGetStreamIdFromExceptionInfo 接口、aclrtGetTaskIdFromExceptionInfo 接口分别获取 Device ID、Stream ID、Task ID。接着在异常回调函数 fn 内调用 aclmdlCreateAndGetOpDesc 接口获取算子的描述信息,调用 aclGetTensorDescByIndex 接口获取指定算子输入/输出的张量描述。接着可以调用 aclGetTensorDescAddress 接口获取张量数据的内存地址(用户可从该内存地址中获取张量数据)、调用 aclGetTensorDescType 接口获取张量描述中的数据类型、调用

aclGetTensorDescFormat 接口获取张量描述中的 Format(格式)、调用 aclGetTensorDescNumDims 接口获取张量描述中的 Shape(维度个数)、调用 aclGetTensorDescDimV2 接口获取 Shape 中指定维度的大小。最后调用 aclrtSetExceptionInfoCallback 接口设置异常回调函数。AI Core 异常信息获取核心代码如程序清单 4-15 所示。

程序清单 4-15　AI Core 异常信息获取核心代码

```
//1.申请运行管理资源,包括设置用于计算的 Device、创建 Context、创建 Stream
//2.模型加载,加载成功后,返回标识模型的 modelId
//3.创建 aclmdlDataset 类型的数据,用于描述模型的输入(input)数据、输出(output)数据
//......

//4.实现异常回调函数
void callback(aclrtExceptionInfo * exceptionInfo)
{
    deviceId = aclrtGetDeviceIdFromExceptionInfo(exceptionInfo);
    streamId = aclrtGetStreamIdFromExceptionInfo(exceptionInfo);
    taskId = aclrtGetTaskIdFromExceptionInfo(exceptionInfo);

    char opName[256];
    aclTensorDesc * inputDesc = nullptr;
    aclTensorDesc * outputDesc = nullptr;
    size_t inputCnt = 0;
    size_t outputCnt = 0;
    //用户可以将获取的算子信息写入文件,或者另起线程监听异常回调,当发生异常回调时触
    //发线程处理函数,在线程处理函数中将算子信息输出到屏幕上
    aclmdlCreateAndGetOpDesc(deviceId, streamId, taskId, opName, 256, &inputDesc, &inputCnt,
&outputDesc, &outputCnt);
    //可以调用 acl tensor 的相关接口,获取算子的相关信息,用户可以根据需要调用
    for (size_t i = 0; i < inputCnt; ++i) {
        const aclTensorDesc * desc = aclGetTensorDescByIndex(inputDesc, i);
        aclGetTensorDescAddress(desc);
        aclGetTensorDescFormat(desc);
    }
    for (size_t i = 0; i < outputCnt; ++i) {
        const aclTensorDesc * desc = aclGetTensorDescByIndex(outputDesc, i);
        aclGetTensorDescAddress(desc);
        aclGetTensorDescFormat(desc);
    }
    aclDestroyTensorDesc(inputDesc);
    aclDestroyTensorDesc(outputDesc);
}

//5.设置异常回调
aclrtSetExceptionInfoCallback(callback);

//6.执行模型
ret = aclmdlExecute(modelId, input, output);
```

```
//7.处理模型推理结果
//8.释放描述模型输入/输出信息、内存等资源,卸载模型
//9.释放运行管理资源
//......
```

4.5.3 日志管理

将日志记录到日志文件中。AscendCL 提供 ACL_APP_LOG 宏,封装了 aclAppLog 接口,推荐用户调用 ACL_APP_LOG 宏,传入日志级别、日志描述格式(Format)中的可变参数。

```
//若日志、描述格式中存在可变参数,需提前定义
uint32_t modelId = 1;
ACL_APP_LOG(ACL_INFO, "load model success, modelId is %u", modelId);
```

4.5.4 Profiling 性能数据采集

Profiling 工具用于采集性能数据,支持两种实现方式。第一种方式是将采集到的 Profiling 数据写入文件,再使用 Profiling 工具解析该文件,并展示性能分析数据。配合使用 aclprofInit 接口、aclprofStart 接口、aclprofStop 接口、aclprofFinalize 接口实现该方式的性能数据采集。该方式可获取 AscendCL 接口性能数据、AI Core 上算子的执行时间、AI Core 性能指标数据等。目前这些接口为进程级控制,表示在进程内任意线程调用这些接口,其他线程都会生效。Profiling 信息采集方式一的核心代码如程序清单 4-16 所示。

程序清单 4-16 Profiling 信息采集方式一的核心代码

```
//AscendCL 初始化
//1.申请运行管理资源,包括设置用于计算的 Device、创建 Context、创建 Stream
//2.模型加载,加载成功后,返回标识模型的 modelId
//3.创建 aclmdlDataset 类型的数据,用于描述模型的输入(input)数据、输出(output)数据
//......

//4.Profiling 初始化
//设置数据保存路径
const char *aclProfPath = "...";
aclprofInit(aclProfPath, strlen(aclProfPath));

//5.进行 Profiling 配置
```

```
uint32_t deviceIdList[1] = {0};
//创建配置结构体
aclprofConfig * config = aclprofCreateConfig(deviceIdList, 1, ACL_AICORE_ARITHMETIC_
UTILIZATION, nullptr,ACL_PROF_ACL_API | ACL_PROF_TASK_TIME | ACL_PROF_AICORE_METRICS |
ACL_PROF_AICPU);
aclprofStart(config);

//6.执行模型
ret = aclmdlExecute(modelId, input, output);

//7.处理模型推理结果
//8.释放描述模型输入/输出信息、内存等资源,卸载模型
//......

//9.关闭 Profiling 配置, 释放配置资源, 释放 Profiling 组件资源
aclprofStop(config);
aclprofDestroyConfig(config);
aclprofFinalize();

//10.释放运行管理资源
//......
//AscendCL 去初始化
```

第二种方式将采集到的Profiling数据解析后写入管道，由用户读入内存，再由用户调用AscendCL的接口获取性能数据。配合使用aclprofModelSubscribe接口、aclprofGet*接口、aclprofModelUnSubscribe接口可实现该方式的性能数据采集，当前支持获取网络模型中算子的性能数据，包括算子名称、算子类型名称、算子执行时间等。Profiling信息采集方式二的核心代码如程序清单4-17所示。

程序清单4-17　Profiling信息采集方式二的核心代码

```
//AscendCL 初始化
//1.申请运行管理资源,包括设置用于计算的 Device、创建 Context、创建 Stream
//2.模型加载,加载成功后,返回标识模型的 modelId
//3.创建 aclmdlDataset 类型的数据,用于描述模型的输入(input)数据、输出(output)数据
//......

//4.创建管道(UNIX 操作系统下需要引用 C++标准库头文件 unistd.h),用于读取以及写入模型
订阅的数据
int subFd[2];
// 读管道指针指向 subFd[0],写管道指针指向 subFd[1]
pipe(subFd);

//5.创建模型订阅的配置并且进行模型订阅
aclprofSubscribeConfig * config = aclprofCreateSubscribeConfig(1, ACL_AICORE_NONE,
&subFd[1]);
```

```
//模型订阅需要传入模型的 modelId
aclprofModelSubscribe(modelId, config);

//6.实现管道读取订阅数据的函数
//6.1 自定义函数,实现从用户内存中读取订阅数据的函数
void getModelInfo(void * data, uint32_t len) {
    uint32_t opNumber = 0;
    uint32_t dataLen = 0;
    //通过 acl 接口读取算子信息个数
    aclprofGetOpNum(data, len, &opNumber);
    char * opType = new char[ACL_PROF_MAX_OP_TYPE_LEN];
    char * opName = new char[ACL_PROF_MAX_OP_NAME_LEN];
    //遍历用户内存的算子信息
    for (int32_t i = 0; i < opNumber; i++){
        //获取算子的模型 id
        uint32_t modelId = aclprofGetModelId(data,len, i);
        //获取算子的类型名称
        aclprofGetOpType(data, len, i, opType, ACL_PROF_MAX_OP_TYPE_LEN);
        //获取算子的详细名称
        aclprofGetOpName(data, len, i, opName, ACL_PROF_MAX_OP_NAME_LEN);
        //获取算子的执行开始时间
        uint64_t opStart = aclprofGetOpStart(data, len, i);
        //获取算子的执行结束时间
        uint64_t opEnd = aclprofGetOpEnd(data, len, i);
        uint64_t opDuration = aclprofGetOpDuration(data, len, i);
    }
    delete [ ]opType;
    delete [ ]opName;
}

//6.2 自定义函数,实现从管道中读取数据到用户内存
void * profDataRead(void * fd) {
    //设置每次从管道中读取的算子信息个数
    uint64_t N = 10;
    //获取单位算子信息的大小(Byte)
    uint64_t bufferSize = 0;
    aclprofGetOpDescSize(&bufferSize);
    //计算存储算子信息内存的大小,并且申请内存
    uint64_t readbufLen = bufferSize * N;
    char * readbuf = new char[readbufLen];
    //从管道中读取数据到申请的内存中,读取到的实际数据大小 dataLen 可能小于管道的容量
    //大小(bufferSize×N),如果管道中没有数据,默认会阻塞,直到读取到数据为止
    auto dataLen = read( * (int * )fd, readbuf, readbufLen);
    //成功读取数据到 readbuf
    while (dataLen > 0) {
```

```
        //调用上面代码中"6.1 自定义函数"实现的函数解析内存中的数据
        getModelInfo(readbuf, dataLen);
        memset(readbuf, 0, bufferSize);
        dataLen = read( * (int * )fd, readbuf, readbufLen);
    }
    delete [ ]readbuf;
}

//7. 启动线程读取管道数据并解析
pthread_t subTid = 0;
pthread_create(&subTid, NULL, profDataRead, &subFd[0]);

//8.执行模型
ret = aclmdlExecute(modelId, input, output);

//9.处理模型推理结果
//10.释放描述模型输入/输出信息、内存等资源,卸载模型
//......

//11.取消订阅,释放订阅相关资源
aclprofModelUnSubscribe(modelId);
pthread_join(subTid, NULL);
//关闭读管道指针
close(subFd[0]);
//释放 config 指针
aclprofDestroySubscribeConfig(config);

//12.释放运行管理资源
//......
```

4.6 高级功能

为了充分发挥CANN的功能，AscendCL提供了图(Graph)开发、分布式开发和融合规则开发三大高级功能。本节将详细讲解各高级功能的作用和开发技巧。

4.6.1 图开发

无论是TensorFlow还是ONNX，网络模型定义格式都大同小异，网络模型主要由张量(Tensor)、节点/操作符(Node/Operator)、图组合而成。张量包括张量描述及数据两

部分，张量描述包括了张量的 name、dtype、shape、format 信息。操作符包括算子的 name、type、输入、属性信息。图包括网络的名称、算子列表、输入算子、输出算子。

基于上述这些特点，当前 AscendCL 框架不局限于 Caffe、Tensorflow 等深度学习框架，用户可以通过开放的昇腾图编程接口，基于算子原型进行构图，并编译为离线模型，用于在昇腾 AI 处理器上进行离线推理。同时，也可以通过框架解析功能将主流的模型格式转换成 CANN 模型格式，从而隔离上层框架的差异，当前支持对 Caffe/TensorFlow/ONNX 等原始框架模型的解析。

当前昇腾官网提供了完整可运行示例，可按照说明文档运行即可。第一个示例为 IR 模型构建样例，示例通过将算子原型构建图，将 TensorFlow 原始模型解析为图，将 Caffe 原始模型解析为图三种方式，生成适配昇腾 AI 处理器的离线模型，链接为 https://gitee.com/ascend/samples/tree/master/cplusplus/level1_single_api/3_ir/IRBuild。第二个示例为直接构造图，并通过 Session 类在线运行样例，链接为 https://gitee.com/ascend/samples/tree/master/cplusplus/level1_single_api/8_graphrun/graph_run。

本节首先讲解 AscendCL 提供的基础功能，然后讲解各部分 API。最后通过示例，展示图开发关键点。

1. 算子原型定义接口

算子原型规定了在昇腾 AI 处理器上可运行算子的约束，主要体现算子的数学含义，包含定义算子输入、输出和属性。在算子开发阶段，会使用 REG_OP 宏，以“.”链接 INPUT、OUTPUT、ATTR 等接口注册算子的输入、输出和属性信息，最终以 OP_END_FACTORY_REG 接口结束，完成算子的注册。详细内容可参考 3.2.4 节，也可通过从“Ascend-cann-toolkit 安装目录/ascend-toolkit/latest/opp/op_proto/built-in/inc”算子原型定义的头文件中获取，或者从算子清单链接 https://support.huaweicloud.com/operatorlist-cann502alpha3training/atlas_11_operatorlist_0001.html 中获取。

使用 REG_OP 宏将算子原型注册成功后，会自动生成对应的衍生接口，包括构造函数、INPUT 等，用户可以通过这些接口在图中定义算子，然后创建一个图实例，并在图中设置输入算子、输出算子，从而完成图构建。函数原型定义包括定义算子的原型，也包括定义算子的输入、输出、属性以及对应的数据类型。函数原型定义示例如程序清单 4-18 所示。

程序清单 4-18　函数原型定义示例

```
REG_OP(GreaterEqual)
.INPUT(x1, TensorType::RealNumberType())
.INPUT(x2, TensorType::RealNumberType())
.OUTPUT(y, TensorType({DT_BOOL}))
.OP_END_FACTORY_REG(GreaterEqual)
```

注册算子类型后，会自动生成算子类型的两个构造函数，这两个构造函数就是衍生接口。例如注册算子的类型名称 Conv2D，可调用 REG_OP(Conv2D)接口，调用该接口后，定义了算子的类型名称 Conv2D，同时产生 Conv2D 的两个构造函数，其中，Conv2D(const AscendString& name)函数需指定算子名称，Conv2D()函数使用默认算子名称，例如默认算子名称为"Conv2D 唯一编号"。Conv2D 衍生接口示例如程序清单 4-19 所示。

程序清单 4-19　Conv2D 衍生接口示例

```
// 自动生成
class Conv2D : public Operator {
    typedef Conv2D _THIS_TYPE;
public:
    explicit Conv2D(const char * name);
    explicit Conv2D();
    …   #其他接口
}

// 调用示例
conv = op:: Conv2D()
conv.set_input_x(feature_map_data)
conv.set_input_weight(weight_data)
```

2. Operator 接口

Operator 接口定义了图(Graph)相关接口，包括 AscendString 类、Operator 类、Tensor 类、TensorDesc 类、Shape 类、AttrValue 类、数据类型和枚举值。如 Conv2D(const AscendString& name)使用了 AscendString 类。这里不展开描述，读者可查看链接 https://support.huaweicloud.com/graphdevg-cann502alpha3training/atlasopapi_07_0001.html 了解详细定义。

3. 构图接口

AscendCL 给应用用户或者上层框架提供了安全易用的构图接口集合，用户可以调用这些接口构建网络模型，设置模型所包含的图、图内的算子以及算子的属性信息(包括输入、输出及其他属性信息)，还提供了对文件操作、错误处理、数据类型等 API。下面将介绍部分重要构图接口。

1) Parser 解析接口

除了可以将算子原型直接构建成 Ascend Graph 外，昇腾 AI 软件栈还提供了第三方框架图解析功能，将主流的模型格式转换成 CANN 模型格式。目前业界开源的深度学习框架(例如 TensorFlow、PyTorch、Caffe 等)定义模型的格式各有不同，例如 TensorFlow 通过自定义 pb 文件描述静态图和模型，PyTorch 通过 ONNX 规范描述，需要通过统一的框架解析功能隔离上层框架差异，通过 Parser 解析接口完成解析并转换成昇腾 AI 处理器支持的 CANN 模型格式。

涉及的主要接口有：解析 TensorFlow 模型使用 aclgrphParseTensorFlow 接口，解析 Caffe 模型使用 aclgrphParseCaffe 接口，解析 ONNX 原始模型使用 aclgrphParseONNX 接口，解析加载至内存的 ONNX 模型使用 aclgrphParseONNXFromMem 接口。

Parser 层目前为用户开放了自定义 OpParser 和自定义 TensorFlow Parser 域融合规则的功能，如果用户在 Parser 解析时需要对框架进行更灵活的适配，则可以自定义 OpParser 或自定义开发 TensorFlow Parser 域融合规则。自定义 OpParser 是指如果用户需要将原始框架中算子直接映射到昇腾 AI 软件栈中已实现的 TBE 算子，可直接进行第三方框架的适配，具体请参考 3.2.5 节。自定义 TensorFlow Scope 融合规则是基于 TensorFlow 构建的神经网络计算图，通常由大量的小算子组成，为了实现高性能的计算，往往需要对子图中的小算子进行融合，使得融合后的大算子可以充分利用硬件加速资源。具体请参考文档《TensorFlow Parser Scope 融合规则开发指南》，链接为 https://support.huaweicloud.com/tensorflow-cann502alpha3training/atlastfscopedev_11_0002.html。

2）图构建接口

图构建接口用于构建图，其中常用图构建接口如表 4-2 所示。

表 4-2 常用图构建接口

接口	解释
Graph 和～Graph	图构造函数和析构函数
SetInputs	设置图内的输入算子
SetOutputs	设置图关联的输出算子
SetTargets	设置图的结束节点列表。在该列表中的算子需要被执行，但它的输出不用返回给用户
IsValid	判断图对象是否有效，即是否可被运行
SetNeedIteration	标记图是否需要循环执行
AddOp	用户算子缓存接口，通过此接口可以将不带连接关系的算子缓存在图中，用于查询和对象获取
FindOpByName	基于算子名称，获取缓存在图中的 op 对象
GetAllOpName	获取图中已注册的所有缓存算子的名称列表
SaveToFile	将序列化后的图结构保存到文件中
LoadFromFile	从文件中读取图
FindOpByType	基于算子类型，获取缓存在图中的所有指定类型的 op 对象
GetName	获取当前图的名称
CopyFrom	复制原图生成目标图。目标图的 graph_name 优先使用用户指定的，未指定则使用原图的 graph_name。graph_id/session 归属，复制后需要用户自行添加

3）图修改接口

目前对图的修改提供了两类接口，分别为 Graph 类和 GNode 类。Graph 类接口用于对图的修改，GNode 类接口则用于对其中算子的修改，Graph 类接口如表 4-3 所示。

表 4-3　Graph 类接口

接　　口	解　　释
GetAllNodes	获取图中的所有节点，包含图内子图的节点
GetDirectNode	获取图中的所有节点，不包含图内子图的节点
RemoveNode	删除图中的指定节点，并删除节点之间的连接边
RemoveEdge	删除图中的指定连接边
AddNodeByOp	新增一个节点到图上
AddDataEdge	新增一条数据边
AddControlEdge	新增一条控制边

GNode 接口如表 4-4 所示。

表 4-4　GNode 接口

接　　口	解　　释
GNode/～ GNode	GNode 构造函数和析构函数
GetType	获取算子类型(type)
GetName	获取算子名字
GetInDataNodesAndPortIndexs	获取算子指定输入端口对应的对端算子以及对端算子的输出端口号
GetInControlNodes	获取算子的控制输入节点
GetOutDataNodesAndPortIndexs	获取算子指定输出端口对应的对端算子以及对端算子的输入端口号
GetOutControlNodes	获取算子的控制输出节点
GetInputConstData	如果算子的输入是 const 节点，会返回 const 节点的值，否则返回"失败"提示。支持跨子图获取输入是否是 const 及 const 下的值
GetInputIndexByName	通过算子的端口名获取对应的端口索引
GetOutputIndexByName	通过算子的端口名获取对应的端口索引
GetInputsSize	返回节点的有效输入个数，即算子的实际输入个数
GetOutputsSize	返回有效输出个数，即算子定义时的输出个数
GetInputDesc	获取指定输入端口的张量格式
UpdateInputDesc	更新指定输入端口的张量格式
GetOutputDesc	获取指定输出端口的张量格式
UpdateOutputDesc	更新指定输出端口的张量格式
SetAttr	设置节点属性的属性值。节点可以包括多个属性，初次设置值后，算子属性值的类型固定，包括整型、浮点型(float)等
GetAttr	获取指定属性名字的值
HasAttr	查询属性是否存在
GetSubgraph	获取当前节点的子图对象
GetALLSubgraphs	获取当前节点根图的所有子图对象

4）图编译接口

完成构图以后，就可以对图进行编译，图编译接口如表 4-5 所示。

表 4-5　图编译接口

接　口	解　释
aclgrphBuildInitialize	模型构建的初始化函数，用于申请资源。一个进程内只能调用一次 aclgrphBuildInitialize 接口
aclgrphBuildModel	将输入的图编译为适配昇腾 AI 处理器的离线模型。此时模型保存在内存缓冲区中
aclgrphSaveModel	将离线模型序列化并保存到指定文件中
aclgrphBuildFinalize	系统完成模型构建后，通过该接口释放资源。该接口在 aclgrphBuildInitialize 接口之后调用，且仅能在进程退出时调用一次

5）图运行接口

完成构图以后，可以直接调用图引擎（GE，包含图编译器和图执行器）运行图，当前图运行接口如表 4-6 所示。

表 4-6　图运行接口

接　口	解　释
GEInitialize	初始化图引擎，完成运行准备
GEFinalize	图引擎退出，释放图引擎相关资源
Session/～Session	Session 构造函数和 Session 析构函数
AddGraph	向 Session 中添加图，Session 内会生成唯一的图 ID
AddGraphWithCopy	相比于 AddGraph 接口，此接口传入图对象后，会产生图对象的复制。Session 中保存的图是图对象的一个备份，后续对该图的修改不影响 Session 内原有图，同时 Session 内的图的任何修改也不会影响图对象
RemoveGraph	在当前 Session 中删除指定 ID 对应的图
RunGraph	同步执行指定 ID 对应的图，输出执行结果
BuildGraph	同步编译指定 ID 对应的图，生成模型
RunGraphAsync	异步执行指定 ID 对应的图，输出执行结果
RunGraphWithStreamAsync	使用 Stream 异步执行指定 ID 对应的图，输出执行结果
RegisterCallBackFunc	注册回调函数。注册用户指定 summary、checkpoint 回调接口。当用户下发给图引擎的图中带有 summary、checkpoint 算子时，图引擎会调用该回调函数
IsGraphNeedRebuild	图是否需要重新编译
GetVariables	变量查询接口，获取 Session 内所有 variable 算子或指定 variable 算子的张量内容

6）图的 Profiling 接口

为了对图性能分析，当前还针对图提供了一套 Profiling 的接口，如表 4-7 所示。

表 4-7　图的 Profiling 接口

接　　口	解　　释
aclgrphProfInit	初始化 Profiling，设置 Profiling 参数（目前供用户设置保存性能数据文件的路径）
aclgrphProfFinalize	结束 Profiling
aclgrphProfCreateConfig	创建 Profiling 配置信息
aclgrphProfDestroyConfig	销毁 profiling 配置信息
aclgrphProfStart	下发 Profiling 请求，使能对应数据的采集
aclgrphProfStop	停止 Profiling 数据采集

4. 通过算子原型构建图示例

通过算子原型构建图的流程如图 4-13 所示，并通过示例代码讲解其关键步骤，且各个步骤之间的代码不可直接关联运行。

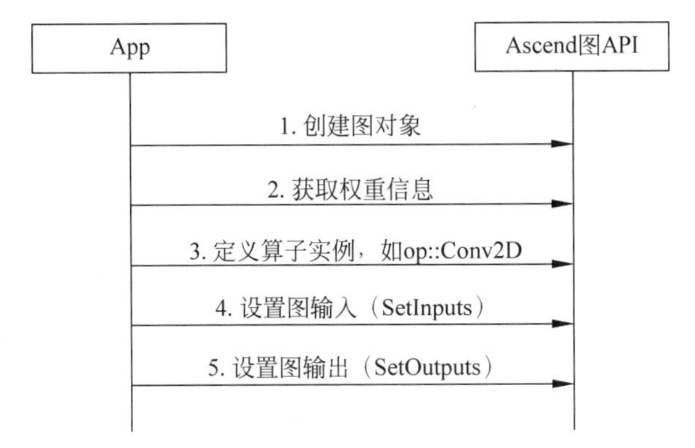

图 4-13　通过算子原型构建图的流程

1）引入头文件并创建图对象

内置算子需要包括 all_ops. h 头文件，定义内置算子类型可使用内置算子类型相关的接口，头文件所在路径为"OPP 安装目录/opp/op_proto/built-in/inc/all_ops. h"。自定义算子需要包括自定义算子的原型定义头文件。代码如下：

```
#include "all_ops.h"
#include "graph.h"

// 创建图对象
Graph graph("IrGraph");
```

2）定义 Const 算子并获取权重

获取权重数据通常分为直接构造权重数据和从文件读入权重数据两种办法。这里以从文件读取权重数据为示例，如程序清单 4-20 所示。

程序清单 4-20　从文件获取权重数据

```
//构造 weight_tensor 函数
auto weight_shape = ge::Shape({ 5,17,1,1 });
TensorDesc desc_weight_1(weight_shape, FORMAT_NCHW, DT_INT8);
Tensor weight_tensor(desc_weight_1);
uint32_t weight_1_len = weight_shape.GetShapeSize();
bool res = GetConstTensorFromBin(PATH + "const_0.bin", weight_tensor, weight_1_len *
sizeof(int8_t));

//创建 Const 算子,初始值(属性 value 的值)为 weight_tensor
auto conv_weight = op::Const("const_0").set_attr_value(weight_tensor);

// GetConstTensorFromBin 函数实现
bool GetConstTensorFromBin(string path, Tensor &weight, uint32_t len) {
    ifstream in_file(path.c_str(), std::ios::in | std::ios::binary);
    if (!in_file.is_open()) {
        std::cout << "failed to open" << path.c_str() << '\n';
        return false;
    }
    in_file.seekg(0, ios_base::end);
    istream::pos_type file_size = in_file.tellg();
    in_file.seekg(0, ios_base::beg);

    if (len != file_size) {
        cout << "Invalid Param.len:" << len << " is not equal with binary size(" << file_
size << ")\n";
        in_file.close();
        return false;
    }
    char * pdata = new(std::nothrow) char[len];
    if (pdata == nullptr) {
        cout << "Invalid Param.len:" << len << " is not equal with binary size(" << file_
size << ")\n";
        in_file.close();
        return false;
    }
    in_file.read(reinterpret_cast<char *>(pdata), len);
    auto status = weight.SetData(reinterpret_cast<uint8_t *>(pdata), len);
    if (status != ge::GRAPH_SUCCESS) {
        cout << "Set Tensor Data Failed"<< "\n";
        in_file.close();
        return false;
    }
```

```
    in_file.close();
    return true;
}
```

3）设置图输入和输出算子

完成了一个图的创建后，可以选择编译为离线模型运行，也支持直接在线运行。代码如下：

```
std::vector<Operator> inputs{data};
std::vector<Operator> outputs{softmax};
graph.SetInputs(inputs).SetOutputs(outputs);
```

5. 原始模型转换构建图示例

使用原始模型构建图代码较为简单，API 的详情可以参考构图接口的 Parser 解析接口。下面是将 TensorFlow 模型转换为图的示例。

1）包含的头文件

其代码为：

```
#include "tensorflow_parser.h"
#include "all_ops.h"
```

2）解析原始模型

通过 aclgrphParseTensorFlow 接口将 TensorFlow 原始模型转换为图，此时图保存在内存缓冲区中。代码如下：

```
// 支持用户指定 parser_params
std::string tfPath = "../data/tf_test.pb";
std::map<ge::AscendString, ge::AscendString> parser_params = {
            {ge::AscendString(ge::ir_option::LOG_LEVEL), ge::AscendString("debug")},
            {ge::AscendString(ge::ir_option::INPUT_FORMAT), ge::AscendString("NHWC")}};
// auto tfStatus = ge::aclgrphParseTensorFlow(tfPath.c_str(),graph1);
                                                            # 去掉 parser_params
auto tfStatus = ge::aclgrphParseTensorFlow(tfPath.c_str(), parser_params, graph1);
```

6. 修改图示例

如果用户想要直接优化图的结构，比如将某些特定子图替换成一个大算子，以减少计算步骤、外存访问、调度时间等，或者在某些算子中间添加一个算子，此时可以通过本节内容直接将图修改成期望的结构。例如,在算子 A 和算子 B 之间添加算子 C,涉及的主要接口及其流程如图 4-14 所示。

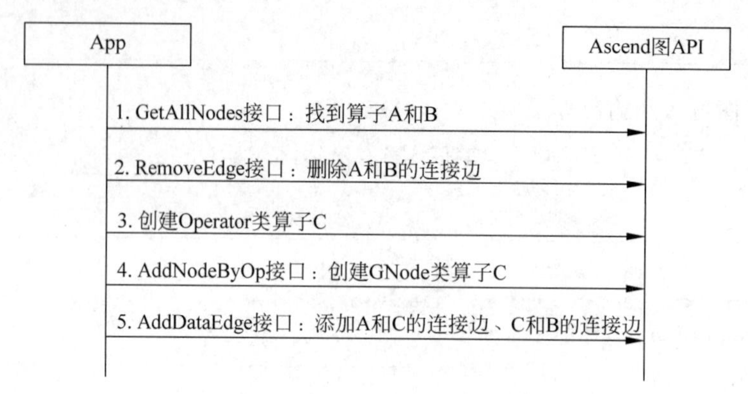

图 4-14 修改图流程

这里以在算子 A 和算子 B 之间增加算子 C 为例,比如在 const 和 add 算子之间插入 abs。首先调用 GetAllNodes 接口找到 const 算子和 add 算子。接着调用 RemoveEdge 接口删除 const 算子和 add 算子的连接边(数据边或控制边)。再创建 Operator 类算子 abs(也可以调用 OperatorFactory::CreateOperator 创建算子)。然后调用 AddNodeByOp 接口创建 GNode 类算子 abs。最后调用 AddDataEdge 接口添加 const 算子和 abs 算子,abs 算子和 add 算子之间的连接边。如果有控制边,再调用 AddControlEdge 接口添加控制边。修改图示例如程序清单 4-21 所示。

程序清单 4-21 修改图示例

```
GNode src_node;
GNode dst_node;
std::vector<GNode> nodes = graph.GetAllNodes();
for (auto &node : nodes) {
  ge::AscendString name;
  node.GetName(name);
  std::string node_name(name.GetString());
  if (node_name == CONST) { src_node = node;}
  else if (node_name == ADD) { dst_node = node;}
}
graph.RemoveEdge(src_node, 0, dst_node, 0);
auto abs = op::Abs("input3_abs");
GNode node_abs = graph.AddNodeByOp(abs);
TensorDesc output_tensor_desc;
src_node.GetOutputDesc(0, output_tensor_desc);
abs.UpdateInputDesc(0,  output_tensor_desc);
abs.UpdateOutputDesc(0, output_tensor_desc);
graph.AddDataEdge(src_node, 0, node_abs, 0);
graph.AddDataEdge(node_abs, 0, dst_node, 0);
```

7. 编译图为离线模型

前面已经介绍了通过算子构建图和通过原始模型构建图，同时也介绍了通过 API 修改图。这里将讲解构建图之后，把图编译并保存为适配昇腾 AI 处理器的离线模型，编译生成的离线模型可以通过 aclmdlLoadFromFile 接口加载，可以通过 aclmdlExecute 接口执行推理模型。其流程如图 4-15 所示。

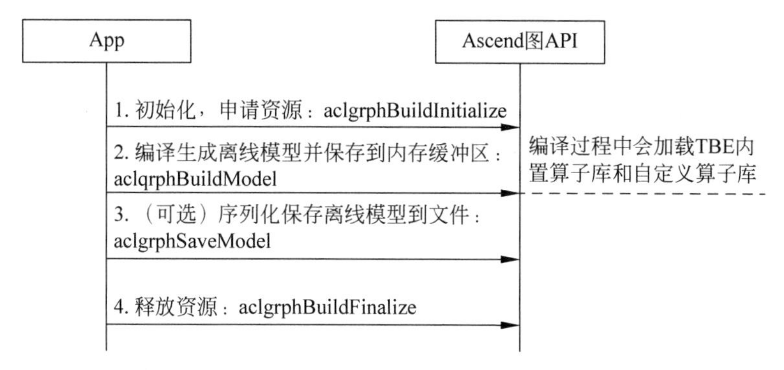

图 4-15　编译图为离线模型流程

1）包含的头文件

代码如下：

```
#include "ge_ir_build.h"
#include "ge_api_types.h"
```

2）申请资源

创建图以后，通过 aclgrphBuildInitialize 接口进行系统初始化，并申请资源。可以通过传入 global_options 参数配置离线模型编译初始化信息，其中 SOC_VERSION 为必选配置，用于指定目标芯片版本，值 ${soc_version}需要根据实际情况替换。代码如下：

```
std::map<Ascendstring, Ascendstring> global_options = {
        {ge::ir_option::SOC_VERSION, "${soc_version}"},
    };
auto status = aclgrphBuildInitialize(global_options);
```

3）编译为离线模型

通过 aclgrphBuildModel 接口将图编译为离线模型，可以通过传入 options 参数配置离线模型编译配置信息。代码如下：

```
ModelBufferData model;
std::map<Ascendstring, Ascendstring> options;
```

```
PrepareOptions(options);

status = aclgrphBuildModel(graph, options, model);
if (status == GRAPH_SUCCESS) {
    cout << "Build Model SUCCESS!" << endl;
}
else {
    cout << "Build Model Failed!" << endl;
}

//options 参数配置离线模型编译配置信息
void PrepareOptions(std::map<Ascendstring, Ascendstring>& options) {
    options.insert({
        {ge::ir_option::EXEC_DISABLE_REUSED_MEMORY, "1"} // close resue memory
        });
}
```

4）保存为离线模型文件（*.om）

可以通过 aclgrphSaveModel 接口将内存缓冲区中的模型保存为离线模型文件，例如 ir_build_sample.om。示例代码如下：

```
status = aclgrphSaveModel("ir_build_sample", model);
if (status == GRAPH_SUCCESS) {
        cout << "Save Offline Model SUCCESS!" << endl;
}
else {
        cout << "Save Offline Model Failed!" << endl;
}
```

5）调用 aclgrphBuildFinalize()释放资源

8. 编译并运行图

上面的示例代码将图编译为离线模型文件，本节将直接编译并运行图，得到图的执行结果。首先调用 GEInitialize 接口进行系统初始化(也可在图构建前调用)，申请系统资源。然后调用 Session 构造函数创建 Session 类对象，申请 Session 资源。接着调用 Session 类对象 AddGraph 接口添加定义好的图。再调用 Session 类对象中 RunGraph 接口运行图。最后调用 GEFinalize 接口，释放系统资源。在线运行图的流程如图 4-16 所示。

1）包含头文件

代码如下：

```
#include "ge_api.h"
```

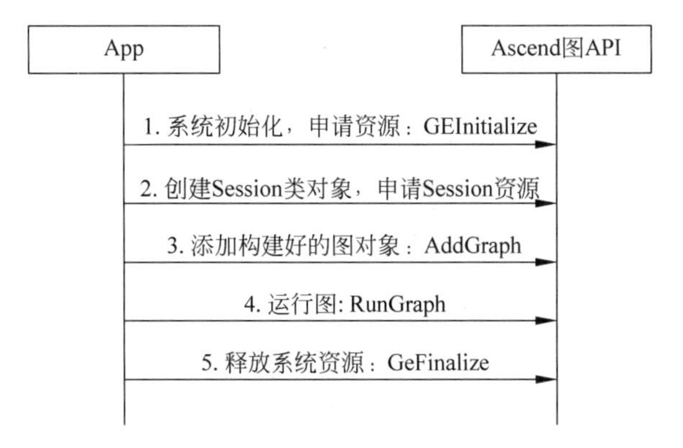

图 4-16 在线运行图的流程

2）申请系统资源

图定义完成后，调用 GEInitialize 接口进行系统初始化（也可在图定义前调用），申请系统资源。可以通过 config 变量配置传入图引擎运行的初始化信息，当前必选的配置参数为下面示例代码中的三个，分别用于指定图引擎实例运行设备、图执行模式（在线推理配置为 0，训练配置为 1），以及算子精度模式。示例代码如下：

```
std::map<Ascendstring, Ascendstring> config = {{"ge.exec.deviceId", "0"},
                                               {"ge.graphRunMode", "1"}},
                                               {"ge.exec.precision_mode", "allow_fp32_to_fp16"};
Status ret = ge::GEInitialize(config);
```

3）添加图对象并运行图

若想使定义好的 Ascend 图运行起来，首先，要创建一个 Session 对象，然后调用 AddGraph 接口添加图，再调用 RunGraph 接口执行图。用户可以通过传入 options 配置图运行相关配置信息，其中图运行完之后的数据保存在张量的 output_cov 中。示例代码如下：

```
std::map<Ascendstring, Ascendstring> options;
ge::Session *session = new Session(options);
if (session == nullptr) {
std::cout << "Create session failed." << std::endl;
return FAILED;
}
Status ret = session->AddGraph(conv_graph_id, conv_graph);
if (ret != SUCCESS) {
return FAILED;
}
ret = session->RunGraph(conv_graph_id, input_cov, output_cov);
```

```
if (ret != SUCCESS) {

return FAILED;
}
```

4）释放资源

图运行完之后，通过GEFinalize接口释放资源。代码如下：

```
ret = ge::GEFinalize();
```

9. 高级专题

前面通过示例代码展示了两种构建图的方式，又展示了图编译为离线模型和在线运行图的两种方式，当前AscendCL还支持以下高级使用方式。

1）量化

量化是指对模型的参数和数据进行低位处理，让最终生成的网络模型更加轻量化，从而达到节省网络模型存储空间、降低传输时延、提高计算效率，达到性能提升与优化的目标。用户可通过自己的框架和工具完成量化，并将这些量化参数（scaled、scalew、offsetd）在模型构建时注入模型中。

2）动态Batch

Batch即每次模型推理处理的图片数，对于每次推理图片数固定的场景，处理图片数由参量Shape的N值决定；对于每次推理图片数不固定的场景，则可以通过动态Batch功能来动态分配每次处理的图片数。例如用户执行推理业务时需要每次处理2张、4张、8张图片，则可以在模型中配置挡位信息2、4、8，申请了挡位后，模型推理时会根据实际挡位申请内存。

3）动态分辨率

在模型推理时，对于每次处理图片的宽和高不固定的场景，用户可以在模型构建时设置不同的图片宽、高挡位。

4）动态维度

用户可以在模型构建时，设置ND格式下动态维度的挡位，适用于执行推理时，每次处理任意维度的场景。

5）AIPP

AIPP用于在AI Core上完成图像预处理，包括色域转换（转换图像格式）、图像归一化（减均值/乘系数）和抠图（指定抠图起始点，抠出神经网络需要大小的图片）。AIPP区分为静态AIPP和动态AIPP，只能二选一，不能同时支持。

6）Profiling性能采集

用户可以在图加载和图执行过程中，采集Profiling性能数据，用于性能分析。

本节中提及的CANN高级功能会在后续的章节中展开讲解，读者也可以参考以下链接来获得更多信息：https://support.huaweicloud.com/graphdevg-cann502alpha3training/atlasag_25_0021.html。

4.6.2　分布式开发

华为集合通信库（HCCL）和Atlas硬件两者结合，就能完成分布式训练软件的开发。通常有三种使用HCCL功能方式：第一种是在TensorFlow等第三方框架下直接使用已经封装的HCCL功能API调用；第二种是图执行器（Graph Executor）已经内置集合通信代码，使用图开发时会有底层默认使用；第三种是在AscendCL下调用HCCL通信单算子API。本节将介绍经典分布式架构，然后在TensorFlow框架下使用HCCL功能API调用，最后介绍HCCL通信单算子API。

1. 典型分布式架构

在深度学习中，当数据集和参数量的规模越来越大，训练所需的时间和硬件资源会随之增加，最后数据集和参数量会变成制约训练的瓶颈。分布式并行训练，可以降低对内存、计算性能等硬件的需求，是进行训练的重要优化手段。

分布式训练通过将计算任务按照一定的方法拆分到不同加速芯片上加速模型的训练速度，拆分的计算任务之间通过集合通信完成信息的汇总和交换，完成整个训练任务的并行处理，从而实现加快计算任务的目的。

根据并行的原理及模式的不同，业界主流的并行类型有数据并行（Data Parallel）、模型并行（Model Parallel）和混合并行（Hybrid Parallel）三种方式。数据并行（Data Parallel）是对数据进行切分的并行模式，一般按照Batch维度切分，将数据分配到工作服务器（Worker）中，进行模型计算。数据并行方法将数据分配到不同的节点之上，而模型则被复制到每一个节点，每次迭代中，每个昇腾AI处理器用自己的那一份数据进行计算。在数据并行中，模型参数的同步是非常重要的一步，目前支持AllReduce架构和ParameterServer架构两种同步模式。模型并行（Model Parallel）是对模型进行切分的并行模式，包括层内模型并行模式，即对参数切分后分配到各个计算单元中进行训练。混合并行（Hybrid Parallel）是指数据并行、模型并行等多种方式混合使用。

1）数据并行

大规模AI训练集群中，通常采用数据并行的方式完成训练。数据并行即每个设备使用相同的模型、不同的训练样本，每个计算设备计算得到的梯度数据需要聚合之后进行参数更新，如图4-17所示。

如果按照梯度聚合方式进行分类，数据并行的主流实现有PS-Workers架构和AllReduce集合通信架构两种。在AllReduce架构中，每个参与训练的Device形成一个环，没有中心节点来聚合所有计算梯度。AllReduce算法将参与训练的Device放置在一个逻辑环路（Logical Ring）中。每个Device从上行的Device接收数据，并向下行的

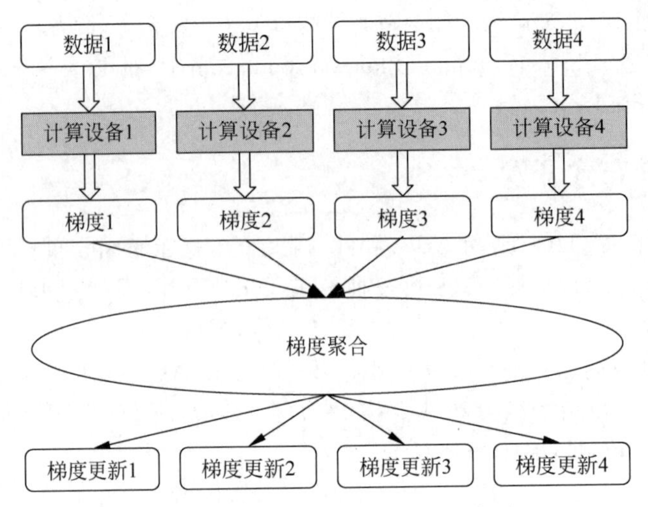

图 4-17　数据并行方式训练的示意图

Device 发送数据，可充分利用每个 Device 的上下行带宽。

AllReduce 架构是为了解决了 PS-Workers 架构无法线性扩展问题而提出的改良架构。各个节点按照算法协同工作，算法的目标是减少传输数据量，并充分利用硬件通信带宽。一般适合训练算力要求高、设备规模大的场景。

以 Ring 算法为例介绍 AllReduce 模式（称为 Ring-AllReduce），如图 4-18 所示，在 Ring-AllReduce 模式下，每个设备都是工作服务器，并且形成一个环，不需要中心节点来聚合所有工作服务器计算的梯度。在一个迭代过程，每个工作服务器完成一份 mini-batch 样本数据的前向计算、反向计算，得到梯度数据，然后使用 Ring-allreduce 算法完成梯度数据的同步。Ring-AllReduce 算法包括 Scatter Reduce 和 AllGather 两部分，梯度

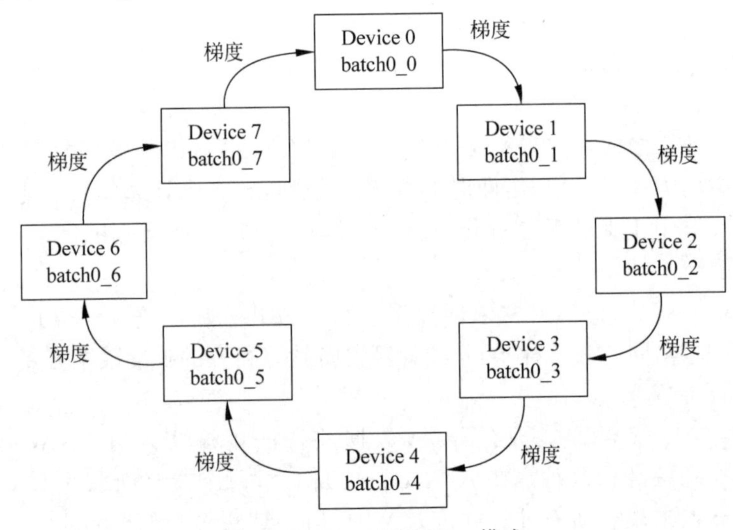

图 4-18　Ring-AllReduce 模式

数据分多个步骤传递给环中的下一个工作服务器,同时它也多次接收上一个工作服务器的梯度数据。对于一个包含 N 个工作服务器的环,每个工作服务器需要从其他工作服务器接收 $2\times(N-1)$ 次梯度数据(每次接收 $1/N$ 的数据),并向其他节点发送 $2\times(N-1)$ 次梯度数据(每次发送 $1/N$ 的数据)。

在 PS-Workers 架构中,集群中的节点被分为两类:参数服务器(Parameter Server, PS)和工作服务器(Worker)。其中参数服务器存放模型的参数,而工作服务器负责计算参数的梯度。在每个迭代过程,工作服务器从参数服务器中获得参数,然后将计算的梯度返回给参数服务器,参数服务器聚合从工作服务器传回的梯度,然后更新参数,并将新的参数广播给工作服务器,如图 4-19 所示。

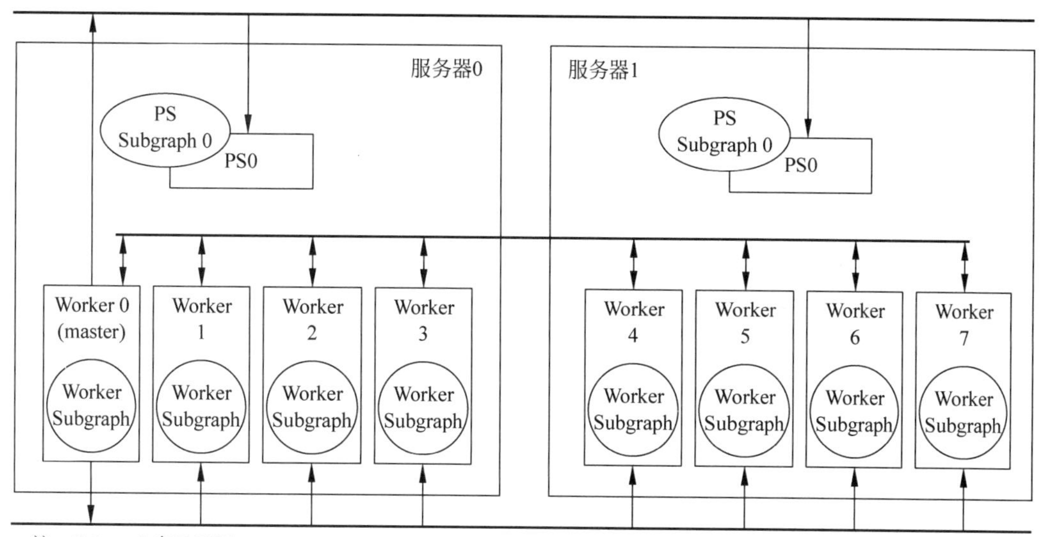

注:Subgraph表示子图。

图 4-19 PS-Workers 模式

2）模型并行

模型并行是多机多卡分布式并行的一种典型技术。目前 CANN 软件栈模型并行模式支持将模型的部分层或者单层拆分到多个加速设备上并发计算,每个加速设备执行指定的一部分计算任务,在合适的位置通过通信操作完成模型计算结果的同步。

对于一些超大型规模参数的网络,单个计算芯片无法存储整个模型计算过程中的数据,模型并行将模型的参数分配到不同的节点上进行计算,可以降低计算对设备内存的需求。

需要注意的是,目前 CANN 软件栈不支持自动模型拆分,需要显式在计算图中完成层间或层内拆分,并通过集合通信算子完成数据传递。

模型并行方式要求算法人员根据模型特点和设备容量,将模型在合适的位置将需要切分的层分割开,由于每一层的计算依赖于前一层所有输出和当前层的所有参数,因此模型并行会在切分层后的每一步计算进行信息交换,通信负载较重。每个模型的网络特点和计算行为的差异决定了每种网络适合的切分方式。目前模型并行的拆分方式也需要单独设计。如图 4-20 所示,在全连接(Full Connection,FC)层中,FC_weight 的参数量非常

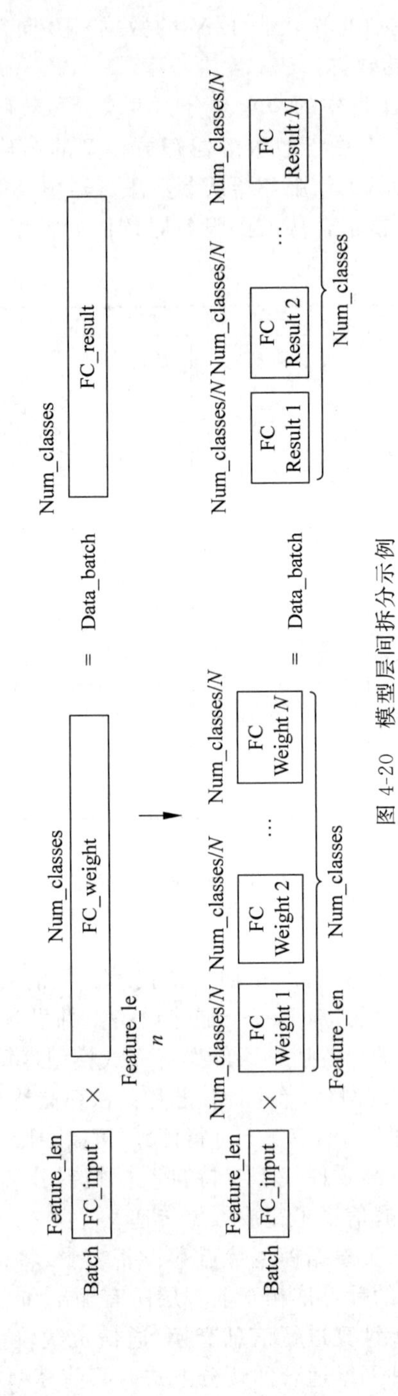

图 4-20　模型层间拆分示例

大，超过了一个 Device 的容量，则需要采用模型并行；如果有 N 个设备可用于模型训练，则可以将 FC_weight 参数分到 N 个设备进行分布式计算。

正向计算至 FC 算子时，将由数据并行切换至模型并行，此时调用 AllGather 算子将每块卡上的数据并行结构汇聚至一块卡上，这样保证每块卡在进行模型并行的时候，能够获得所有的输入特征层，如图 4-21 所示。

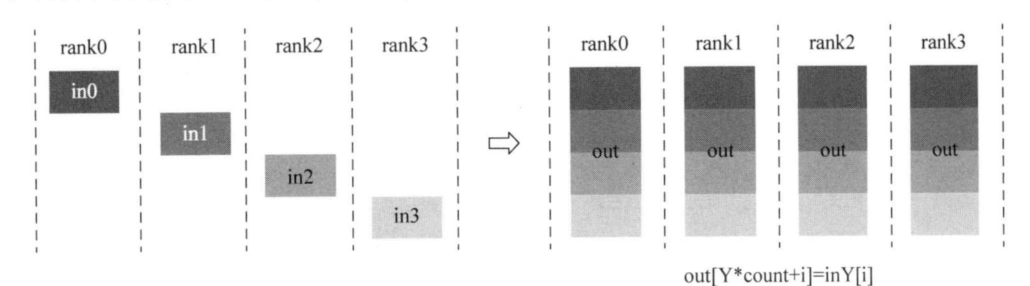

图 4-21 数据在多卡之间的调用 AllGather 算子示例

反向计算至 FC 层后，调用 ScatterReduce 算子聚合数据，并按级别切分反向传播梯度至不同设备，如图 4-22 所示。

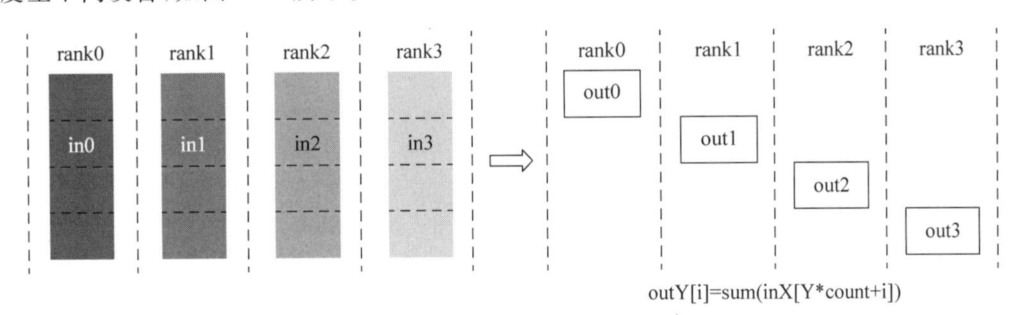

图 4-22 数据在多卡之间的调用 ScatterReduce 算子示例

2. TensorFlow 分布式 HCCL

在 TensorFlow 中，一般使用 tf. distribute. Strategy 进行分布式训练，具体请参考链接 https://www. tensorflow. org/guide/distributed_training。而昇腾 AI 处理器暂不支持上述分布式策略，TensorFlow 适配器提供了 NPUDistributedOptimizer 高阶分布式表达接口，实现 AllReduce 梯度聚合，NPUDistributedOptimizer 接口用来封装单机训练优化器，构造成昇腾 AI 处理器分布式训练优化器，从而支持单机多卡、多机多卡等组网形式，各个 Device 之间计算梯度后执行梯度聚合操作。用户调用 NPUDistributedOptimizer 优化器后，在生成的训练图中，梯度计算和更新算子之间插入了 AllReduce 算子节点，如图 4-23 所示，其中 Crad * 表示特定权重的梯度，Apply * 表示更新特定权重的梯度。因此，对于原始 TensorFlow 训练脚本，需要经过修改后，才可在昇腾 AI 处理器上支持分布式训练。

高阶接口 NPUDistributedOptimizer 可以让用户在不需要感知 AllReduce 模式的情

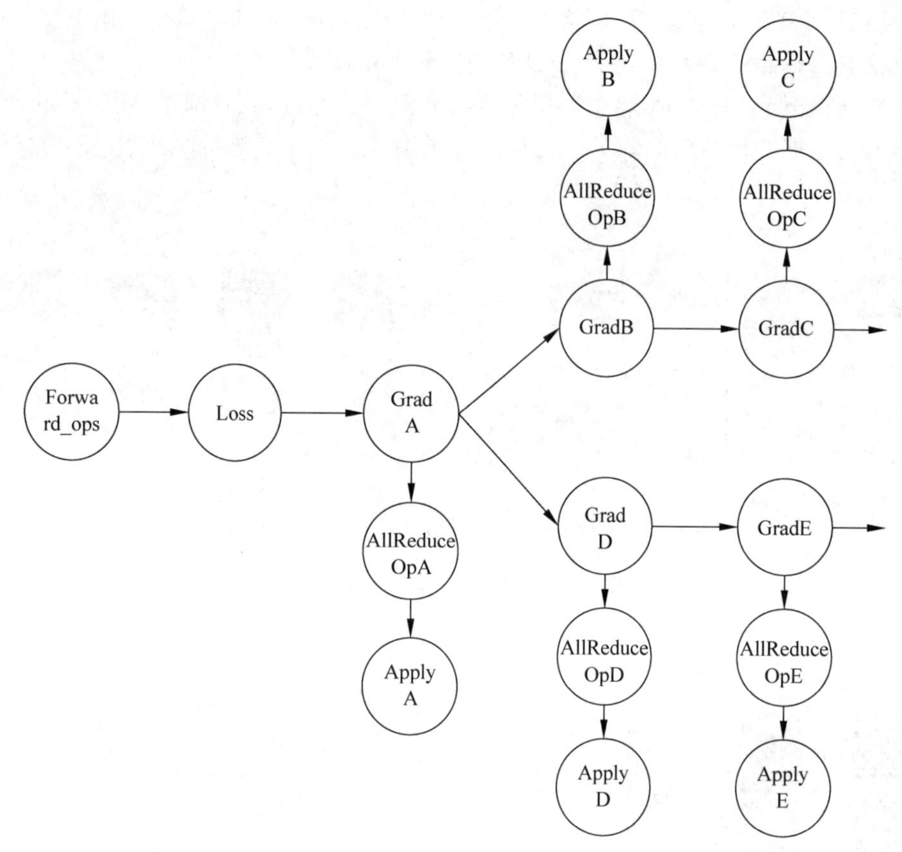

图 4-23 NPUDistributedOptimizer 原理

况下自动完成梯度聚合功能，实现数据并行训练方式。同时为了满足用户灵活的使用方式，提供集合通信原子粒度通信 API，可实现数据并行的原生表达。可以通过调用算子原型接口对要进行集合通信计算的张量进行计算，接口为 hccl_ops。这里以 AllReduce 为例。AllReduce 提供组内的集合通信 AllReduce 功能，对所有节点的同名张量进行 reduce 操作，reduce 操作由 reduction 参数指定。示例代码如程序清单 4-22 所示，运行逻辑如图 4-24 所示。

程序清单 4-22 调用 hccl_ops

```
# -------------- AllReduce 测试(2 昇腾 AI 处理器) -------------- #
from npu_bridge.npu_init import *
tensor = tf.random_uniform((1, 3), minval = 1, maxval = 10, dtype = tf.float32)
allreduce_test = hccl_ops.allreduce(tensor , "sum")
```

这里以 NPUDistributedOptimizer 接口为例，给用户介绍基于 TensorFlow 提供的 HCCL 功能，完成分布式训练。

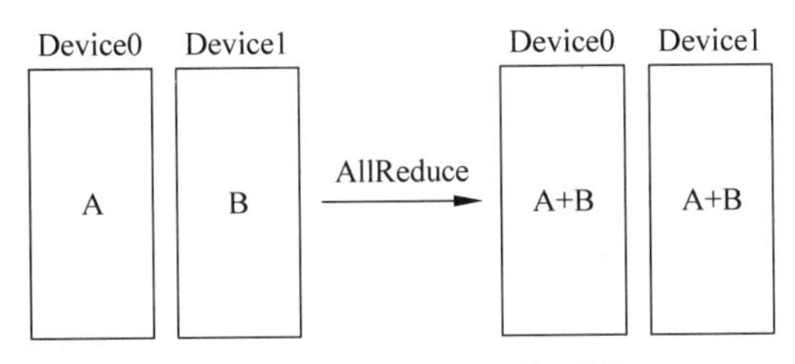

图 4-24 AllReduce 运行逻辑

1）修改脚本

这里以 Estimator 模式下脚本迁移为例进行讲解，TensorFlow 会将策略对象传递到 Estimator 的 Runconfig 中，但是 TensorFlow 适配器暂不支持这种方式，用户需要将相关代码删除，其中 Runconfig 迁移前和迁移后的代码如程序清单 4-23 所示。

程序清单 4-23 Runconfig 迁移

```
//迁移前
mirrored_strategy = tf.distribute.MirroredStrategy()
config = tf.estimator.RunConfig(
    train_distribute = mirrored_strategy,
    eval_distribute = mirrored_strategy,
    session_config = session_config,
save_checkpoints_secs = 60 * 60 * 24)

//迁移后
config = tf.estimator.NPURunConfig(
    session_config = session_config,
    save_checkpoints_secs = 60 * 60 * 24)
```

然后需要通过 NPUDistributedOptimizer 接口在昇腾 AI 处理器上实现分布式计算。具体方法为在 TensorFlow 梯度优化器后插入 NPUDistributedOptimizer 接口，构成昇腾 AI 处理器分布式训练优化器，通过该优化器进行分布式训练，插入 NPUDistributedOptimizer 接口代码如程序清单 4-24 所示。

程序清单 4-24 插入 NPUDistributedOptimizer 接口

```
def cnn_model_fn(features,labels,mode):
  #搭建网络
  xxx                    //此处表示模型开发的典型过程
  #计算损失
  xxx                    //此处表示模型开发的典型过程

  #Configure the TrainingOp(for TRAIN mode)
  if mode == tf.estimator.ModeKeys.TRAIN:
```

```
    optimizer = tf.train.GradientDescentOptimizer(learning_rate = 0.001) # 使用 SGD 优化器
    optimizer = NPUDistributedOptimizer(optimizer) # 使用 NPU 分布式计算,更新梯度
    train_op = distributedOptimizer.minimize(loss = loss,global_step = tf.train.get_
global_step()) # 最小化损失
    return tf.estimator.EstimatorSpec(mode = mode,loss = loss,train_op = train_op)
```

需要注意的是,如果原始脚本使用 TensorFlow 接口计算梯度,例如 grads = tf.gradients(loss,tvars),在构造完 NPUDistributedOptimizer 接口后,需要替换成 NPUDistributedOptimizer 的 compute_gradients 和 apply_gradients 方法。Estimator 模式下,使用 NPUDistributedOptimizer 接口实现 AllReduce 功能时,由于 NPUEstimator 中自动添加了 NPUBroadcastGlobalVariablesHook 接口,因此无须手写实现 broadcast 功能。

2）准备芯片资源信息配置文件

进行训练之前,需要准备芯片资源配置文件(即 Rank table 文件),并上传到当前运行环境,该文件用于定义训练的芯片资源信息。最终通过环境变量 RANK_TABLE_FILE 指定 Rank table 文件路径。Rank table 文件内容格式按照.json 格式要求,以 2P (2 Processes,表示“两进程并行场景”,这种情况下每个进程均控制一个 Device)场景为例,文件可以命名为 rank_table_2p.json,其中 Rank table 配置文件示例如程序清单 4-25 所示。

程序清单 4-25　Rank table 配置文件

```
{
"server_count":"1",      //服务器数目,此例中,只有一个 AI 服务器
"server_list":
[
   {
        "device":[      // 服务器中的 device 列表
                        {
                         "device_id":"0",          // 芯片 HDC(Host-Device Communication,
                                                   // 主机-设备通信)通道号
                         "device_ip":"192.168.1.8",  // 芯片真实网卡 IP
                         "rank_id":"0"             // 序号(rank)的标识,rank_id 从 0 开始
                         },
                         {
                          "device_id":"4",
                          "device_ip":"192.168.1.9",
                          "rank_id":"1"
                          }
                 ],
```

```
            "server_id":"10.0.0.10"        //服务器标识,以点分十进制表示 IP 字符串
        }
    ],
    "status":"completed",                  // Rank table 的可用标识,completed 为可用
    "version":"1.0"                        // Rank table 的模板版本信息,当前必须为"1.0"
}
```

3）训练

在多个Device上进行分布式训练时，需要依次拉起所有训练进程，下面以单机两个Device的训练场景举例说明如何拉起各训练进程。用户可以在不同的shell脚本窗口依次拉起不同的训练进程。拉起训练进程0，shell脚本如程序清单4-26所示。

程序清单4-26　拉起训练进程0执行训练

```
...
//配置各包依赖,和单 Device 场景类似,此处省略
...
export PYTHONPATH = /home/test: $ PYTHONPATH
export JOB_ID = 10086
export ASCEND_DEVICE_ID = 0
export RANK_ID = 0
export RANK_SIZE = 2
export RANK_TABLE_FILE = /home/test/rank_table_2p.json
python3.7 /home/xxx.py
```

拉起训练进程1，shell脚本如程序清单4-27所示。

程序清单4-27　拉起训练进程1执行训练

```
...
//配置各包依赖,和单 Device 场景类似,此处省略
...
export PYTHONPATH = /home/test: $ PYTHONPATH
export JOB_ID = 10086
export ASCEND_DEVICE_ID = 1
export RANK_ID = 1
export RANK_SIZE = 2
export RANK_TABLE_FILE = /home/test/rank_table_2p.json
python3.7 /home/xxx.py
```

3. HCCL单算子

HCCL单算子同英伟达的多卡（Multi-GPU）通信框架NCCL类似，它是底层的一个集合通信库，支持使用AscendCL调用，也可以集成到分布式机器学习框架中，实现针对

华为昇腾 AI 处理器多机多卡的高性能集合通信功能。HCCL 算子提供 AllReduce、AllGather、Broadcast、ScatterReduce 等通信功能，实现芯片间的高速互联。用户可以在"Fwkacllib 安装目录/fwkacllib/include/hccl"下查看接口定义，其中常用 API 如表 4-8 所示。

表 4-8　HCCL 单算子的常用 API

参　数	解　释
HcclCommInitClusterInfo	基于 Rank table 初始化 HCCL 通信域
HcclGetRootInfo	在调用 HcclCommInitRootInfo 初始化 HCCL 前应调用 HcclGetRootInfo，生成 rank(序号，代表进程的唯一标识符)的标识信息(HcclRootInfo)。然后以 rank 为根节点，将 rank 的标识信息广播至集群中的所有 rank，使用接收到的 HcclRootInfo 进行 HCCL 初始化(HcclCommInitRootInfo)
HcclCommInitRootInfo	根据 HcclRootInfo 初始化 HCCL，创建 HCCL 通信域
HcclCommDestroy	销毁指定的 HCCL 通信域
HcclAllReduce	集合通信域 AllReduce 操作接口，将所有 rank 的 sendBuf 相加(或其他操作)后，再把结果发送到所有 rank 的 recvBuf
HcclBroadcast	集合通信域 Broadcast 操作接口，将根节点的数据广播到其他 rank
HcclAllGather	实现 AllGather 操作接口。将所有 rank 的 sendBuf 按 rank 顺序拼接起来，再把结果发送到所有 rank 的 recvBuf
HcclReduceScatter	集合通信域 ReduceScatter 操作接口。将所有 rank 的 sendBuf 相加(或其他操作)后，再把结果按照 rank 编号均匀分散的到各个 rank 的 recvBuf

这里以 AscendCL 调用 HcclAllReduce 算子为示例，核心代码如程序清单 4-28 所示。

程序清单 4-28　AscendCL 调用 HcclReduce 算子

```
//设备资源初始化
aclInit(NULL);
//指定集合通信操作使用的设备
aclrtSetDevice(dev_id);
//创建任务 stream
aclrtStream stream;
aclrtCreateStream(&stream);

HcclComm hccl_comm;
HcclRootInfo comm_id;
if(rank_id == root_rank)
{
    //在 root_rank 获取 root_info
    HcclGetRootInfo(&comm_id);
}
```

```
//将 root_info 广播到通信域内的其他 rank
MPI_Bcast(&comm_id, HCCL_ROOT_INFO_BYTES, MPI_CHAR, root_rank, MPI_COMM_WORLD);
MPI_Barrier(MPI_COMM_WORLD);
//初始化集合通信域
HcclCommInitRootInfo(rank_size, &comm_id, rank_id, &hccl_comm);

//申请集合通信操作的内存
aclrtMalloc((void**)&sendbuff, malloc_kSize, ACL_MEM_MALLOC_HUGE_FIRST);
aclrtMalloc((void**)&recvbuff, malloc_kSize, ACL_MEM_MALLOC_HUGE_FIRST);
//执行集合通信操作
printf("hccl allreduce start\n");
for(int i = 0; i < iter; ++i)
{
    HcclAllReduce((void *)sendbuff, (void *)recvbuff, count, (HcclDataType)dtype,
(HcclReduceOp)op_type, hccl_comm, stream);
}
//等待 stream 中集合通信任务执行完成
aclrtSynchronizeStream(stream);
printf("hccl allreduce end\n");

//等待 stream 中集合通信任务执行完成
aclrtSynchronizeStream(stream);
//销毁集合通信内存资源
aclrtFree(sendbuff);
aclrtFree(recvbuff);
//销毁集合通信域
HcclCommDestroy(hccl_comm);
//销毁任务流
aclrtDestroyStream(stream);
//重置设备
aclrtResetDevice(dev_id);
//设备去初始化
aclFinalize();
```

4.6.3 融合规则开发

算子融合是整网性能提升的一种关键手段。当前昇腾 CANN 软件栈内置了一套融合规则，同时开放接口供用户自定义。本节将介绍系统内置的图融合和 UB(统一缓冲区)融合规则(均默认为开启)，接着介绍 TensorFlow Parser Scope(域)融合规则。

1. 图融合

图融合是根据融合规则进行改图的过程。图融合用融合后算子替换图中融合前算子，提升计算效率。具体内置融合规则可参考链接 https://support.huaweicloud.com/

fusionref-cann502alpha3training/atlasrr_30_0008.html。

图融合实现算子性能提升的原理主要是通过数学等价变换和适配硬件指令加速两种方式。例如卷积操作加偏置操作(conv+biasAdd),可以融合成一个算子,直接在 L0C 缓冲区中完成累加,从而省去相加的计算过程。例如 conv+biasAdd 的累加过程,就是通过 L0C 缓冲区中的累加功能进行加速的,可以通过图融合完成。图融合方式包括算子融合、算子拆分融合两种方式。

算子融合是对图上算子进行数学相关的融合,将多个算子融合成一个或者几个算子,该融合跟硬件无关。如图 4-25 所示,conv2D 和 BatchNorm 算子做融合,经过数学推导,将 BatchNorm 作用到 conv2D 上,融合成了 conv2D 算子。

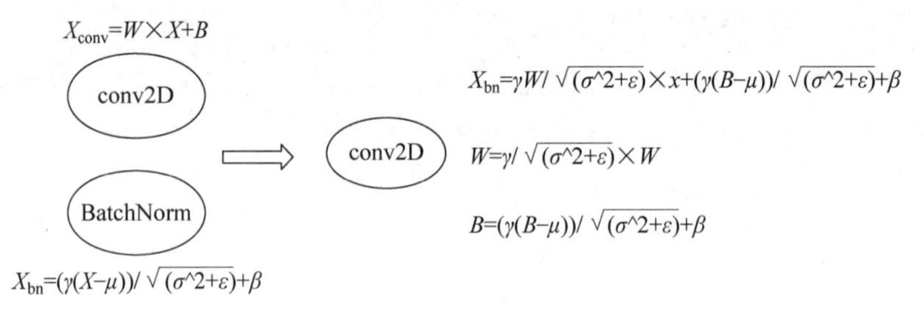

图 4-25　算子融合示例

算子拆分融合是将一个算子拆分成多个算子的融合,如图 4-26 所示,算子 X 被拆分成 X1 和 X2 两个算子。X1 算子与 A 算子进行算子融合,X2 与 B、C 算子进行算子融合。

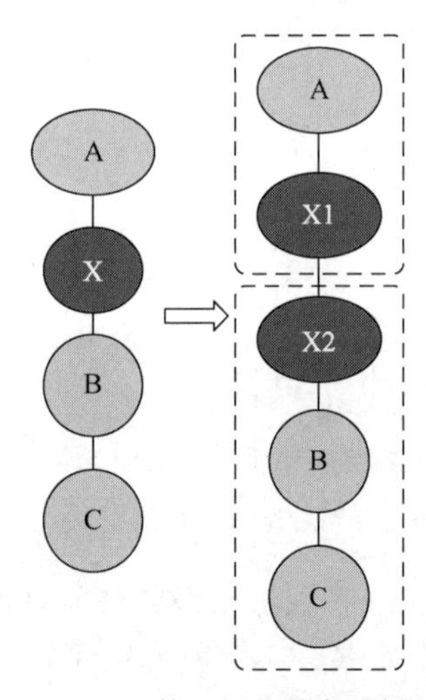

图 4-26　算子拆分融合示例

2. UB 融合

UB 融合是硬件相关的融合优化,其原理是充分利用昇腾 AI 处理器上的统一缓冲区，可参考 4.1.4 节内存模型，对图上算子进行硬件 UB 相关的融合。具体内置 UB 融合规则可参考链接 https://support.huaweicloud.com/fusionref-cann502alpha3training/atlasrr_30_0081.html。

例如两个算子单独运行时，算子 1 的计算结果存在 UB 上，需要搬移到 DDR(Double Data Rate，双倍速率内存)。算子 2 再执行时，需要将算子 1 的输出由 DDR 再搬移到 UB，进行算子 2 的计算逻辑，计算完之后，又从 UB 搬移回 DDR。

从这个过程会发现算子 1 的结果从 UB→DDR→UB→DDR。经过 DDR 进行数据搬移的过程是浪费的，因此将算子 1 和算子 2 合并成一个算子，融合后算子 1 的数据直接保留在 UB，算子 2 从 UB 直接获取数据进行算子 2 的计算，节省了一次输出 DDR 和一次输入 DDR，省去了数据搬移的时间，提高运算效率，有效降低带宽。UB 融合流程如图 4-27 所示，其中虚线部分为 UB 融合之前的计算流程，UB 优化以后，可以看到算子 2 直接使用算子 1 存储在 UB/L0 中的计算结果。

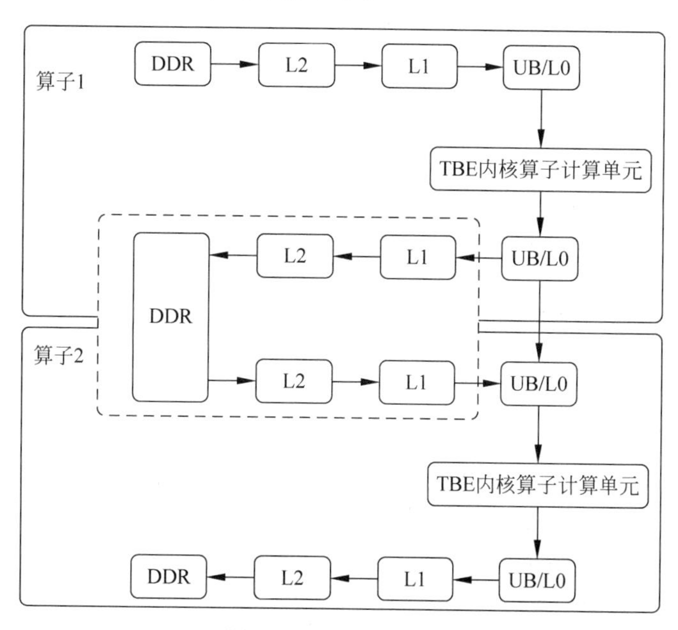

图 4-27　UB 融合流程

3. 使用图融合与 UB 融合

当前图融合和 UB 融合规则默认为打开，在模型编译时，可以提前识别是否需要关闭某些融合规则，便于提升编译性能，但这并不会提升计算性能。使用 ATC(昇腾张量编译器)工具进行模型转换时，通过 fusion_switch_file 配置融合开关配置文件路径以及文件名。IR 模型构建时，通过 fusion_switch_file 配置融合开关配置文件路径以及文件名。模型训练和在线推理时，通过 fusion_switch_file 配置融合开关配置文件路径以及文件名。配置文件示例如程序清单 4-29 所示，on 表示开启，off 表示关闭。

程序清单 4-29 融合规则使用配置文件示例

```
{
    "Switch":{
        "GraphFusion":{
            "ConvToFullyConnectionFusionPass":"on",
            "SoftmaxFusionPass":"on",
            "ConvConcatFusionPass":"on",
            "MatMulBiasAddFusionPass":"on",
            "PoolingFusionPass":"on",
            "ZConcatv2dFusionPass":"on",
            "ZConcatExt2FusionPass":"on",
            "TfMergeSubFusionPass":"on"
        },
        "UBFusion":{
            "TbePool2dQuantFusionPass":"on"
        }
    }
}
```

4. TensorFlow Parser 域融合

在 TensorFlow 框架中,通过 TensorFlow 的作用域函数 tf. name_scope(),可以将不同的对象及操作放在由 tf. name_scope()指定的作用域中,便于在 tensorboard 中展示清晰的逻辑关系图。

例如将 tf. layernorm 生成的 layernorm/batchnorm 和 layernorm/moments 这两个域融合为 LayerNorm 算子,如图 4-28 所示。更多融合规则可参考链接 https://support. huaweicloud. com/fusionref-cann502alpha3training/atlasfr_30_0007. html。另外 AscendCL 还提供了域融合规则自定义开发,具体可参考链接 https://support. huaweicloud. com/tensorflow-cann502alpha3training/atlasmprtg_13_9007. html。

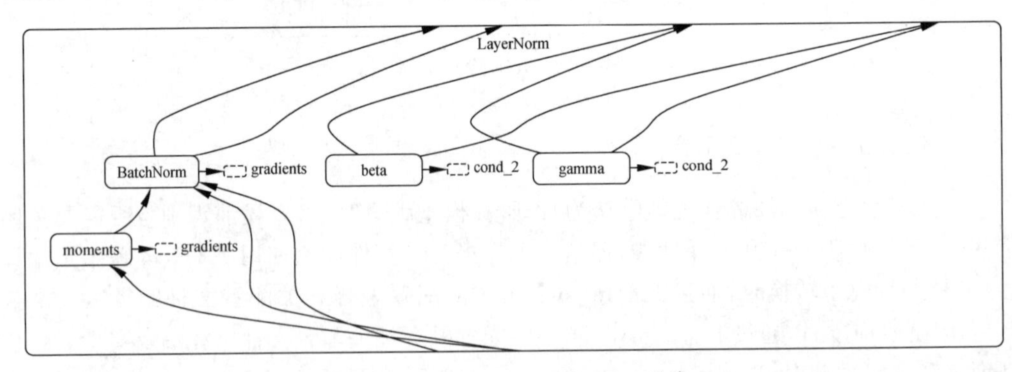

图 4-28 ScopeLayerNormPass 融合

融合规则通常分为通用融合规则和定制化融合规则两类。通用融合规则(General)是各网络通用的域融合规则,会默认生效,不支持用户指定失效。定制化融合规则(Non-General)是特定网络适用的域融合规则,会默认不生效,用户可以指定需要生效的融合规则,定制化融合规则生效方式可以参考如下三种生效方式。

1) 模型转换命令行参数

通过模型转换命令行参数 enable_scope_fusion_passes 指定需要生效的融合规则,多个参数用“,”分隔。代码如下:

```
--enable_scope_fusion_passes = DecodeBboxV2ScopeFusionPass
```

2) 解析 TensorFlow 原始模型

通过 aclgrphParseTensorFlow 接口解析 TensorFlow 原始模型时,通过 ENABLE_SCOPE_FUSION_PASSES 参数指定需要生效的融合规则,多个参数用“,”分隔。代码如下:

```
{ge::AscendString(ge::ir_option::ENABLE_SCOPE_FUSION_PASSES), ge::AscendString("
DecodeBboxV2ScopeFusionPass")},
```

3) TensorFlow 框架

通过 TensorFlow 框架运行配置参数 enable_scope_fusion_passes 指定需要生效的融合规则,多个参数用“,”分隔,具体参见程序清单 4-30。

程序清单 4-30　TensorFlow 框架下配置生效的融合规则

```
import tensorflow as tf
from npu_bridge.estimator import npu_ops
from tensorflow.core.protobuf.rewriter_config_pb2 import RewriterConfig

config = tf.ConfigProto()
custom_op = config.graph_options.rewrite_options.custom_optimizers.add()
custom_op.name = "NpuOptimizer"
custom_op.parameter_map["use_off_line"].b = True
custom_op.parameter_map["enable_scope_fusion_passes"].s = tf.compat.as_bytes
("DecodeBboxV2ScopeFusionPass")
config.graph_options.rewrite_options.remapping = RewriterConfig.OFF

with tf.Session(config=config) as sess:
  sess.run()
```

4.7 本章小结

本章中介绍了 AscendCL(昇腾计算语言)。首先讲解了 AscendCL 编程模型,引入了一些基础概念,解析了 AscendCL 整体逻辑架构、线程模型和内存模型。接着讲解了 AscendCL 的五大开放功能,并详细介绍了对应的关键 API 以及简单的示例代码。除了五大开放能力之外,还介绍了辅助功能,包括同步/异步、AI Core 异常信息获取、日志管理、Profiling 性能数据采集等,帮助读者正确、高效地开发应用。

第5章

CANN模型训练

第2～4章对异构计算架构CANN进行了全面介绍，它通过提供统一编程接口AscendCL，架起了底层昇腾处理器与上层AI应用之间的桥梁。第5～7章将聚焦实际AI应用的开发，以案例为驱动，介绍基于昇腾架构的模型训练、模型推理和完整的行业应用落地流程。

本章首先对主流的深度学习训练框架进行梳理，引入更能充分发挥昇腾产业技术优势的开源框架MindSpore，再以典型模型ResNet-50为例，介绍各主流框架与CANN的适配原理及在昇腾平台上的执行方式，最后介绍在昇腾平台上的模型迁移方法与一些训练过程中使用的实用工具。

5.1 深度学习训练框架

人工智能从理论研究到应用落地的过程中会涉及多个不同的步骤和工具。虽然实际应用场景千变万化，但是其中的深度学习算法具有较大的通用性，如常用于计算机视觉领域的卷积神经网络(CNN)和常用于自然语言处理领域的长短期记忆网络(LSTM)的工作过程，都可以分为模型搭建、自动微分、计算加速、推理调优等多个过程，这就使得抽象出统一的训练框架成为可能。

深度学习训练框架的出现大大降低了编写深度学习代码的成本，其中集成的大量基础算子和各种优化算法，可以有效地帮助用户摆脱烦琐的外围工作，更聚焦实际业务场景和模型设计本身。近几年来，深度学习爆炸式发展，其理论体系得到了长足的进步，基础架构也不断推陈出新，它们共同奠定了深度学习繁荣发展的基础。

如图5-1所示，近十几年来涌现出的深度学习框架可以被划分为三个阶段，第一个阶段是以theano为代表的工具库时代，这一阶段的框架奠定了基于Python、自动微分、计算图等的基本设计思路；第二阶段则以TensorFlow和PyTorch为代表，前者通过分布式训练能力在工业界得到广泛的认可，后者则通过动态图的灵活性在学术界广受青睐；第三阶段则以华为公司提出的面向全场景的端边云训练框架MindSpore为代表，从芯片、模型、算力等多个维度探索面向未来的深度学习训练架构。

本节首先对新一代深度学习框架MindSpore进行简单的介绍，再介绍TensorFlow和PyTorch的框架特点，最后再将各主流框架进行横向对比。

图 5-1　深度学习框架发展历程

5.1.1　MindSpore

在深度学习框架领域，同时满足易开发和高效执行两个目标是很困难的。为了帮助用户更简单高效地开发和使用 AI 技术，更好地发挥 AI 处理器性能，华为公司推出面向全场景 AI 计算框架 MindSpore，并在 2020 年 3 月宣布开源。

MindSpore 着力于实现三个目标：易开发、高效执行、全场景覆盖。为了达成这些目标，MindSpore 开发了一种新的策略，即基于源码转换的自动微分。一方面，MindSpore 支持流程控制的自动微分，可以非常方便地搭建模型；另一方面，MindSpore 可以对神经网络进行静态编译优化，从而获得良好的性能。

从架构上看，MindSpore 可分为四个主要组件：MindExpression（ME）、GraphEngine（GE）、MindData（MD）和 MindArmour（MA），如图 5-2 所示。

ME 提供了 Python 接口和自动微分功能。具体来看，MindSpore 采用基于源码转换（Source Code Transformation，SCT）的自动微分机制，兼顾了可编程性和性能。一方面，MindSpore 能够提供给用户与编程语言 Python 一致的编程体验，另一方面，它可以用控制流表示复杂的组合，将函数转化为函数中间表达（Intermediate Representation，IR），中间表达式构造出一个能够在不同设备上解析和执行的计算图，并通过解析 Python 代码，生成抽象语法树（AST），然后将其转换为图形化的 A-Normal-Form（ANF）图。如果用户需要训练神经网络，则 ME 流水线也会自动生成反向计算节点，并添加到 ANF 图中。流水线在构造完整图之后进行许多优化（如内存复用、算子融合、常数消除等）。如果用户在分布式环境中训练模型，流水线则会通过自动并行策略进行优化。待优化完成后，GM 的虚拟机会通过会话管理计算图，调用 GE 来执行图，并控制图的生命周期。

GE 位于 ME 和底层硬件设备之间，负责硬件相关的资源管理和优化。它实际包含了 CANN 软件栈中昇腾计算编译引擎的图编译器（Graph Compiler）和昇腾计算执行引擎的图执行器（Graph Executor）。从 MindSpore 的角度来看，GE 接收来自 ME 的数据流图，并将该图中的算子调度到目标设备上执行。GE 将数据流图分解为优化后的子图，将它们调度到不同的设备上。GE 将每个设备抽象为一个执行引擎（Execution Engine），并提供执行引擎插件机制，用来支持各种不同的设备，这样的机制使得端、边、云协同训练成为可能，进而实现了框架的全场景覆盖。

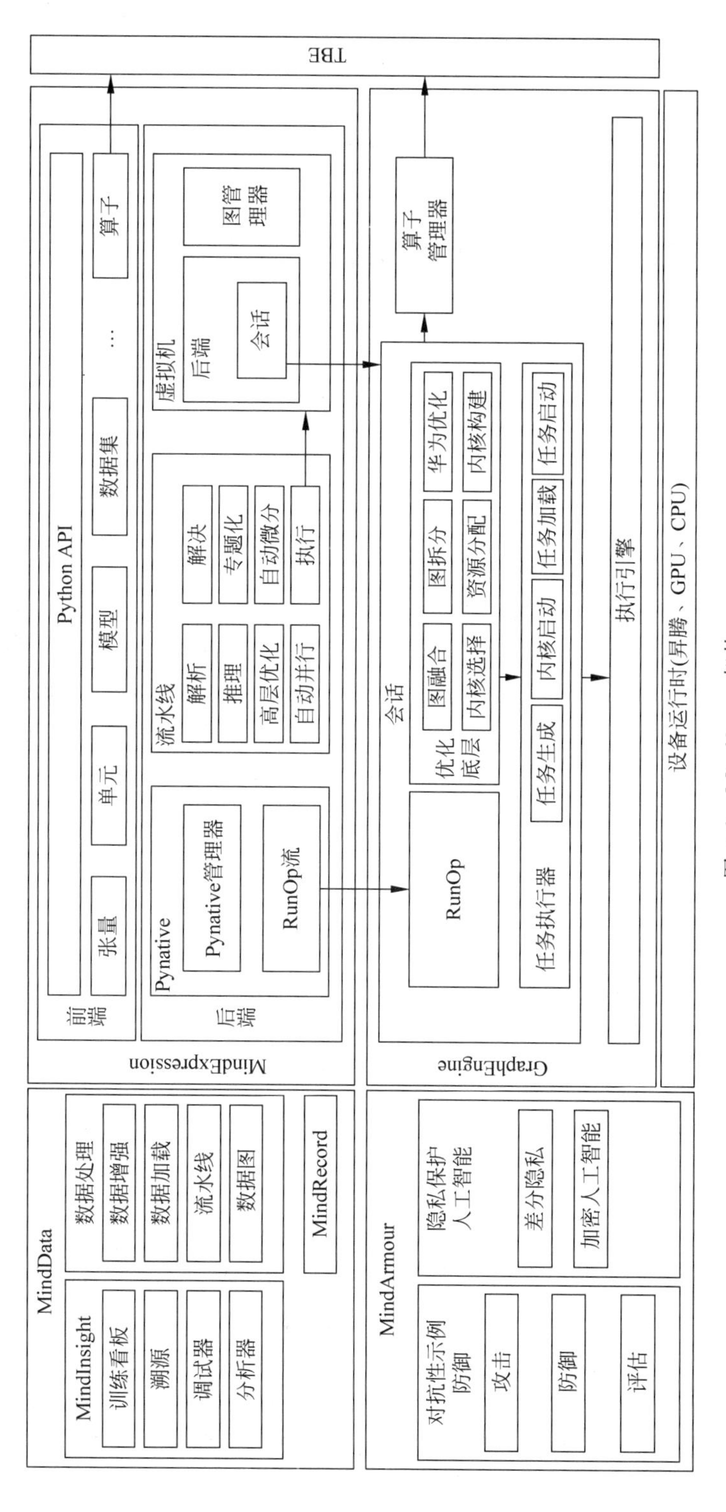

图 5-2　MindSpore 架构

MD 负责数据处理，并提供工具来帮助用户调试和优化模型。该组件通过自动数据加速技术实现了高性能的流水线进而完成数据处理。伴随着各种自动增强策略的出现，用户不必再额外寻找合适的数据增强策略。除此之外，如图 5-3 所示，训练看板将多种数据集成在一个页面，方便用户查看训练过程。分析器可以打开执行黑匣子，收集执行时间和内存使用的相关数据，进而实现有针对性的性能优化。

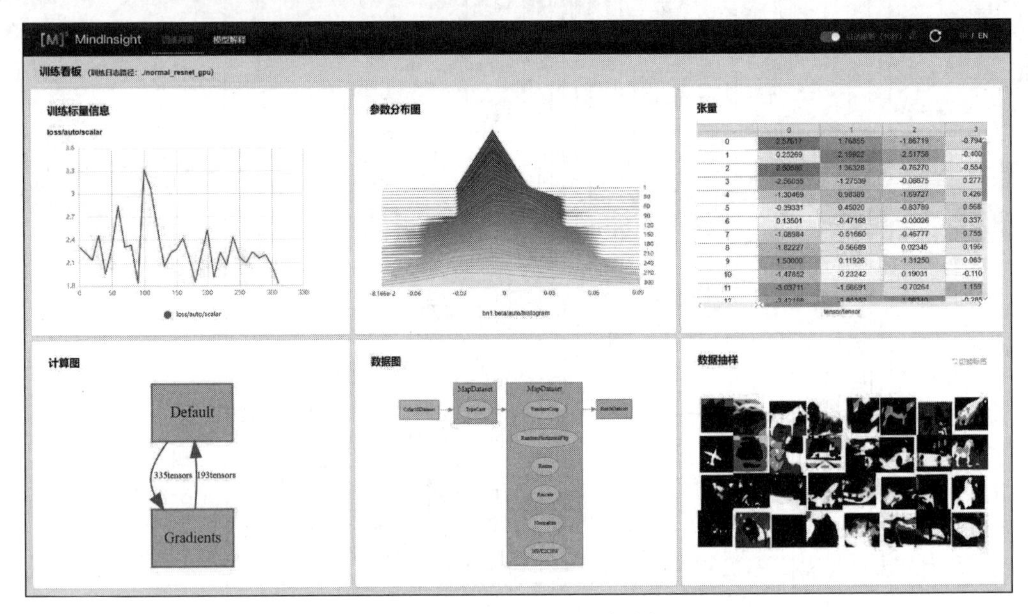

图 5-3　MindInsight 训练看板

MA 负责提供工具，帮助用户防御对抗性攻击，实现隐私保护的机器学习。在形式方面，MA 提供了以下功能：生成对抗代码、评估模型在特定对抗环境中的性能、开发更健壮的模型。MA 还支持丰富的隐私保护能力，如差分隐私、机密人工智能计算、可信协同学习等。

从特性上看，MindSpore 具有以下 5 个显著特点。

1. 基于源码转换的自动微分

MindSpore 采用基于源码转换的自动微分机制，在训练或推理阶段，可以将一段 Python 代码转换为数据流图。因此，用户可以方便地使用 Python 原生控制逻辑来构建复杂的神经网络模型。自动微分的实现原理可以理解为对程序本身进行符号微分。MindSpore IR 是函数式的中间表达，它与基本代数中的复合函数有直观的对应关系，只要已知基础函数的求导公式，就能推导出由任意基础函数组成的复合函数的求导公式。MindSpore IR 中每个原语操作可以对应为基础代数中的基础函数，这些基础函数可以构建更复杂的流程控制，这样的原理机制也就形成了如图 5-4 所示的基于源码转化的自动微分方式。

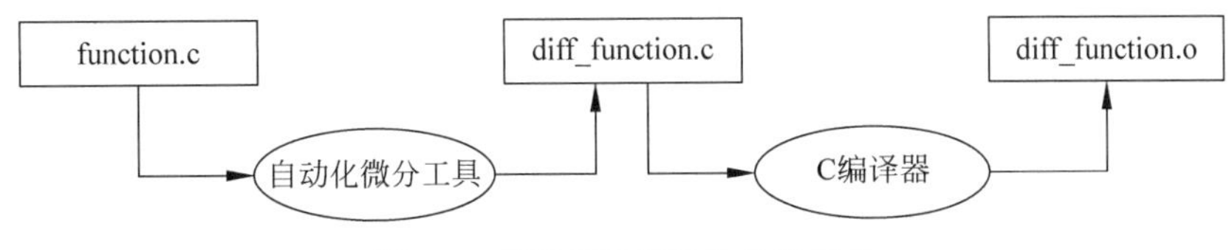

图 5-4　基于源码转换的自动微分

2. 自动并行

由于大规模模型和数据集的不断增加，分布式训练已经成为一种常见做法，但随着计算需求的不断扩张，深度学习框架不仅需要支持数据并行和模型并行，还需要支持混合并行。MindSpore 在并行化策略搜索中引入了张量重排布（Tensor Redistribution，TR），当前一个算子的输出张量模型和后一个算子的输入张量模型不一致时，就需要引入计算、通信操作的方式实现张量排布间的变化。如图 5-5 所示，张量重排布算法使输出张量的设备布局在输入到后续算子之前能够被转换，配合反向算子、半自动并行等功能，最终实现了透明且高效的并行化训练任务。"透明"是指用户只需更改一行配置，提交一个版本的 Python 代码，就可以在多个设备上运行这一版本的 Python 代码进行训练；"高效"是指该算法以最小的代价选择并行策略，降低了计算和通信开销。

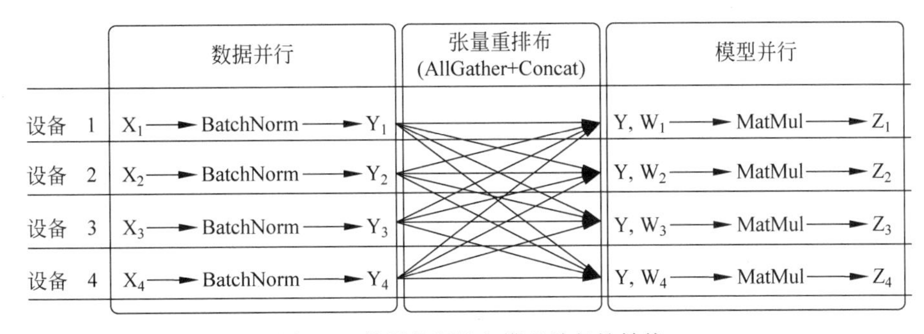

图 5-5　数据并行性向模型并行性转换

3. 动静态图结合

MindSpore 使用统一自动微分引擎兼容动静态图，如图 5-6 所示，无须引入额外的自

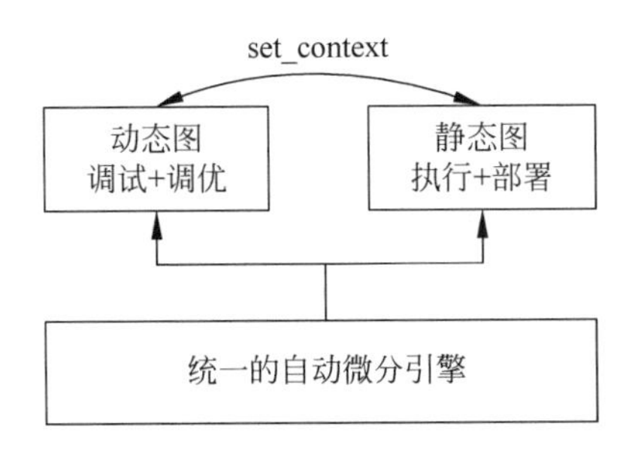

图 5-6　统一自动微分引擎兼容动静态图

动微分机制(如算子重载微分机制)就可以快速地完成转换,大大提高了动态图和静态图的兼容性。而且从用户的角度来看,仅需一行代码就可以完成动静态图模式的灵活转换,转换的代码如程序清单 5-1 所示。

程序清单 5-1 MindSpore 动静图模式的灵活转换

```
#切换为动态图模式
context.set_context(mode = contex.PYNATIVE_MODE)
#切换为静态图模式
context.set_context(mode = contex.GRAPH_MODE)

#调试通过的代码,使用静态图模式执行
@ms_function
def sub_net(self, x):
    x = self.conv(x)
    return x
#待调试的代码,使用动态图模式执行
def construct(self, x):
    x = self.sub_net(x)
    x = self.relu(x)
    return x
```

4. 二阶优化

当前主流模型都需要多次循环训练才能达成目标,以 ResNet-50 为例,使用常见的一阶方法(如梯度下降法)需要 90 个周期才能收敛至精度 0.759。而 MindSpore 实现了二阶优化算法 THOR,它引入了二阶信息矩阵来指导参数的更新,通过矩阵求逆优化,实现了训练效率的有效提升,其算法的具体流程如图 5-7 所示。这样的二阶优化方法在实际的训练过程中也取得了如图 5-8 的优秀表现,在 ResNet-50 上进行测试,仅需 42 个周期就能收敛至同等水平,训练性能大幅提升。

5. 全栈协同加速

MindSpore 作为昇腾计算体系中重要的组成部分,是最"亲和"昇腾处理器的执行引擎,配合 CANN 实现了软硬件的协同优化。具体来看,MindSpore 能将整网下沉到昇腾硬件上执行,减少了 Host CPU 与昇腾处理器之间的交互开销;它还通过格式转换消除、类型转换消除、图算子融合等方式实现了计算图深度优化,发挥了昇腾硬件的极致性能。

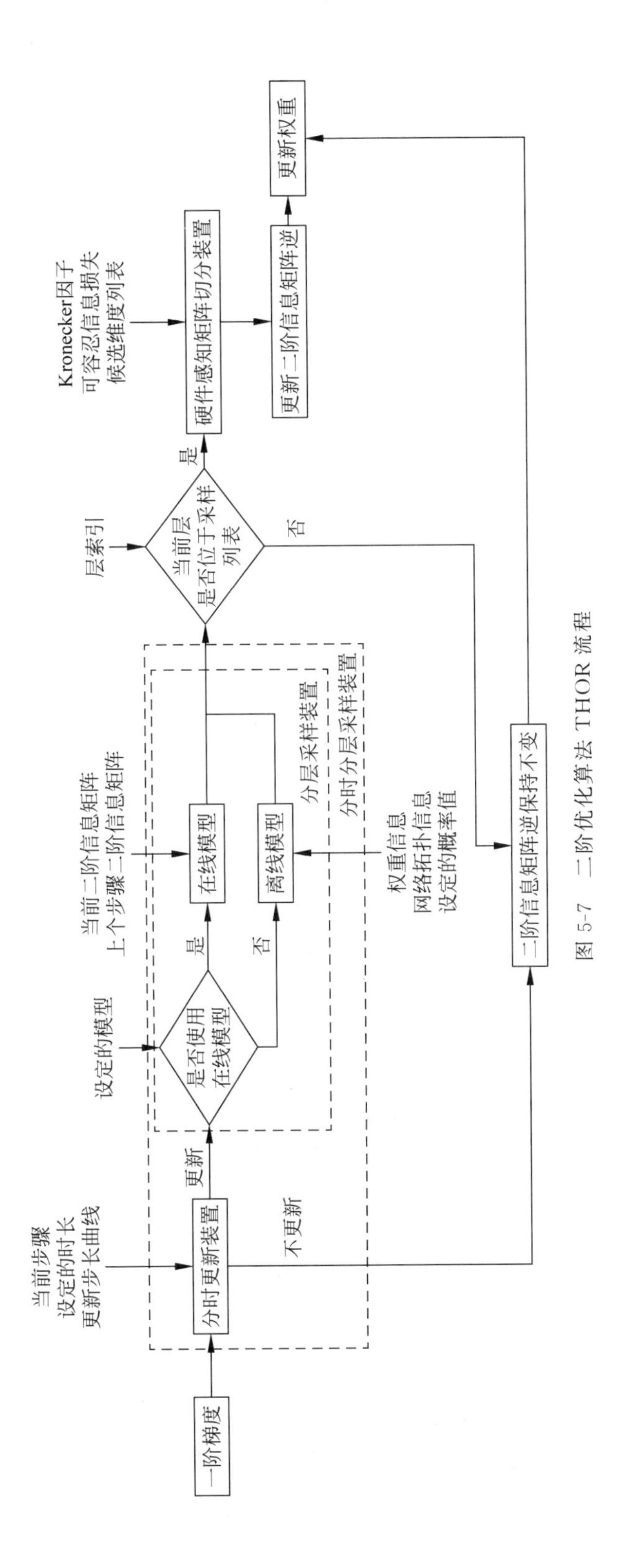

图 5-7　二阶优化算法 THOR 流程

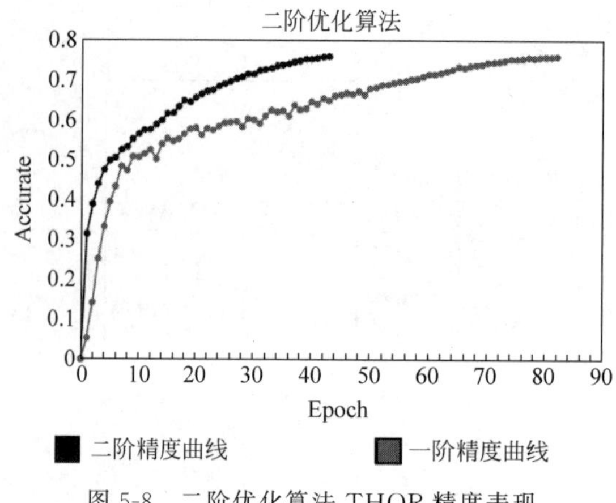

图 5-8　二阶优化算法 THOR 精度表现

5.1.2　TensorFlow

Google 公司在 2015 年 11 月正式开源发布 TensorFlow。TensorFlow 在很大程度上可以看作早期深度学习框架 Theano 的后继者，不仅因为它们有很大一批共同的用户，更因为它们有相近的设计理念——基于静态计算图实现的自动微分系统。

TensorFlow 采用静态图的运行模式，在编译执行前就构建一个静态计算图，定义所有的网络结构，然后再执行相应操作。从理论上讲，静态计算允许编译器做更大程度上的优化，但这也意味着程序与编译器之间存在着更多的代沟，这带来了计算图在运行时无法修改且代码中的错误难以发现等问题。尽管如此，TensorFlow 还是凭借着支持分布式训练、部署能力强、社区活跃度高等特点得到了工业界广泛的应用。因此，CANN 对 TensorFlow 框架进行了适配和支持，很好地发挥了昇腾产业技术优势。

作为当前主流的深度学习框架，TensorFlow 获得了巨大的成功，但图方法这种非 Python 原生的编程方式却始终备受争议；TensorFlow 创造了图、会话、命名空间等诸多抽象概念，需要普通用户花费较多的时间进行学习。且在代码层面，面对同一个功能，TensorFlow 提供了多种"良莠不齐"的实现，使用中有细微的差异，接口还一直处于快速迭代之中，版本之间存在不兼容的问题，这也引发了用户的颇多争议。

5.1.3　PyTorch

2017 年 1 月，Facebook 人工智能研究院在 GitHub 上开源了 PyTorch，迅速占领了 GitHub 热度榜榜首。与 TensorFlow 的静态计算图不同的是，PyTorch 采用了动态图模式，在每次前向传播时都会创建一幅新的计算图，这也就代表着用户可以随时定义、更改和执行结点，这种更贴近 Python 编程习惯的机制也使得调试更加容易。PyTorch 专注于快速原型设计和研究的灵活性，很快就成为 AI 研究人员的热门选择。

但这种动态图机制也有明显的漏洞，PyTorch需要依赖宿主语言的编译器，并且使用Tape模式去记录运行过程，因此会产生较大的开销，且这种动态方式也不利于模型整体的性能优化。当需要将模型部署在跨平台和嵌入式平台上时，PyTorch也往往显得“力不从心”，通常需要将模型转换为Caffe2并使用C++改写推理代码，或者使用REST来配置服务器，模型的部署和加速难度较大，难以满足性能、体积、能耗、可信等工业级诉求。

CANN对PyTorch进行了适配性开发，仅需少量的代码迁移工作就能使用昇腾平台的强劲计算能力，这使得使用昇腾计算体系的用户能够很好地跟进学术前沿发展。

5.1.4 主流框架对比

总体来说，MindSpore是一种适用于全场景的新型开源深度学习训练框架，对下利用CANN能最大程度发挥昇腾处理器能力，对上提供网络编程API供使用者高效便捷地开发AI应用程序。表5-1总结了市面上主流深度学习框架的比较，由于篇幅所限，本书不再展开介绍每一种框架的具体表现，可以参考官网了解更多详情。

表5-1 主流深度学习框架的比较

竞争力		TensorFlow	PyTorch	PaddlePaddle	MindSpore
高阶特性	并行度	数据或模型并行	数据或模型并行	数据并行	数据与模型自动并行
	二阶优化	不支持	不支持	不支持	支持
	动静一致	静态图好 动态图不足	动态图好 静态图不足	动、静态图支持	动、静态图支持
	安全与隐私	TF-Privacy/ TF-encrypted	Opacus/AdverBox	PaddlePaddleFL/ AdvBox	MindArmour
完备特性	端边云全场景	需要转换	需要转换	需要转换	架构统一
	支持硬件	GPU CPU TPU	GPU CPU	GPU CPU TPU	GPU CPU TPU
	运行平台	Linux Mac Windows Andriod	Linux Mac Wndows	Linux Mac Windows Android	Windows Linux Android
	语言支持	Python C/C++，Java， Go，R，Julia，Swift	Python	Python，Go，R， C/C++，Java	Python C/C++
	可视化	TensorBoard	TensorBoardX Visdom	VisulDL	Mindinsight
生态	预训练模型	CV、NLP、Rec、 Speech场景700+	CV、NLP 场景 30+	CV、NLP、Rec、 Speech场景200+	CV、NLP、Rec 场景60+

5.2 深度学习训练流程

第 1 章对深度学习的基本概念作了简要介绍。本节将从流程上对相关知识进行细化。借助深度学习框架的强大能力,用户可以很大程度上省去部署和适配环境的烦恼,也可以省去编写大量底层代码的精力。但无论使用何种训练框架,整个训练流程都可以被定义为如图 5-9 所示的五个步骤。

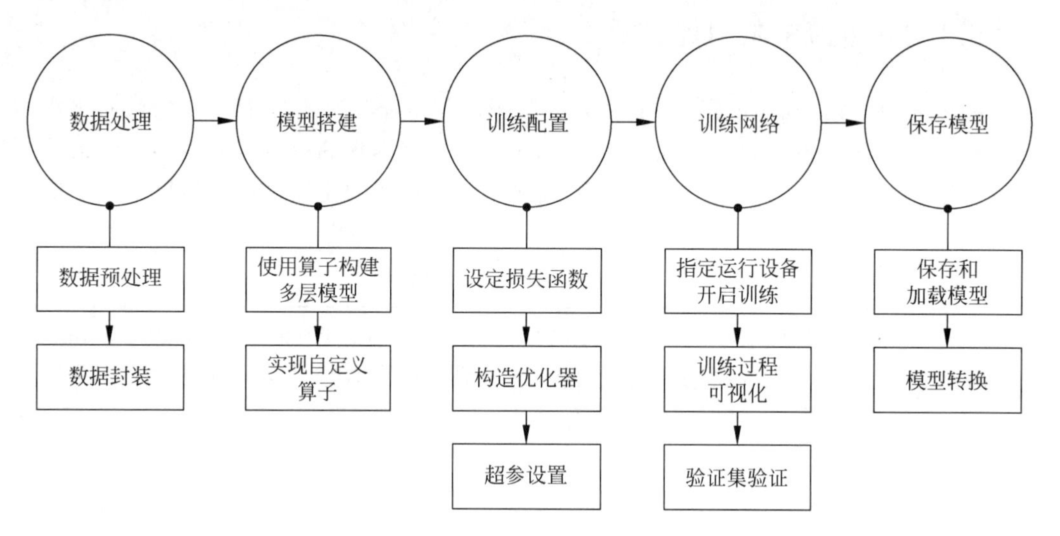

图 5-9 深度学习训练过程

5.2.1 数据处理

深度学习本质上是一种数据驱动的算法,数据质量在模型训练的过程中起到了至关重要的作用。为了训练出符合预期的模型,第一步就要对原始数据进行预处理。

从广义上讲,数据预处理可以视作正式进入深度网络计算前的一切操作。从狭义上看,除了常规的对数据进行归一化、白化、缩放、裁剪、仿射变换外,用于缓解数据不平衡的数据增广和用于提高模型鲁棒性的数据随机打乱(Shuffle)都可以视作数据预处理的一个环节。而当面对真实场景的工业问题时,往往还要面对数据质量不佳、数据规格不统一等问题。对于原始数据的清洗、缺省值处理、格式统一也是数据预处理环节的重要内容。

随着深度学习的不断发展,无论是在视觉领域还是在文本处理领域,数据都常因容量限制无法直接全部读入内存,因此需要分批次(Batch)读取数据并传递给深度学习模型。

绝大多数的深度学习训练框架都提供了实现相关功能的接口，如图5-10所示，MindSpore提供的mindspore.dataset模块可以帮助用户构建数据集对象，使得数据在训练过程中能像经过管道中的水一样源源不断地流向训练系统。具体来看，用户可以将非标准的数据集和常用的数据集转换为MindSpore数据格式，即MindRecord，从而方便地加载到MindSpore中进行训练。同时，MindSpore在部分场景做了性能优化，相关的数据集构建方式将在5.3节中展开介绍。

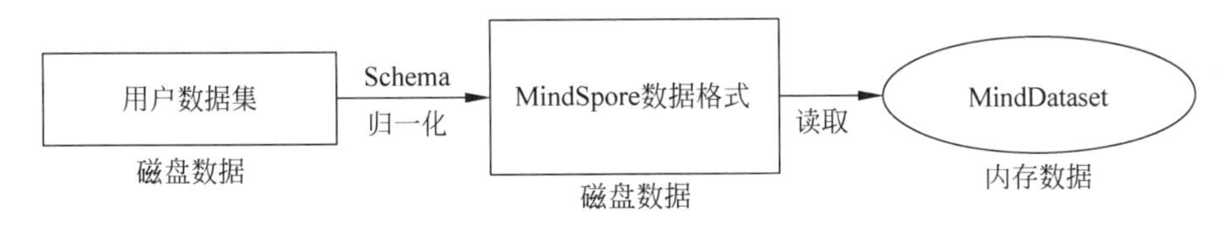

图5-10　MindSpore构造Dataset

5.2.2　模型搭建与训练配置

数据在传入深度学习模型之后，会进行多轮计算。每轮模型训练的过程都可以分为以下三步：第一步，进行前向传播，根据输入数据计算出模型预测的输出；第二步，根据预测值和真实值计算损失；第三步，根据损失（通常是最小化损失）进行反向传播，传递梯度并更新参数。这三个步骤也突显了建构深度学习模型时三个重要的关注点：网络结构、损失函数（loss function）和优化算法。

由多层组成的神经网络模型是训练过程中的核心，模型的不同网络结构代表着不同的表征能力，得益于强大的深度学习框架，绝大部分常见的算子如卷积、池化、激活、反卷积等均已被实现并封装成API供用户使用。如在MindSpore中，就可以基于nn.Cell基类，通过初始化__init__方法和construct构造方法构造网络模型。昇腾官方也已经预先实现好了很多场景下的典型模型并开源在ModelZoo中。用户可以通过昇腾官网来查看和下载丰富的深度学习模型，借助昇腾计算的强大能力进行学习和训练。

用户也可以自行构建网络，将最新结构和自己的创新思路进行实现。当需要自定义一些操作时，可以参考第3章介绍的TBE相关知识进行开发；将第三方代码直接迁移到昇腾计算平台训练的方法将在5.5节中介绍。

损失函数，又称目标函数，用来衡量预测值与真实值差异的程度。在深度学习中，模型训练就是通过不停地迭代来缩小损失函数值的过程。损失函数越小，一般就代表模型的学习效果越好，也正是损失函数指导了模型的学习。因此，在模型训练过程中损失函数的选择非常重要，定义一个好的损失函数，可以有效提高模型的性能。如程序清单5-2实现的L1损失函数所示，MindSpore提供了许多通用损失函数供用户选择，但这些通用损失函数并不适用于所有场景，很多时候需要用户自定义所需的损失函数。

程序清单 5-2 L1 损失函数

```
import mindspore.nn as nn
import mindspore.ops as ops
class L1Loss(nn.Cell):
    def __init__(self):
        super(L1Loss, self).__init__()
        self.abs = ops.Abs()
        self.reduce_mean = ops.ReduceMean()
    def construct(self, base, target):
        x = self.abs(base - target)
        return self.reduce_mean(x)
```

当根据输入得到一批次数据的损失函数值之后，通常使用随机梯度下降(SGD)或自适应矩估计(Adam)等优化算法来更新参数。许多深度学习框架都需要用户手动求导并计算梯度，MindSpore 的自动微分机制采用函数式可微分编程架构，帮助用户聚焦模型算法的数学原生表达而无须手动进行求导，自动微分的样例代码如程序清单 5-3 所示。

程序清单 5-3 自动微分样例代码

```
import mindspore as ms
from mindspore import ops
grad_all = ops.composite.GradOperation()

def func(x): return x * x * x
def df_func(x):
return grad_all(func)(x)

@ms.ms_function
def df2_func(x):
return grad_all(df_func)(x)

if __name__ == "__main__":
    print(df2_func(ms.Tensor(2, ms.float32)))
```

其中，第一步定义了 func 函数，第二步利用 MindSpore 提供的反向接口进行自动微分，定义了一个一阶导数函数，第三步定义了一个二阶导数函数，最后给定输入就能获取第一步定义的函数在指定处的二阶导数，二阶导数求导结果为 12。当然，这些函数在后续执行中都会被解析为一个子图。

优化算法需要传入参数才能使用。机器学习领域一般有两类参数，一类是模型内部参数，依靠训练数据来对模型参数进行迭代优化；另一类则是模型外部的设置参数，需要人工配置，这类参数被称为“超参数”。以学习率为代表的一系列超参数也会很大程度上影响模型的训练效果，如图 5-11 所示，太大的学习率会使得模型无法收敛至最优状态，而太小的学习率会使得训练时间过久，甚至陷入局部最小值而无法跳出，所以设置合适的超参数也是训练出预期模型的关键。而在训练前，用户往往不清楚一个特定问题设置成怎样的学习率是合理的，因此在训练时往往需要设置不同的超参数进行实验，类似的模型调优过程在深度学习训练中是十分必要的，一套优秀的超参往往是在理论和经验的共同指导下产生的，在这个过程中可以配合 MindInsight 工具，通过观察 Loss 下降的情况判断合适的学习率。

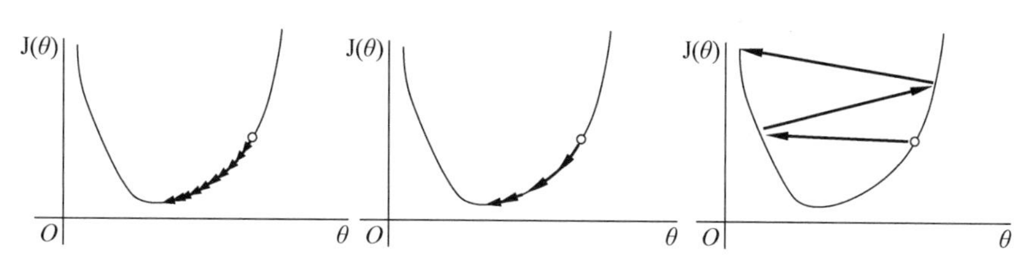

图 5-11　不同学习率对收敛效果的影响

5.2.3　训练网络与保存模型

在完成数据处理和网络模型搭建后，就可以调用 train 函数执行整个训练过程，程序清单 5-4 展示了 MindSpore 从模型搭建到执行训练的完整代码流程。

程序清单 5-4　执行训练代码示例

```
from mindspore.train.loss_scale_manager import FixedLossScaleManager

dataset = create_custom_dataset()
net = Net()
loss = nn.SoftmaxCrossEntropyWithLogits()
# 由于使用混合精度进行训练,故使用 loss scale manager 进行管理
loss_scale_manager = FixedLossScaleManager()
optim = Momentum(params = net.trainable_params(), learning_rate = 0.1, momentum = 0.9)
model = Model(net, loss_fn = loss, optimizer = optim, metrics = None, loss_scale_manager =
loss_scale_manager)

model.train(2, dataset)
```

在训练复杂模型时，往往需要花费大量的时间，使用可视化工具可以有效监督训练过程。Tensorboard 就是一个有效的可视化工具包，可以跟踪可视化损失及准确率等指标，也可以可视化模型图(操作和层)。由 MindStudio 提供的 MindInsight 还实现了模型溯源、数据溯源等强大的功能，甚至可以通过其提供的 MindOptimizer 进行超参搜索，根据用户配置，从训练日志中提取以往训练记录，推荐超参，最后自动地执行训练脚本。关于

MindInsight的设计原理和具体使用方法可以参考官方规格文档①。

在模型训练过程中，可以添加检查点(Checkpoint)用于保存模型的参数，以便执行推理及再训练使用。具体来看，深度学习框架使用回调机制(Callback)传入ModelCheckpoint对象，可以保存模型参数，生成Checkpoint文件，以供推理或迁移学习时使用。用户也可以通过CheckpointConfig对象设置保存策略，选定保存格式和数量，程序清单5-5是保存模型的一个示例。

程序清单5-5　MindSpore保存模型示例

```
from mindspore.train.callback import ModelCheckpoint, CheckpointConfig
config_ck = CheckpointConfig(save_checkpoint_steps = 32, keep_checkpoint_max = 10)
ckpoint_cb = ModelCheckpoint(prefix = 'resnet50',directory = None,config = config_ck)
model.train(epoch_num, dataset, callbacks = ckpoint_cb)
```

5.3　CANN训练实例之MindSpore

5.1节和5.2节已经对市面上主流的深度学习框架和深度学习训练的整体流程进行介绍。本节以图像分类算法ResNet-50为例，详细讲解如何在CANN统一异构计算架构上使用MindSpore进行模型训练。

5.3.1　环境搭建

本书第2章介绍了通过命令行方式安装OS依赖、固件、驱动和CANN软件包的方法。除了上述内容外，这里还需要安装MindSpore生产环境。目前MindSpore支持在euleros_aarch64/ centos_aarch64/ centos_x86/ ubuntu_aarch64/ ubuntu_x86上运行，安装方式也可以采用pip安装、source安装和Docker安装三种方式，其中pip是一个安装、管理Python软件包的工具。本节将以使用pip安装昇腾910环境的Linux为例进行示范。

第一步，安装pip并确认系统环境。对于Ubuntu 18.04/EulerOS 2.8用户，需要保证GCC>=7.3.0，还需要确认安装GNU多重精度运算库(GNU Multiple Precision Arithmetic Library)。如果在昇腾910上开发代码，还需要确认安装昇腾910 AI处理器软件配套包，程序清单5-6列出了用于查看相应环境时可能使用到的一些指令。

---

① MindInsight相关内容参见链接https://www.mindspore.cn/doc/note/zh-CN/r1.1/design/mindinsight.html。

程序清单 5-6 配置 MindSpore 环境时常用指令

```
# 在 Ubuntu/Linux 64 bit 环境下安装 pip
sudo apt-get install python3-pip
# 查看 pip 版本
Python3 -m pip --version
# 查看 gcc 版本
gcc --version
# 在 Acend910 环境下安装配套软件包,参考以下命令,{version}需要根据实机版本替换
pip install /usr/local/Ascend/ascend-toolkit/latest/fwkacllib/lib64/topi-{version}-
py3-none-any.whl
pip install /usr/local/Ascend/ascend-toolkit/latest/fwkacllib/lib64/te-{version}-py3
-none-any.whl
pip install /usr/local/Ascend/ascend-toolkit/latest/fwkacllib/lib64/hccl-{version}-
py3-none-any.whl
```

第二步,获取 MindSpore 安装指令。 目前,MindSpore 已经推出了支持昇腾 910、昇腾 310、CPU 和 GPU 的稳定版,用户可以在官网上[①]根据实际需求获得相对应的指令,其安装指令通式如程序清单 5-7 所示。

程序清单 5-7 MindSpore 安装指令通式

```
pip install https://ms-release.obs.cn-north-4.myhuaweicloud.com/{version}/
MindSpore/ascend/{system}/mindspore_ascend-{version}-cp37-cp37m-linux_{arch}.
whl \
--trusted-host ms-release.obs.cn-north-4.myhuaweicloud.com \
-i https://pypi.tuna.tsinghua.edu.cn/simple
```

指令中{version}表示 MindSpore 版本号,例如安装 1.1.0 版本 MindSpore 时,{version}应写为 1.1.0。{arch}表示系统架构,例如使用的 Linux 系统是 x86 架构 64 位时,{arch}应写为 x86_64。如果系统是 ARM 架构 64 位,则写为 aarch64。{system}表示系统版本,例如使用的欧拉系统 ARM 架构,{system}应写为 euleros_aarch64。在联网状态下,安装 whl 包时也会自动下载 MindSpore 安装包的依赖项,具体依赖可参考 MIndSpore 开源代码库中 requirements.txt 文件[②]。

第三步,配置环境变量。 如果昇腾 910 AI 处理器配套软件包没有安装在默认路径,安装好 MindSpore 之后,需要导出 Runtime 相关环境变量,下述命令中 LOCAL_ASCEND=/usr/local/Ascend 的/usr/local/Ascend 表示配套软件包的安装路径,需注意将其改为配套软件包的实际安装路径。昇腾 910 配置 MindSpore 环境变量如程序清单 5-8 所示。

---

① MindSpore 安装指令获取地址为 https://www.mindspore.cn/install。

② 完整的安装依赖项的参考链接为 https://gitee.com/mindspore/mindspore/blob/r1.1/requirements.txt。

程序清单 5-8　昇腾 910 配置 MindSpore 环境变量

```
# Log 等级 0 - DEBUG, 1 - INFO, 2 - WARNING, 3 - ERROR, 默认 warning
export GLOG_v = 2
# 配置 conda 环境
LOCAL_ASCEND = /usr/local/Ascend
# 配置依赖环境
Export LD_LIBRARY_PATH = ${LOCAL_ASCEND}/add - ons/:${LOCAL_ASCEND}/ascend - toolkit/
latest/fwkacllib/lib64:${LOCAL_ASCEND}/driver/lib64:${LOCAL_ASCEND}/ascend - toolkit/
latest/opp/op_impl/built - in/ai_core/tbe/op_tiling:${LD_LIBRARY_PATH}

# 需要配置的其他变量
export TBE_IMPL_PATH = ${LOCAL_ASCEND}/ascend - toolkit/latest/opp/op_impl/ built - in/ai
_core/tbe
export ASCEND_OPP_PATH = ${LOCAL_ASCEND}/ascend - toolkit/latest/opp
export PATH = ${LOCAL_ASCEND}/ascend - toolkit/latest/fwkacllib/ccec_compiler /bin/:
${PATH}
export PYTHONPATH = ${TBE_IMPL_PATH}:${PYTHONPATH}
```

第四步，验证安装。 安装完成后就可以使用 Python 或 Python3 进入编译器，输入如程序清单 5-9 所示的代码进行简单的张量相加验证，如果其输出了一个大小为[1,2]的全为 2 的张量，则代表 MindSpore 安装成功。

程序清单 5-9　验证 MindSpore 是否安装成功

```
import numpy as np
from mindspore import Tensor
import mindspore.ops as ops
import mindspore.context as context

context.set_context(device_target = "Ascend")
x = Tensor(np.ones([1,2]).astype(np.float32))
y = Tensor(np.ones([1,2]).astype(np.float32))
print(ops.tensor_add(x, y))
```

5.3.2　ResNet-50 实现图像分类

在深度学习算法的发展中，ResNet 是一个具有里程碑式意义的网络，它的出现让训练成百上千层的网络成为可能。5.2 节已经介绍了 MindSpore 运行所需的硬件、后端等基本信息并完成了相关配置。本节将基于 CIFAR-10 数据集，使用 ResNet-50 完成图像分类模型的训练，相关的代码已在昇腾模型库中开源，用户可以通过 gitee 上的 ModelZoo

代码库[1]获取代码。

1. 数据集介绍及数据处理

CIFAR-10 是一个用于普适物体识别的计算机视觉数据集，该数据集共有 60000 张大小为 32×32 的彩色图片，共分为 10 个类，每类 6000 张图。其中测试集是由从每类中随机选取 1000 张图片组合而成的，剩下的 5000 张图片则随机排列组成了训练集。与 mnist 数据集相比，CIFAR-10 含有的是现实世界中真实的物体，不仅噪声很大，而且物体的比例、特征都不尽相同，这为识别带来很大困难。用户可以在其官网下载完整的数据集[2]，图 5-12 为 CIFAR-10 数据集示例。

图 5-12　CIFAR-10 数据集示例

在 CIFAR-10 数据集中，文件 data_batch_1. bin、data_batch_2. bin 、data_batch_5. bin 和 test_ batch. bin 中各有 10000 个样本。一个样本由 3073 字节组成，第一个字节为标签 label，剩下 3072 字节为图像数据，CIFAR-10 中各文件的说明如表 5-2 所示。

表 5-2　CIFAR-10 中各文件的说明

文　件　名	解 释 说 明
batches. meta. txt	保存 10 个类别的类别名
readme. html	数据集介绍文件
data_batch_1. bin … data_batch_5. bin	训练数据，每个文件以二进制格式保存 10000 张彩色图片和对应的标签，一共 50000 张
test_batch. bin	测试图像和测试图像标签

① Modelzoo 中 ResNet-50 代码地址：https://gitee. com/ascend/modelzoo/tree/master/built-in/MindSpore/Official/cv/image_classification/ResNet50_for_MindSpore。

② CIFAR-10 官网：https://www. cs. toronto. edu/～kriz/cifar. html。

二进制的原始文件无法直接被模型使用，用户需要首先对其进行解析。使用框架提供的数据集解析引擎可以生成供模型使用的迭代器。在MindSpore中，可以通过内置数据集格式Cifar10Dataset接口完成。在解析数据集后，可以自定义数据增强方式，并使用map方法在数据上执行这些预处理的算子和函数，最后通过对数据混洗（shuffle）随机打乱数据的顺序，并按batch读取数据进行训练。具体来看，数据解析和预处理的流程图如图5-13所示，其代码如程序清单5-10所示。

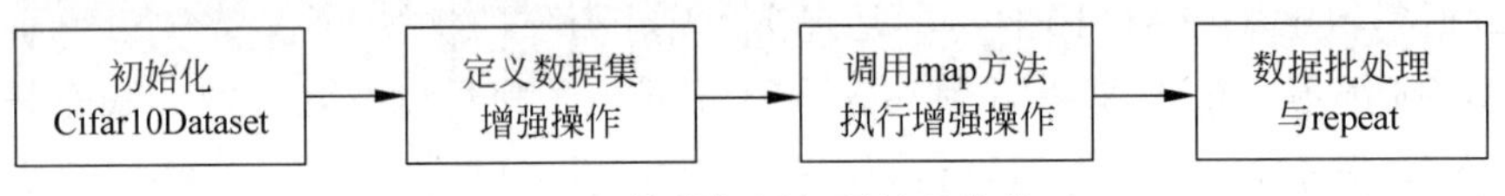

图5-13　数据解析与预处理流程

通过程序清单5-10不难发现，Mindspore还在dataset.transforms.c_transforms中提供了丰富的数据预处理方法。RandomCrop函数可将图片在任意位置进行随机裁剪，RandomHorizontalFlip可以使得图片以prob概率进行水平翻转，这两个操作可以在训练阶段起到很好的数据增广效果。除此之外，程序清单5-10中还定义了一套归一化方案，resize函数将图片剪裁为统一大小，Rescale和Normalize将各点的像素值归一化到0～1。HWC2CHW函数将输入图像格式从“高-宽-通道”顺序调整为“通道-高-宽”，方便后续环节进行计算加速。

程序清单5-10　MindSpore进行数据解析和预处理

```
import mindspore.dataset.engine as de
import mindspore.dataset.vision.c_transforms as C
import mindspore.dataset.transforms.c_transforms as C2
def create_dataset1(dataset_path, do_train, repeat_num = 1, batch_size = 32, target = "
Ascend"):
    ds = de.Cifar10Dataset(dataset_path, num_parallel_workers = 8, shuffle = True)
    # 定义数据集增强操作
    trans = []
    if do_train:
        trans += [
            C.RandomCrop((32, 32), (4, 4, 4, 4)),
            C.RandomHorizontalFlip(prob = 0.5)]
]
trans += [
        C.Resize((224, 224)),
        C.Rescale(1.0 / 255.0, 0.0),
        C.Normalize([0.4914, 0.4822, 0.4465], [0.2023, 0.1994, 0.2010]),
        C.HWC2CHW()
]
    type_cast_op = C2.TypeCast(mstype.int32)
```

```
    # 调用map方法执行自定义预处理方法
    ds = ds.map(operations = type_cast_op, input_columns = "label", num_parallel_workers = 8)
    ds = ds.map(operations = trans, input_columns = "image", num_parallel_workers = 8)

    # 执行batch和repeat操作
    ds = ds.batch(batch_size, drop_remainder = True)
    ds = ds.repeat(repeat_num)
    return ds
```

2. 搭建神经网络

ResNet在传统卷积神经网络的基础上通过短路机制引入了残差单元，有效地解决了深度学习退化问题。具体来看，在定义卷积、全连接等带参网络层时，需要对其中参数进行随机初始化，随机初始化函数的代码如程序清单5-11所示。

程序清单5-11 参数随机初始化函数

```
def _weight_variable(shape, factor = 0.01):
    init_value = np.random.randn( * shape).astype(np.float32) * factor
    return Tensor(init_value)
```

卷积函数已经由框架给出，在使用时只需要定义输入维度、输出维度、卷积核大小、初始化参数、边缘填充方式等内容就可以使用了。不同尺度卷积核的卷积函数如程序清单5-12所示。

程序清单5-12 不同尺度卷积核的卷积函数

```
def _conv3x3(in_channel, out_channel, stride = 1, use_se = False):
    weight_shape = (out_channel, in_channel, 3, 3)
    weight = _weight_variable(weight_shape)
    return nn.Conv2d(in_channel, out_channel,kernel_size = 3, stride = stride, padding =
0, pad_mode = 'same', weight_init = weight)

def _conv1x1(in_channel, out_channel, stride = 1, use_se = False):
    weight_shape = (out_channel, in_channel, 1, 1)
    weight = _weight_variable(weight_shape)
    return nn.Conv2d(in_channel, out_channel,kernel_size = 1, stride = stride, padding =
0, pad_mode = 'same', weight_init = weight)

def _conv7x7(in_channel, out_channel, stride = 1, use_se = False):
    weight_shape = (out_channel, in_channel, 7, 7)
    weight = _weight_variable(weight_shape)
    return nn.Conv2d(in_channel, out_channel,kernel_size = 7, stride = stride, padding =
0, pad_mode = 'same', weight_init = weight)
```

同卷积类似，定义初始化参数之后，使用 nn.Dense 可以构造全连接层；ResNet 网络还使用了 BatchNorm 层，在卷积层的后面加上 BatchNorm 可以有效地提升训练过程中的数值稳定性。从代码上看，只需要调用 nn.BatchNorm2d 接口就能构建批归一化层了。

通过上述介绍的网络层，就能构造出 ResNet 中最重要的结构——残差块(Residual Block)，残差块的结构如图 5-14 所示。

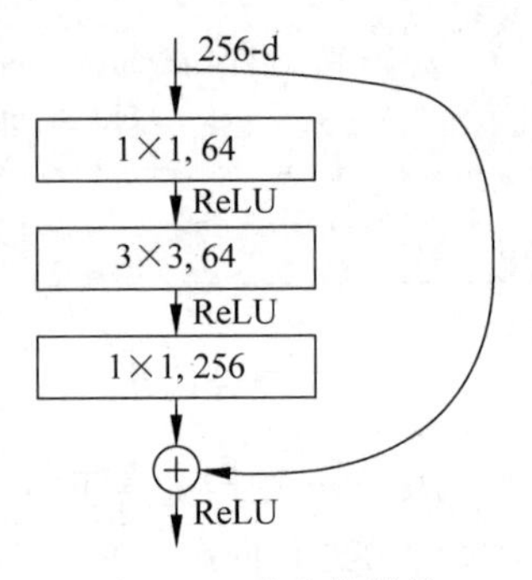

图 5-14　残差块结构

在用代码实现时，可以使用创造 Python 类的方法完成模型结构的定义，这个类需要继承 nn.Cell 父类，并且在类中定义 init 函数和 construct 函数。init 是初始化函数，construct 则是框架指定前向传播时使用的计算框架，主函数在调用模型实例时会自动执行 construct 方法。值得注意的是，在 construct 中使用的网络层都需要在 init 函数中进行声明。

在残差学习单元的结构中，残差块内共有三个卷积 1×1、3×3、1×1，它们分别完成维度压缩、卷积、恢复维度的功能，然后跟输入图片进行短接，这样的做法可以有效地降低计算复杂度。值得注意的是，如果残差块中第三次卷积输出特征图的形状与输入不一致，则对输入图片做 1×1 卷积，将其输出形状调整成一致，其具体的构造代码如程序清单 5-13 所示。

程序清单 5-13　残差块构建代码

```
class ResidualBlock(nn.Cell):
    def __init__(self,in_channel,out_channel, stride = 1):
        super(ResidualBlock, self).__init__()
        self.stride = stride
        channel = out_channel // 4
        self.conv1 = _conv1x1(in_channel, channel, stride = 1)
        self.bn1 = _bn(channel)
        self.conv2 = _conv3x3(channel, channel, stride = stride, use_se = self.use_se)
        self.bn2 = _bn(channel)
        self.conv3 = _conv1x1(channel, out_channel, stride = 1, use_se = self.use_se)
        self.bn3 = _bn_last(out_channel)
        self.relu = nn.ReLU()
        self.down_sample = False
        if stride != 1 or in_channel != out_channel:
            self.down_sample = True
        self.down_sample_layer = None
        if self.down_sample:
            self.down_sample_layer = nn.SequentialCell([_conv1x1(in_channel, out_
channel, stride), _bn(out_channel)])
        self.add = P.TensorAdd()
```

```
    def construct(self, x):
        identity = x
        out = self.conv1(x)
        out = self.bn1(out)
        out = self.relu(out)
        out = self.conv2(out)
        out = self.bn2(out)
        out = self.relu(out)
        out = self.conv3(out)
        out = self.bn3(out)
        out = self.add(out, identity)
        out = self.relu(out)
        return out
```

使用残差块能够搭建 ResNet 整网。与上文介绍的类似，用户也可将模型结构代码封装为类。通过这样的方式，还可以很便捷地进行泛化操作，仅需调整传入构造函数的参数就可以实现不同层数的结构。init 函数中定义了网络各层的结构。ResNet 模型的初始化代码如程序清单 5-14 所示；在类中还定义了辅助的工具方法_make_layer，方便构建不同输入输出大小的网络层，其代码如程序清单 5-15 所示；construct 函数中包含了前向传播时的网络结构，其代码如程序清单 5-16 所示。

程序清单 5-14　ResNet 模型的初始化代码

```
def __init__(self, block, layer_nums, in_channels, out_channels, strides, num_classes):
    super(ResNet, self).__init__()

    if not len(layer_nums) == len(in_channels) == len(out_channels) == 4:
        raise ValueError("the length must be 4!")
    self.conv1 = _conv7x7(3, 64, stride = 2)
    self.bn1 = _bn(64)
    self.relu = P.ReLU()
    self.maxpool = nn.MaxPool2d(kernel_size = 3, stride = 2, pad_mode = "same")
    self.layer1 = self._make_layer(block, layer_nums[0], in_channel = in_channels[0],
out_channel = out_channels[0], stride = strides[0])
    self.layer2 = self._make_layer(block, layer_nums[1], in_channel = in_channels[1],
out_channel = out_channels[1], stride = strides[1])
    self.layer3 = self._make_layer(block, layer_nums[2], in_channel = in_channels[2],
out_channel = out_channels[2], stride = strides[2])
    self.layer4 = self._make_layer(block, layer_nums[3], in_channel = in_channels[3],
out_channel = out_channels[3], stride = strides[3])
    self.mean = P.ReduceMean(keep_dims = True)
    self.flatten = nn.Flatten()
    self.end_point = _fc(out_channels[3], num_classes)
```

程序清单 5-15　ResNet 工具方法_make_layer

```
def _make_layer(self, block, layer_num, in_channel, out_channel, stride):
    layers = []

    resnet_block = block(in_channel, out_channel, stride = stride)
    layers.append(resnet_block)

    for _ in range(1, layer_num):
        resnet_block = block(out_channel, out_channel, stride = 1)
        layers.append(resnet_block)
    return nn.SequentialCell(layers)
```

程序清单 5-16　ResNet 前向传播 construct 函数

```
def construct(self, x):
    x = self.conv1(x)
    x = self.bn1(x)
    x = self.relu(x)
    c1 = self.maxpool(x)

    c2 = self.layer1(c1)
    c3 = self.layer2(c2)
    c4 = self.layer3(c3)
    c5 = self.layer4(c4)

    out = self.mean(c5, (2, 3))
    out = self.flatten(out)
    out = self.end_point(out)
    return out
```

ResNet-50 包含多个模块，其中第 2～5 个模块分别包含 3、4、6、3 个残差块，其调用函数如程序清单 5-17 所示。

程序清单 5-17　ResNet-50 的调用函数

```
def resnet50(class_num = 10):
    return ResNet(ResidualBlock,
                  [3, 4, 6, 3],
                  [64, 256, 512, 1024],
                  [256, 512, 1024, 2048],
                  [1, 2, 2, 2],
                  class_num)
```

3. 定义损失函数和优化器

定义完网络结构后只需简单的调用就能创建模型了。但正如5.2节介绍的，一个完整的深度学习程序还需要定义损失函数、优化器、学习率衰减等配置才能开始训练。

本案例使用带有softmax归一化函数的交叉熵作为损失函数，这是在分类任务中常用的损失函数。其中的softmax函数能使模型的原始输出 y_i 转换成0～1的概率，且保证所有的softmax(x_i)相加的总和为1，这起到了归一化的作用，其函数定义如式(5-1)所示。

$$\text{softmax}(x)=\frac{e^{x_i}}{\sum_j e^{x_j}} \tag{5-1}$$

通过softmax获得模型对各类别预测的概率，直接将其与标签的真实值对比并不合理。在实际使用中，通常使用交叉熵误差作为分类的损失。用户可以从熵的角度来理解交叉熵，受限于篇幅，这里不过多从信息论的角度来介绍熵、互信息、KL散度、交叉熵等概念，在此直接给出交叉熵的数学表达式，如式(5-2)所示。

$$L=-\left[\sum_{k=1}^{n}t_k\log y_k+(1-t_k)\log(1-y_k)\right] \tag{5-2}$$

式中，log表示以 e 为底数的自然对数，y_k 表示模型的输出，t_k 表示真实标签，它是一个独热(one-hot)编码，也就是其中只有正确解的位置是1，其他位置都是0。因此，交叉熵只计算对应正确解标签输出的自然对数。正确解标签对应的输出越大，交叉熵的值越接近0；反之，正确解标签对应的输出越小，则交叉熵的值越大。

在具体的代码实现中，可以直接使用nn.SoftmaxCrossEntropyWithLogits来便捷地实现交叉熵损失，这个函数可以用来衡量预测值和标签之间的差距，reduction参数表示损失最终的聚合方式，可以选择sum、mean、None。本实例使用mean作为损失聚合方式。

从代码构造的角度来看，可以将其封装为Python类，继承nn.loss.loss父类，使用init函数进行初始化，construct函数表示前向传播时的逻辑。但值得注意的是，可以使用ops.operations.OneHot函数对输入标签进行优化，这个函数可以将负样本点的值设置为off_value，正样本点的值设置为on_value，这样可以实现很好的平滑效果。有关交叉熵损失函数的完整代码如程序清单5-18所示。

程序清单5-18 交叉熵损失函数的完整代码

```
import mindspore.nn as nn
from mindspore import Tensor
from mindspore.common import dtype as mstype
from mindspore.nn.loss.loss import _Loss
```

```
from mindspore.ops import functional as F
from mindspore.ops import operations as P

class CrossEntropySmooth(_Loss):
    def __init__(self, sparse = True, reduction = 'mean', smooth_factor = 0., num_classes =
1000):
        super(CrossEntropySmooth, self).__init__()
        self.onehot = P.OneHot()
        self.sparse = sparse
        self.on_value = Tensor(1.0 - smooth_factor, mstype.float32)
        self.off_value = Tensor(1.0 * smooth_factor / (num_classes - 1), mstype.
float32)
        self.ce = nn.SoftmaxCrossEntropyWithLogits(reduction = reduction)

    def construct(self, logit, label):
        if self.sparse:
            label = self.onehot(label, F.shape(logit)[1], self.on_value, self.off_value)
        loss = self.ce(logit, label)
        return loss
```

正如在 5.2 节中介绍的，在训练模型的过程中会使用优化算法不断迭代模型参数以降低模型损失函数的值。本实例使用流行的动量法(Momentum)进行参数优化。动量法是传统梯度下降法的一种扩展，它不仅会使用当前梯度，还会积累之前的梯度以确定优化的走向。这样的优化算法可以加速模型的收敛，同时抑制震荡，使参数更新的方向更稳定。在具体的代码中，使用 mindspore. nn. optim. momentum 接口定义 Momentum 优化器，传入网络信息和所需的超参信息，如学习率、冲量系数等，最后调用 model. train 就可以开始训练了。

一般来说，为了获得更好的训练效果就需要在训练前期将学习率设置大一些，使得网络收敛迅速，而在训练后期将学习率设置小一些，使得网络更好地收敛到最优解。相比于固定的学习率，可以使用衰减策略动态调整学习率。常见的衰减策略有以下四种：分段常数衰减、指数衰减、多项式衰减、余弦衰减。受限于篇幅，在此不再将各种衰减方式的特点进行展开介绍。但值得介绍的是，ResNet 论文[①]提到了一种学习率预热(warmup)的方法，它在训练开始时先选择使用一个较小的学习率，训练了一些轮次后，再修改为预先设置的学习率来进行训练。这是因为刚开始训练时，模型的权重是随机初始化的，此时若选择一个较大的学习率，可能带来模型的剧烈震荡。在预热的小学习率下，模型可以慢慢趋于稳定，等模型相对稳定后再选择预先设置的学习率进行训练，模型收敛速度变得更快，模型效果更佳。带有 warmup 的余弦衰减学习率的具体实现代码如程序清单 5-19 所示。

① 论文题目为：Deep Residual Learning for Image Recognition(https://arxiv.org/pdf/1512.03385.pdf)。

程序清单 5-19　带有 warmup 的余弦衰减学习率

```
def warmup_cosine_annealing_lr(lr, steps_per_epoch, warmup_epochs, max_epoch = 120,
global_step = 0):
    """
       lr(float): 初始学习率
       steps_per_epoch(int): 每轮迭代有多少步
       warmup_epochs(int): warmup 的轮次
       max_epoch(int): 总的训练轮次
       global_step(int): 当前的训练步数
    Returns:
       np.array, 学习率数组
    """
    base_lr = lr
    warmup_init_lr = 0
    total_steps = int(max_epoch * steps_per_epoch)
    warmup_steps = int(warmup_epochs * steps_per_epoch)
    decay_steps = total_steps - warmup_steps
    lr_each_step = []
    for i in range(total_steps):
        if i < warmup_steps:
            lr = linear_warmup_lr(i + 1, warmup_steps, base_lr, warmup_init_lr)
        else:
            linear_decay = (total_steps - i) / decay_steps
            cosine_decay = 0.5 * (1 + math.cos(math.pi * 2 * 0.47 * i / decay_steps))
            decayed = linear_decay * cosine_decay + 0.00001
            lr = base_lr * decayed
        lr_each_step.append(lr)
    lr_each_step = np.array(lr_each_step).astype(np.float32)
    learning_rate = lr_each_step[global_step:]
    return learning_rate
def linear_warmup_lr(current_step, warmup_steps, base_lr, init_lr):
    lr_inc = (float(base_lr) - float(init_lr)) / float(warmup_steps)
    lr = float(init_lr) + lr_inc * current_step
    return lr
```

学习率模块返回的学习率数组可以传给优化器，有关优化器的代码如程序清单 5-20 所示。

程序清单 5-20　优化器

```
lr = warmup_cosine_annealing_lr(config.lr, step_size, config.warmup_epochs, config.
epoch_size, config.pretrain_epoch_size * step_size)
lr = Tensor(lr)
# Momentum 可传入一个固定值/迭代器/一维 Tensor 作为学习率
opt = Momentum(filter(lambda x: x.requires_grad, net.get_parameters()), lr, 0.9)
```

4. 模型训练与模型保存

完成数据预处理、网络定义、损失函数和优化器定义之后，就可以进行模型训练了。模型训练包含两层迭代，数据集的多轮迭代和一轮数据集内按分批大小进行的单步迭代。其中，单步迭代指的是按分组从数据集中抽取数据，输入网络中计算得到损失函数值，然后通过反向传播过程，借助优化器更新训练参数。

为了简化训练过程，MindSpore 封装了 Model 高阶接口。用户输入网络、损失函数和优化器完成 Model 的初始化，然后调用 train 接口进行训练，train 接口参数包括迭代次数、数据集和回调函数。

而在模型训练过程中，用户可以添加检查点用于保存模型的参数，以便进行推理及中断后再训练使用。MindSpore 的 Checkpoint 文件是一个二进制文件，存储了所有训练参数的值，采用了 Google 的 Protocol Buffers 机制，与开发语言、平台无关，具有良好的可扩展性。

在具体的实现中，通过回调函数的方式可以进行模型保存，将 ModelCheckpoint 对象传入 model. train，实现模型参数的持久化，生成 Checkpoint 文件。通过 CheckpointConfig 对象可以设置检查点的保存策略。保存的参数分为网络参数和优化器参数，可以根据具体的需求对检查点策略进行配置，程序清单 5-21 展示了配置模型保存策略的一个实例。

程序清单 5-21　使用回调机制保存检查点

```
from mindspore.train.callback import ModelCheckpoint, CheckpointConfig
config_ck = CheckpointConfig(save_checkpoint_steps = 32, keep_checkpoint_max = 10)
ckpoint_cb = ModelCheckpoint(prefix = 'resnet50', directory = None, config = config_ck)
model.train(epoch_num, dataset, callbacks = ckpoint_cb)
```

在上述代码中，首先需要初始化一个 CheckpointConfig 类对象，用来设置保存策略。save_checkpoint_steps 表示每隔多少个 step 保存一次；keep_checkpoint_max 表示最多保留 Checkpoint 文件的数量；prefix 表示生成 Checkpoint 文件的前缀名；directory 表示存放文件的目录。创建一个 ModelCheckpoint 对象把它传递给 model. train 方法，就可以在训练过程中使用检查点功能了。

5. 训练监督与模型评估

使用 model. train 后就可以开启深度学习训练了。但在面对复杂网络时，往往需要进行几十甚至几百个轮次训练。在训练之前，很难掌握在训练到第几个轮次时，模型的精度能达到满足要求的程度，所以经常会在训练的同时，在相隔固定轮次的位置对模型进行精度验证，并保存相应的模型，等训练完毕后，通过查看对应模型精度的变化就能迅速地挑选出相对最优的模型。因此在训练过程中，可以使用 Callback、metrics、MindInsight

等功能,实现对训练过程的监督和对神经网络的调试。

Callback 译为回调函数,但它其实不是一个函数而是一个类,可以使用回调函数来观察训练过程中网络内部的状态和相关信息,或在特定时期执行特定动作,例如监控损失、动态调整参数、提前终止训练任务等。

MindSpore 框架给用户提供了 ModelCheckpoint、LossMonitor、SummaryStep 等回调函数。在上文中已经使用 ModelCheckpoint 实现了模型保存,LossMonitor 可以在日志中输出损失,方便用户查看,同时它还会监控训练过程中的损失值变化情况,当损失值为 Nan 或 Inf 时终止训练。SummaryStep 可以把训练过程中的信息存储到文件中,以便后续进行查看或借助 MindInsight 可视化展示,如程序清单 5-22 就展示了传入多个回调函数时的写法。

程序清单 5-22　传入多个回调对象实现训练监督

```
from mindspore.train.callback import ModelCheckpoint, CheckpointConfig
config_ck = CheckpointConfig(save_checkpoint_steps = 32, keep_checkpoint_max = 10)
ckpoint_cb = ModelCheckpoint(prefix = 'resnet50', directory = None, config = config_ck)
model.train(epoch_num, dataset, callbacks = ckpoint_cb)
```

训练得到的模型文件可以用来预测新图像的类别,也可以使用 metrics 评估训练结果的好坏。首先通过 load_checkpoint 加载模型文件,然后调用 Model 的 eval 接口预测新图像类别。MindSpore 提供了多种 metrics 评估指标,如 accuracy、loss、precision、recall、F1,在具体实现时可以定义一个 metrics 字典对象,里面包含多种指标,传递给 model. eval 接口用来验证训练精度。模型加载与评估如程序清单 5-23 所示。

程序清单 5-23　模型加载与评估

```
metrics = {
    'accuracy': nn.Accuracy(),
    'loss': nn.Loss(),
    'precision': nn.Precision(),
    'recall': nn.Recall(),
    'f1_score': nn.F1()
}
net = ResNet()
loss = CrossEntropyLoss()
opt = Momentum()
model = Model(net, loss_fn = loss, optimizer = opt, metrics = metrics)
param_dict = load_checkpoint(args_opt.checkpoint_path)
load_param_into_net(model, param_dict)
ds_eval = create_dataset()
output = model.eval(ds_eval)
```

6. 运行并查看结果

至此，已经介绍了基于 CANN 软件栈使用 MindSpore 框架完成深度学习建模与训练的方法。在官方代码仓库中，也提供了完整的相关脚本，只需进入 scripts 目录，执行程序清单 5-24 中的脚本，即可开启训练，在屏幕上正常输出训练轮次和损失值就代表成功开始训练了。

程序清单 5-24　执行训练脚本

```
bash run_standalone_train.sh resnet50 cifar10 [DATASET_PATH]
# 执行上述脚本可以获得下述信息
...
epoch: 1 step: 195, loss is 1.9601055
epoch: 2 step: 195, loss is 1.8555021
epoch: 3 step: 195, loss is 1.6707983
epoch: 4 step: 195, loss is 1.8162166
epoch: 5 step: 195, loss is 1.393667
...
```

5.3.3　高阶技巧

1. 分布式训练

在工业实践中，很多任务都需要使用复杂的模型。复杂的模型加上海量的训练数据，经常导致模型训练耗时严重。因此，在机器资源充沛的情况下，建议采用分布式训练的方式，降低训练耗时。

常见的分布式训练有两种实现方式：模型并行与数据并行。模型并行是将一个网络拆分为多份，拆分后的模型分配到多个设备上使用相同的数据进行训练，这种方式适合于结构设计相对独立的网络模型；数据并行则是每次并行读取多份数据，读取到的数据输入给多个设备上的模型进行训练。MindSpore 同时考虑内存的计算代价和通信代价队训练时间进行建模，并设计了高效的算法来找到训练时间较短的并行策略。这种融合数据并行、模型并行及混合并行的分布式并行模式，可以自动建立代价模型，为用户选择一种新的并行模式。

在具体的实现中，需要先调用集合通信库，在 context.set_context 接口中使能分布式接口 enable_hccl，设置 device_id 参数，并通过调用 init 完成初始化操作。在程序清单 5-25 中，指定运行时使用图模式，并使用华为集合通信库（Huawei Collective Communication Library，HCCL），其中 get_rank 和 get_group_size 分别对应当前设备在集群中的 ID 和集群数量。

程序清单 5-25　分布式训练调用集合通信库

```
from mindspore import context
from mindspore.communication.management import init

if __name__ == "__main__":
    context.set_context(mode = context.GRAPH_MODE, device_target = "Ascend", enable_hccl =
True, device_id = int(os.environ["DEVICE_ID"]))
    init()
    ...
```

分布式训练时，数据是以数据并行的方式导入的。与单机不同的是，在数据集接口需要传入 num_shards 和 shard_id 参数，分别对应网卡数量和逻辑序号，建议通过 HCCL 接口获取这两个参数值，相关样例如程序清单 5-26 所示。

程序清单 5-26　分布式训练数据集改造

```
rank_id = get_rank()
rank_size = get_group_size()
data_set = ds.Cifar10Dataset(data_path, num_shards = rank_size, shard_id = rank_id)
```

context.set_auto_parallel_context 是用于设置并行参数的接口，参数 parallel_mode 可选数据并行 ParallelMode.DATA_PARALLEL 或自动并行 ParallelMode.AUTO_PARALLEL。在反向计算时，框架内部会将数据并行参数分散在多台机器的梯度进行收集，得到全局梯度值后再传入优化器中更新。mirror_mean 参数设置为 True 则对应 all reduce_mean 操作，False 对应 all reduce_sum 操作。

程序清单 5-27 的代码样例指定并行模式为自动并行，其中 dataset_sink_mode＝False 表示采用数据非下沉模式，LossMonitor 能够通过回调函数返回损失值。

程序清单 5-27　自动并行分布式训练

```
from mindspore.nn.optim.momentum import Momentum
from mindspore.train.callback import LossMonitor
from mindspore.train.model import Model, ParallelMode
from resnet import resnet50

def test_train_cifar(num_classes = 10, epoch_size = 10):
    context.set_auto_parallel_context(parallel_mode = ParallelMode.AUTO_PARALLEL,
mirror_mean = True)
    loss_cb = LossMonitor()
    dataset = create_dataset(epoch_size)
    net = resnet50(32, num_classes)
    loss = SoftmaxCrossEntropyExpand(sparse = True)
```

```
opt = Momentum(filter(lambda x: x.requires_grad, net.get_parameters()), 0.01, 0.9)
model = Model(net, loss_fn = loss, optimizer = opt)
model.train(epoch_size, dataset, callbacks = [loss_cb], dataset_sink_mode = False)
```

2. 混合精度训练

混合精度训练方法是通过混合使用float16和float32数据类型来加速深度神经网络训练的过程。使用混合精度训练主要有三个好处,一是对于中间变量的内存占用更少,节省内存的使用;二是因为内存使用减少,所以数据传出的时间也会缩短;三是float16的计算单元可以提供更快的计算性能。但是,混合精度训练受限于float16表达的精度范围,单纯将float32转换成float16会影响训练收敛情况,为了保证部分计算使用float16来进行加速的同时能保证训练收敛,MindSpore还进行了额外的适配。在MindSpore中典型的一个混合精度计算流程如图5-15所示。

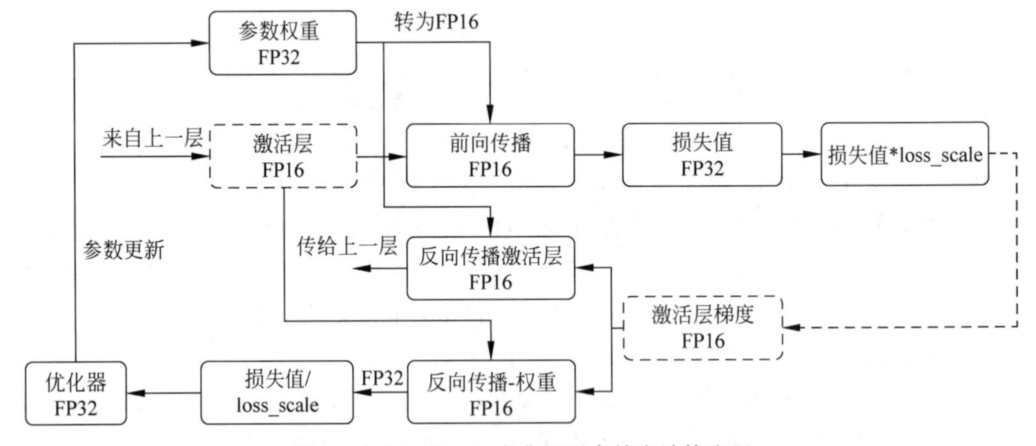

图5-15 MindSpore中典型混合精度计算流程

(1) MindSpore将网络中的参数以FP32存储;

(2) 在前向传播的过程中,遇到FP16算子,则把算子输入并将参数转换成FP16进行计算;

(3) 在计算损失函数的过程中,设置为使用FP32进行计算;

(4) 在反向传播过程中,将损失值乘以loss_scale值,避免反向梯度过小而产生下溢;

(5) FP16参数参与梯度计算时,其结果将被转换回FP32;

(6) 将损失值除以loss_scale值,还原被放大的梯度;

(7) 判断梯度是否溢出,如果溢出则跳过更新,否则对原始参数进行更新。

在代码中,可以使用FixedLossScaleManager来定义静态的loss_scale系数,实例化后传入模型构造函数,相关的代码如程序清单5-28所示。

程序清单 5-28 混合精度训练

```
net = resnet(class_num = config.class_num)
opt = Momentum(group_params, lr, config.momentum, loss_scale = config.loss_scale)
loss = SoftmaxCrossEntropyWithLogits(sparse = True, reduction = 'mean')
loss_scale = FixedLossScaleManager(config.loss_scale, drop_overflow_update = False)
model = Model(net, loss_fn = loss, optimizer = opt, loss_scale_manager = loss_scale,
metrics = {'acc'}, amp_level = "O2", keep_batchnorm_fp32 = False)
```

3. 高阶优化器 THOR

正如在 5.2 节中介绍的，MindSpore 推出的自研优化器 THOR 在训练速度和效果上都有着优秀的表现，在 ResNet-50＋ImageNet 上，该优化器与带 Momentum 的 SGD 相比，端到端时间可提速约 40%。在实践中，使用 THOR 训练网络非常简单，程序清单 5-29 展示了其使用方法。

程序清单 5-29 THOR 算法的使用

```
from mindspore.nn.optim import THOR #引用二阶优化器
#创建网络
net = Net()
#调用优化器
opt = THOR(net, lr, Tensor(damping), config.momentum, config.weight_decay, config.loss_
scale, config.batch_size, split_indices = split_indices)
#增加计算图提升性能
model = ConvertModelUtils().convert_to_thor_model(model = model, network = net, loss_fn = loss,
optimizer = opt, loss_scale_manager = loss_scale, metrics = {'acc'}, amp_level = "O2", keep_
batchnorm_fp32 = False, frequency = config.frequency)
#训练网络
model.train(config.epoch_size, dataset, callbacks = cb, sink_size = dataset.get_dataset_
size(), dataset_sink_mode = True)
```

导入 MindSpore 所需的二阶优化器的包，其位于 mindspore.nn.optim 中；创建所需的网络结构和 THOR 优化器，传入网络信息和 THOR 所需的超参信息后调用 convert_to_thor_model 函数，该函数通过增加计算图使 THOR 达到更优性能。具体来看，网络运行时本身就是一张计算图，THOR 中会使用其中的二阶矩阵信息，通过额外增加一张计算图，两张计算图分别执行更新二阶矩阵和不更新二阶矩阵的操作达到更优性能。有关使用 THOR 优化器进行训练的代码可以参考官方开源代码库的实现①。

---

① ResNet_thor：https://gitee.com/mindspore/mindspore/tree/r0.7/model_zoo/official/cv/resnet_thor。

5.4 CANN 训练框架之其他框架

CANN 软件栈除了能够适配强大的 MindSpore 框架，也对市面上主流的框架进行了适配，仅需简单的修改，就能将开源代码迁移到 CANN 上运行。本节从开源的 ResNet-50 代码出发，讲解将其运行在 CANN 软件栈上的具体方法。

5.4.1 CANN 与 TensorFlow 的适配原理

CANN 软件栈中昇腾计算编译引擎的图编译器(Graph Compiler)和昇腾计算执行引擎的图执行器(Graph Executor)，合在一起常称为图引擎(Graph Engine，GE)。正如在第 2 章中介绍的，GE 能够对不同的深度学习前端框架提供统一的 IR 接口，从而支持 TensorFlow/PyTorch/MindSpore 的计算图执行。它也能优化计算图的后端执行，更充分地发挥底层昇腾处理器的计算能力。

为了实现这样的目标，华为公司开发了 TensorFlow Adapter For Ascend 组件包(简称 TF Adapter)来架起 TensorFlow 框架和 GE 之间的桥梁。图 5-16 展示了 CANN 软件栈借助 TF Adapter 实现对 TensorFlow 框架进行适配的原理图。

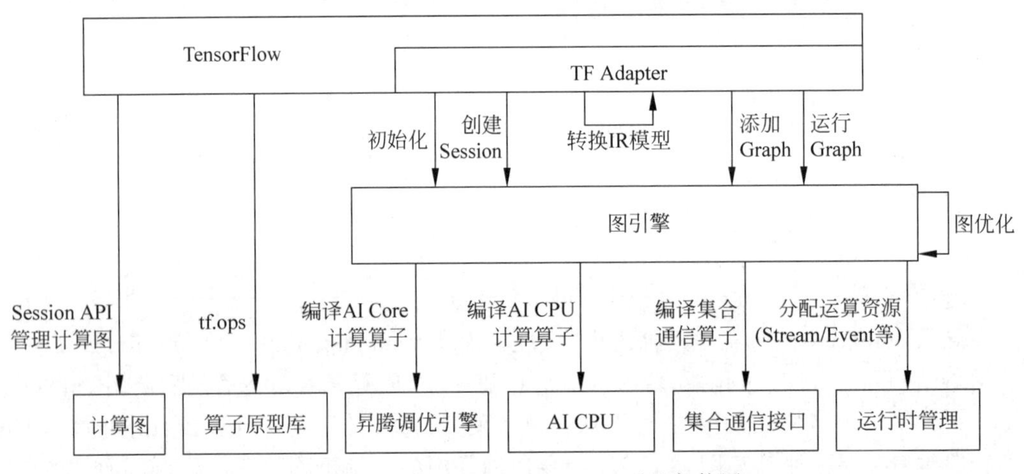

图 5-16 CANN 适配 TensorFlow 适配架构图

在 TenorFlow 中有两个十分重要的概念，op 和 kernel。可以认为 op 相当于函数声明，kernel 相当于函数实现。同一份声明在不同的设备上，最优的实现方式是不一样的，比如对于 MatMul 矩阵相乘这个操作，在 CPU 上可以用 SSE 指令优化加速，在 GPU 上可以用 GPU 实现高性能计算，在昇腾 AI 处理器上自然也有其他的执行方式。昇腾 AI

处理器也常称为NPU(Neural Processing Unit,神经处理单元)。TF Adapter注册了相应的kernel函数,在继承tf.op的同时能够实现自定义通信算子HCOM和TBE算子的注册,实现算子的适配。

从流程上看,当用户执行训练代码后,TensorFlow前端会根据用户提供的训练脚本,生成训练模型,读取指定路径下的Checkpoint文件完成模型权重初始化或随机初始化;随后,框架前端会通过TF Adapter调用GE初始化接口,完成设备打开、计算引擎初始化、算子信息库初始化等操作。

TF Adapter会调用GE接口,将前端训练模型转换为IR格式的模型,然后启动模型编译和执行;在图优化引擎中,它还会完成形状推导、常量折叠、算子融合等优化操作。在完成图优化后会根据算子信息库将计算图拆分为不同的子图,每个子图都可以执行在同一个设备上,如GE会调用图编译器接口完成AI Core计算算子编译,调用AI CPU接口完成AI CPU计算算子编译,调用集合通信接口(HCOM)完成集合通信算子编译。在每个具体模块中,都会进行特定的子图优化。

待计算图的编译和优化都完成后,GE会调用Runtime接口分配运行资源,包含内存、Stream、Event等,待计算资源分配完成后,就可以交由RunTime运行并对资源进行管理了。

上述流程是CANN软件栈面对TensorFlow代码的处理流程,借助TF Adapter的强大能力,只需要安装TF Adapter插件,并在现有TensorFlow脚本中添加少量配置,即可实现在昇腾AI处理器上加速自己的训练任务。TF-Adapter的源码实现已经开源①,感兴趣的读者可以通过源码深入研究。

5.4.2 使用TensorFlow训练ResNet-50

5.4.1节初步介绍了CANN适配TensorFlow的原理。本节将以具体的实例介绍如何训练出TensorFlow版本的ResNet-50模型。

1. 训练前准备

本节将以ImageNet数据集为例,介绍TensorFlow版本ResNet-50的训练方法。用户可以在其官方网站②获取数据集,原始版本的代码也可以通过TensorFlow官方代码库③中下载获取,下载后的主要文件目录结构如程序清单5-30所示(只列出部分涉及文件,更多文件请查看获取的ResNet原始网络脚本)。

其中,imagenet_main.py文件中包含imagenet数据集数据预处理、模型构建定义、

① TF-Adapter相关资料请参见https://gitee.com/ascend/tensorflow/tree/master。

② ImageNet数据集官网链接为http://www.image-net.org/。

③ Modelzoo中TensorFlow-ResNet的代码链接为https://github.com/tensorflow/models/tree/r2.1_model_reference/official。

模型运行的相关函数接口。数据预处理部分包含 get_filenames、parse_record、input_fn、get_synth_input_fn、_parse_example_proto 函数，模型部分包含 ImagenetModel 类、imagenet_model_fn、run_cifar、define_cifar_flags 函数。

imagenet_preprocessing.py 文件中包含了 imagenet 图像数据预处理接口。训练过程包括使用提供的边界框对训练图像进行采样、将图像裁剪到采样边界框、随机翻转图像，然后调整到目标输出大小（不保留纵横比）。评估过程中使用图像大小调整（保留纵横比）和中央剪裁。

resnet_model.py 中包含了 ResNet 模型的实现，包括辅助构建 ResNet 模型的函数以及网络结构的定义函数。

resnet_run_loop.py 是模型运行文件，包括输入处理和运行循环两部分。输入处理包括对输入数据进行解码和格式转换，输出图像和标签，还根据是否为训练过程对数据的随机化、批次、预读取等细节做出了设定；运行循环部分包括构建 Estimator，然后进行训练和验证。总体来看，是将模型放置在具体的环境中，实现数据与误差在模型中的流动，进而利用梯度下降法更新模型参数。

程序清单 5-30　TensorFlow 版本 ResNet-50 原始网络目录结构

```
├── r1                          // 原始模型目录
│   ├── resnet                  // resnet 主目录
│       ├── __init__.py
│       ├── imagenet_main.py           // 基于 Imagenet 数据集训练网络模型
│       ├── imagenet_preprocessing.py  // Imagenet 数据集数据预处理模块
│       ├── resnet_model.py            // resnet 模型文件
│       ├── resnet_run_loop.py         // 数据输入处理与运行循环(训练、验证、测试)
│       ├── README.md                  // 项目介绍文件
│   ├── utils
│   │   ├── export.py   // 数据接收函数,定义了导出的模型将会对何种格式的参数予以响应
├── utils
│   ├── flags
│   │   ├── core.py                    // 包含了参数定义的公共接口
│   ├── logs
│   │   ├── hooks_helper.py            //自定义创建模型在测试/训练时的工具,比如
                        // 每秒钟计算步数的功能、每 N 步或捕获 CPU/GPU 分析信息的功能等
│   │   ├── logger.py                  // 日志工具
│   ├── misc
│   │   ├── distribution_utils.py      // 进行分布式运行模型的辅助函数
│   │   ├── model_helpers.py           // 定义了一些能被模型调用的函数,比如控制
                                       // 模型是否停止
```

2. 数据预处理

数据预处理流程与原始模型一致，修改 input_fn 函数内的部分代码以适配 CANN 软件栈并提升计算性能，展示的示例代码包含改动位置。

在 official/r1/resnet/imagenet_main.py 文件中增加以下头文件，如程序清单 5-31 所示，并在数据读取时获取芯片数量及芯片 id，用于支持数据并行，如程序清单 5-32 所示。

程序清单 5-31　imagenet_main 添加头文件

```
from hccl.manage.api import get_rank_size
from hccl.manage.api import get_rank_id
```

程序清单 5-32　修改 input_fn 函数

```
def input_fn(is_training, data_dir, batch_size, num_epochs = 1, dtype = tf.float32,
datasets_num_private_threads = None, parse_record_fn = parse_record, input_context = None,
drop_remainder = False, tf_data_experimental_slack = False):
    # 获取文件路径
    filenames = get_filenames(is_training, data_dir)
    # 按第一个维度切分文件
    dataset = tf.data.Dataset.from_tensor_slices(filenames)
    if input_context:
        # 获取芯片数量及芯片 id,用于支持数据并行
        dataset = dataset.shard(get_rank_size(),get_rank_id())
    if is_training:
        # 将文件顺序打乱
        dataset = dataset.shuffle(buffer_size = _NUM_TRAIN_FILES)

    dataset = dataset.interleave(
        tf.data.TFRecordDataset,
        cycle_length = 10,
        num_parallel_calls = tf.data.experimental.AUTOTUNE)
   return resnet_run_loop.process_record_dataset(
        dataset = dataset,
        is_training = is_training,
        batch_size = batch_size,
        shuffle_buffer = _SHUFFLE_BUFFER,
        parse_record_fn = parse_record_fn,
        num_epochs = num_epochs,
        dtype = dtype,
        datasets_num_private_threads = datasets_num_private_threads,
        drop_remainder = drop_remainder,
        tf_data_experimental_slack = tf_data_experimental_slack,
    )
```

3. 模型构建

模型构建的代码与原始模型代码一致，无须进行过多的适配。部分位置可以进行适配性改造以提升计算性能，例如在引入头文件之后，可以在计算精确度时使用float32作为标签类型以提升精度，如程序清单5-33所示。这个函数在resnet_run_loop.py的resnet_model_fn函数中，该类定义了由Estimator运行的模型。

程序清单5-33　计算accuracy修改标签类型

```
from npu_bridge.hccl import hccl_ops
    # labels使用float32类型来提升精度
    accuracy = tf.compat.v1.metrics.accuracy(tf.cast(labels, tf.float32), predictions['
classes'])

    # 源代码中计算accuracy如下:
    # accuracy = tf.compat.v1.metrics.accuracy(labels, predictions['classes'])

    accuracy_top_5 = tf.compat.v1.metrics.mean(
        tf.nn.in_top_k(predictions = logits, targets = labels, k = 5, name = 'top_5_op'))

    # 用于分布式训练时的accuracy计算
    rank_size = int(os.getenv('RANK_SIZE'))
    newaccuracy = (hccl_ops.allreduce(accuracy[0], "sum") / rank_size, accuracy[1])
    newaccuracy_top_5 = (hccl_ops.allreduce(accuracy_top_5[0], "sum") / rank_size,
accuracy_top_5[1])
    metrics = {'accuracy': newaccuracy,'accuracy_top_5': newaccuracy_top_5}
    # 源代码中的metrics表示如下:
    # metrics = {'accuracy': accuracy,
    #              'accuracy_top_5': accuracy_top_5}
```

用户也可以使用max_pool_with_argmax算子替代max_pooling2d算子，以获得更好的计算性能。高性能算子替换如程序清单5-34所示。

程序清单5-34　高性能算子替换

```
# 是否进行第一次池化
if self.first_pool_size:
    # 使用max_pool_with_argmax代替max_pooling2d能获得更好的表现
    inputs,argmax = tf.compat.v1.nn.max_pool_with_argmax(
    input = inputs, ksize = (1,self.first_pool_size,self.first_pool_size, 1),
    strides = (1,self.first_pool_stride,self.first_pool_stride,1), padding = 'SAME',
data_format = 'NCHW' if self.data_format == 'channels_first' else 'NHWC')

    # 源代码使用max_pooling2d接口进行池化
```

```
    # inputs = tf.compat.v1.layers.max_pooling2d(
    #     inputs = inputs, pool_size = self.first_pool_size,
    #     strides = self.first_pool_stride, padding = 'SAME',
    #     data_format = self.data_format)

    inputs = tf.identity(inputs, 'initial_max_pool')
```

4. 训练配置

训练运行配置主要保存在 resnet_run_loop.py 文件中的 resnet_main 函数内，为了让其能够顺利迁移到昇腾平台运行，需要做三方面的修改：一是添加头文件，二是替换 Runconfig，三是替换 Estimator 接口。

参见程序清单 5-35，首先要在"/official/r1/resnet/resnet_run_loop.py"添加头文件。

程序清单 5-35　添加头文件

```
from npu_bridge.estimator.npu.npu_config import NPURunConfig
from npu_bridge.estimator.npu.npu_estimator import NPUEstimator
```

接下来，需要修改 official/r1/resnet/resnet_run_loop.py 的 resnet_main 函数，通过 NPURunconfig 替代 Runconfig 来配置运行参数，参见程序清单 5-36。

程序清单 5-36　NPURunconfig 参数配置

```
  # 使用 NPURunconfig 替换 Runconfig,适配昇腾 AI 处理器,每 115200 步保存一次 checkpoint,
每 10000 次保存一次 summary
  # 对数据进行预处理,使用混合精度模式提升训练速度
  run_config = NPURunConfig(
      model_dir = flags_obj.model_dir,
      session_config = session_config,
      save_checkpoints_steps = 115200,
      enable_data_pre_proc = True,
      iterations_per_loop = 100,
      # enable_auto_mix_precision = True,
      # 设置为混合精度模式
      precision_mode = 'allow_mix_precision',
      hcom_parallel = True
  )
  # 源代码中运行参数配置如下:
  # run_config = tf.estimator.RunConfig(
  #     train_distribute = distribution_strategy,
  #     session_config = session_config,
  #     save_checkpoints_secs = 60 * 60 * 24,
  #     save_checkpoints_steps = None)
```

同样在 resnet_main 函数内，需要创建 NPUEstimator，使用 NPUEstimator 接口代替 tf. estimator. Estimator，如程序清单 5-37 所示。

程序清单 5-37　修改 NPUEstimator 接口

```
# 使用NPUEstimator接口代替 tf.estimator.Estimator
classifier = NPUEstimator(
    model_fn = model_function, model_dir = flags_obj.model_dir, config = run_config,
    params = {
        'resnet_size': int(flags_obj.resnet_size),
        'data_format': flags_obj.data_format,
        'batch_size': flags_obj.batch_size,
        'resnet_version': int(flags_obj.resnet_version),
        'loss_scale': flags_core.get_loss_scale(flags_obj,
                                               default_for_fp16 = 128),
        'dtype': flags_core.get_tf_dtype(flags_obj),
        'fine_tune': flags_obj.fine_tune,
        'num_workers': num_workers,
        'num_gpus': flags_core.get_num_gpus(flags_obj),
    })
# 源代码中创建 Estimator 如下:
# classifier = tf.estimator.Estimator(
#     model_fn = model_function, model_dir = flags_obj.model_dir, config = run_config,
#     warm_start_from = warm_start_settings, params = {
#         'resnet_size': int(flags_obj.resnet_size),
#         'data_format': flags_obj.data_format,
#         'batch_size': flags_obj.batch_size,
#         'resnet_version': int(flags_obj.resnet_version),
#         'loss_scale': flags_core.get_loss_scale(flags_obj,
#                                                default_for_fp16 = 128),
#         'dtype': flags_core.get_tf_dtype(flags_obj),
#         'fine_tune': flags_obj.fine_tune,
#         'num_workers': num_workers,
#     })
```

5. 分布式训练

在修改完数据处理模块和模型配置的代码后，就需要修改训练函数相关接口，在代码训练模块文件中引入头文件后还需要在训练之前进行集合通信初始化，相关代码如程序清单 5-38 所示。

程序清单 5-38　引入头文件和集合通信初始化

```
from npu_bridge.estimator import npu_ops
from tensorflow.core.protobuf import rewriter_config_pb2
```

```
def main():
    # 初始化 NPU,调用 HCCL 接口
    init_sess, npu_init = resnet_run_loop.init_npu()
    init_sess.run(npu_init)

    with logger.benchmark_context(flags.FLAGS):
        run_imagenet(flags.FLAGS)
```

在完成集合通信初始化后还需要实现手动初始化集合通信的函数,参见程序清单 5-39。

程序清单 5-39　手动初始化集合通信的函数

```
# 添加如下函数
def init_npu():
    npu_init = npu_ops.initialize_system()
    config = tf.ConfigProto()
    config.graph_options.rewrite_options.remapping = rewriter_config_pb2.
RewriterConfig.OFF
    custom_op = config.graph_options.rewrite_options.custom_optimizers.add()
    custom_op.name = "NpuOptimizer"
    custom_op.parameter_map["precision_mode"].s = tf.compat.as_bytes("allow_mix_
precision")
    custom_op.parameter_map["use_off_line"].b = True
    init_sess = tf.Session(config=config)
    return init_sess, npu_init
```

在单次训练或验证结束后需要释放设备资源,在执行 classifier.train 之后添加如程序清单 5-40 所示的代码来释放 NPU 资源,在下一次进程开始之前如果还需要用到 hccl 则重新初始化。

程序清单 5-40　释放 NPU 资源

```
init_sess, npu_init = init_npu()
      npu_shutdown = npu_ops.shutdown_system()
      init_sess.run(npu_shutdown)
      init_sess.run(npu_init)
```

与单次执行训练后释放资源相似,在所有训练/验证结束后,也需要通过 npu_ops.shutdown_system 接口释放设备资源,相关代码见程序清单 5-40。由于昇腾 AI 处理器默认支持混合精度训练,loss_scale 设置过大可能导致梯度爆炸,设置过小可能会导致梯度消失。所以依据经验,修改 imagenet_main.py 的 define_imagenet_flags 函数,设置 loss_scale 为 512,确保模型正常训练。

在完成上述所有修改后，就可以执行 imagenet_main.py 进行训练了，可以通过 ModelZoo 获得完整的代码。

5.4.3 CANN 与 PyTorch 的适配原理

PyTorch 是与 TensorFlow 截然不同的框架，不同于 TensorFlow 在 Python 层构造一个完整的计算图之后去执行，PyTorch 的前向计算是由 Python 代码层驱动的，反向计算是每次迭代每个前向计算时压入栈的反向执行函数的调用串。因此，不同于 TensorFlow 整网优化的策略，CANN 采用单算子优化的方式与 PyTorch 进行适配。

使用单算子优化的对接适配方案可以最大限度上继承 PyTorch 框架动态图的特性，同时继承框架原生的体系结构，保留了比如自动微分、动态分发、Profiling、Storage 共享机制及设备侧的动态内存管理等出色的特点。与此同时，这种适配方式具有很好的扩展性。在打通流程的通路之上，对于新增的网络类型或结构，可以复用框架类算子，反向图建立和实现机制等，只需涉及相关计算类算子的开发和实现。

从用户的角度来看，可以最大限度保持与 GPU 的使用方式和风格一致。在代码迁移时，只需在 Python 侧和 device 相关操作中，指定 device 为昇腾 AI 处理器，即可完成用昇腾 AI 处理器在 PyTorch 对网络的开发、训练及调试，无须进一步关注昇腾 AI 处理器具体的底层细节，迁移成本更低。

CANN 与 PyTorch 框架对接适配的逻辑模型如图 5-17 所示。整体来看，昇腾 AI 处理器可以被当作和 GPU 同一类别的设备，具体功能包括内存管理、设备管理及算子调用实现。

为了更好地理解框架图，需要先对 PyTorch 框架的结构进行介绍。PyTorch 的代码主要由 C10、ATen、torch 三大部分组成的：C10 是 Caffe Tensor Library 的缩写，这里存放的都是最基础的 Tensor 库的代码，可以运行在服务端和移动端；Aten 是 A TENsor library for C++ 11 的缩写，这一部分声明和定义了 Tensor 运算相关的逻辑和代码；Torch 包含了其前身开源项目的代码。针对 PyTorch 这三大组成部分，CANN 都进行了适配性的开发，对上开放调用接口，对下调用 AscendCL 模块使用昇腾计算能力。

与之相配合的，基于 NPU 芯片的架构特性，昇腾计算平台还开发了 Apex 模块实现混合精度计算。Apex 是一个集优化性能、精度收敛于一身的综合优化库，在保证部分计算使用 float16 进行加速的同时能保证训练收敛。

借助 APEX 和 CANN 在框架层的适配开发，可以十分方便地完成代码迁移。5.4.4 节将通过 ResNet-50 的实例介绍代码迁移的具体流程。

5.4.4 使用 PyTorch 训练 ResNet-50

相比于对 TensorFlow 代码进行适配，修改 PyTorch 代码要简单很多。先从 PyTorch 官网中获得训练脚本①，获取原始代码后就可以按照如下的流程进行适配改造。

---

① PyTorch_resnet50 代码参见 https://github.com/pytorch/examples/tree/master/imagenet。

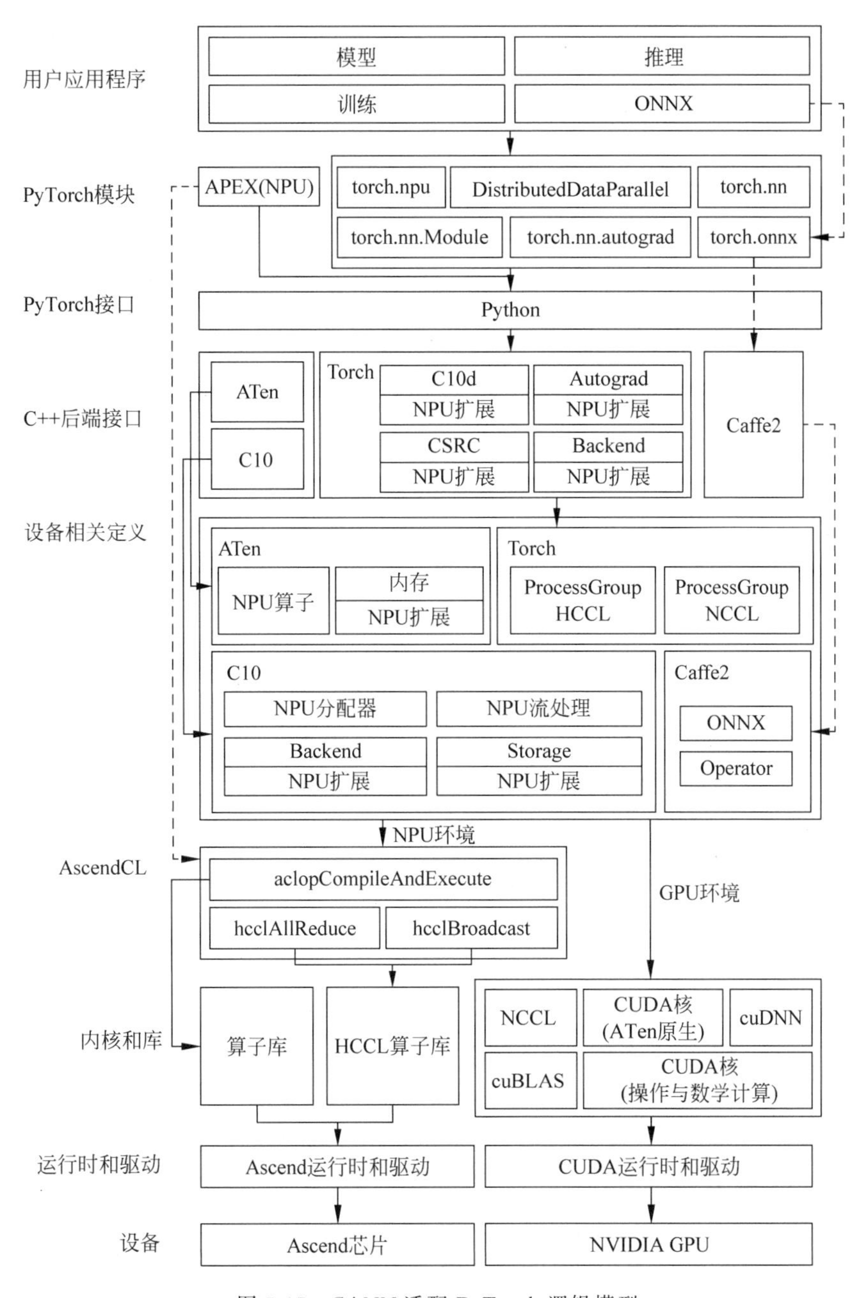

图 5-17　CANN 适配 PyTorch 逻辑模型

首先，要添加头文件以支持基于 PyTorch 框架的模型在昇腾 910 AI 处理器上训练，并在头文件后添加参数以指定使用昇腾 910 AI 处理器进行训练，相关的代码如程序清单 5-41 所示。

程序清单 5-41　PyTorch 添加头文件并指定设备

```
import torch.npu
CALCULATE_DEVICE = "npu:1"
```

接下来就要修改参数及判断选项，使其只在昇腾 910 AI 处理器上进行训练，相关的代码在 main.py 文件中的 main_worker 函数中，相关的修改代码如程序清单 5-42 所示。

程序清单 5-42　修改参数及判断选项

```
# args.gpu = gpu
args.gpu = None
# 源代码中需要判断是否在 GPU 上进行训练，源代码如下：
    # if not torch.cuda.is_available():
        # print('using CPU, this will be slow')
    # elif args.distributed:
############### npu modify begin #############
    # 迁移后为直接判断是否进行分布式训练，去掉判断是否在 GPU 上进行训练
    if args.distributed:
```

在完成基本配置的修改后，要将模型及损失函数迁移到昇腾 910 AI 处理器上进行计算，相关的代码也在 main_worker 函数中，参见程序清单 5-43。

程序清单 5-43　迁移模型及损失函数

```
    elif args.gpu is not None:
        torch.cuda.set_device(args.gpu)
        model = model.cuda(args.gpu)
    else:
        # DataParallel will divide and allocate batch_size to all available GPUs
        if args.arch.startswith('alexnet') or args.arch.startswith('vgg'):
            model.features = torch.nn.DataParallel(model.features)
            model.cuda()
        else:
            # 源代码使用 torch.nn.DataParallel()类来用多个 GPU 加速训练
            # model = torch.nn.DataParallel(model).cuda()
            # 将模型迁移到 NPU 上进行训练
           model = model.to(CALCULATE_DEVICE)
    # 源代码中损失函数在 GPU 上进行计算
    # # define loss function (criterion) and optimizer
    # criterion = nn.CrossEntropyLoss().cuda(args.gpu)
    # 将损失函数迁移到 NPU 上进行计算
    criterion = nn.CrossEntropyLoss().to(CALCULATE_DEVICE)
```

为了适配 CANN 软件栈上部分算子的特性，将数据集目标结果 target 修改成 int32

类型解决算子报错问题；将数据集迁移到昇腾910 AI处理器上进行计算。在train和validate函数中均有数据集读取的代码，相关代码如程序清单5-44所示。

程序清单5-44　修改数据集数据类型

```
for i, (images, target) in enumerate(train_loader):
    # measure data loading time
    data_time.update(time.time() - end)

    if args.gpu is not None:
        images = images.cuda(args.gpu, non_blocking=True)
    # 源代码中训练数据集在GPU上进行加载计算，源代码如下：
    # if torch.cuda.is_available():
        # target = target.cuda(args.gpu, non_blocking=True)
    # 将数据集迁移到NPU上进行计算并修改target数据类型
    if 'npu' in CALCULATE_DEVICE:
        target = target.to(torch.int32)
     images, target = images.to(CALCULATE_DEVICE, non_blocking=True), target.to
(CALCULATE_DEVICE, non_blocking=True)
```

完成上述修改后，如程序清单5-45所示，简单设置当前正在使用的device后，就可以直接执行脚本开启训练了。

程序清单5-45　设置当前使用的device

```
if __name__ == '__main__':
    if 'npu' in CALCULATE_DEVICE:
       torch.npu.set_device(CALCULATE_DEVICE)
    main()
```

通过上述的修改，开源的脚本就可以在昇腾平台的单设备下进行训练了，相关完整的代码可以通过ModelZoo获得。其他的开源代码也可以通过接口的替换实现网络迁移，着重考虑环境配置、高性能接口替换和数据类型改造即可。CANN软件栈也支持分布式训练的迁移，受限于篇幅，不进行详述。感兴趣的用户可以参考CANN官方文档中的流程进行改造。

5.5　网络模型迁移和在线推理

5.4节展示了如何将开源的ResNet代码迁移到昇腾处理器上执行。除了使用官方代码库中提供给用户的代码外，用户也可以将已有的TensorFlow原始代码迁移到CANN软件栈上。本节将具体介绍完整的迁移过程和其中可能使用到的工具。

5.5.1 模型迁移和在线推理流程

模型迁移和在线推理的主要工作就是将 TensorFlow 原始模型迁移到昇腾 AI 处理器上并执行前向传播，主要流程如图 5-18 所示。

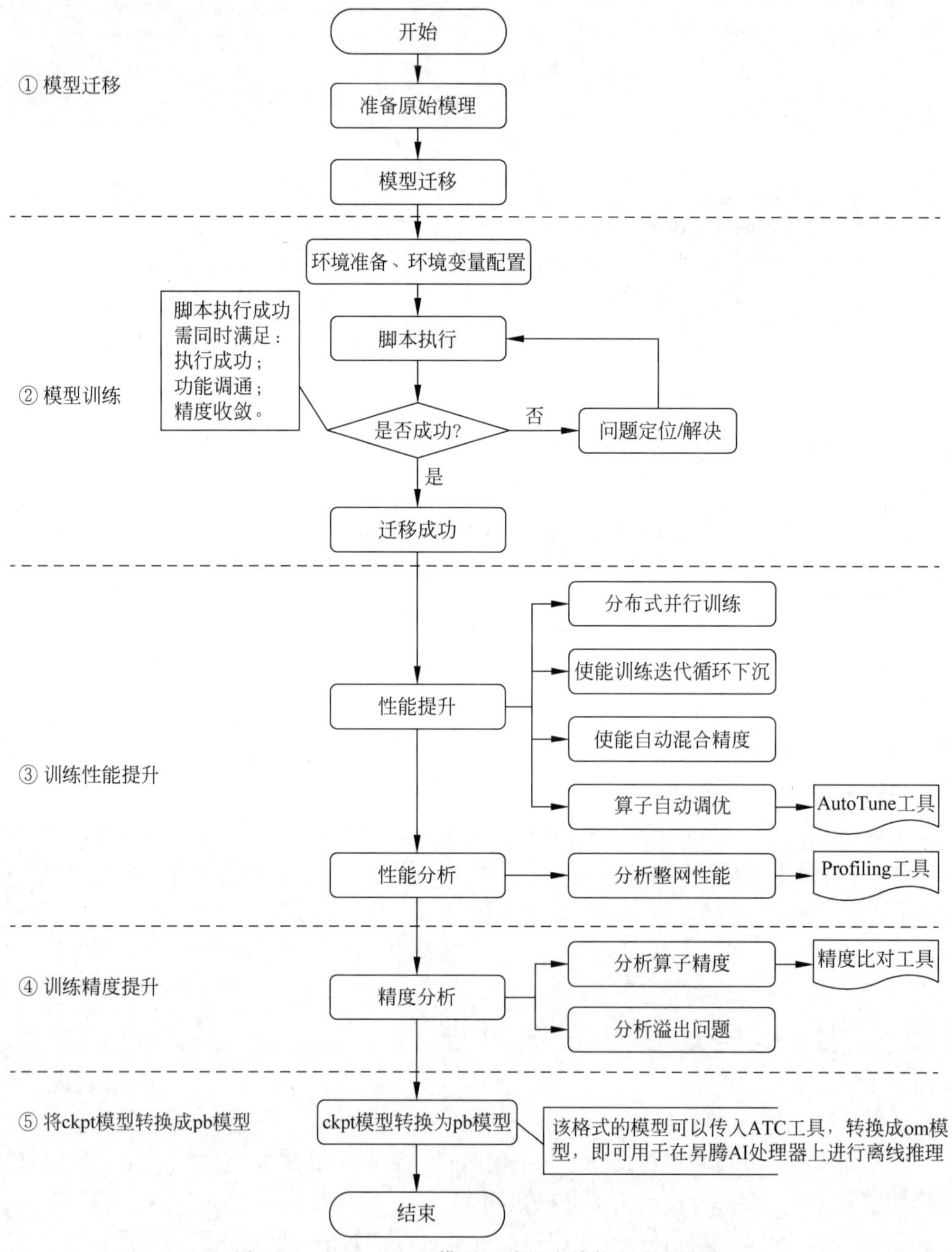

图 5-18　TensorFlow 模型迁移和在线推理主要流程

在进行代码迁移改造前，要事先准备好基于TensorFlow 1.15开发的训练模型及配套的数据集，用户需要在自己的设备上将其跑通，且达到预期精度和性能要求，同时记录相关精度和性能指标，用于后续在昇腾AI处理器上进行精度和性能对比。

在完成准备工作之后，就可以改造模型代码了。目前CANN支持Estimator和sess.run两种运行方式的代码迁移。接下来将对这两种方式进行具体介绍。

1. Estimator迁移

Estimator API属于TensorFlow的高阶API，在2018年发布的TensorFlow 1.10版本中引入，它可极大简化机器学习的编程过程。Estimator有很多优势，例如：对分布式的良好支持、简化了模型的创建工作、有利于模型用户之间的代码分享等。

使用Estimator进行训练脚本迁移的流程如图5-19所示。

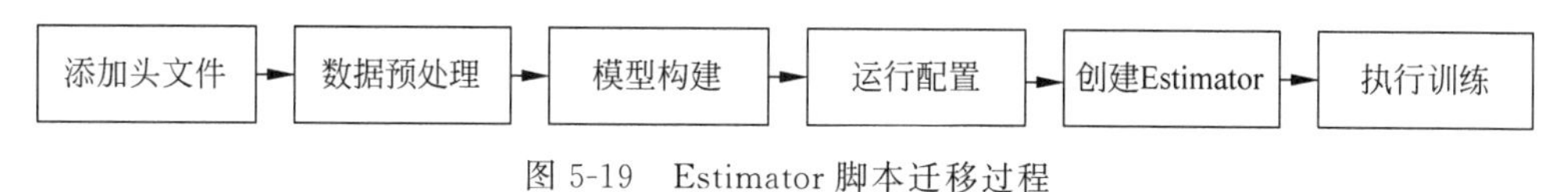

图5-19　Estimator脚本迁移过程

1）添加头文件

用户需要将所有涉及修改的Python文件都新增程序清单5-46的头文件，用于导入NPU相关库。

程序清单5-46　添加头文件

```
from npu_bridge.npu_init import *
```

2）数据预处理

一般情况下，数据预处理的代码无须改造。当前仅支持固定shape下的训练，也就是在进行图编译时shape的值必须是已知的情况需要进行适配修改。当原始网络脚本中使用dataset.batch(batch_size)返回动态形状时，由于数据流中剩余的样本数可能小于batch大小，因此在昇腾AI处理器上进行训练时，应将drop_remainder设置为True。

这可能会丢弃文件中的最后几个样本，以确保每个批量都具有静态形状（batch_size）。但需要注意的是，推理时，当最后一次迭代的推理数据量小于batch size时，需要补齐空白数据到batch size，因为有些脚本最后会添加断言，验证结果的数量要和验证数据的数量一致，此种情况会导致训练失败，相关的数据集改造代码如程序清单5-47所示。

程序清单5-47　数据集模块改造

```
dataset = dataset.batch(batch_size, drop_remainder=True)
assert num_written_lines == num_actual_predict_examples
```

3）模型构建

一般情况下，此部分代码无须改造。以下情况需要进行适配修改：一是如果原始网络中使用到了 tf.device，需要删除相关代码；二是对于原始网络中的 dropout，建议替换为昇腾对应的 API 实现，以获得更优性能。相关的示例如程序清单 5-48 所示。

程序清单 5-48　dropout 的 CANN 实现

```
layers = tf.nn.dropout()                                #TensorFlow 原始代码
from npu_bridge.estimator import npu_ops
layers = npu_ops.dropout()                              #迁移后的代码
```

对于原始网络中的 gelu，建议替换为昇腾对应的 API 实现，以获得更优性能，参见程序清单 5-49。

程序清单 5-49　gelu 的 CANN 实现

```
#TensorFlow 原始代码
def gelu(x):
  cdf = 0.5 * (1.0 + tf.tanh(
     (np.sqrt(2 / np.pi) * (x + 0.044715 * tf.pow(x, 3)))))
  return x * cdf
layers = gelu()
#迁移后的代码
layers = npu_unary_ops.gelu(x)
```

4）运行配置

TensorFlow 通过 Runconfig 配置运行参数，用户需要将 Runconfig 迁移为 NPURunconfig。NPURunConfig 类继承 RunConfig 类，因此在迁移的过程中按照程序清单 5-50 直接修改接口即可，大多数参数可不变。

程序清单 5-50　迁移 NPURunconfig 类

```
#TensorFlow 原始代码
config = tf.estimator.RunConfig(
  model_dir = FLAGS.model_dir,
  save_checkpoints_steps = FLAGS.save_checkpoints_steps,
  session_config = tf.ConfigProto(allow_soft_placement = True, log_device_placement =
False))
#迁移后的代码
npu_config = NPURunConfig(
  model_dir = FLAGS.model_dir,
  save_checkpoints_steps = FLAGS.save_checkpoints_steps,
  session_config = tf.ConfigProto(allow_soft_placement = True, log_device_placement =
False))
```

部分参数(包括 train_distribute/device_fn/protocol/eval_distribute/ experimental_distribute)在 NPURunConfig 中不支持,如果原始脚本使用到了,用户需要进行删除。

NPURunConfig 中新增了部分参数,从而提升训练性能,例如 iterations_per_loop、precision_mode 等,这些参数会在后面的性能提升环节详细介绍。

5) 创建 Estimator

需要将 TensorFlow 的 Estimator 迁移为 NPUEstimator,NPUEstimator 类继承了 Estimator 类,因此在迁移时按照程序清单 5-51 展示的代码直接更改接口即可,参数可保持不变。

程序清单 5-51 Estimator 代码修改示例

```
#TensorFlow 原始代码
mnist_classifier = tf.estimator.Estimator(
  model_fn = cnn_model_fn,
  config = config,
  model_dir = "/tmp/mnist_convnet_model")

#迁移后的代码
mnist_classifier = NPUEstimator(
  model_fn = cnn_model_fn,
  config = npu_config,
  model_dir = "/tmp/mnist_convnet_model"
  )
```

6) 执行训练

在 Estimator 上调用训练方法 Estimator.train,利用指定输入对模型进行固定步数的训练,无须进行特别的改造。

2. sess.run 迁移

sess.run API 属于 TensorFlow 的低阶 API,相对于 Estimator 来讲,灵活性较高,但模型的实现较为复杂。使用 sess.run API 进行训练脚本迁移开发的流程如图 5-20 所示。

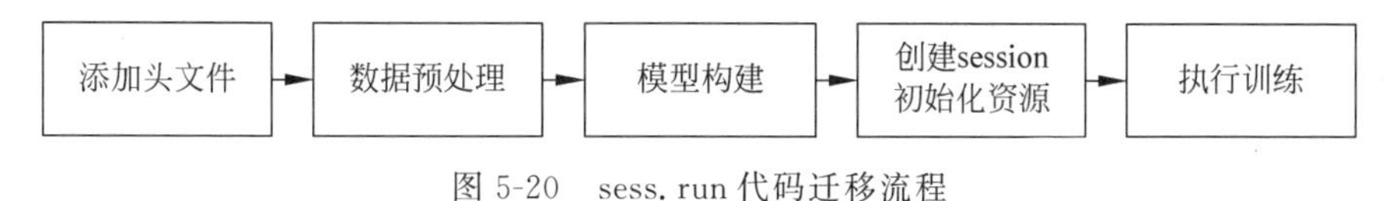

图 5-20 sess.run 代码迁移流程

与 Estimator 迁移的过程相似,都需要添加头文件、适配修改数据预处理代码及使用 NPU 实现的接口代替原生的模型接口。在创建 session 时有一些相关配置需要额外注意,其中的配置项 rewrite_options.disable_model_pruning 默认关闭,不要开启;配置项 rewrite_options.remapping 默认开启,必须显式关闭;tf.Session 原生功能在昇腾平台上全部支持,CANN 还额外支持动混合精度等功能。相关设置涉及许多相关参数,可以查看和学习昇腾社区官方文档。sess.run模式的原始代码见程序清单5-52。迁移后的sess.run代码见程序清单5-53。

程序清单5-52　sess.run模式的原始代码

```
#构造迭代器
iterator = Iterator.from_structure(train_dataset.output_types, train_dataset.output_shapes)
#取batch数据
next_batch = iterator.get_next()
#迭代器初始化
training_init_op = iterator.make_initializer(train_dataset)
#变量初始化
init = tf.global_variables_initializer()
sess = tf.Session()
sess.run(init)
#Get the number of training/validation steps per epoch
train_batches_per_epoch = int(np.floor(train_size/batch_size))
```

程序清单5-53　迁移后的sess.run代码

```
#构造迭代器
iterator = Iterator.from_structure(train_dataset.output_types, train_dataset.output_shapes)
#取batch数据
next_batch = iterator.get_next()
#迭代器初始化
training_init_op = iterator.make_initializer(train_dataset)
#变量初始化
init = tf.global_variables_initializer()
#创建session
config = tf.ConfigProto()
custom_op = config.graph_options.rewrite_options.custom_optimizers.add()
custom_op.name = "NpuOptimizer"
config.graph_options.rewrite_options.remapping = RewriterConfig.OFF #必须显式关闭remap
sess = tf.Session(config=config)
sess.run(init)
#Get the number of training/validation steps per epoch
train_batches_per_epoch = int(np.floor(train_size/batch_size))
```

在执行训练的环节无须进行特殊的改造，但值得注意的是，如果用户训练脚本中没有使用with创建session，比如将session对象作为自己定义的一个类成员，那么需要在迁移后的脚本中显式调用sess.close，如程序清单5-54所示。

这是因为,Geop 的析构函数在 tf. session 的 close 方法中会被调用到,如果是 with 创建的 session,with 会调用 session 的__exit()__方法,里面会自动调用 close;而如果是其他情况,比如是把 session 对象作为自己定义的一个类成员,那么退出之前需要显式调用 sess. close,这样才可以保证退出的正常。

程序清单 5-54　显式调用 sess. close

```
sess = tf.Session(config = config)
sess.run(...)
sess.close()
```

在迁移完成后,就可以进行模型训练了。在模型训练的过程中,难免需要在验证集上进行模型效果的测试,在模型训练完成后,往往也需要利用在线推理的方式验证模型的有效性。推理脚本的迁移与训练代码的迁移有异曲同工之妙,只需参考上述的步骤进行简单的修改即可调用在线推理的流程,相关的代码在此不再赘述,用户可以自行体验和尝试。

5.5.2　性能分析工具——Profiling

当参考 5.5.1 节的流程进行代码迁移后,就可以将其运行在 CANN 软件栈上了。为了验证 CANN 软件栈和昇腾处理器的性能,昇腾提供了端到端 Profiling 系统,准确定位系统的软、硬件性能瓶颈,提高性能分析的效率,通过针对性的性能优化方法,以最小的代价和成本实现业务场景的极致性能。

Profiling 从功能看主要实现了两类性能数据的分析。

第一类是和训练任务相关的迭代轨迹数据,即训练任务及 CANN 软件栈采集的数据(Training Trace),通过数据增强、前后向计算、梯度聚合更新等相关数据可以实现对训练任务的迭代性能分析。具体来看,主要包括单个 Device 上 AI CPU 图计算轨迹相关的性能数据,以及 Runtime、集合通信等相关的性能数据。通过该类性能数据分析,可以得到迭代时长($t_{(N+1)6}-t_{N6}$)、数据增强拖尾[①]($t_{(N+1)1}-t_{N6}$)、FBBP 计算时间($t_{N2}-t_{N1}$)及梯度聚合更新拖尾[②]($t_{N6}-t_{N2}$)等关键性能指标项。其中各时间点取值如图 5-21 所示。

第二类则是与训练无关的任务轨迹数据,具体包括 AI Core、AI CPU、DVPP 等硬件设备的性能信息,如 CPU 占有率、内存带宽、PCIe 读写带宽等。

在训练过程中开启 Profiling 工具也是十分方便的,在 Estimator 模式下仅需进行如程序清单 5-55 的修改即可开启 Profiling 数据采集。在 sess. run 模式下,也仅需修改 session 配置项 profiling_mode、profiling_options 开启 Profiling 数据采集,如程序清单 5-56 所示。

---

① 数据增强拖尾:上一轮迭代结束后、本轮迭代 FP 开始前,本轮数据增强仍然在执行,这段耗时为拖尾时长。

② 梯度聚合更新拖尾:本轮迭代 BP 执行完成、迭代结束之前,仍然在执行梯度聚合/更新,这段耗时为拖尾时长。

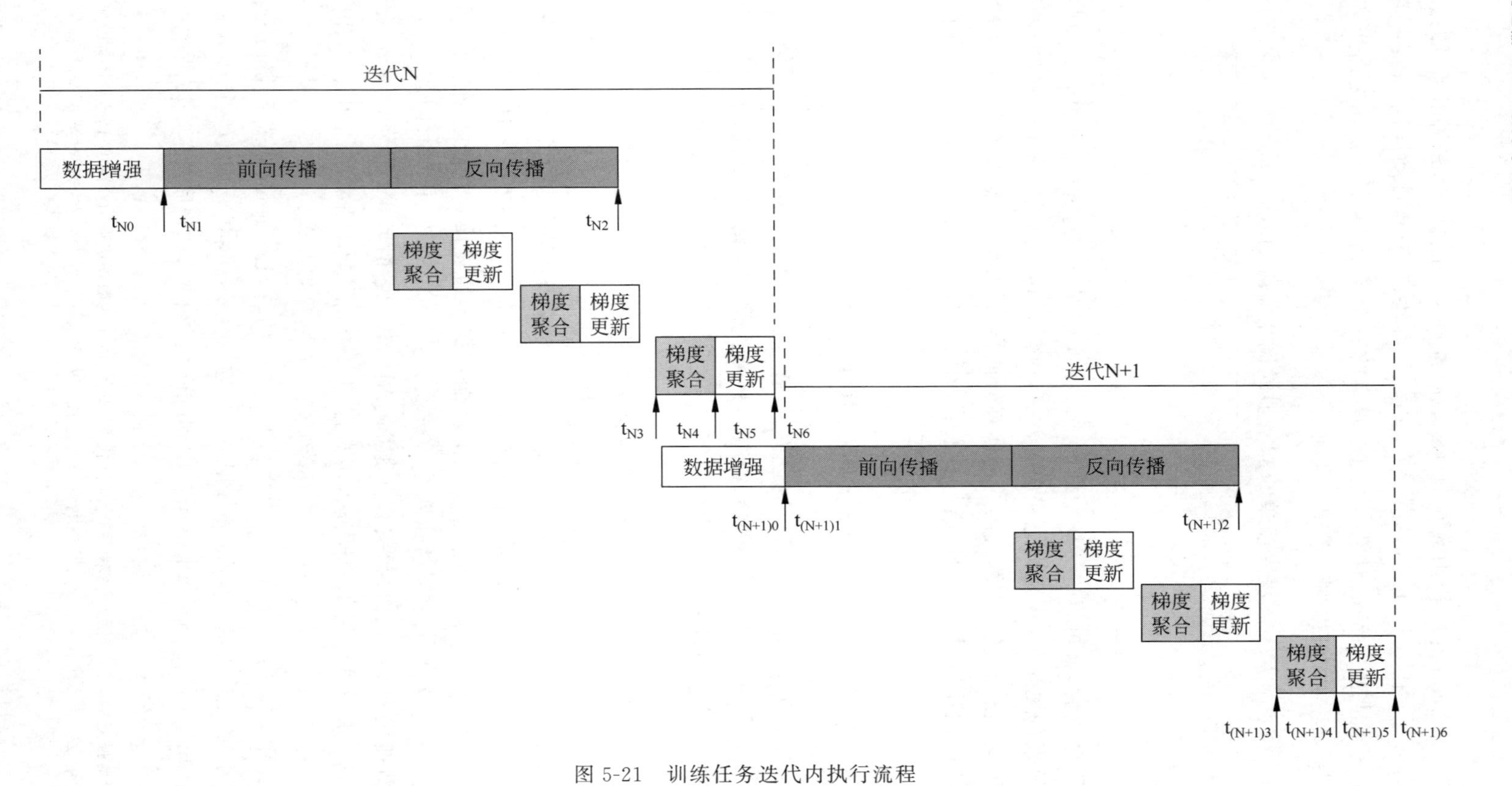

图 5-21　训练任务迭代内执行流程

程序清单 5-55 Estimator 模式下开启 Profiling 数据采集

```
from npu_bridge.npu_init import *

profiling_options = '{"output":"/tmp/profiling","training_trace":"on","fp_point":
"resnet_model/conv2d/Conv2Dresnet_model/batch_normalization/FusedBatchNormV3_Reduce",
"bp_point":"gradients/AddN_70"}'
profiling_config = ProfilingConfig(enable_profiling = True, profiling_options =
profiling_options)
session_config = tf.ConfigProto()

config = NPURunConfig(profiling_config = profiling_config, session_config = session_
config)
```

程序清单 5-56 sess.run 模式下开启 Profiling 数据采集

```
custom_op = config.graph_options.rewrite_options.custom_optimizers.add()
custom_op.name = "NpuOptimizer"
custom_op.parameter_map["use_off_line"].b = True
custom_op.parameter_map["profiling_mode"].b = True
custom_op.parameter_map["profiling_options"].s = tf.compat.as_bytes('{"output":"/tmp/
profiling","training_trace":"on","fp_point":"resnet_model/conv2d/Conv2Dresnet_model/
batch_normalization/FusedBatchNormV3_Reduce","bp_point":"gradients/AddN_70"}')
config.graph_options.rewrite_options.remapping = RewriterConfig.OFF #关闭 remap 开关

with tf.Session(config = config) as sess:
  sess.run()
```

除了以上两种方式，用户还可以修改启动脚本中的环境变量，开启 Profiling 采集功能，相关设置如程序清单 5-57 所示。

程序清单 5-57 通过环境变量开启 Profiling 采集功能

```
export PROFILING_MODE = true
export PROFILING_OPTIONS = '{"output":"/tmp/profiling","training_trace":"on","task_
trace":"on","aicpu":"on","fp_point":"resnet_model/conv2d/Conv2Dresnet_model/batch_
normalization/FusedBatchNormV3_Reduce","bp_point":"gradients/AddN_70","aic_metrics":
"PipeUtilization"}'
```

训练结束后，切换到 output 目录下，可查看到 Profiling 数据，并且可以通过 Profiling 工具解析数据。在昇腾平台上，toolkit 工具包中的 msprof.pyc 脚本可以用于解析 System Profiling、Job Profiling 任务采集的性能原始数据。

5.5.3 算子自动调优工具——AutoTune

AI 计算芯片通常由多个计算单元、片上存储、数据传输等模块组成。运行在其上的算子，无法简单地用计算量除以算力获得耗时，更要看各个组件间的协同情况。相同的计算任务部署在相同的计算芯片上，用不同的计算流水排布效率也会差别巨大。只有精心设计好的调度逻辑才能充分发挥硬件的算力。

除芯片内的计算过程需要精心排布外，组件之间的 pipeline 也需要精心的设计才能达到最优性能。算子的理论最大性能是其瓶颈负载(计算、数据传输等)除以对应处理单元的效率。然而因为片上存储有限，一次计算任务通常会被切分成多片处理，这样就会产生计算或传输冗余，所以实际负载往往大于理论负载。相同的计算任务，用不同的计算流水排布方式其冗余度也会不同。通常会选择冗余较小的方案或将冗余转移到非瓶颈组件上。所以，为了达到最佳性能，也需要合理地设计各组件的时序。

如此复杂的调优内容，如果使用人工优化往往耗时多且结果不尽如人意。在这样的背景下，AutoTune 自动优化工具应运而生，使用它可以更充分地利用机器资源来挖掘硬件性能。在具体介绍 AutoTune 使用方法之前，不妨先对其工作原理进行简单的介绍。

网络模型生成时，AutoTune 工具调优在算子编译阶段执行，默认执行流程如图 5-22 所示。

原始框架模型首先传入图编译器进行图准备和图优化操作，具体包括算子选择、算子融合、常量折叠等操作。随后模型会进入算子编译阶段，AutoTune 工具会首先根据网络中的层信息匹配知识库。如果匹配到了知识库，则判断是否开启了 AutoTune 调优或者 REPEAT_TUNE 模式，如果未开启则直接使用知识库中的调优策略编译算子。若已开启相关配置，则会通过算法重新进行调优，进而生成自定义的知识库，若调优后的结果优于当前已存在的知识库(包括内置知识库与自定义知识库)，则会将调优后的结果存入用户自定义知识库，并使用自定义知识库中的调优策略编译算子。如果没有匹配到知识库，则判断是否开启了 AutoTune 调优。如果开启了 AutoTune 调优，且调优后的结果优于默认调优策略的性能，则会将调优后的结果存入用户自定义知识库，并使用自定义知识库中的调优策略编译算子。否则，会将默认调优策略存入用户自定义知识库，并使用自定义知识库中的调优策略编译算子。

算子编译完成后，就获得了更高性能的网络模型文件，深度学习框架就能借此进行训练了。

在实际的开发过程中，如果想要使用 AutoTune 工具，则在配置好生产环境和环境变量后，仅需在训练脚本中，通过 session 配置项中的 auto_tune_mode 参数开启 AutoTune，相关的代码如程序清单 5-58 所示。

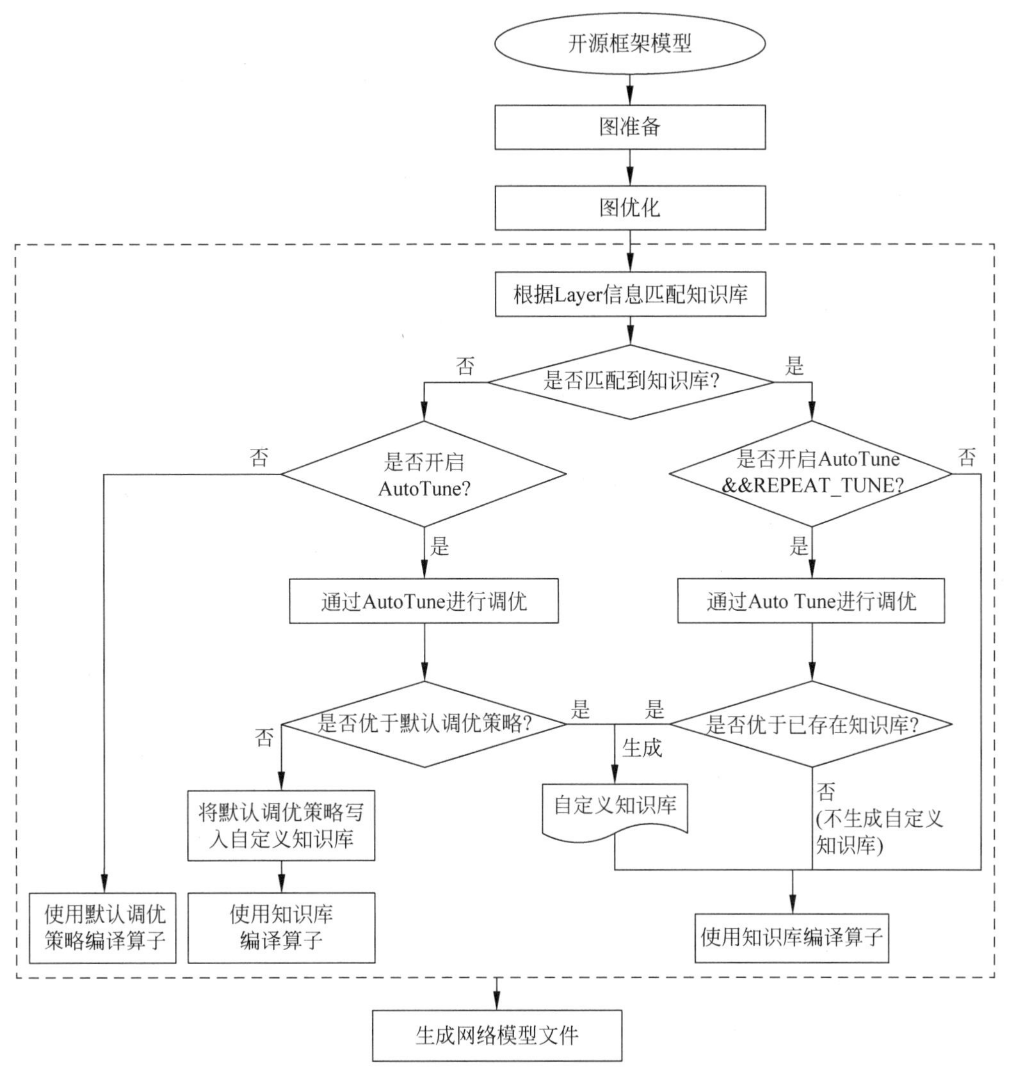

图 5-22　AutoTune 调优流程

程序清单 5-58　通过 session 配置项开启 AutoTune 工具

```
session_config = tf.config(…)
custom_op = session_config.graph_options.rewrite_options.custom_optimizers.add()
…
custom_op.parameter_map["auto_tune_mode"].s = tf.compat.as_bytes("RL,GA")
```

值得说明的是，auto_tune_mode 中的参数 RL、GA 代表两种调优模式。

RL(Reinforcement Learning)即强化学习，其主要调优原理为：将 Schedule 过程抽象为基于蒙特卡洛树搜索(Monte Carlo tree search，一种用于某些决策过程中的启发式搜索算法)的决策链,然后使用NN(Neural Networks)指导决策,其中NN基于RL进行训练生成。

GA(Genetic Algorithm)即遗传算法,其主要调优原理为:通过多级组合优化生成调优空间,加入人工经验进行剪枝、排序,提高调优的效率;进行多轮参数寻优,从而获得最优的tiling策略。

这两种算法均只能针对部分算子进行调优。在完成调优后,若满足自定义知识库生成条件(参见图5.22 AutoTune调优流程),则会生成自定义知识库。自定义知识库会存储到TUNE_BANK_PATH环境变量指定的路径中,生成的文件命名为tune_result_pidxxx_{timestamp}.json,其中记录了调优过程和调优结果,{timestamp}为时间戳,格式为:年月日_时分秒毫秒,pidxxx中的“xxx”为进程ID。输出的文件内容如程序清单5-59所示。

程序清单5-59　AutoTune输出文件内容

```
"[['Operator Name']]":{
    "result_data:{
        "after_tune": 56
        "before_tune": 66,
    }
    "status_data:{
        "bank_append": true,
        "bank_hit": false,
        "bank_reserved": false,
        "bank_update": false
    }
    "ticks_best":[
        "[82, 2020 - 08 - 08 18:03:38]",
        "[104, 2020 - 08 - 08 18:03:50],
        ...
        ]
},
```

其中,各字段的含义解释如下所示。

Operator Name为原图中算子的名称,若原图在图优化过程中进行了融合,融合后的节点对应原图中的多个节点,则会显示多个Operator Name,例如:[['scale5a_branch1','bn5a_branch1','res5a_branch1'],['res5a'],['res5a_relu']]。

result_data即调优结果,记录网络模型中被调优算子调优前后的执行时间。after_tune表示AutoTune调优后的算子执行时间;before_tune表示未开启AutoTune调优前,算子执行时间,时间单位均为us。

status_data表示详细调优状态信息,记录了网络模型中所有算子的调优状态信息;其中bank_append取值为true,表示调优前该算子的调优策略不在知识库中,调优结束后该调优策略追加到了知识库,其他情况取值为 false;调优前该算子的调优策略若在知识库中,bank_hit 取值为 true,若不在知识库中,取值为 false;若调优前该算子的调优策略在知识库中,并且调优结束后该调优策略没有更新,则 bank_reserved 取值为 true,其他情况取值为 false;若调优前该算子的调优策略在知识库中,并且调优结束后该调优策略进行了更新,则 bank_update 取值为 true,其他情况取值为 false。

ticks_best 记录了每轮调优的结果,包含 tiling 耗时和本轮算子的调优结束时间。

5.5.4　精度分析工具——Data Dump

无论是在训练的过程中,还是在推理过程中,都有可能出现输出结果与预期存在差异的问题,模型的精度可能有所下降。常见的精度劣化包括以下几方面的原因:算子融合、常量折叠、int8 精度不足、算子精度不达标、网络中存在"放大器结构"等。

此时需要使用精度比对工具来分析 GPU/CPU 执行结果与 NPU 执行结果之间的差距。昇腾平台提供了相应的分析工具帮助开发人员快速解决算子精度问题,目前精度分析工具可以从余弦相似度、最大绝对误差、累积相对误差、欧氏相对距离、KLD 散度、标准差几个方面进行比对。在实际使用中,可以按以下三个步骤进行分析。

1. 在 GPU 上生成参数文件

为了能让训练脚本在执行过程中输出特定格式的参数文件,需要用户对训练脚本进行一些小的改动。不论采用哪种方式(Estimator 或 session.run),要进行精度比对的话,首先要把脚本中所有的随机全都关掉,包括但不限于对数据集的随机打乱,参数的随机初始化,以及某些算子的隐形随机初始化。

去除随机之后,就可以利用 TensorFlow 官方提供的 debug 工具 tfdbg 生成参数文件。具体来看,需要修改 tf 训练脚本,提供 debug 选项配置。在 Estimator 模式下,需要在引入包的地方添加一行,然后在生成 EstimatorSpec 对象实例的时候,也就是构造网络结构的时候,添加 tfdbg 的 hook。具体来看,相关的代码如程序清单 5-60 所示。

程序清单 5-60　Estimator 模式下添加 tfdbg

```
from tensorflow.python import debug as tf_debug
… …
estim_specs = tf.estimator.EstimatorSpec(
mode = mode,
predictions = pred_classes,
loss = loss_op,
train_op = train_op,
training_hooks = [tf_debug.LocalCLIDebugHook()])
```

在 session.run 模式下,同样需要引入程序清单 5-61 中的库,而在 session 初始化之后、执行计算图之前设置 tfdbg 修饰类。

程序清单 5-61　sess.run 模式下添加 tfdbg

```
from tensorflow.python import debug as tf_debug
......
sess = tf.Session()
sess.run(tf.global_variables_initializer())
sess = tf_debug.LocalCLIDebugWrapperSession(sess, ui_type="readline")
```

修改完成后，正常启动训练，就能在控制台内进入交互界面，如图 5-23 所示，输入 run 命令，训练就会继续执行，等待执行 run 命令完成后，在命令行交互界面，可以通过 lt 查询已存储的张量，通过 pt 可以查看已存储的张量内容，保存数据为 numpy 格式文件。

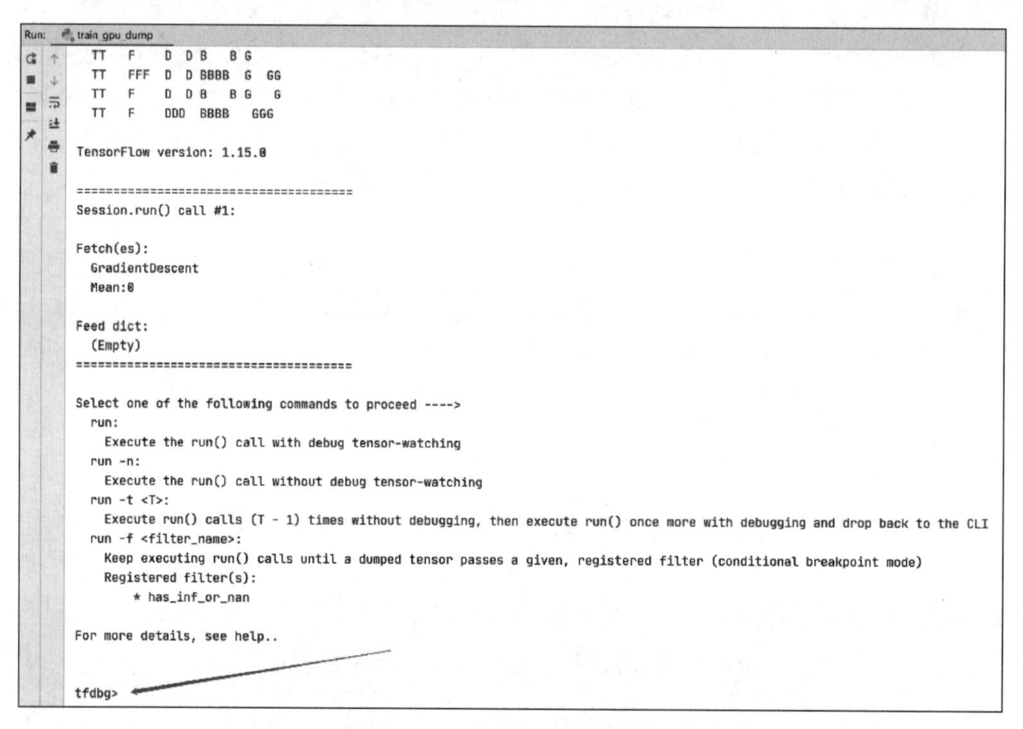

图 5-23　tfdbg 命令行交互界面

因为运行一次 tfdbg 命令只能生成一个张量，为了自动生成收集所有数据，可以按以下几个步骤操作。

（1）执行 lt > tensor_name 将所有张量的名称暂存到文件里。

（2）重新开启一个命令窗口，在 linux 命令行下执行下述命令，用以生成在 tfdbg 命令行执行的命令 timestamp= $[$(date +%s%N)/1000] ; cat tensor_name | awk '{print "pt", $4, $4}' | awk '{gsub("/","_",$3);gsub(":",".",$3);print($1,$2,"-n 0-w "$3"."""'$timestamp'"".npy")}'> tensor_name_cmd.txt。

(3) 在 tfdbg 命令行中，将上一步生成的 tensor_name_cmd.txt 文件内容粘贴执行，即可存储所有 npy 文件。npy 文件默认是以 numpy.save 形式存储的，上述命令会将"/"用下画线"_"替换。

执行上述操作之后，在训练脚本所在的目录中会出现很多以".npy"为后缀的文件。至此，就完成了在 GPU 上生成参数文件。

2. 在 NPU 上生成参数文件和计算图

在昇腾平台上生成参数文件和计算图，也需要少量修改训练脚本。在具体修改之前，一定要确保代码在网络结构、算子、优化器的选择上，以及参数的初始化策略等方面跟 GPU 上训练的代码完全一致，否则比较起来是没有意义的。在对齐代码和配置后，在相应代码中，增加如下的信息。

Estimator 模式：通过 NPURunConfig 中的 dump_config 采集转储数据，在创建 NPURunConfig 之前，实例化一个 DumpConfig 类进行 dump 的配置(包括配置 dump 路径、迭代的数据、标明是算子的输入或输出数据等)，如程序清单 5-62 所示。

程序清单 5-62　Estimator 模式下在 NPU 上数据

```
from npu_bridge.estimator.npu.npu_config import NPURunConfig
from npu_bridge.estimator.npu.npu_config import DumpConfig

# dump_path: dump 数据存放路径,该参数指定的目录需要在启动训练的环境上(容器或 Host 侧)提前创建且确保安装时配置的运行用户具有读写权限
# enable_dump: 是否开启 Data Dump 功能
# dump_step: 指定采集哪些迭代的 Data Dump 数据
# dump_mode: Data Dump 模式,取值: input/output/all
dump_config = DumpConfig(enable_dump = True, dump_path = "/home/HwHiAiUser/output", dump_step = "0|5|10", dump_mode = "all")

session_config = tf.ConfigProto()

config = NPURunConfig(
  dump_config = dump_config,
  session_config = session_config
  )
```

session.run 模式：通过 session 配置项 enable_dump、dump_path、dump_step、dump_mode 来配置 dump 参数，参见程序清单 5-63。

程序清单 5-63　session.run 模式下在 NPU 上数据

```
config = tf.ConfigProto()

custom_op = config.graph_options.rewrite_options.custom_optimizers.add()
```

```
custom_op.name = "NpuOptimizer"
custom_op.parameter_map["use_off_line"].b = True

# enable_dump: 是否开启 Data Dump 功能
custom_op.parameter_map["enable_dump"].b = True
# dump_path: dump 数据存放路径,该参数指定的目录需要在启动训练的环境上(容器或 Host
侧)提前创建且确保安装时配置的运行用户具有读写权限
custom_op.parameter_map["dump_path"].s = tf.compat.as_bytes("/home/HwHiAiUser/output")
# dump_step: 指定采集哪些迭代的 Data Dump 数据
custom_op.parameter_map["dump_step"].s = tf.compat.as_bytes("0|5|10")
# dump_mode: Data Dump 模式,取值: input/output/all
custom_op.parameter_map["dump_mode"].s = tf.compat.as_bytes("all")
config.graph_options.rewrite_options.remapping = RewriterConfig.OFF

with tf.Session(config = config) as sess:
  print(sess.run(cost))
```

注意这里的 dump_path 指转储出来的参数文件保存位置,这里就保存在创建的目录中。dump_step 指想要转储出第几个训练出的结果,多个训练出之间用"|"隔开,连续多个训练出可以用诸如"5-10"来表达,这里为了举例,只转储第 0 个训练出的结果,跟 GPU 上保持一致。

接下来就可以执行训练脚本,生成转储数据文件了。转储生成的文件默认保存在{dump_path}/{time}/{deviceid}/{model_name}/{model_id}/{data_index}目录下。同时在训练脚本当前目录生成图文件,例如 ge_proto_xxxxx_Build.txt。这个文件就是后续所需的计算图,计算图名称取计算图文件下的 name 字段值。

3. 使用 MindStudio 进行精度比对

当准备好各个平台的转储数据和计算图之后,借助 MindStudio 就能将精度进行比对。

打开 MindStudio 并新建一个训练工程,菜单栏 Ascend-> Model Accuracy Analyzer 就是需要使用的模型精度比对工具。

如图 5-24 所示,在左侧的 My Output 处选择在 NPU 上 dump 出来的数据,也就是上一步的参数 dump 结果目录;在右侧的 Ground Truth 处选择第一步骤中 GPU Dump 出来的结果所在目录;在下一行的 Compare Rule Configuration 处选择生成的计算图文件。

单击下方的 Compare 按钮,就可以获得如图 5-25 所示的精度比对的结果了。

在图 5-25 的表格中出现了网络中每个算子的横向比对情况,其中每一列的含义如表 5-3 所示。

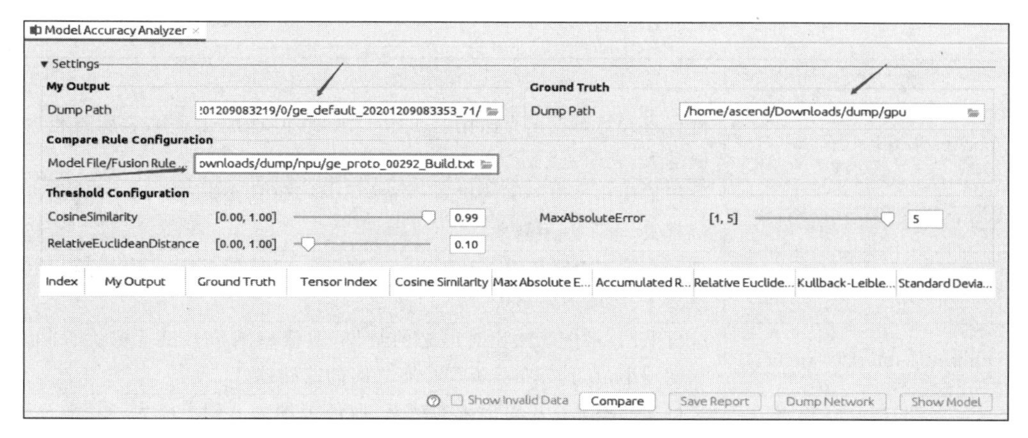

图 5-24　使用 MindStudio 进行精度比较

Model Accuracy Analyzer

Settings

Threshold Configuration

CosineSimilarity [0.00, 1.00] 0.99　MaxAbsoluteError [1, 5] 5

RelativeEuclideanDistance [0.00, 1.00] 0.10

Index	LeftOp	RightOp	TensorIndex	CosineSimilarity	MaxAbsoluteEr...	AccumulatedRe...	RelativeEuclide...	KullbackLeibler...	StandardDeviat...
5	SparseSoftmaxCı SparseSoftmaxCı SparseSoftmaxCı	SparseSoftmaxCı	SparseSoftma...	1.0	0.000000	0.000000	0.0	NaN	(0.000;0.000) (0.000;0.000)
5	SparseSoftmaxCı SparseSoftmaxCı SparseSoftmaxCı	SparseSoftmaxCı	SparseSoftma...	1.000000	0.000000	0.000000	0.000000	0.000000	(2.303;0.000) (2.303;0.000)
5	SparseSoftmaxCı SparseSoftmaxCı SparseSoftmaxCı	SparseSoftmaxCı	SparseSoftma...	1.000000	0.000000	0.000000	0.000000	0.000000	(0.000;0.300) (0.000;0.300)
20	Cast	Cast	Cast:output:0	1.000000	0.000000	0.000000	0.000000	0.000000	(4.320;2.856) (4.320;2.856)
21	dense/MatMul	dense/bias dense/MatMul dense/BiasAdd	dense/MatMu...	1.0	0.000000	0.000000	0.0	NaN	(0.000;0.000) (0.000;0.000)
21	dense/MatMul	dense/bias dense/MatMul dense/BiasAdd	dense/MatMu...	1.0	0.000000	0.000000	0.0	NaN	(0.000;0.000) (0.000;0.000)
21	dense/MatMul	dense/bias dense/MatMul dense/BiasAdd	dense/MatMu...	1.0	0.000000	0.000000	0.0	NaN	(0.000;0.000) (0.000;0.000)
22	dense_1/MatMul	dense_1/bias dense_1/MatMul dense_1/BiasAdc	dense_1/Mat...	1.0	0.000000	0.000000	0.0	NaN	(0.000;0.000) (0.000;0.000)
22	dense_1/MatMul	dense_1/bias dense_1/MatMul dense_1/BiasAdc	dense_1/Mat...	1.0	0.000000	0.000000	0.0	NaN	(0.000;0.000) (0.000;0.000)
		dense_1/bias							

Show Invalid Data　Compare　Save Report　Dump Network　Show Model

图 5-25　精度比对的结果

表 5-3　精度比对各列的含义

列　　名	含　　义
LeftOp	基于昇腾 AI 处理器运行生成的 dump 数据的算子名
RightOp	基于 GPU/CPU 运行生成的 npy 或 dump 数据的算子名
TensorIndex	基于昇腾 AI 处理器运行生成的 dump 数据的算子 input ID 和 output ID
CosineSimilarity	进行余弦相似度算法比对出来的结果，范围是[−1,1]，比对的结果越接近 1，表示两者的值越相近，越接近−1 意味着两者的值越相反

续表

列　名	含　义
MaxAbsoluteError	进行最大绝对误差算法比对出来的结果，值越接近于0，表明越相近，值越大，表明差距越大
AccumulatedRelativeError	进行累积相对误差算法比对出来的结果，值越接近于0，表明越相近，值越大，表明差距越大
RelativeEuclideanDistance	进行欧氏相对距离算法比对出来的结果，值越接近于0，表明越相近，值越大，表明差距越大
KullbackLeiblerDivergence	进行KLD散度算法比对出来的结果，取值范围是0到无穷大。KLD散度越小，真实分布与近似分布之间的匹配越好
StandardDeviation	进行标准差算法比对出来的结果，取值范围为0到无穷大。标准差越小，离散度越小，表明越接近均值。该列显示两组数据的均值和标准差，第一组展示基于昇腾AI处理器运行生成的dump数据的数值，第二组展示基于GPU/CPU运行生成的dump数据的数值

值得注意的是，如果对比表中显示"*"，则表示其新增的算子无对应的原始算子；NaN表示无比对结果。余弦相似度和KLD散度比较结果为NaN，其他算法有比较数据，则表明左侧或右侧数据为0；KLD散度比较结果为Inf，表明右侧数据有一个为0。

完成精度分析的全部流程后，如果发现某个算子上的参数差异过大，可能是整网精度较低的原因，可以分析一下这个算子的特性，针对CANN的特点进行适配性开发。希望通过本章的介绍，开发者能够借助强大有力的CANN软件栈和大量实用工具，训练出高性能的算法模型。

5.6 本章小结

本章系统介绍了基于昇腾软件栈CANN进行模型训练的完整流程。从当前市面上各主流深度学习框架入手，对深度学习框架的发展历程进行了简单的梳理，并将各主流框架的优劣势进行了详尽的说明。

以面向全场景AI计算框架——MindSpore为例，讲解了借助深度学习框架完成深度学习任务的完整流程。无论是何种场景，都可以将深度学习训练拆解为数据处理、模型搭建、训练配置、训练网络和保存模型这五大流程。从实用性的角度看，深度学习计算框架的出现规范化了模型训练过程，也让用户能更聚焦于需要解决的任务本身。以MindSpore为代表的框架充分利用了底层计算能力，并将CANN的强大能力释放给终端用户使用。

此外，本章还以ResNet-50为例，具体讲解了使用CANN和MindSpore完成图像分类的具体流程。在这个过程中，以分布式训练、混合精度训练等高阶技巧可以有效地加快模型训练速度。除通过 MindSpore 使用 CANN 和昇腾计算能力之外，CANN 也对主流的 TensorFlow 和 PyTorch 框架进行了适配，仅需很少的改动，就能将训练脚本迁移到 CANN 软件栈上执行训练。

为了追求更高的性能和模型训练效果，CANN 还开放了一些实用的工具供用户使用。用户可以使用 Profiling 进行性能分析，可以使用 AutoTune 进行算子自动调优，也可以使用 Data Dump 工具完成模型精度分析。一站式开发工具 MindStudio 在其中也起到了举足轻重的作用。用户可以参考上述模型训练的全流程，活用各种工具和技巧，训练出属于自己的深度学习模型。

第6章

CANN 模型部署

第5章介绍了在异构计算架构CANN上进行模型训练的方法，但获得深度学习模型并不是最终目标，实际场景中还需要将模型部署在实际硬件设备上执行推理。模型部署于具体应用中时，常常需要将模型迁移到不依赖Python语言等环境中进行离线推理计算，推理过程也面临和训练时完全不一样的硬件环境，推理场景往往对于计算性能提出了更高的需求。

本章将首先对模型部署进行概述，包括对模型部署全流程进行简单概要的介绍，还包括利用AscendCL实现模型推理的完整过程。随后将介绍数字视觉预处理DVPP模块，可以将样式繁多的原素材格式转换为模型部署所需的数据格式。其次，本章也会介绍模型转换工具ATC，实现将训练得到的模型转换为昇腾AI处理器支持的离线模型。再者，本章会专门讨论实现模型小型化的模型压缩原理和工具，模型小型化在模型部署中扮演了重要角色。最后，本章将介绍把不同框架的模型部署在CANN和推理设备上的具体实例。

6.1 模型部署概述

当完成模型训练之后就需要考虑将模型部署在生产环境中。除了可以将获得的模型部署在云服务器上进行在线推理，还可以将模型部署在边缘硬件上进行实时推理构成边缘计算(Edge Computing)。随着人工智能越来越多地应用在实际场景中，以智能制造、智慧城市、智能安防为代表的终端应用场景对模型部署提出了越来越高的需求。本节首先将整体介绍模型部署的完整流程，随后将使用AscendCL实现在CANN上的模型推理全流程。

6.1.1 模型部署全流程

边缘计算作为一种新兴网络技术架构，与传统的云计算形成了优势互补。为了适应边缘万物智能互联的应用场景，华为公司推出了昇腾310处理器。昇腾310是基于达芬奇架构的昇腾AI推理处理器，在功耗和计算能力等方面突破了传统的设计约束，能够使智能系统的性能大幅提升，部署成本大幅降低，已在多个领域得到了广泛的应用。

为了将深度学习模型高效地运行在边缘设备上，CANN软件栈围绕离线模型的生成、加载和执行，提供了昇腾张量编译器(Ascend Tensor Compiler，ATC)工具、数字视觉预处理、AscendCL、执行引擎等多个功能模块。按照业务执行流程，可以形成如图6-1所示的模型部署总体流程。其中，ATC工具负责将开源框架训练得到的网络模型转换为昇腾AI处理器支持的离线模型，数字视觉预处理模块在输入给CANN的执行引擎之前进行一次数据预处理，满足计算任务对训练数据与测试数据分布一致性的需求。在准备好模型和数据后，将交由AscendCL统筹模型执行流程，相关具体实现代码将在6.1.2节展开介绍。

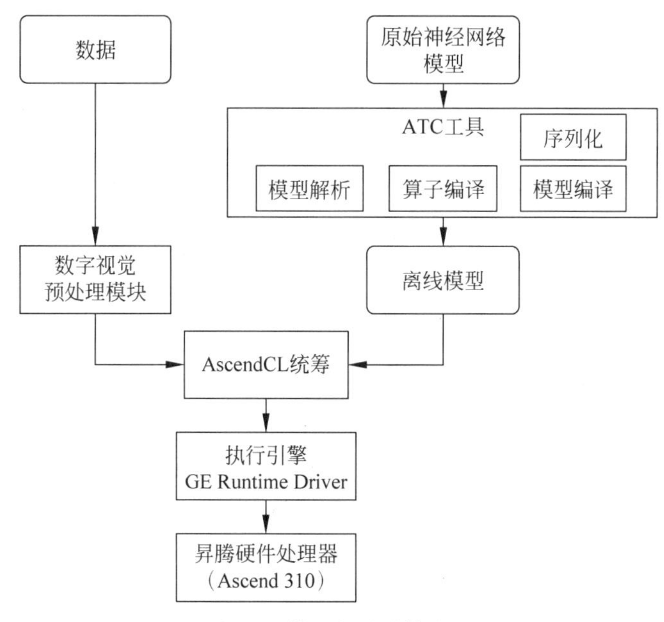

图6-1　模型部署总体流程

总体来说，昇腾AI软件栈CANN搭建起了深度学习框架与硬件处理器之间的桥梁，综合使用DVPP和ATC工具分别实现对输入数据与模型的变换和格式的统一化，最后通过调用AscendCL提供的模型推理接口完成模型在昇腾AI处理器上的部署流程。整个执行流程简便易用，能够很好地应对工业级部署中繁多且苛刻的条件，大幅降低部署成本。

6.1.2　调用AscendCL实现推理执行

6.1.1节从操作执行的角度出发，梳理了模型部署的全流程。本节将从CANN软件栈的角度出发，梳理调用AscendCL执行模型推理的全流程。

CANN软件栈中的AscendCL起到了统筹调度的作用。它的功能和接口在第4章已经作了较为全面的介绍。整体来看，AscendCL对外提供资源管理、模型加载执行、算子编译或算子加载与执行、高级功能等多项能力。用户除了可以直接使用第三方框架调用 AscendCL，还可以通过 AscendCL 封装实现的第三方 lib 库使用昇腾 AI 处理器的计算能力。本节将聚焦模型推理流程，通过调用 AscnedCL 封装的第三方 lib 库执行模型推理的全流程，具体流程如图 6-2 所示。

如果想要执行一个完整的模型推理过程，需要使用 C++代码调用 AscendCL 管理相关计算资源。首先需要使用 aclInit 接口初始化配置，这一步骤是必要的，也是唯一的。一个进程只能调用一次 aclInit 接口，否则可能会导致后续系统内部资源初始化出错，也可能导致其他业务异常。随后就需要按顺序调用 aclrtSetDevice、aclrtCreateContext、aclrtCreateStream 接口依次申请运行资源 Device、Context、Stream。在申请资源时需要确保可以使用这些资源来执行模型运算和任务管理。

具体来看，通过 aclrtSetDevice 接口指定用于运算的计算设备，在调用 aclrtSetDevice 接口时会同时隐式创建一个 Context，这个默认的 Context 中包含 1 个默认 Stream 和 1 个执行内部同步的 Stream。除这种隐式生成的方式外，也可以使用 aclrtCreateContext 接口显式创建 Context。在 Context 之下是执行流 Stream，在同一个 Stream 中的执行任务严格保持有序。相似地，可以在创建 Context 时隐式创建 Stream，也可以通过 aclrtCreateStream 接口显式创建 Stream。Stream 归属的 Context 被销毁或生命周期结束便会导致该 Stream 不可再用。在 Stream 之下的 Task 则是设备上的真正执行体，但用户在编程时对此并不进行感知。

第 4 章讲解 CANN 的线程模型时已经具体阐述了上述四者的逻辑关系，用户在编程时也一定要注意其申请顺序和释放顺序，避免错误释放资源和长期占有资源，相关代码如程序清单 6-1 所示。值得注意的是，在完整的代码中可能有许多的异常处理分支，例如通过 ERROR_LOG 记录报错信息，使用 INFO_LOG 记录各个动作的提示日志等。限于篇幅，本书示例代码均进行了删减，因此用户无法直接复制并编译运行。

程序清单 6-1　通过 AscendCL 初始化计算资源示例代码

```
// AscendCL 初始化
const char * aclConfigPath = "../src/acl.json";
aclError ret = aclInit(aclConfigPath);

// 申请运行管理资源
ret = aclrtSetDevice(deviceId_);
ret = aclrtCreateContext(&context_, deviceId_);
ret = aclrtCreateStream(&stream_);

//获取当前昇腾 AI 软件栈的运行模式,根据不同的运行模式,后续的内存申请、内存复制等接口
调用方式不同
aclrtRunMode runMode;
ret = aclrtGetRunMode(&runMode);
g_isDevice = (runMode == ACL_DEVICE);
```

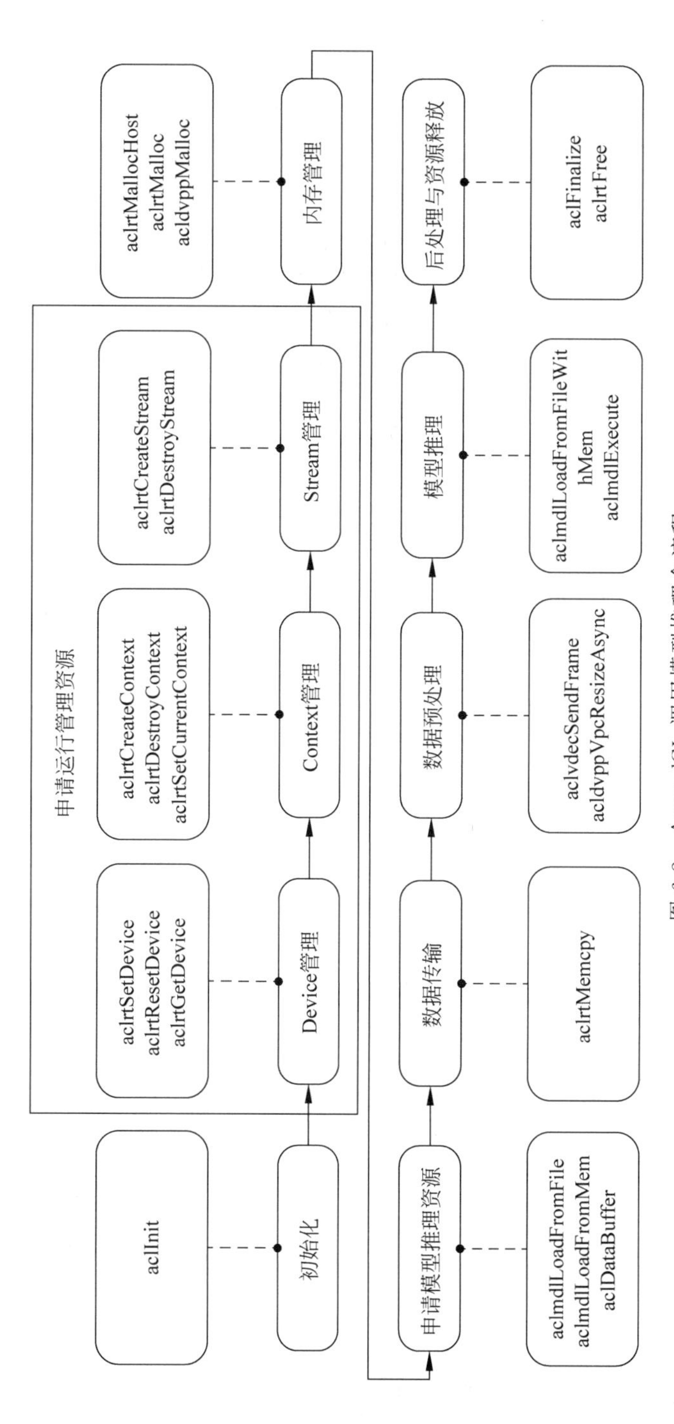

图 6-2　AscendCL 调用模型推理全流程

除了管理计算资源,也需要额外关注内存管理。第 4 章 CANN 的内存模型中已经对相关的理论知识进行了具体的介绍。为了确保内存不浪费,在申请工作内存、权值内存前,需要调用 aclmdlQuerySize 接口查询模型运行时所需工作内存、权值内存的大小。根据模型所需的内存,调用 aclrtMalloc 接口在 Device 上申请相应大小的线性内存,并通过 * devPtr 返回已分配内存的指针。该接口申请的 Device 内存都支持 cache 缓存,用户不需要处理 CPU 与 NPU 之间的缓存一致性问题。与之对应的,可以使用 aclrtFree 接口用于 Device 上内存释放。也可以使用 aclrtMallocHost 和 aclrtFreeHost 接口用于申请和释放在 Host 上申请的内存。在调用 DVPP 组件的相关接口前,若需要申请 Device 上的内存存放输入或输出数据,需调用 acldvppMalloc 申请内存。

用户在编写相关代码时需要注意,频繁调用 aclrtMalloc 接口申请内存、调用 aclrtFree 接口释放内存,会损耗性能。建议提前进行内存的预先分配或二次管理,避免频繁申请和释放内存,通过 AscendCL 实现内存管理的示例代码如程序清单 6-2 所示。

程序清单 6-2　通过 AscendCL 实现内存管理

```
//根据模型文件获取模型执行时所需的权值内存大小、工作内存大小,并申请权值内存、工作内存
ret = aclmdlQuerySize(omModelPath, &modelMemSize_, &modelWeightSize_);
ret = aclrtMalloc(&modelMemPtr_, modelMemSize_, ACL_MEM_MALLOC_NORMAL_ONLY);
ret = aclrtMalloc(&modelWeightPtr_,modelWeightSize_,ACL_MEM_MALLOC_NORMAL_ONLY);
```

在模型推理前还需要将适配昇腾 AI 处理器的离线模型加载到内存中。离线模型可以通过模型转换工具 ATC 获得,其功能和用法将在 6.3 节展开介绍。从 AscendCL 的角度来看,加载模型的方法可以分为以下四种:使用 aclmdLoadFromFile 接口实现从文件加载离线模型数据并由系统内部管理内存;使用 aclmdlLoadFromMem 接口从内存加载离线模型数据并由系统内部管理内存;使用 aclmdlLoadFromFileWithMem 和 aclmdlLoadFromMemWithMem 接口实现从文件/内存中加载离线模型数据并由用户自行管理模型运行的内存(包括工作内存和权值内存)。

模型推理的输入和输出是另一个需要重点关注的内容,模型可能存在的每个输入/输出的内存地址、内存大小都可以使用 aclDataBuffer 类型的数据描述。编写代码时需要为每个输出申请内存,并将每个输出添加到 aclmdlDataset 类型的数据中,相关的代码如程序清单 6-3 所示。

程序清单 6-3　通过 AscendCL 申请推理资源

```
//加载离线模型文件,若模型加载成功,则返回标识模型的 ID 和描述文件
ret = aclmdlLoadFromFileWithMem(modelPath, &modelId_, modelMemPtr_,
        modelMemSize_, modelWeightPtr_, modelWeightSize_);
modelDesc_ = aclmdlCreateDesc();
```

```
ret = aclmdlGetDesc(modelDesc_, modelId_);

//创建 aclmdlDataset 类型的数据,描述模型推理的输出
//output_为 aclmdlDataset 类型
output_ = aclmdlCreateDataset();

//获取模型的输出个数,并循环为每个输出申请内存
size_t outputSize = aclmdlGetNumOutputs(modelDesc_);
for (size_t i = 0; i < outputSize; ++i) {
    size_t buffer_size = aclmdlGetOutputSizeByIndex(modelDesc_, i);
    void * outputBuffer = nullptr;
    aclError ret = aclrtMalloc(&outputBuffer, buffer_size, ACL_MEM_MALLOC_NORMAL_ON
LY );
    aclDataBuffer * outputData = aclCreateDataBuffer(outputBuffer, buffer_size);
    ret = aclmdlAddDatasetBuffer(output_, outputData);
}
//......
```

当完成计算资源初始化和内存申请后就可以进行实际的推理过程了。在编写相关代码时需要在 Host 侧将图片数据读入内存,再调用 aclrtMemcpy 接口同步将 Host 内存中的数据复制到 Device 内存中供其使用。若需实现异步数据复制,则可以使用 aclrtMemcpyAsync 接口。更具体来看,可以定义一个结构体来描述图片的存储路径、文件名称、图片宽、图片高,并循环处理每张图片。通过自定义函数,调用 C++标准库 std::ifstream 中的函数读取图片文件,并根据输出图片文件所需的内存大小(inputHostBuffSize)和 Host 内存地址(inputHostBuff),申请图片解码的输入内存。最后通过内存复制的方式将 Host 数据传输到 Device 侧,用于后续的数据预处理,相关的示例代码如程序清单 6-4 所示。

程序清单 6-4　通过 AscendCL 实现数据传输

```
//自定义 PicDesc 结构体,包含图片名称、宽、高等信息
PicDesc testPic[] = {
        { "../data/dog1_1024_683.jpg", 1024, 683 },
    };

//循环处理每张图片
for (size_t index = 0; index < sizeof(testPic) / sizeof(testPic[0]); ++index) {
    // 自定义文件读取函数并申请图片解码的输入内存
    char * inputHostBuff = ReadBinFile(testPic.picName, inputHostBuffSize);
    void * inBufferDev = nullptr;
uint32_t inBufferSize = inputHostBuffSize;
aclError ret = acldvppMalloc(&inBufferDev, inBufferSize);
```

```
    // 通过内存复制的方式,将 Host 数据传输到 Device
    ret = aclrtMemcpy(inBufferDev, inBufferSize, inputHostBuff, inputHostBuffSize, ACL_
MEMCPY_HOST_TO_DEVICE);
}
//......
```

数据传输到 Device 之后,经过解码、缩放等数据预处理操作,就可以获得符合模型推理需求的图片。这些预处理的能力都是由数字视觉预处理模块 DVPP 提供的,与数据预处理相关的内存必须通过 acldvppMalloc 接口申请,通过 acldvppFree 接口释放。更具体地看,用户可以调用 acldvppJpegDecodeAsync 接口实现异步解码,也可以使用 acldvppVpcResizeAsync 接口实现缩放,相关的功能介绍和使用说明将在 6.2 节展开介绍。

完成数据预处理后,就可以调用 aclmdlExecute 接口实现同步模型推理了,该接口的入参之一是模型 ID,在模型推理资源申请阶段,如果加载模型成功,就会返回标识模型的 ID。在模型执行中会使用到 aclmdlDataset 接口来描绘模型推理时的输入数据和输出数据。在模型推理结束后,需及时调用 aclDestroyDataBuffer 接口和 aclmdlDestroyDataset 接口释放描述模型输入的数据,且先调用 aclDestroyDataBuffer 接口,再调用 aclmdlDestroyDataset 接口。如果存在多个输入、输出,需多次调用 aclDestroyDataBuffer 接口。在模型推理结束后,还需要通过 aclmdlUnload 接口卸载模型,程序清单 6-5 就是执行模型推理过程的一个具体实例。

程序清单 6-5　通过 AscendCL 实现模型推理

```
#include "acl/acl.h"
//....
//循环处理每张图片,testPic 是自定义结构体
for (size_t index = 0; index < sizeof(testPic) / sizeof(testPic[0]); ++index) {
    //创建模型推理的输入数据
    aclmdlDataset * input_ = aclmdlCreateDataset();
    aclDataBuffer * inputData = aclCreateDataBuffer(inputDataBuffer, bufferSize);
    aclError ret = aclmdlAddDatasetBuffer(input_, inputData);
    //执行模型推理,output_表示模型推理的输出数据,在程序清单 6-3 中定义
    ret = aclmdlExecute(modelId_, input_, output_)
    //模型推理结束后,释放数据预处理的输出内存 dvppOutputBuffer
    acldvppFree(dvppOutputBuffer);
    //释放资源
    aclDestroyDataBuffer(inputData);
    aclmdlDestroyDataset(input_);

    //TODO: 数据后处理
}
//......
```

模型推理结束后即进入后处理阶段，根据模型的需要处理相关输出结果，如果不涉及处理相关结果可以直接跳过。等待 Host、Device 上所有数据处理都结束后，需要释放运行管理资源，包括 Stream、Context、Device。释放资源时，需要按顺序释放，先使用 aclrtDestroyStream 接口释放 Stream，再通过 aclrtDestroyContext 接口释放 Context，最后通过 aclrtResetDevice 接口释放 Device。值得注意的是，如果在申请计算资源时采用的是隐式创建方式，则不能通过调用 aclrtDestroyContext 等销毁接口来进行资源释放，它会在释放上级资源时自动被释放。如程序清单 6-6 所示，调用 aclFinalize 接口进行 AscendCL 的去初始化，一个完整的推理过程就结束了。

程序清单 6-6　通过 ACL 完成资源释放

```
#include "acl/acl.h"
//......
aclError ret = aclrtDestroyStream(stream_);
ret = aclrtDestroyContext(context_);
ret = aclrtResetDevice(deviceId_);
ret = aclFinalize();
//......
```

如果想要使用离线模型快速体验推理过程，可以通过链接获取 msame 工具[①]，该工具中包装好了完整的 AscendCL 执行推理代码，只需备好环境、om 模型文件、符合模型输入要求的“*.bin”格式的输入数据，跟随 README，即可快速实现模型推理。

6.2　CANN 的数字视觉预处理模块

在第 4 章介绍 AscendCL 的主要能力时，提及了与数据预处理相关的开放能力。更具体来看，AscendCL 通过接口调用了数字视觉预处理模块（Digital Vision Pre-Processing，DVPP），实现了对图像视频的编解码、格式转换、裁剪、缩放、采样等多种操作。本节将介绍 DVPP 的工作原理和使用方法。

6.2.1　DVPP 工作原理

DVPP 模块作为 CANN 软件栈中的编解码和视觉数据预处理模块，在推理过程中起到了重要的作用。它能够将未满足架构规定的输入格式、分辨率等要求的原始数据进行格式转换，再将符合要求的网络图像数据传给昇腾 AI 处理器进行后续计算。

① msame 模型推理工具参考网址为 https://gitee.com/chen68/tools/blob/master/msame/README.md。

DVPP 的整体架构如图 6-3 所示，对外提供异步接口供 AscendCL 调用，对内通过 DVPP 驱动执行在特定的 DVPP 硬件上。其内部又可分为解码模块、视觉预处理模块和编码模块三大功能模块，其具体的工作原理和使用方法将在 6.2.2 节展开介绍。

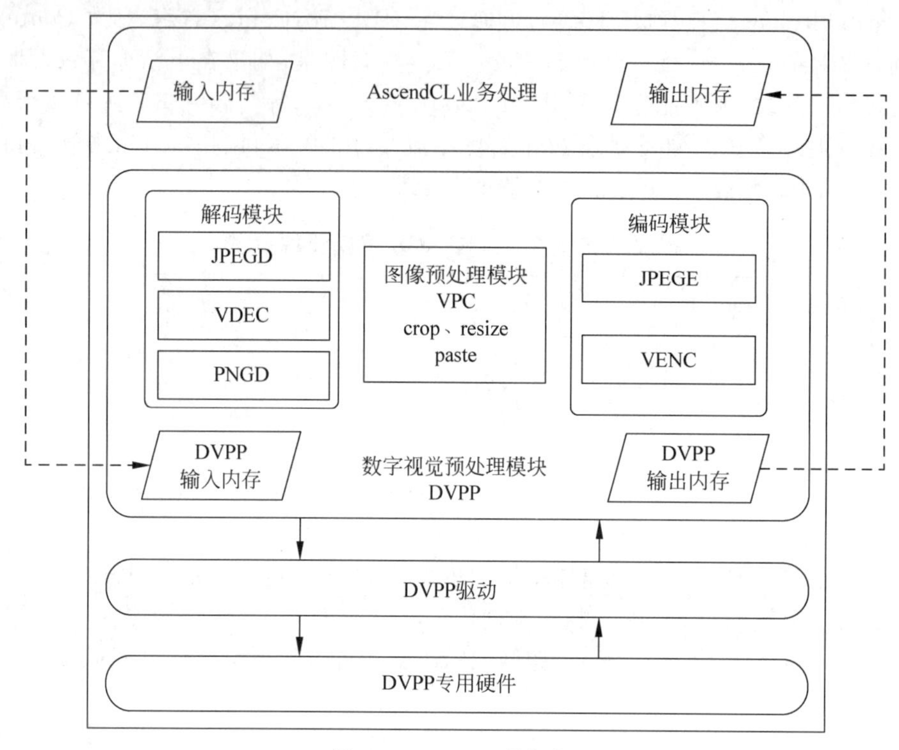

图 6-3　DVPP 整体架构

总的来看，当输入数据不满足模型输入的格式需求时，可以借助数字视觉预处理模块进行数据预处理。AscendCL 会首先将数据从内存传输到 DVPP 的缓存区中，根据具体数据的格式，预处理引擎通过 DVPP 提供的编程接口来完成参数配置和数据传输；编程接口启动后，DVPP 将配置参数和原始数据传递给驱动程序，由 DVPP 驱动调用 PNGD 或 JPEGD 解码模块进行初始化和任务下发；DVPP 专用硬件中的 PNGD 或 JPEGD 解码模块启动实际操作来完成图片的解码，得到 YUV 或者 RGB 格式的数据，满足后续处理的需要。

解码完成后，AscendCL 以同样机制继续调用图像预处理（Vision Pre-Processing Core，VPC）进一步把图片转换成 YUV420SP 格式，因为 YUV420SP 格式数据存储效率高且占用带宽小，所以同等带宽下可以传输更多数据来满足 AI Core 强大计算吞吐量的需求，同时完成图像的裁剪、缩放和贴图等预处理操作。

预处理完成后，再通过编码模块将处理后的数据重新编码生成 .jpg 图片并写入 DVPP 输出缓冲区，经 AscendCL 调用写回内存后可供模型推理后续使用。

6.2.2　DVPP 使用方法

解码模块包括 JPEG 解码(JPEGD)、PNG 解码(PNGD)和视频解码(VDEC)三个子功能项,分别对 JPG 格式的图片、PNG 格式的图片和视频进行解码,输出 YUV420SP 等编码格式的数据。编码模块则包括 JPEG 编码、视频编码两个子功能项,能够将 YUV 格式的数据编码为对应的模式。

上述五个子功能模块都有相似的调用执行逻辑。以 JPEGD 图像解码模块为例,接口的调用过程可以抽象为如图 6-4 所示的流程。

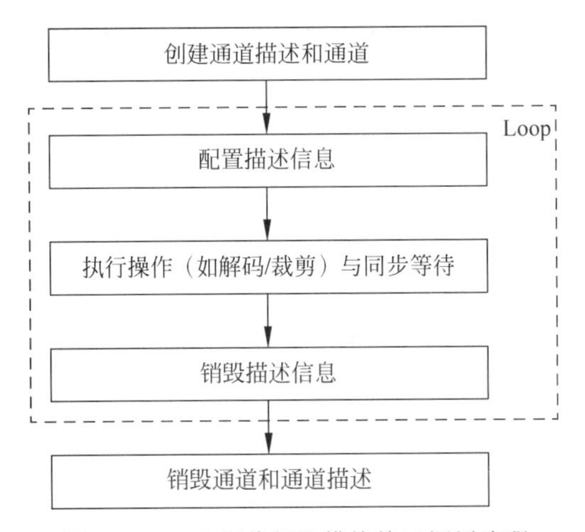

图 6-4　JPEG 图像解码模块接口调用流程

如果想要使用 JPEGD 的具体功能,用户需要编写类似 AscendCL 的执行代码,调用 acldvppCreateChannelDesc 接口创建通道描述信息,再利用描述信息调用 acldvppCreateChannel 接口创建图片数据处理通道,相关的代码如程序清单 6-7 所示。

程序清单 6-7　JPEGD 初始化图片数据处理通道

```
Result DvppProcess::InitResource(){
    dvppChannelDesc_ = acldvppCreateChannelDesc();
    aclError aclRet = acldvppCreateChannel(dvppChannelDesc_);
    INFO_LOG("dvpp init resource success");
    return SUCCESS;
}
```

随后就要循环执行数据流解码的操作。在具体执行 JPEGD 图片解码之前,需要初始化输出内存并说明输出图片属性。若需要使用 Device 上的内存存放输入或输出数据,则需调用 acldvppMalloc 接口申请内存。在申请输出内存前,可根据存放 JPEG 图片数据的内存,调用 acldvppJpegPredictDecSize 接口预估 JPEG 图片解码后所需的输出内存的大小。用户也可以使用acldvppCreatePicDesc接口创建输出图片描述信息并设置具体的输出图片属性，相关的代码如程序清单6-8所示。

程序清单6-8　JPEGD配置描述信息

```
Result DvppProcess::InitDecodeOutputDesc()
{
    aclError aclRet = acldvppMalloc(&decodeOutBufferDev_, jpegDecodeOutputSize_);
    decodeOutputDesc_ = acldvppCreatePicDesc();
    acldvppSetPicDescData(decodeOutputDesc_, decodeOutBufferDev_);
    acldvppSetPicDescFormat(decodeOutputDesc_, PIXEL_FORMAT_YUV_SEMIPLANAR_420);
    acldvppSetPicDescSize(decodeOutputDesc_, jpegDecodeOutputSize_);
    return SUCCESS;
}
```

接下来，就可以调用acldvppJpegDecodeAsync异步接口进行解码。在使用异步接口时，还需要调用aclrtSynchronizeStream接口阻塞程序运行，直到指定Stream中的所有任务都完成，见程序清单6-9。

程序清单6-9　JPEGD执行图像解码和等待同步

```
Result DvppProcess::ProcessDecode()
{
    Result ret = InitDecodeOutputDesc();        //程序清单6-8中的函数
    aclError aclRet = acldvppJpegDecodeAsync(dvppChannelDesc_, reinterpret_cast<void
*>(inDevBuffer_), inDevBufferSizeD_, decodeOutputDesc_, stream_);
    aclRet = aclrtSynchronizeStream(stream_);

    // 获得YUV格式图像的宽和高
    decodeOutputWidth_ = acldvppGetPicDescWidth(decodeOutputDesc_);
    decodeOutputHeight_ = acldvppGetPicDescHeight(decodeOutputDesc_);
    decodeOutputWidthStride_ = acldvppGetPicDescWidthStride(decodeOutputDesc_);

    return SUCCESS;
}
```

最后，先后销毁图片描述信息，释放输入和输出内存，销毁通道和通道描述信息。用户也可以在销毁通道前循环地进行数据流读取和解析，相关的代码函数如清单6-10所示。

程序清单6-10　销毁与释放资源

```
void DvppProcess::DestroyDecodeOut(){
    if (decodeOutputDesc_ != nullptr) {
        (void)acldvppDestroyPicDesc(decodeOutputDesc_);
```

```
            decodeOutputDesc_ = nullptr;
        }
    if(decodeOutBufferDev_!= nullptr){
        (void)acldvppFree(decodeOutBufferDev_);
        decodeOutBufferDev_ = nullptr;}
    }
    void DvppProcess::DestroyResource(){
        if (dvppChannelDesc_ != nullptr) {
            aclError aclRet = acldvppDestroyChannel(dvppChannelDesc_);
            (void)acldvppDestroyChannelDesc(dvppChannelDesc_);
            dvppChannelDesc_ = nullptr;}
    }
```

通过上述步骤,就可以完整地使用DVPP的JPEG解码功能了,其他的编解码模块也有相似的调用逻辑,在此不再赘述。除编码和解码模块外,DVPP还提供了强大的VPC模块,具体包括裁剪、缩放、叠加、拼接等功能。

所谓裁剪是指从输入图片中抠出需要用的图片区域,通过acldvppVpcCropAsync接口的cropArea参数即可指定裁剪区域。DVPP还能够对多种不同分辨率和图像格式的输入图像进行缩放操作,通过widthStride和heightStride参数可以指定输入图片的大小尺寸。值得注意的是,DVPP对于输入图像的宽高有一定的限制。从输入图片中抠出来的图像经过缩放后可以放在输出图片的指定位置,输出图片可以是通过申请空输出内存产生的空白图片,也可以是由用户申请输出内存后将已有图片读入输出内存产生的已有图片,最终实现贴图的效果。从输入图片抠多张图经过缩放后也可以拼接放在图片中的指定位置。将上述功能进行有机组合可以产生如图6-5所示的效果,满足预处理的要求。

从使用的角度看,VPC也服从如图6-4的整体调用流程。与JPEGD相比,它又有额外的一部分流程。以“裁剪+缩放+贴图”的预处理过程为例,在创建通道后,还需要通过acldvppCreateRoiConfig接口和acldvppCreateResizeConfig接口创建裁剪配置、缩放配置和叠加配置信息,而在释放资源环节也需要将相关配置信息进行销毁。在执行异步接口前,还需要设置缩放算法,具体流程如程序清单6-11所示。

程序清单6-11 使用VPC实现裁剪、缩放、叠加预处理

```
Result DvppProcess::ProcessCrop()
{
    // 创建裁剪配置、缩放配置和叠加配置
    uint32_t midNum = 2;
    uint32_t oddNum = 1;
    uint32_t cropSizeWidth = 200;
    uint32_t cropSizeHeight = 200;
    uint32_t cropLeftOffset = 550; // must even
    uint32_t cropRightOffset = cropLeftOffset + cropSizeWidth - oddNum;
```

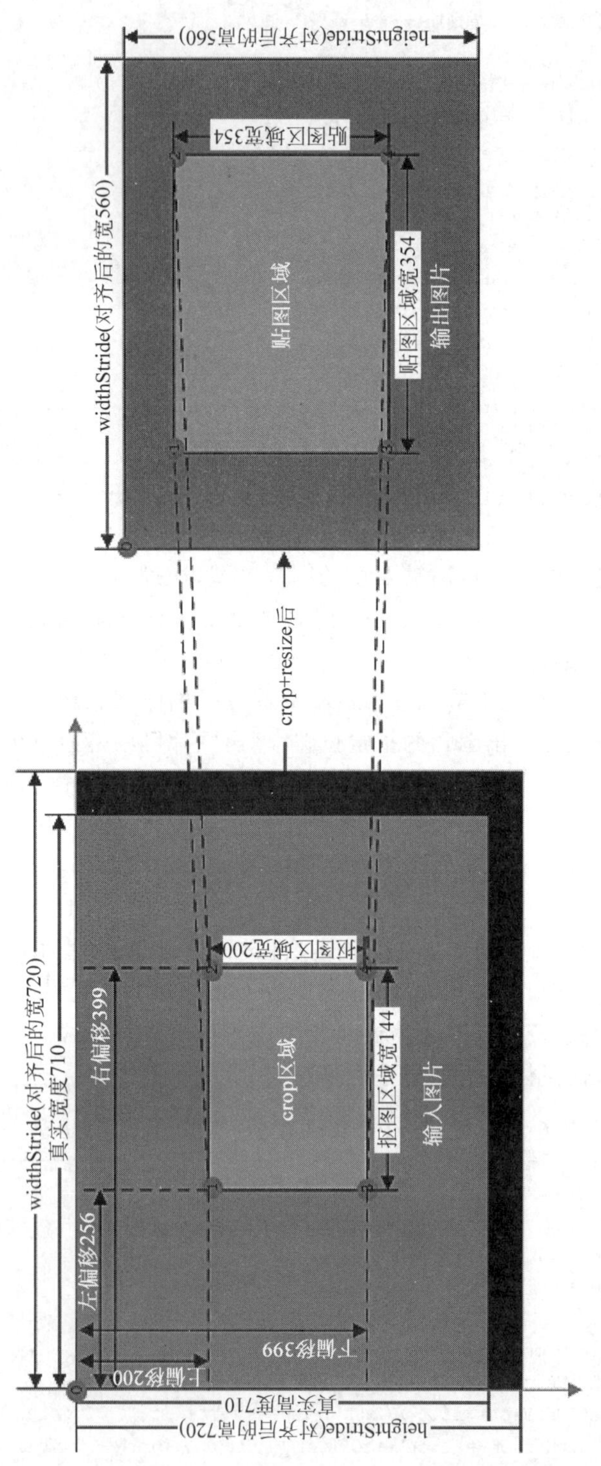

图 6-5 通过“裁剪＋缩放＋叠加”实现 DVPP 预处理

```
    uint32_t cropTopOffset = 480; // must even
    uint32_t cropBottomOffset = cropTopOffset + cropSizeHeight - oddNum;
    cropArea_ = acldvppCreateRoiConfig(cropLeftOffset, cropRightOffset, cropTopOffset,
cropBottomOffset);

    resizeConfig_ = acldvppCreateResizeConfig();

    uint32_t pasteLeftOffset = 16;
    uint32_t pasteRightOffset = pasteLeftOffset + cropSizeWidth - oddNum; // must odd
    uint32_t pasteTopOffset = 16;
    uint32_t pasteBottomOffset = pasteTopOffset + cropSizeHeight - oddNum; // must odd
    pasteArea_ = acldvppCreateRoiConfig ( pasteLeftOffset, pasteRightOffset,
pasteTopOffset, pasteBottomOffset);
    //创建输入输出描述
    Result ret = InitCropAndPasteInputDesc();
    ret = InitCropAndPasteOutputDesc();
    //设置缩放算法
    aclError aclRet = acldvppSetResizeConfigInterpolation(resizeConfig_, 0);
    //执行处理接口和同步等待
    aclRet = acldvppVpcCropResizePasteAsync ( dvppChannelDesc _, vpcInputDesc _,
vpcOutputDesc_ , cropArea_, resizeConfig_, stream_);
    aclRet = aclrtSynchronizeStream(stream_);
    return SUCCESS;
}
```

将上述环节有机地组合在一起，就可以使用DVPP完成数据预处理了。值得注意的是，由于经过VPC处理的输出图片中的贴图区域的宽有16对齐的约束，因此输出图片中的贴图区域的宽有一些补边的无效数据，所以在正式输入模型推理前，可以使用AIPP进行二次裁剪，否则无效数据会影响模型推理的精度。关于AIPP的使用将在6.3节中进行具体的介绍。

6.3　CANN的模型转换工具

昇腾计算编译引擎提供的模型转换工具（以下简称ATC工具）可以将Caffe、TensorFlow等业界开源的神经网络模型转化为华为NPU芯片支持的网络模型，这是执行模型部署的重要环节。本节将先对模型转换整体方案进行介绍，再通过实例讲解ATC工具的具体使用方法，本节也会着重介绍人工智能预处理模块和使用MindStudio完成模型转换的具体方法。

6.3.1 ATC 工具工作原理

ATC 工具是昇腾计算编译引擎提供的模型转换程序，它可以将开源框架的网络模型转换为昇腾 AI 处理器支持的 om 格式离线模型。在转换的过程中，ATC 工具会进行算子调度优化、内容优化的具体操作，对于原始的深度学习模型进行进一步调优，从而满足部署场景下的高性能需求，使其能够高效执行在昇腾 AI 处理器上。具体来看，ATC 工具的工作原理如图 6-6 所示。

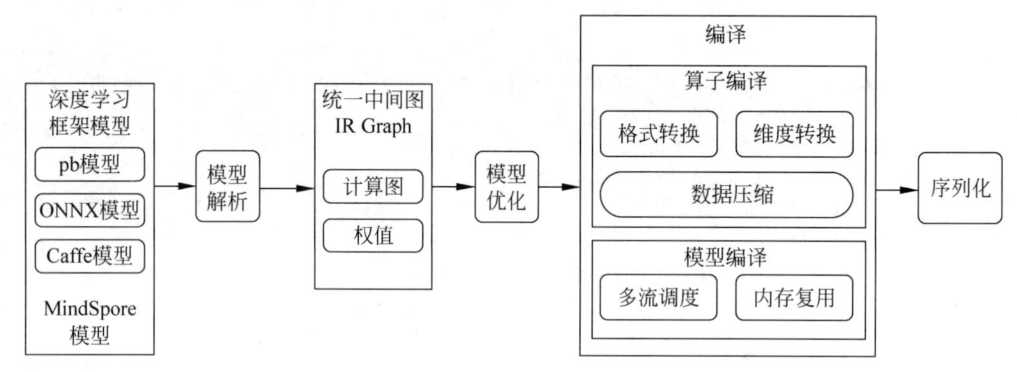

图 6-6　ATC 工具工作原理

1. 模型解析

在接收到来自深度学习框架的原始模型后，ATC 工具将对其进行模型解析、优化、编译和序列化五大步骤的操作。ATC 工具对 pb 模型、ONNX 模型、Caffe 模型和 MindSpore 模型都有很好的支持，可以提炼出原始模型的网络结构、权重参数，再通过图的表示方法，由统一的中间图（IR Graph）来重新定义网络结构。

这个中间图是由计算图和权值构成，涵盖了所有原始模型的信息，其中的计算图则是由计算节点和数据节点构成，计算节点由不同功能的 TBE 算子组成，而数据节点专门接收不同的张量数据，为整个网络提供计算需要的各种输入数据。中间图为不同深度学习框架到昇腾 AI 软件栈搭起了一座桥梁，使得外部框架构造的神经网络模型可以轻松转化为昇腾 AI 处理器支持的离线模型。

2. 模型优化

针对模型解析生成的中间表示层 IR 模型，ATC 工具继续做一些计算图上的优化和融合，主要操作与第 4 章介绍的融合规则相同。这也意味着 ATC 工具依赖 libfusionengine. so 这个内部实现库，通过其识别计算图中可以融合的算子，将多个计算层融合为一体，实现计算的加速。

3. 算子编译

在完成模型量化后，ATC 工具将对模型进行编译，编译环节分为算子编译和模型编译两个部分，算子编译提供了算子的具体实现，模型编译则是将算子模型聚合连接生成离线模型结构。算子编译的流程如图 6-7 所示，它的功能主要是生成算子特定的离线结构。更具体地看，算子编译分为输入张量描述、权重数据转换和输出张量描述三个流程。在输入张量描述中，计算每个算子的输入维度、内存大小等信息，并且在 ATC 工具中定义好算子输入数据的形式；在权重数据转换中，对算子使用的权重参数进行数据格式转换（比如 FP32 到 FP16 的转换）、形状转换、数据压缩等处理；在输出张量描述中，计算算子的输出维度、内存大小等信息。

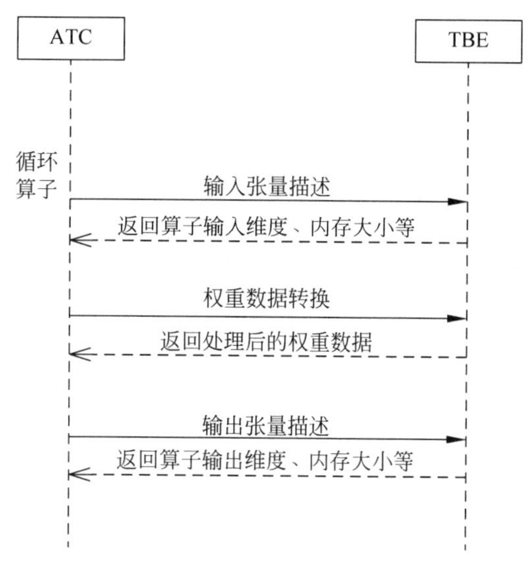

图 6-7　算子编译流程

算子生成过程中需要通过 TBE 算子加速库接口对输出数据的形状进行分析，通过 TBE 算子加速库接口也可实现数据格式的转换。ATC 工具收到神经网络生成的中间图后对中间图中的每一节点进行描述，逐个解析每个算子的输入和输出。ATC 工具分析当前算子的输入数据来源，获取上一层中与当前算子直接进行衔接的算子类型，通过 TBE 算子加速库接口进入算子库中寻找来源算子的输出数据描述，然后将来源算子的输出数据信息返回给 ATC 工具，作为当前算子的具体输入张量描述。因此，了解了来源算子的输出信息就可以自然地获得当前算子输入数据的描述。

如果在中间图中的节点不是算子，而是数据节点，则不需要进行输入张量描述。如果算子带有权重数据，如卷积算子和全连接算子等，则需要进行权重数据的描述和处理。如果输入权重数据类型为 FP32，则需要通过 ATC 工具调用类型转化接口，将权重转换成

FP16数据类型，满足AI Core的数据类型需求。完成类型转换后，ATC工具调用形状设置接口对权重数据进行分形重排，让权重的输入形状可以满足AI Core的格式需求。在获得固定格式的权重后，ATC工具调用TBE提供的压缩优化接口，对权重进行压缩优化，缩小权重存储空间，使得模型更加轻量化。在对权重数据转换完成后返回满足计算要求的权重数据给ATC工具。

权重数据转换完成后，ATC工具还需要对算子的输出数据信息进行描述，确定输出张量形式。对于高层次复杂算子，如卷积算子和池化算子等，ATC工具可以直接通过TBE算子加速库提供的计算接口，并结合算子的输入张量信息和权重信息来获取算子的输出张量信息。如果是加法算子的低层次简单算子，则直接通过算子的输入张量信息来确定输出张量信息。按照上述运行流程，ATC工具遍历网络中间图中所有算子，循环执行算子生成步骤，对所有算子的输入输出张量和权重数据进行描述，完成算子的离线结构表示，为下一步模型生成提供算子模型。

4. 模型编译

编译过程中完成算子编译后，ATC工具还要进行模型编译，生成模型的离线结构。在模型编译环节，ATC工具获取中间图，对算子进行并发的调度分析，将多个中间图节点进行执行流拆分，获得多个由算子和数据输入组成的执行流，执行流可以看作算子的执行序列。没有相互依赖的节点直接被分配到不同的执行流中。如果不同执行流中节点存在依赖关系，则通过同步接口进行多执行流间的同步。在AI Core运算资源富余的情况下，多执行流拆分可以为AI Core提供多流调度，从而提升网络模型的计算性能。但是AI Core并行处理任务较多时，会加剧资源抢占程度，恶化执行性能。默认情况下采用单执行流对网络进行处理，可降低因多任务并发执行导致阻塞的风险。

基于多个算子执行序列的具体执行关系，离线模型生成器可以进行独立于硬件的算子融合优化及内存复用优化操作。根据算子输入和输出内存信息计算内存复用，将相关复用信息写入模型和算子描述中，生成高效的离线模型。这些优化操作可以将多个算子执行时的计算资源进行重新分配，最大限度减小运行时内存占用，同时避免运行过程中频繁进行内存分配和释放，实现以最小的内存使用和最低的数据搬移频率来完成多个算子的执行，提升性能，且降低对硬件资源的需求。

5. 序列化

编译后产生的离线模型存放于内存中，还需要进行序列化。序列化过程中主要提供签名功能给模型文件，对离线模型进行进一步封装和完整性保护。序列化完成后可以将离线模型从内存输出到外部文件中以供昇腾AI处理器进行后续的调用和执行。

经过上述的五个步骤后，ATC工具就可以将开源深度学习框架的模型转化为高性能序列化离线模型(Offline Model),模型文件的后缀为 om。

6.3.2　ATC 工具使用方法

模型转换工具 ATC 的具体使用流程如图 6-8 所示。在使用 ATC 工具之前,需要先在开发环境中安装 ATC 工具,并完成环境变量的配置;然后将需要转换的模型文件上传到开发环境中;最后就可以执行 ATC 工具进行模型转换了。

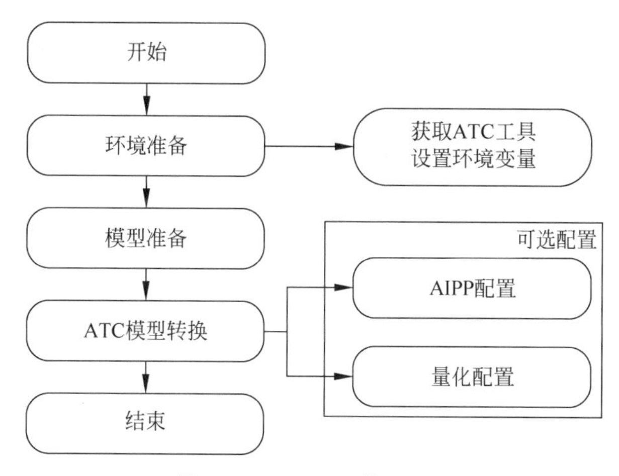

图 6-8　ATC 工具使用流程

ATC 工具共支持四种模型的转换:第一种是 Caffe 框架的模型,一个完整的 Caffe 模型包括后缀名为 prototxt 的网络结构文件和后缀名为 caffemodel 的权值文件,这两个文件的对应算子名与算子类型必须保持一致;第二种是 TensorFlow 的 FrozenGrapDef 格式,即后缀名为 pb 的模型文件,pb 文件采用 protobuf 格式存储,网络模型和权值数据都存储在同一个文件中;第三种是跨架构 ONNX 格式的模型,使用 PyTorch 训练出的 pth 模型仅需通过简单的操作就能转换为 ONNX;第四种是 MindSpore 框架模型。以开源模型 EfficientNet 为例,通过 github 链接就可以获得基于 PyTorch 框架的模型代码与 pth 文件,然后执行程序清单 6-12 所示的代码,就可以将 pth 模型转换为 ONNX 格式。

程序清单 6-12　pth 模型转换为 ONNX 模型

```
def pth2onnx(input_file, output_file):
    model = EfficientNet.from_pretrained('efficientnet-b0', weights_path=input_file)
    model.eval()
    input_names = ["image"]
    output_names = ["class"]
    dynamic_axes = {'image': {0: '-1'}, 'class': {0: '-1'}}
```

```
    dummy_input = torch.randn(1, 3, 224, 224)
    torch.onnx.export(model, dummy_input, output_file, input_names = input_names,
dynamic_axes = dynamic_axes, output_names = output_names, opset_version = 11, verbose =
True)
```

在配置完环境变量后，就可以使用 ATC 工具将 ONNX 模型转换为 om 模型了，可供参考的执行命令如程序清单 6-13 所示。

程序清单 6-13　使用 ATC 工具将 ONNX 模型转换为 om 模型样例

```
# root 用户安装 toolkit 包,,执行如下脚本设置环境变量
. /usr/local/Ascend/ascend-toolkit/set_env.sh
# 非 root 用户安装 toolkit 包,执行如下脚本设置环境变量
. ${HOME}/Ascend/ascend-toolkit/set_env.sh


atc --framework=5 --model=efficientnet-b0.onnx --output=efficientnet-b0_bs1
--input_format=NCHW --input_shape="image:1,3,224,224" --log=debug --soc_
version=Ascend310
```

在使用 ATC 工具时可以通过 atc--help 命令查询出完整的参数列表，表 6-1 展示了 ATC 工具的主要参数。

表 6-1　ATC 工具的主要参数

参　　数	解　　释
--model	原始模型文件路径与文件名，如果模型是 Caffe 模型，配合 weight 参数指定权重文件位置
--framework	原始框架类型 0：caffe 3；1：MindSpore：TensorFlow 5：ONNX
--output	存放转换后的离线模型文件
--input_shape	模型输入数据的 shape
--input_format	数据输入的数据格式，NCHW 或 NHWC 等
--out_nodes	指定模型输出节点，默认为最后一层
--precision_mode	选择算子精度模型： force_fp16 表示强制算子精度为 fp16； allow_fp32_to_fp16 表示优先保留 fp32 的原始精度； allow_mix_precision 表示使用混合精度模式
--soc_version	模型转换时指定芯片版本，如 Ascend 310、Ascend 910

6.3.3 AIPP

根据图6-8的流程,用户还可以在使用ATC工具的过程中配置人工智能预处理(Artificial Intelligence Pre-Processing,AIPP)模块。与前面介绍的DVPP相似,该模块也是用于图像数据预处理的模块。但基于处理速度和处理占有量的考虑,DVPP各组件对输出有特殊的限制,如输出图片需要长、宽对齐,且其输出格式通常为YUV240SP等格式。这样的设定虽在视频分析的场景下有非常广阔的使用,但深度学习模型的输入通常为RGB或BRG格式,且输入图片尺寸各异,因此ATC工具流程中提供了AIPP功能模块。

与DVPP不同的是,AIPP主要用于在AI Core上完成数据预处理,包括改变图像尺寸、色域转换、减均值、乘系数等数据预处理操作,AIPP的出现是对DVPP能力的有效补充。

具体来看,AIPP分为静态和动态两种模式。使用静态AIPP模式转换时会在生成模型后将AIPP参数值保存在理想模型中,每次模型推理过程都采用固定的参数进行处理,而且在之后的推理过程中无法通过业务代码进行直接修改;采用动态AIPP的模式时,每次在执行推理前都根据需求动态修改AIPP参数值,然后在模型执行时使用不同的AIPP参数。动态AIPP参数值会根据需求在不同的业务场景下选用合适的参数,比如针对不同的摄像头采用不同的归一化参数。

设置动态AIPP参数的相关接口和接口间的调用逻辑已经在第4章进行了具体的介绍,整体来说,AI Core会根据配置文件对数据进行预处理,而受制于硬件处理逻辑,配置文件中的参数有如下业务执行顺序:图像裁剪→格式转换→数据减均值/归一化→图像边缘填充(padding)。

AIPP支持的图像裁剪和图像边缘填充都是改变图像尺寸的方式,其工作原理如图6-9所示,原大小为(srcImageSizeW,srcImageSizeH)的图像经过图像预处理后变为了模型预期的(dstImageSizeW,dstImageSizeH)图像尺寸。

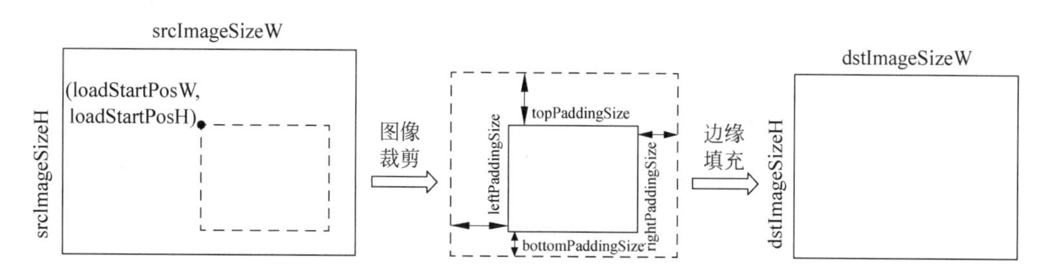

图6-9 通过图像裁剪和边缘填充修改图像尺寸

从执行的角度看,需要在配置文件中指出裁剪的左上点坐标(loadStartPosW,

loadStartPosH)及裁剪的图像大小(crop_size_w,crop_size_h)。在边缘填充环节,需要指明在裁剪后的图像四周填充的尺寸,即 left Padding Size、right Padding Size、top Padding Size 和 bottom Padding Size。而经过图像尺寸改变之后的最终图片大小,需要跟模型文件输入的图像大小,即 input_shape 的宽和高相等。程序清单 6-14 是配置相关参数的样例。

程序清单 6-14　crop 和 padding 参数配置样例

```
aipp_op {
    aipp_mode: static
    input_format : YUV420SP_U8
    src_image_size_w :320
    src_image_size_h :240
    crop :true
    load_start_pos_w :10
    load_start_pos_h :20
    crop_size_w :50
    crop_size_h :60
    padding : true
    left_padding_size :20
    right_padding_size :40
    top_padding_size :20
    bottom_padding_size :40
}
```

值得注意的是,如果输入的图像类型为 YUV420SP_U8 格式,则 load_start_pos_w、load_start_pos_h 参数必须配置为偶数。

AIPP 提供了更为方便的图像格式转换方式,在确定了 AIPP 处理前后的格式之后,就能对应找到其色域转换的相关参数配置。在此举两个例子:一是将 YUV 格式的图像文件转为 RGB 格式的 JPEG 图像,二是将视频解码后的 YUV 格式数据转换为 RGB 格式。根据不同的彩色视频数字化标准又可以将视频格式分为 BT-610 标准清晰度视频格式和 BT-709 高清晰度视频格式。YUV 格式的数据转为 RGB 格式可以借助式(6-1)的矩阵乘法,其中的转换矩阵就是待配置的参数和偏移量。

$$\begin{bmatrix} B \\ G \\ R \end{bmatrix} = \begin{bmatrix} \text{matrix}_{\text{r0c0}} & \text{matrix}_{\text{r0c1}} & \text{matrix}_{\text{r0c2}} \\ \text{matrix}_{\text{r1c0}} & \text{matrix}_{\text{r1c1}} & \text{matrix}_{\text{r1c2}} \\ \text{matrix}_{\text{r2c0}} & \text{matrix}_{\text{r2c1}} & \text{matrix}_{\text{r2c2}} \end{bmatrix} \begin{bmatrix} Y - \text{input}_{\text{bais}_0} \\ U - \text{input}_{\text{bais}_1} \\ V - \text{input}_{\text{bais}_2} \end{bmatrix} \gg 8 \tag{6-1}$$

这三种情况的参数配置如表 6-2 所示,其他情况可以通过官网文档进行查找。

表 6-2　不同场景下的参数配置

JPEG	BT-601NARROW	BT-709NARROW
aipp_op {	aipp_op {	aipp_op {
aipp_mode: static	aipp_mode: static	aipp_mode: static
input_format : YUV420SP_U8	input_format : YUV420SP_U8	input_format : YUV420SP_U8
csc_switch : true	csc_switch : true	csc_switch : true
rbuv_swap_switch : false	rbuv_swap_switch : false	rbuv_swap_switch : false
matrix_r0c0 : 256	matrix_r0c0 : 298	matrix_r0c0 : 298
matrix_r0c1 : 0	matrix_r0c1 : 0	matrix_r0c1 : 0
matrix_r0c2 : 359	matrix_r0c2 : 409	matrix_r0c2 : 459
matrix_r1c0 : 256	matrix_r1c0 : 298	matrix_r1c0 : 298
matrix_r1c1 :−88	matrix_r1c1 :−100	matrix_r1c1 :−55
matrix_r1c2 :−183	matrix_r1c2 :−208	matrix_r1c2 :−136
matrix_r2c0 : 256	matrix_r2c0 : 298	matrix_r2c0 : 298
matrix_r2c1 : 454	matrix_r2c1 : 516	matrix_r2c1 : 541
matrix_r2c2 : 0	matrix_r2c2 : 0	matrix_r2c2 : 0
input_bias_0 : 0	input_bias_0 : 16	input_bias_0 : 16
input_bias_1 : 128	input_bias_1 : 128	input_bias_1 : 128
input_bias_2 : 128	input_bias_2 : 128	input_bias_2 : 128
}	}	}

除此之外，AIPP 还支持归一化的设置，即进行减均值和乘系数的操作，这种功能不仅能用于常规的归一化，还能用于不同数据格式的转换。比如在由 unit8 转换为 fp16 时，其转换可以视作式(6-2)。其中，mean_chn_i 表示每个通道的均值，min_chn_i 表示每个通道的最小值，var_reci_chn 表示每个通道方差的倒数，各通路的这三个参数值都是需要进行配置的。

$$\text{pixel\_out\_chx}(i)=[\text{pixel\_in\_chx}(i)-\text{mean\_chn\_i}-\text{min\_chn\_i}]\times \text{var\_reci\_chn} \tag{6-2}$$

以一个实际的场景为例，讲述如何配置一个完整的 AIPP 配置文件。假设模型要求输入为 300×300 的 RGB 图片，用户调用 DVPP 接口处理进行 JPEG 解码和缩放后，由于对齐要求，输出图片为 384×304 的 YUV420SP_UV 格式图片，但是有效图片就只有 300×300 的图像，其他都用 0 补齐。这时就可以使用 AIPP 进行配置，指定裁剪的起始坐标、长宽、图像归一化参数和格式转换参数等。

6.3.4　使用 MindStudio 完成模型转换

第 2 章向各位用户介绍了全流程开发工具 MindStudio。借用它的强大能力，可以有效地简化模型转换过程。通过可视化界面，经历选择模型、配置输入和输出节点和图像预处理配置三个步骤后，仅需简单的配置信息就可以输出转换后的 om 模型，具体的转换流程和操作如图 6-10 所示。

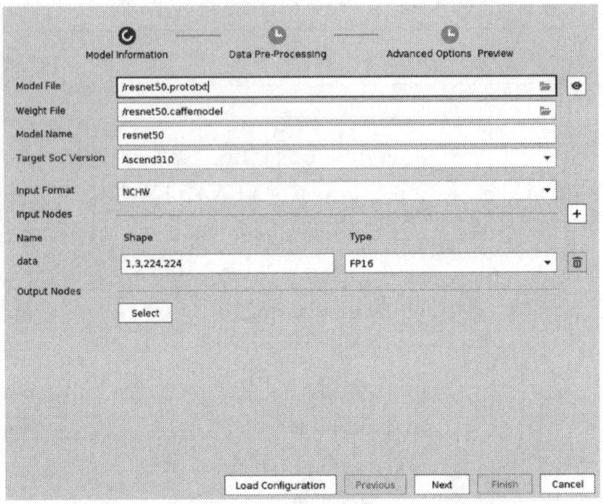

Model Information　Data Pre-Processing　Advanced Options　Preview

Model File　/resnet50.prototxt

Weight File　/resnet50.caffemodel

Model Name　resnet50

Target SoC Version　Ascend310

Input Format　NCHW

Input Nodes

Name	Shape	Type
data	1,3,224,224	FP16

Output Nodes　Select

Load Configuration　Previous　Next　Finish　Cancel

(a) 选择模型

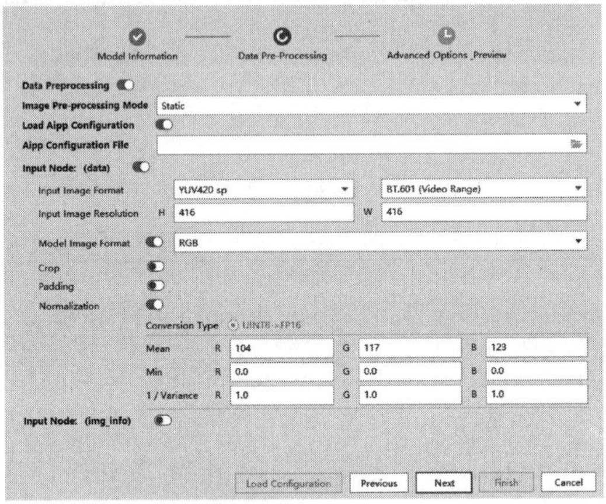

Model Information　Data Pre-Processing　Advanced Options　Preview

Data Preprocessing

Image Pre-processing Mode　Static

Load Aipp Configuration

Aipp Configuration File

Input Node: (data)

Input Image Format　YUV420 sp　BT.601 (Video Range)

Input Image Resolution　H 416　W 416

Model Image Format　RGB

Crop

Padding

Normalization

Conversion Type　UINT8->FP16

Mean	R	104	G	117	B	123
Min	R	0.0	G	0.0	B	0.0
1 / Variance	R	1.0	G	1.0	B	1.0

Input Node: (img_info)

Load Configuration　Previous　Next　Finish　Cancel

(b) 配置输入和输出节点

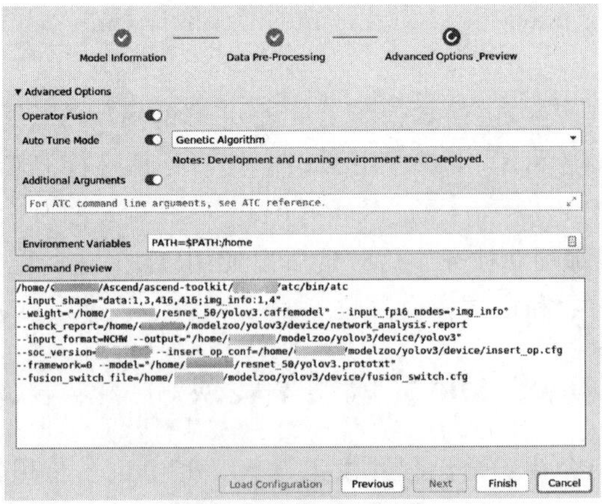

Model Information　Data Pre-Processing　Advanced Options　Preview

▾ Advanced Options

Operator Fusion

Auto Tune Mode　Genetic Algorithm

Notes: Development and running environment are co-deployed.

Additional Arguments

For ATC command line arguments, see ATC reference.

Environment Variables　PATH=$PATH:/home

Command Preview

```
/home/[illegible]/Ascend/ascend-toolkit/[illegible]/atc/bin/atc
--input_shape="data:1,3,416,416;img_info:1,4"
--weight="/home/[illegible]/resnet_50/yolov3.caffemodel" --input_fp16_nodes="img_info"
--check_report=/home/[illegible]/modelzoo/yolov3/device/network_analysis.report
--input_format=NCHW --output="/home/[illegible]/modelzoo/yolov3/device/yolov3"
--soc_version=[illegible] --insert_op_conf=/home/[illegible]/modelzoo/yolov3/device/insert_op.cfg
--framework=0 --model="/home/[illegible]/resnet_50/yolov3.prototxt"
--fusion_switch_file=/home/[illegible]/modelzoo/yolov3/device/fusion_switch.cfg
```

Load Configuration　Previous　Next　Finish　Cancel

(c) 量化和图像预处理配置

图 6-10　使用 MindStudio 一站式模型转换

6.4　CANN的昇腾模型压缩工具

随着深度学习的发展，模型推理精度性能提升的同时也引入了巨大的参数量和计算量，这将会带来更高的硬件资源需求，从而对模型在移动端的部署带来新的挑战。为了使深度学习模型能更加高效地在硬件上执行，对模型推理进行加速就显得十分必要。因此，近年来模型压缩技术也受到越来越多的关注，量化、剪枝、低秩分解、知识蒸馏等技术不断降低模型参数量、计算量，加速模型推理部署。

昇腾模型压缩工具(Ascend Model Compression Toolkit，AMCT)提供了模型量化功能，用于将32位的浮点模型转换为低比特的定点模型，以降低模型的存储空间和计算量，从而提升模型推理性能。当前昇腾模型压缩工具实现了两种不同的量化方式：训练后量化(Post Training Quantzation)和量化感知训练(Quantization Aware Training)。用户可以从昇腾社区获取该软件包。

6.4.1　模型量化原理

当前昇腾AI处理器支持的量化方式是线性量化。线性量化是指将原始浮点模型中的参数和数据通过均匀映射的方式映射到2^N个量化级别上，其中N是量化位数，线性量化原理示意图如图6-11所示。线性量化根据量化方式分类，可以分为对称量化和非对称量化两类；根据量化流程分类，则可以分为训练后量化和量化感知训练两类。本节将重点介绍这几种量化方式的概念和原理。

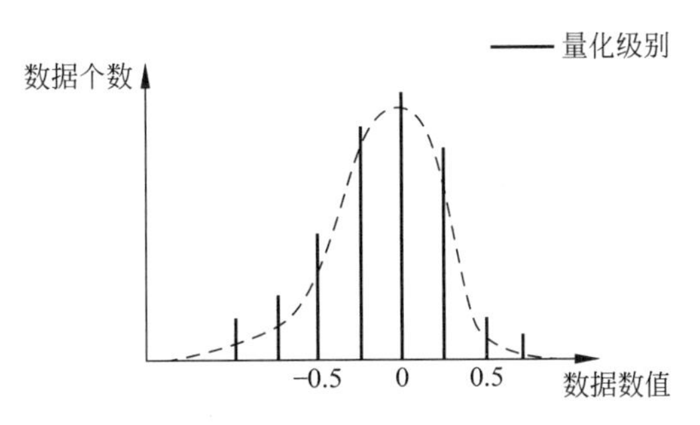

图6-11　线性量化原理示意图

1. 对称量化

假设输入32位浮点数x，对称量化是指通过一个缩放因子(scale)将其量化为一个8位的定点数$x_q \in [-128,127]$。具体的对称量化转换公式如式(6-3)所示。

$$x_q = \text{round}(x * \text{scale}) \tag{6-3}$$

当前业界多数量化工作研究的主要问题是如何获取一个更好的缩放因子，从而减少量化对原始数值精度的影响。确定了缩放因子之后，量化后的数值表示范围为 $\left[-\frac{128}{\text{scale}}, \frac{127}{\text{scale}}\right]$，量化操作会对量化数据超过该表示范围的数据进行饱和操作，饱和到对应的边界值，然后通过式(6-3)完成量化操作。

下面举例说明一种较为简单的获取 scale 的方式：根据待量化数据的最大绝对值进行确定。对所有数据进行取绝对值的操作，获得最大绝对值 $|x|_{\max}$，使待量化数据的范围变为 $[0, |x|_{\max}]$，由于 8 位定点数在正数时的表示范围为 [0,127]，因此 scale 可以通过式(6-4)计算得到。

$$\text{scale} = \frac{127}{|x|_{\max}} \tag{6-4}$$

2. 非对称量化

非对称量化与对称量化的主要区别在于数据转换方式的不同，需要确定 scale 与 offset 这两个参数，式(6-5)是通过原始浮点数据计算得到量化数据的转换公式。

$$x_q = \text{round}(x * \text{scale}) + \text{offset} \tag{6-5}$$

其中，scale 是 32 位的浮点数，offset 是 8 位的定点数，x_q 为 8 位的定点数。量化后的数值表示范围为 $\left[\frac{-128-\text{offset}}{\text{scale}}, \frac{127-\text{offset}}{\text{scale}}\right]$。

下面举例说明一种较为简单的获取 scale 和 offset 的方式：根据待量化数据的最大值 $x_{\max}$ 和最小值 $x_{\min}$ 确定。假设待量化数据的取值范围为 $[x_{\min}, x_{\max}]$，则 scale 和 offset 的计算方式如下。

$$\text{scale} = \frac{255}{x_{\max} - x_{\min}} \tag{6-6}$$

$$\text{offset} = \text{round}(-x_{\min} * \text{scale} - 128) \tag{6-7}$$

3. 训练后量化

训练后量化是指在模型训练结束之后，再对训练好的模型进行权重和数据的量化，进而加速模型推理速度。通常，训练后的模型权重已经确定，因此可以根据权重的数值离线计算得到权重的量化参数。通常数据是在线输入的，因此无法准确获取数据的数值范围，需要一个较小的有代表性的数据集来模拟在线数据的分布，利用该数据集执行前向推理，得到对应的中间浮点结果，并根据这些浮点结果离线计算出数据的量化参数。

4. 量化感知训练

量化感知训练是指在重训练过程中引入量化，通过重训练提高模型对量化效应的能力、从而获得更高的量化模型精度的一种量化方式。量化感知训练借助用户完整训练数据集在训练过程中引入伪量化的操作(从浮点量化到定点,再还原到浮点的操作),用来模拟前向推理时量化带来的误差,并借助训练让模型权重能更好地适应这种量化的信息损失,从而提升量化精度。通常,量化感知训练相比训练后量化,精度损失会更小,但它的主要缺点是整体量化的耗时会更长;此外,量化过程需要的数据会更多,通常是完整训练数据集。

如图 6-12 所示,量化感知训练流程如下:在正向的过程中对全精度数据和权重分别进行伪量化操作,然后将伪量化后的数据和权重参与前向推理计算。在反向的过程中将接收到的梯度用于更新原始的浮点权重。

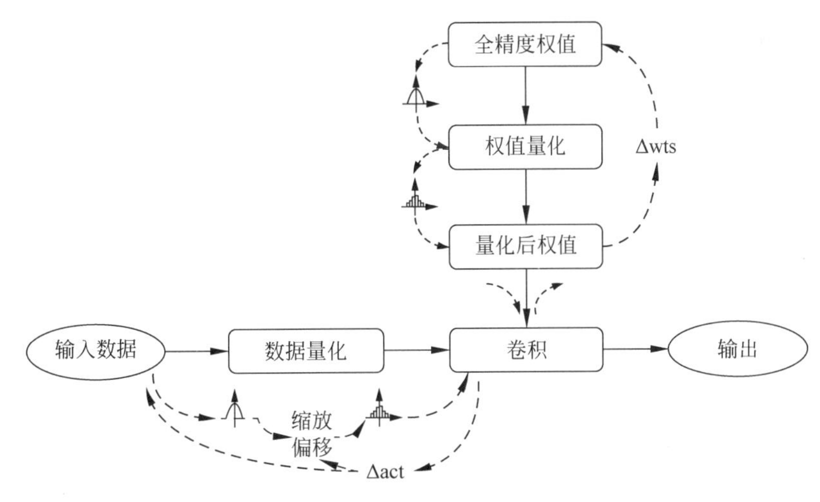

图 6-12　量化感知训练原理示意图

6.4.2　昇腾模型压缩工具简介

昇腾模型压缩工具部署环境示意图如图 6-13 所示,用户在安装有深度学习框架(Caffe/TensorFlow/ PyTorch/…)的 Linux 开发环境下安装昇腾模型压缩工具完成模型量化,量化后的模型可以通过 ATC 工具转换得到昇腾离线模型,然后在昇腾 AI 处理器上运行。

昇腾模型压缩工具执行量化功能的关键流程如图 6-14 所示,具体包括以下 6 个步骤。

(1) 获取软件包:通过昇腾社区获取最新的 AMCT 软件包及其配套使用手册。

(2) 安装前准备:准备 AMCT 运行的开发环境,检查系统/环境要求及安装依赖。

(3) 安装:AMCT 以 Python 软件包形式对外发布,推荐通过 pip 安装程序安装。

(4) 编写脚本:编写 Python 脚本,调用 AMCT 软件包提供的 API 进行模型量化,根据用户需求,可以分别调用训练后量化/量化感知训练功能对模型进行量化。

(5) 执行量化脚本:AMCT 工具是基于深度学习框架进行开发的,在执行过程中需要调用深度学习框架进行必要的训练/推理过程。

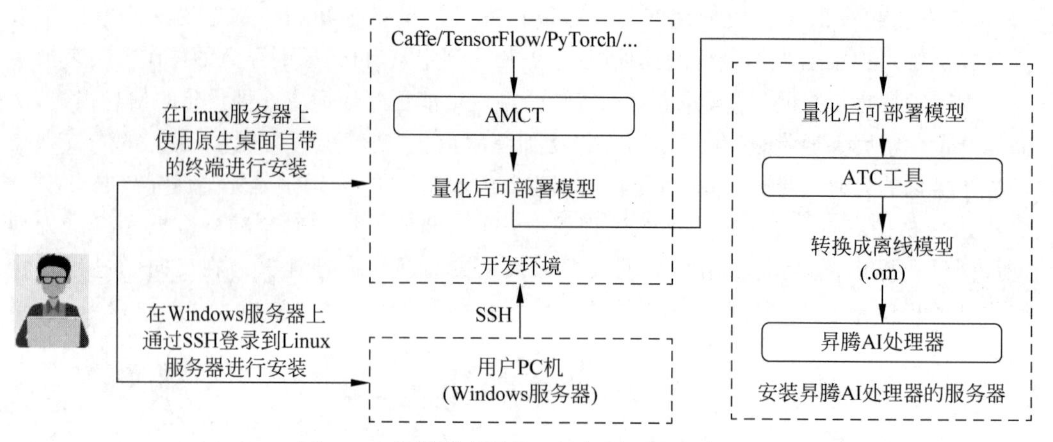

图 6-13　昇腾模型压缩工具部署环境示意图

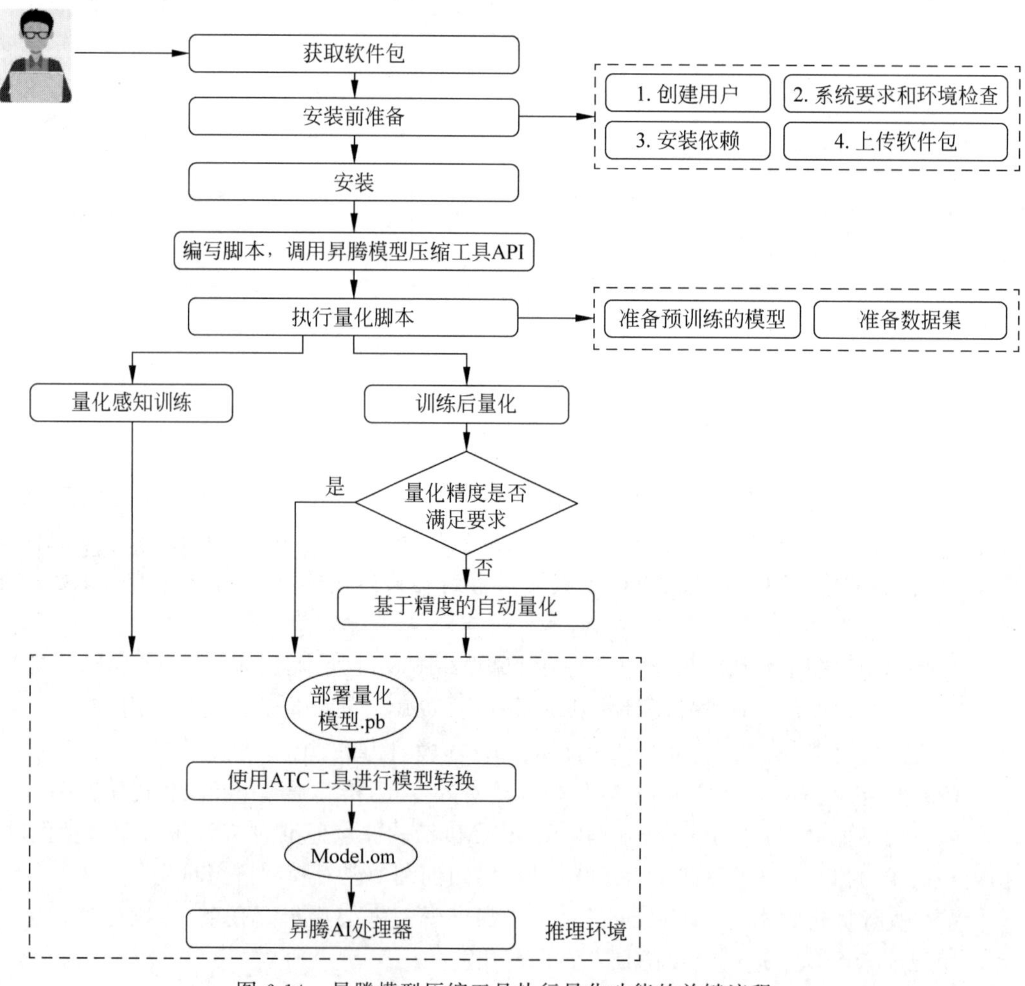

图 6-14　昇腾模型压缩工具执行量化功能的关键流程

(6) 完成量化后得到部署量化模型(基于原始框架模型,例如 TensorFlow 框架工具输出的为 TensorFlow 的 pb 量化模型):该部署量化模型可以通过 ATC 工具转换得到昇腾 AI 处理器上运行的离线量化模型。

6.5　CANN 的模型部署实例

前面几节介绍了使用 DVPP 进行数据预处理、使用 ATC 工具进行模型转换及使用 AMCT 进行模型压缩的方法,这三个实用工具都是帮助用户完成模型部署的良器。为了方便用户快速上手推理过程,昇腾开发者社区的 ModelZoo 中分享了一批实用的模型文件和对应脚本。本节将以三个模型为例,介绍通过 CANN 执行模型推理部署的典型实例。

6.5.1　TensorFlow 模型推理——以 ResNet-50 为例

在第 5 章中,已经完成了 TensorFlow 版本的 ResNet-50 模型的训练,获得了 ckpt 格式的模型文件。本节将把相关模型部署在推理场景的昇腾 310 处理器上。

迁移的第一步是准备数据,用户可以将推理数据集放到推理环境中,并将其转换为 bin 格式文件,数据转换成 bin 文件的方式有多种,其中一种就是使用 numpy.array 的 tofile 函数。用户可以遍历图像数据并导出为 bin 文件,相关的代码逻辑如程序清单 6-15 所示。

程序清单 6-15　将数据转换为 bin 文件

```
for file in files:
    if file.endswith('.JPEG'):
        src = src_path + "/" + file
        print("start to process %s" % src)
        img_org = cv2.imread(src)                       # 读入数据
        res.tofile(dst_path + "/" + file + ".bin")      # 处理后的图片保存为 bin 文件
```

相关的数据预处理环节可以使用前面介绍的 AIPP 预处理模块实现,仅需配置好相关的 config 文件即可,有关 ResNet-50 的 AIPP 预处理的完整配置文件如程序清单 6-16 所示。

程序清单 6-16　ResNet-50 的 AIPP 预处理配置文件

```
aipp_op {
    # AIPP 为静态模式
```

```
        aipp_mode: static
        # 输入图片的格式
        input_format : RGB888_U8
        # 关闭格式转换功能
         csc_switch : false
        rbuv_swap_switch : true
        # 开启数据归一化,配置均值和方差的倒数
        mean_chn_0 : 121
        mean_chn_1 : 115
        mean_chn_2 : 100
        min_chn_0 : 0.0
        min_chn_1 : 0.0
        min_chn_2 : 0.0
        var_reci_chn_0 : 0.0142857142857143
        var_reci_chn_1 : 0.0147058823529412
        var_reci_chn_2 : 0.0140845070422535
    }
```

在数据准备完成后就需要准备离线模型,TensorFlow在训练过程中,通常使用saver=tf.train.Saver和saver.save指令保存模型,执行saver.save后会生成ckpt格式的模型。一个完整的ckpt模型包含多个文件,如二进制文本文件Checkpoint、保存当前参数值的model.ckpt.data-00000-of-00001文件、保存当前参数名的model.ckpt.index文件,以及保存当前图结构的model.ckpt.meta文件。这种模型权重数据和模型结构分开保存的方式并不适用于推理场景。一般使用TensorFlow提供的freeze_graph函数,将权重数据和模型结构合并为pb格式的文件,再进行后续的推理操作。

使用TensorFlow提供的freeze_graph函数可以生成pb文件,其主要执行过程包括以下6个步骤。

(1) 指定网络模型和checkpoint文件路径。

(2) 定义输入节点,在推理场景下,可以定义与在线推理场景下相同大小的placeholder作为网络的输入节点。

(3) 定义输出节点,因为在训练场景下的输出节点通常是loss值,因此需要重新指定模型的输出节点为最后一层的Argmax或BiasAdd。

(4) 创建推理图,与计算图不相同的是,需要对部分算子进行特殊设置,如BatchNorm在训练和推理时需要采用不同的平均值计算方式,在推理时,该算子的平均值和方差由样本的滑动平均值来计算;再如在推理场景下需要排除dropout算子的影响等。在ResNet-50的代码中,只需用inference_resnet_v1_impl函数执行即可获得推理图。

(5) 使用tf.train.writegraph将上述推理图保存成pb文件,作为freeze_graph函数的输入。

(6) 使用 freeze_graph 将 tf.train.writegraph 生成的 pb 文件与 Checkpoint 文件合并,生成用于推理的 pb 文件,完整的生成 pb 模型的代码如程序清单 6-17 所示。

程序清单 6-17 ckpt 模型转为 pb 模型的实例

```
# CKPT_PATH: ckpt 的路径,示例: "./model.ckpt-1200000"
# DST_FOLDER: 生成的 pb 模型的存储文件夹,示例: "./ATC/pb_model"

def main():
    tf.compat.v1.reset_default_graph()
    inputs = tf.compat.v1.placeholder(tf.float32, shape = [None, 224, 224, 3], name = "
input")
    network_fn = nets_factory.get_network_fn('Resnet_50',
        num_classes = 1001,
        is_training = False)
    logits, end_points = network_fn(inputs)
    predict_class = tf.identity(logits, name = 'output')
    with tf.compat.v1.Session() as sess:
        tf.train.write_graph(sess.graph_def, './', 'model.pb')
        freeze_graph.freeze_graph(
                input_graph = os.path.join(DST_FOLDER, 'tmp_model.pb'),
                input_saver = '',
                input_binary = False,
                input_checkpoint = CKPT_PATH,
                output_node_names = 'output',
                restore_op_name = 'save/restore_all',
                filename_tensor_name = 'save/Const:0',
                output_graph = './resnet50_910.pb',
                clear_devices = False,
                initializer_nodes = '')
```

获得 pb 模型文件后,就可以使用前面介绍的 ATC 工具将其转换为 om 模型文件,在配置完环境变量后执行如程序清单 6-18 的脚本,如果获得"ATC run success"的提示信息,则说明模型转换成功。成功执行命令后,在--output 参数指定的路径下,即可查看生成的离线模型。

程序清单 6-18 使用 ATC 工具获得 om 模型

```
atc --model = resnet50_tf.pb --framework = 3 --output = resnet50_tf_aipp
 --output_type = FP32 --soc_version = Ascend310 --input_shape = "input_data:1,224,224,3"
 --log = info --insert_op_conf = resnet50_tf_aipp.cfg
```

待数据和模型都准备好后,就可以使用 msame 工具进行模型离线推理了,msame 的获取方式已经在 6.1 节中进行了介绍。参考 README 文件中的使用方法,在配置完环境变量后，执行编译脚本的指令，再执行如程序清单 6-19 的代码即可完成离线推理过程。

程序清单 6-19　使用 msame 执行模型推理过程

```
MODEL = "./ resnet50_tf_aipp.om"                    # 转换得到的 om 模型文件
INPUT = "input"                                     # 预处理完成后的 bin 文件所在目录
OUTPUT = "output"                                   # 推理结果存储目录

./msame --model $MODEL --input $INPUT --output $OUTPUT
```

6.5.2　MindSpore 模型推理——以 Faster R-CNN 为例

Faster R-CNN 是一个适用于目标检测任务的两阶段网络框架，其中主体结构包含 4 个部分：由 ResNet-50 构成的网络主干，由 FPN(Feature Paramid Network，特征金字塔网络)构成的高分辨率特征融合模块，由 RPN(Region Proposal Network，区域提议网络)构成的 ROI(Region of Interest，兴趣区域)检测模块，以及由卷积和全连接层构成的分类和位置调整模块(Region-based Convolutional Neural Networks，RCNN)。昇腾提供的 Faster R-CNN 是 FaceBook 官方版本的优化版本，在网络结构上使用 ROIAlign 模组代替了 ROIPooling，其网络结构如图 6-15 所示。

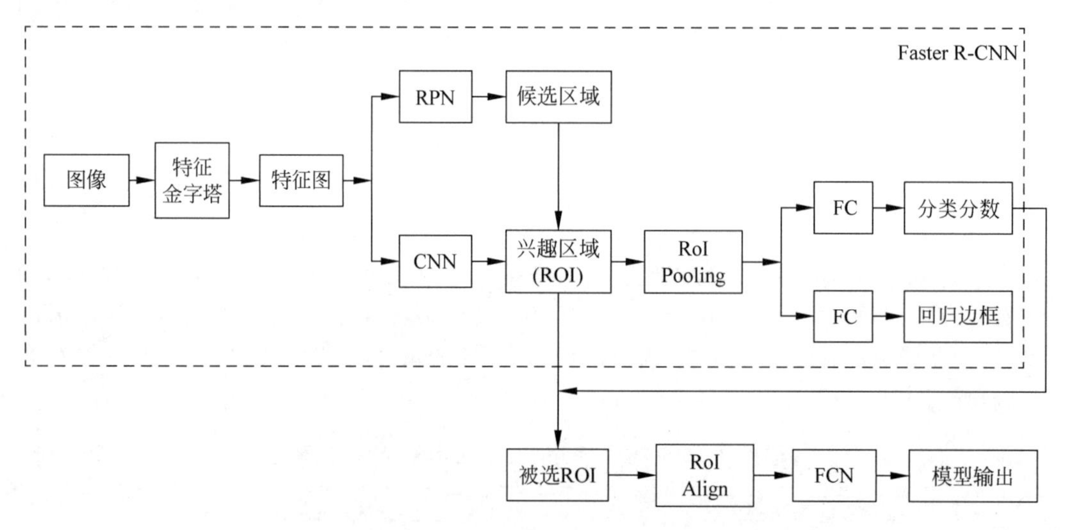

图 6-15　改进的 Faster R-CNN 架构图

在硬件上昇腾 AI 处理器的矩阵计算单元优化了网络中卷积的运算速度，相较于 GPU 提供了更优的训练效率，同时保持了相同的检测精度。有关 MindSpore 版本的 Faster R-CNN 代码已经在昇腾社区 ModelZoo 中开源，用户可以下载学习。若想在昇腾

310 上执行 Faster RCNN 的模型推理，可以从数据和模型两个角度进行考虑。

从数据的角度来看，可以使用 COCO 2017 作为训练和推理的数据集，下载数据集、验证集和标签文件后进行解压缩，其目录结构如程序清单 6-20 所示。将数据集下载好后，就可以通过 run_standalone_train_ascend 脚本实现模型训练，训练获得的 ckpt 模型文件可供推理环节使用。用户也可以参考程序代码 6-15 中的代码，将其转换为二进制的 bin 文件，供后续 msame 工具的推理使用。

程序清单 6-20　COCO 2017 数据集目录

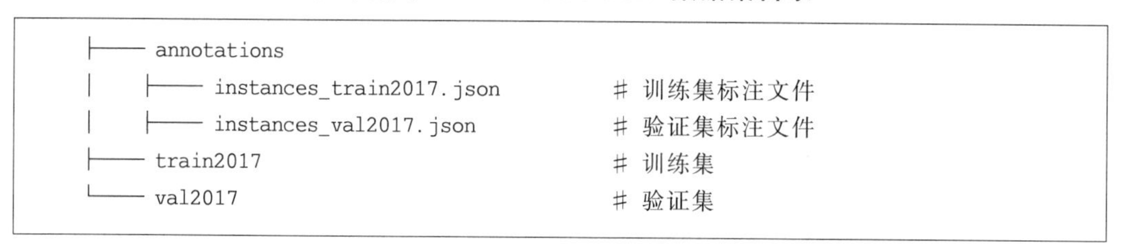

```
├── annotations
│   ├── instances_train2017.json        # 训练集标注文件
│   ├── instances_val2017.json          # 验证集标注文件
├── train2017                           # 训练集
└── val2017                             # 验证集
```

待模型训练完成后，可以通过模型定义和 Checkpoint 文件生成 AIR 格式的模型文件，导出该格式文件的代码样例，如程序清单 6-21 所示，其中 img 用来指定导出模型的输入形状及数据类型，作为 export 方法的入参。如果模型有多个输入，则可以一同传入，例如 export(network，Tensor(input1)，Tensor(input2)，file_name='network'，file_format='AIR')。

程序清单 6-21　生成 Faster RCNN 的 AIR 模型

```
import numpy as np
import mindspore as ms
from mindspore import Tensor, load_checkpoint, load_param_into_net, export, context
from src.FasterRcnn.faster_rcnn_r50 import FasterRcnn_Infer

net = FasterRcnn_Infer(config = config)
param_dict = load_checkpoint("faster - rcnn.ckpt")
param_dict_new = {}

for key, value in param_dict.items():
    param_dict_new["network." + key] = value
load_param_into_net(net, param_dict_new)
img = Tensor(np.zeros([1, 3, 768, 1280]), ms.float32)
export(net, img, file_name = args.file_name, file_format = 'AIR')
```

导出 AIR 模型文件之后，就可以使用 ATC 工具将 AIR 模型文件转成 om 模型，转换的脚本与上面代码相似，仅需在配置完环境变量后执行 ATC 工具转换指令即可。完整的 om 模型转换指令如程序清单 6-22 所示。

程序清单 6-22　AIR 模型转为 om 模型的脚本指令

```
air_path = $1
om_path = $2
# root 用户安装 toolkit 包,,执行如下脚本设置环境变量
. /usr/local/Ascend/ascend-toolkit/set_env.sh
# 非 root 用户安装 toolkit 包,执行如下脚本设置环境变量
. ${HOME}/Ascend/ascend-toolkit/set_env.sh
# 设置日志打屏环境变量
export ASCEND_SLOG_PRINT_TO_STDOUT = 1

atc --input_format = NCHW \
 --framework = 1 --model = "${air_path}" \
 --input_shape = "x:1,3,768,1280" \
 --output = "${om_path}" \
 --insert_op_conf = ./aipp.cfg \
 --precision_mode = --precision_mode \
 --soc_version = Ascend310
```

在准备好离线模型和数据后，模型的推理执行就已经脱离了开发环境和开发框架的限制，可以仅依靠 AscendCL 执行，利用 msame 工具可以很方便地进行推理执行，具体执行方式与程序清单 6-19 中的相同。除使用 msame 工具外，还可以使用 MindX SDK 工具实现模型推理，MindX 是面向行业开发的使能开发套件，通过调用 API 就能快速得到推理结果，有关 MindX 的介绍可以参考昇腾社区官方文档。

6.5.3　PyTorch 模型推理——以 Transformer 为例

Transformer 模型最早是由 Google 公司于 2017 年在 *Attention is all you need* 一文中提出的。该模型最早被用于机器翻译任务中，相比于传统 RNN 以串行的方式处理数据，Transformer 依赖于注意力机制，能将文本中的所有词语都在同一时间进行分析，这种并行化的处理方式能够让模型考虑任意两个词语之间的相互关系而不受它们在文本序列中位置的影响。这种大量使用自注意力机制的模型结构也在自然语言处理领域的多项任务中取得了很好的效果。由于其出色的性能及对下游任务的友好支持，已经有越来越多的研究将 Transformer 模型跨领域地引用到计算机视觉任务中，并取得了不错的效果。

本节将聚焦解决机器翻译问题的原始 Transformer，它采用了编码器-解码器架构，其模型结构如图 6-16 所示。从开源代码入手，以开源项目中的“WMT'16 Multimodal Translation：de-en”德英翻译任务为例，学习将其部署在昇腾平台的具体方法。

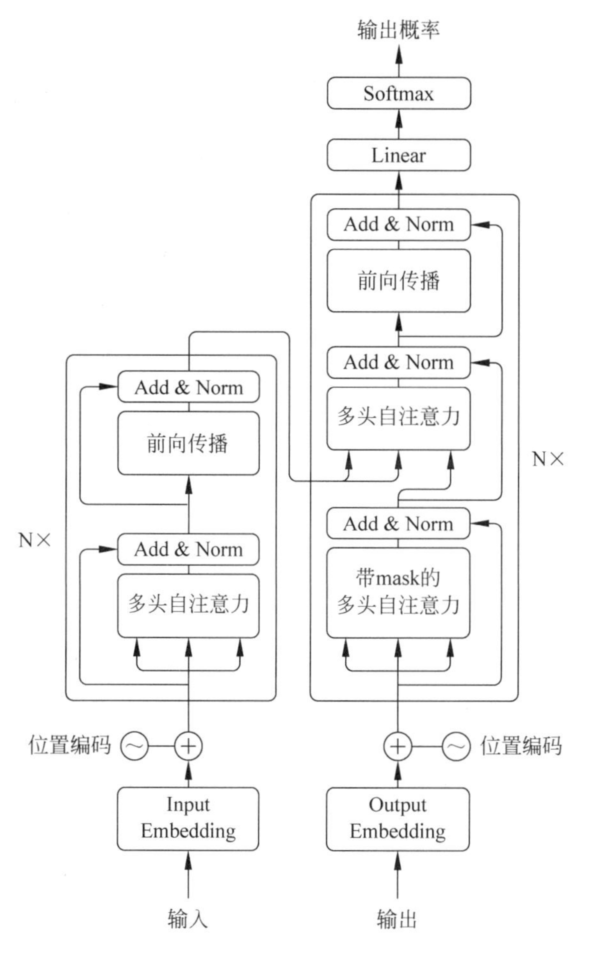

图 6-16　Transformer 结构图

先执行程序清单 6-23 中的指令，下载开源项目 attention-is-all-you-need-pytorch 到任意路径下。

程序清单 6-23　下载开源项目 Attention-is-all-you-need

```
git clone https://github.com/jadore801120/attention-is-all-you-need-pytorch.git
                                          # 克隆仓库的代码
cd attention-is-all-you-need-pytorch      # 切换到模型的代码仓目录
git reset --hard 132907dd272e2cc92e3c10e6c4e783a87ff8893d
```

有关 Transformer 推理所需的代码和工具都已经在 ModelZoo 中开源，用户可以将相关代码解压到开源项目 attention-is-all-you-need-pytorch 源码目录下，推理源码包中的文件及作用如程序清单 6-24 所示。

程序清单 6-24　推理源码包中的文件及作用

```
├─── benchmark.aarch64                    //离线推理工具(适用 ARM 架构)
├─── benchmark.x86_64                     //离线推理工具(适用 x86 架构)
├─── preprocess_to_bin.py                 //数据预处理脚本
├─── export_to_onnx.py                    //导出 ONNX 脚本
├─── modify_onnx.py                       //修改 ONNX 脚本
├─── gener_core                           //配合 modify_onnx.py 使用
├─── len15_onnx2om.sh                     //ONNXs 转 om 脚本
├─── postprocess.py                       //数据后处理脚本
├─── bleu_score.py                        //精度计算脚本
├─── tokenizers                           //精度计算脚本所需的分词器
├─── .data                                //Multi30k 数据集
├─── de                                   //源语言模型文件
├─── en                                   //目标语言模型文件
├─── model                                //模型文件存放路径
    ├───transformer_trained_0.chkpt       //预训练权重
    ├───transformer_greedySearch_input15_maxSeqLen15_sim_mod.onnx   //ONNX 模型
    ├───transformer_greedySearch_input15_maxSeqLen15_sim_mod.om     //om 模型
```

待准备好代码脚本后，仍可以从数据和模型两个方面去准备模型推理。从数据的角度来看，本模型采用 torchtext 中的 Multi30k 数据集，它是 WMT 2016 多模态任务小数据集，也称为 Flickr30k。离线版数据集已在 ModelZoo 的附件中提供(.data 文件夹)，放入 attention-is-all-you-need-pytorch 源码目录下即可。待获取原始数据集后，可以利用数据预处理脚本将原始数据转化为二进制 bin 文件。进入 attention-is-all-you-need-pytorch 源码目录，然后执行程序清单 6-25 中的脚本，即可生成/pkl_file/m30k_deen_shr.pkl 文件，完成对 Multi30k 数据集的预处理，其中-lang_src 表示源语言模型文件，-lang_trg 表示目标语言模型文件，-share_vocab 表示允许共享词典，-save_data 表示 pkl 文件保存路径。

程序清单 6-25　数据集处理脚本

```
mkdir ./pkl_file
python3.7 preprocess.py -lang_src de -lang_trg en -share_vocab -save_data ./pkl_file/
m30k_deen_shr.pkl
```

成功生成 pkl 文件后，可以执行 preprocess_to_bin.py 脚本，把测试集数据转换成 bin 文件，具体的执行脚本如程序清单 6-26 所示，其中--src_lang 表示源语言，--trg_lang 表示目标语，--src_lang_mode_path 指源语言模型文件路径，--trg_lang_mode_path 指目标语言模型文件路径，--dataset_parent_path 指 Multi30k 数据集路径，--pre_data_save_path 指预处理数据存放路径，--align_length 表示数据对齐长度。至此就完成了数据集的准备和预处理。

程序清单 6-26　生成二进制数据集文件

```
mkdir -p ./pre_data/len15
python3.7 preprocess_to_bin.py --src_lang=de --trg_lang=en --src_lang_mode_path=
de --trg_lang_mode_path=en --dataset_parent_path=.data --pre_data_save_path=./
pre_data/len15 --align_length 15
```

从模型的角度来看，可以首先从开源项目中获得权重文件，从 ModelZoo 下载的附件包中获得训练好的权重文件 transformer_trained_0.chkpt，在对部分模型算子进行替换之后，执行程序清单 6-27 的脚本就可以导出 ONNX 模型并完成 ONNX 模型的简化。由于 ATC 工具的 ScatterND 和 Slice 算子不支持 int64 类型，GatherV2D 算子的 indices 不支持输入－1，因此需要修改简化后的 ONNX 模型。在模型简化后，还需要运行 modify_onnx.py 脚本。

程序清单 6-27　ONNX 模型的导出、简化和适配

```
# 模型导出
python3.7 export_to_onnx.py -data_pkl ./pkl_file/m30k_deen_shr.pkl -model ./model/
transformer_trained_0.chkpt -no_cuda -max_seq_len 15

# 模型简化
python3.7 -m onnxsim ./model/transformer_greedySearch_input15_maxSeqLen15.onnx ./
model/transformer_greedySearch_input15_maxSeqLen15_sim.onnx

# 模型适配
python3.7 modify_onnx.py --input_model_path ./model/transformer_greedySearch_input15_
maxSeqLen15_sim.onnx --output_model_path ./model/transformer_greedySearch_input15_
maxSeqLen15_sim_mod.onnx
```

经过 ONNX 的导出、简化和适配后，就可以参考上述 ATC 工具的使用流程，将 ONNX 模型转换为 om 模型，相关执行脚本与前面两个例子相似，具体脚本如程序清单 6-28 所示。

程序清单 6-28　使用 ATC 工具将 ONNX 模型转换为 om 模型

```
# ATC 工具转换 ONNX 到 om
atc --framework=5 --model=./model/transformer_greedySearch_input15_maxSeqLen15_sim
_mod.onnx --output=./model/transformer_greedySearch_input15_maxSeqLen15_sim_mod --
input_format=ND --input_shape="input:1,15" --log=error --soc_version=Ascend310
```

至此，准备好模型和文件后，利用 msame 工具就可以顺利完成模型推理了。除使用 msame 外，也可以使用 Benchmark 工具来执行模型的推理，并且对推理的性能和精度进行分析。在昇腾社区获取相关软件包，待环境配置完成后，就可以通过程序清单 6-29 的代码运行 Benchmark，经过数据后处理后，就能够获得文本翻译后的最终结果，其中 pred_sentence. txt 是翻译的句子，pred_sentence_array. txt 是翻译句子对应的 tensor 值。

程序清单 6-29　使用 Benchmark 执行模型推理和后处理解析

```
# 执行 benchmark
rm -rf result
chmod a+x benchmark.x86_64
./benchmark.x86_64 -model_type=nlp -batch_size=1 -device_id=0 -om_path=./model/
transformer_greedySearch_input15_maxSeqLen15_sim_mod.om -input_text_path=./pre_data/
len15/bin_file.info

# 推理数据后处理
python3.7 postprocess.py --bin_file_path ./result/dumpOutput_device0 --data_pkl ./pkl
_file/m30k_deen_shr.pkl --result_path len15_benchmark_inference_result
```

6.6　本章小结

本章介绍了使用 CANN 软件栈执行模型推理的方法，从数据和模型这两个角度分析模型推理过程。CANN 软件栈提供了模型转换工具(ATC)，能够将多种框架的模型转换为离线的 om 模型，摆脱原始开发环境的限制；为降低模型推理对于算力和内存的占用，介绍了使用模型压缩工具(AMCT)进行模型小型化的原理和具体方法；数字视觉预处理模块(DVPP)适用于视频分析、摄像头采集等场景，它能够实现数据的格式转换与预处理操作。更加灵活的人工智能预处理模块(AIPP)则在 AI Core 上实现了数据预处理功能，对 DVPP 的能力进行了很好的补充。

除使用脚本进行数据与模型的处理外，也可以使用 MindStudio 进行全流程的开发，仅需简单的配置和交互就能完成上述准备流程。待数据和模型准备完成之后，就可以编写 AscendCL 代码，实现推理执行的全部流程，这是第 4 章理论知识的实用场景和有效补充。

为了方便用户快速实现模型部署的过程，华为公司开发了一批实用的工具，在 ResNet-50 的推理实例中，介绍了使用 msame 工具实现快速推理的方法；在 Faster R-CNN 的推理实例中，介绍了使用 MindX SDK 进行模型推理；在 Transformer 的推理实例中，介绍了使用 Benchmark 工具进行模型推理。用户可以根据自己的实际需求，选用合适的工具进行模型推理。

第7章

行业应用实例

人工智能是新一轮科技革命和产业变革的重要驱动力量，它伴随着云计算、物联网等新一代数字化技术正在加速普及并应用于传统行业当中。使用前面介绍的模型训练和部署方法，可以将深度学习模型应用于实际的场景中解决实际问题。在算法落地过程中，用户需要在有限算力、有限内存等限制下，高效地利用资源，快速完成训练和推理。使用昇腾软件栈配合昇腾AI处理器可以打造高效易用的行业解决方案。本章提供两个行业应用开发的全流程实例，分别针对个性化影视推荐任务和巡检机器人的场景文字感知任务。

7.1 个性化影视推荐系统全流程开发实例

本节将以适用于营销场景的在线影视推荐系统为例，讲解从需求分析到系统设计、再到使用昇腾平台打造行业解决方案的具体实例。

7.1.1 实例简介

随着数据科学与机器学习技术的快速发展，诸如数据挖掘、深度学习、强化学习等机器学习技术已经被应用在众多领域并取得了成效，例如Google、Amazon、阿里巴巴、京东、百度等互联网企业借助其相关技术已经构建了高度智能化的自动营销系统，在精准营销方面取得了很好效果。

目前营销系统面临着诸多问题。如何利用大数据资源，将数据优势转化为经济效益？如何避免盲目推销，实现精准的个性化推荐，增强用户体验？如何跟上时代发展，使用当代先进技术优化运营？为了应对日益激烈的竞争，针对上述问题提出研究深度学习和强化学习在营销系统方面的应用，建立以用户为中心的营销系统推荐模型。

营销系统推荐模型主要分为基于输入数据类型的协同过滤和基于内容的推荐系统与混合推荐系统。近年来，深度学习和强化学习理论极大地改变了推荐系统架构，并为改进推荐系统性能带来了更多的机遇与挑战。基于深度学习和强化学习的推荐算法克服传统推荐模型的障碍，实现高精确度推荐，获得了广泛关注。因此，本实例采用基于深度学习和强化学习等人工智能方法研究个性化影视推荐系统。

本实例完成的系统在华为昇腾910上实现了针对特定用户的个性化影视推荐系统的

训练过程，且在昇腾310上实现了能够稳定运行的模型推理过程。

7.1.2 系统总体设计

1. 功能结构

个性化影视推荐系统致力于基于深度学习和强化学习算法，研究如何利用大数据平台的用户数据、产品数据及交互数据，设计推荐算法，提升推荐精准度、推荐效率和多业务、多场景的适应能力，构建对特定用户的个性化影视推荐系统。影视推荐系统整体功能结构如图7-1所示，系统可划分为多模态大数据信息融合模块、营销精准推荐模块、基于深度强化学习的自适应营销模块3个主要部分。

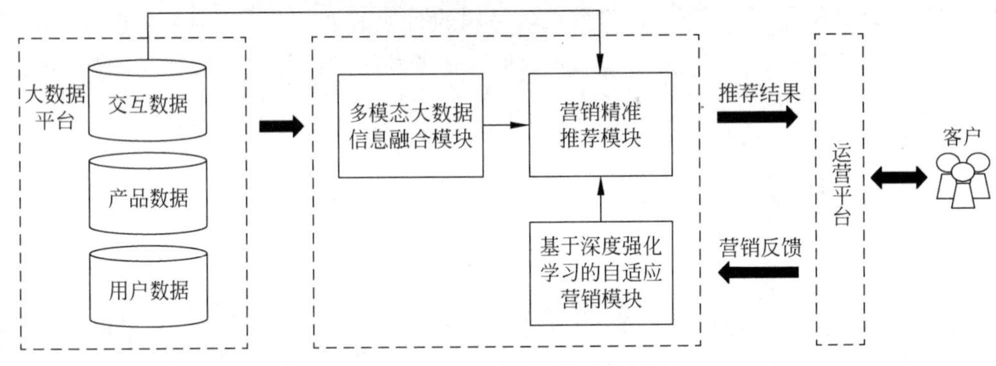

图7-1 影视推荐系统整体功能结构图

多模态大数据信息融合模块：产品或用户的原始特征按照能否通过二维表结构表达可分为结构化特征和非结构化特征两大类。其中结构化特征按照有无大小关系又细分为连续特征(如产品的年代、用户的年龄等)和离散特征(如用户性别、地区和产品类别等)；非结构化特征主要包括图片类和文本类的特征。消除异构性，融合不同模态的数据，对提升推荐系统的准确性有着很大的帮助。

营销精准推荐模块：推荐系统的本质是对用户和产品的匹配，因此对用户和产品的准确表示至关重要，直接影响了推荐系统的性能。本模块旨在于多模态融合模块的基础上，扩展多模态特征输入及多分类输出，利用深度神经网络得到更能表征用户特征的特征向量。

基于深度强化学习的自适应营销模块：强化学习理论借鉴于人类的行为心理学，用于描述和解决智能体在与环境交互的过程中通过学习策略达成最大化长期奖励的目的。如果智能体按照某种策略做出的行为导致环境给出高奖励，那么智能体后续在相似环境更倾向于利用这个策略，这里使用强化学习有助于自动营销反馈学习的训练过程。

2. 运行流程与体系结构

按照运行流程划分，系统分为两个阶段，分别是训练阶段和推理阶段，训练阶段包括构建多模态特征融合数据库、构建基于深度神经网络的精准推荐技术、构建基于营销反馈的自动化增强学习框架。

构建多模态特征融合数据库：该模块在智能营销系统中起到重要的基础特征支持作用，其实现的主要功能为

(1) 将用户年龄、产品类别等结构化数据编码成数值向量的形式；

(2) 将图片、文本等非结构化数据编码成数值向量的形式；

(3) 将从内容信息中获取的数值向量融合成代表用户或产品的特征向量。

具体数据处理流程如图 7-2 所示。

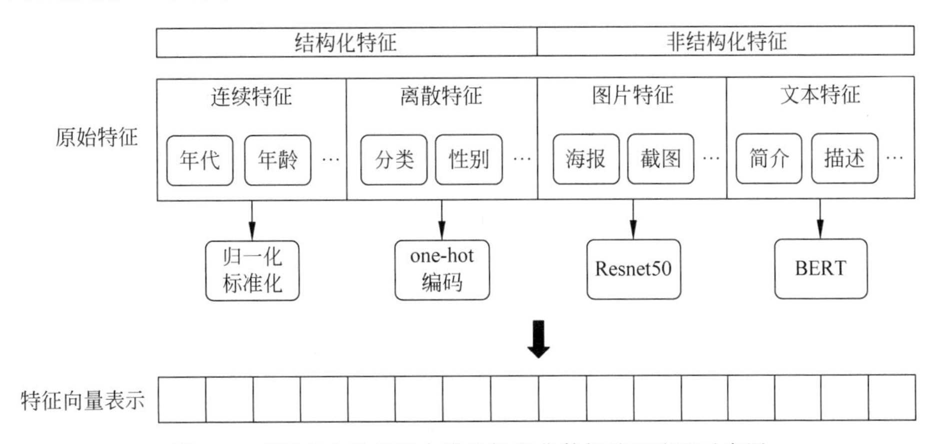

图 7-2　多模态大数据融合模块标准化数据处理流程示意图

构建基于深度神经网络的精准推荐技术：基于深度神经网络的精准推荐算法主要实现以下三项功能，营销精准推荐模块网络结构图如图 7-3 所示。

(1) 将用户或产品的内容特征和隐因子特征融合成多元特征表示；

(2) 采用离线训练方法，以端到端的方式训练从特征输入到输出评分的神经网络参数，具体包括特征生成参数(从原始特征到多元特征表示的网络参数)和推荐核心网络参数(从多元特征表示到输出评分的网络参数)；

(3) 在线推荐过程中，推荐核心网络参数可采用深度强化学习算法根据用户反馈更新和调整。

构建基于营销反馈的自动化强化增强学习框架：如图 7-4 所示的深度强化学习网络(包括 Actor 网络和 Critic 网络)的参数可以根据经验数据更新。其中，Actor 网络是营销精准推荐模块的核心网络，负责产生个性化精准推荐结果，Critic 网络是评估所做出的推荐策略的合理性的网络，与 Actor 网络相组合可以起到调节网络参数的作用。

7.1.3　系统详细设计与实现

1. 多模态特征融合

多模态的特征包括结构化数据特征、图像特征和文本特征，这三类特征的处理方式各

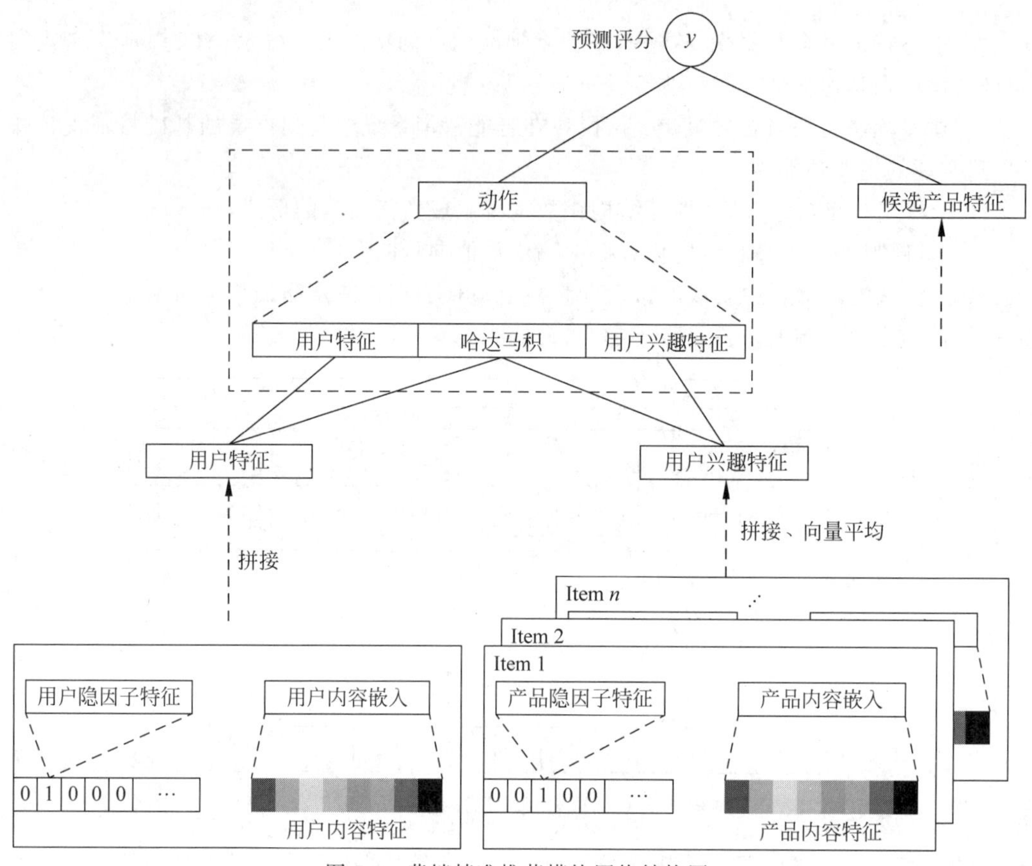

图 7-3　营销精准推荐模块网络结构图

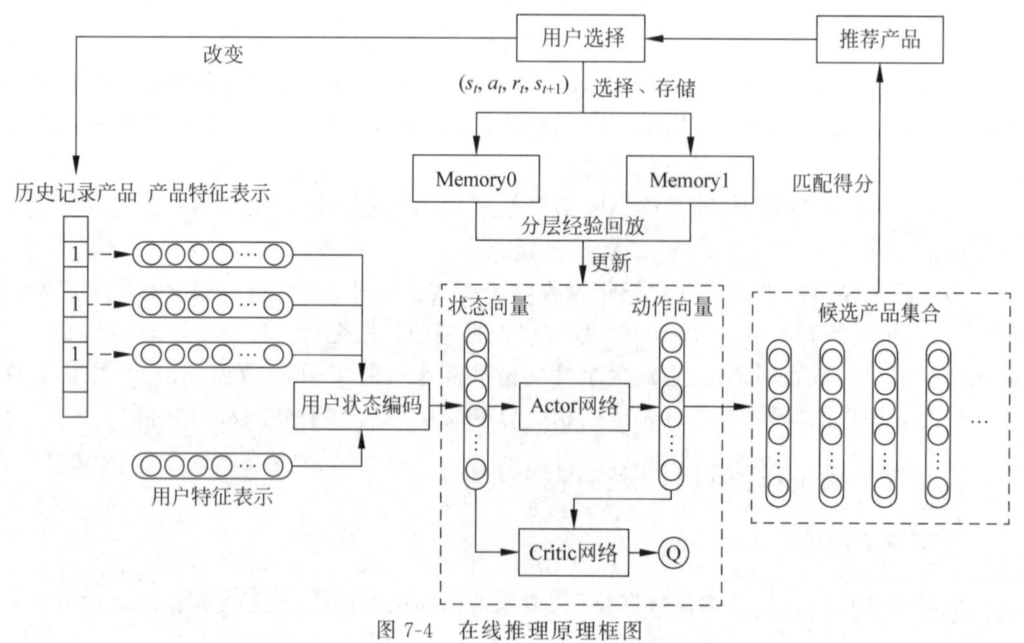

图 7-4　在线推理原理框图

不相同。对于结构化数据的处理,可以使用基于 DeepWalk 改进的 Node2Vec 算法初步提取结构化数据的全局特征,通过调整随机游走权重的方法控制深度优先搜索(DFS)与广度优先搜索(BFS)的倾向性来权衡特征的同质性和结构相似性。兼顾节点与邻居节点的微观与宏观特性,达到更好的特征提取效果。

对于图像数据的处理,使用前面介绍的 ResNet-50 网络结构,将训练好的模型部署在端到端系统中解决行业实际问题也是本章学习的重点。而对于文本特征的处理则可以使用在第6章介绍的 Transformer。基于双向 Transformer,谷歌公司在2018年发布了大规模预训练语言模型 BERT,该模型的原理如图7-5所示,它能够高效抽取文本信息并应用于各种 NLP 任务。本系统就是使用 BERT 抽取文本特征,获得文本特征向量。

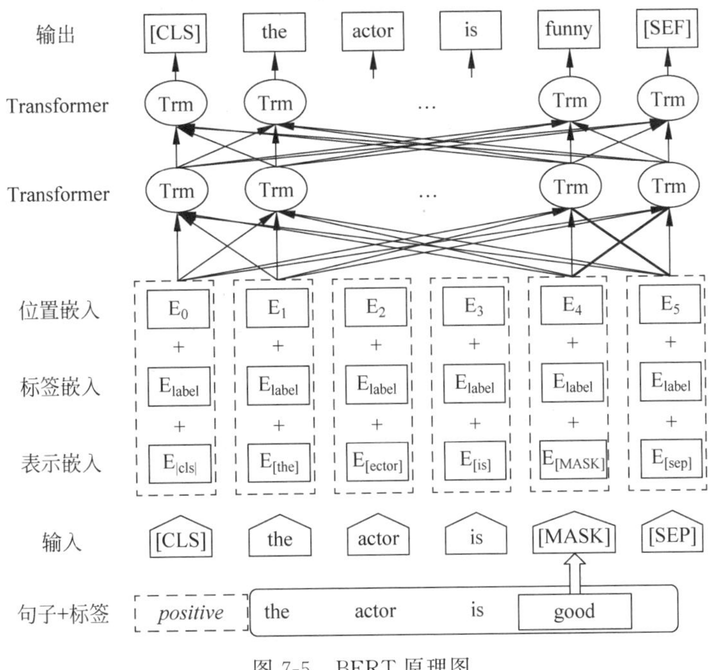

图7-5 BERT 原理图

2. 基于多元特征的深度可调节推荐算法

用户和产品的表示来源是多种多样(多元)的。

在特征层面,产品和用户存在着丰富的内容信息,例如用户的性别、年龄、职业,以及产品的年代、类别、文字描述等,这些内容信息有时对预测推荐结果很有帮助。例如,不同年代的人喜爱的音乐和节目类型不同,19世纪50年代的人们可能更喜欢听戏剧类的音乐和节目。与此同时,个别用户和产品可能具有一些隐藏个性,需要利用模型学习到的隐因子表示。

在用户画像层面,用户的历史浏览记录一般反映了用户的兴趣。然而在现实应用中,常常有用户历史记录反映的兴趣不全面的情况,因此需要利用人口统计学特征(性别、年龄等)和可训练的隐因子等特征对用户进行显式建模。

基于多元动态用户画像个性化推荐的算法模型整体架构如图7-6所示,最终推荐算法主要实现以下功能:

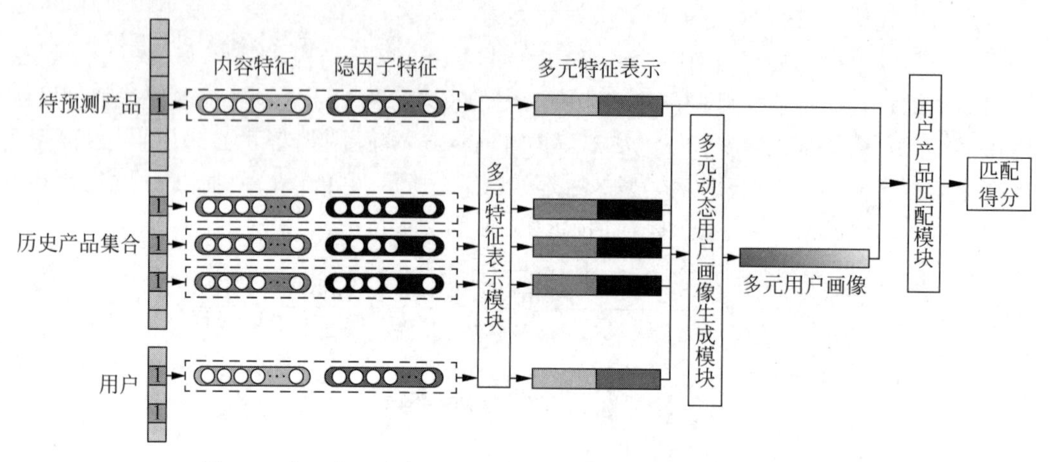

图7-6 基于多元动态用户画像个性化推荐的算法模型整体架构

(1) 将用户或产品的内容特征和隐因子特征融合成多元特征表示;

(2) 采用离线训练方法,以端到端的方式训练从特征输入到输出评分的神经网络参数,具体包括特征生成参数(从原始特征到多元特征表示的网络参数)和推荐核心网络参数(从多元特征表示到输出评分的网络参数);

(3) 在线推荐过程中,推荐核心网络参数可采用深度强化学习算法根据用户反馈更新和调整。

具体来说,假设用户有n条历史记录,则每个用户的特征由两个部分组成:用户隐因子特征和用户内容特征经过单层神经网络的内容嵌入表示。同理,每个产品表示由产品隐因子特征和产品内容嵌入组成。特别地,为了区分产品角色,特定产品作为用户历史和作为候选项目时对应的隐因子特征表示不同,内容嵌入网络参数也不同。n条历史记录中的产品表示的向量描述了用户的历史兴趣,可以称之为用户兴趣特征。用户特征、用户兴趣特征和它们的哈达马积的拼接表示了用户当前的状态,可以称之为用户状态向量。用户状态向量通过多层前向神经网络得到动作向量。动作向量和候选产品表示通过内积运算得到预测评分。该评分越高,用户和该产品产生交互的可能性越大。

3. 基于深度强化学习的自适应营销模块

强化学习理论借鉴于人类的行为心理学,用于描述和解决智能体在与环境交互的过程中通过学习策略达成最大化长期奖励的目的。其基本原理是:如果智能体按照某种策略做出的行为导致环境给出高奖励,那么智能体以后在相似环境更倾向于利用这个策略。智能体和环境之间的一轮交互分为三步:首先,智能体感知环境的状态;其次,智能体根据当前状态做出动作;最后,环境的状态可能由于动作的执行而改变,同时给出一个实值奖励。智能体在与环境连续交互的过程中学到使其获得使累计奖励最大化的策略。

该模块在智能营销系统中起到根据用户反馈调节推荐网络的作用，其实现的主要功能为：

（1）将推荐过程抽象为马尔科夫决策过程；

（2）将推荐智能体设置为 Actor-Critic 双网络结构；

（3）在交互过程中利用改进的 DDPG 算法更新智能体网络参数。

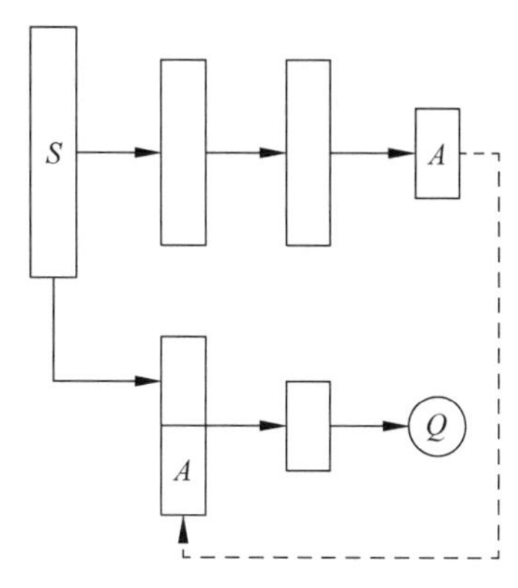

图 7-7　Actor-Critic 网络结构示意图

所使用的 Actor 网络和 Critic 网络结构如图 7-7 所示，其中实线箭头代表全连接层，虚线箭头代表恒等层，各层详细参数及其意义如表 7-1 和表 7-2 所示，Actor 网络的参数与精准营销推荐模块参数一致。其中 Actor 网络的输入状态为 S，输出动作为 A，$A=\pi\_\theta(S)$；Critic 网络输入状态为 S，经过隐含层和输入的动作 A 拼接后，经过隐含层得到当前状态 S 下采取动作 A 时的 Q 值，$Q=Q\_\omega(S,A)$。为避免反向传播过程中出现梯度消失的现象，两个网络的隐含层使用 ReLU 激活函数。网络输出没有取值范围限制，因此输出层不使用激活函数。

表 7-1　Actor 网络的参数设置

层　名	层　宽	激活函数	意　义
S	256×3	—	状态 S
Hidden1	256×2	ReLU	—
Hidden2	256×2	ReLU	—
A	256	—	动作 A

表 7-2　Critic 网络的参数设置

层　名	层　宽	激活函数	意　义
S	256×3	—	状态 S
Hidden_1	256	ReLU	—
A_input_concate	256×2	—	Hidden1 层和动作 A 向量拼接
Hidden_2	256	ReLU	—
Q	1	—	Q 值

DDPG 算法是一种基于 AC 框架的算法，其中 Actor 和 Critic 部分分别使用神经网络拟合 $\pi(s)$ 和 $Q_{\pi}(s_t,a_t)$。该算法借鉴了 DQN 的经验回放机制和目标网络的设定。

经验回放机制主要依赖经验池（Replay Memory）结构实现，其中存储了一次交互的经验信息 (s_t,a_t,r_t,s_{t+1})。每当智能体和环境做一次交互，就会产生一组经验信息。当智能体和环境做 N 次交互之后，从经验池中随机取出 n 组经验信息对神经网络进行训练。这种设计打乱了训练数据的相关性，使训练过程更有效率。

深度强化学习网络的设计使用了两套结构相同但参数不同的网络，分别是主要网络(Main Net)和目标网络(Target Net)。其中主要网络负责与环境交互，目标网络负责记忆参数更新过程并提供下一步的 Q 值预测。这种设计可以保持目标 Q 值在一定时间内是不变的，提高了算法的稳定性。

DDPG 算法流程如图 7-8 所示。

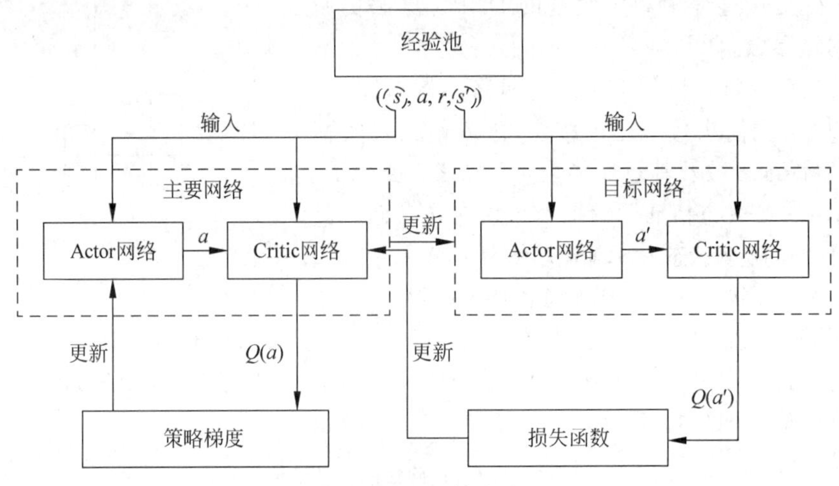

图 7-8　DDPG 算法流程

7.1.4　实例系统部署

1. 特征融合算法模型训练

该系统选用 movielens1-m 数据集进行模型训练，其中包括 6040 个用户对 3952 个视频的 1000209 条交互记录。总的来看，需要对多模态特征融合算法和深度可调节推荐算法进行训练。

对于特征融合算法来说，多模态特征融合结构分别定义在 feature. py、img_process_cmcc_tf. py、text_process. py、nodetovec. py 四个代码文件中。其中 feature. py 定义了整个特征融合的总和，feature 文件中多模态特征融合的具体代码如程序清单 7-1 所示。

程序清单 7-1　多模态特征融合代码

```
resnet = img_feature()
bert = text_feature()
node = node_feature()
all_feature = np.concatenate([bert, resnet, node], axis = 1)

np.save("./output/all_feature.npy", np.array(all_feature))
```

```
print(all_feature.shape)
print("all_feature_finish!")
```

img_process_cmcc_tf.py具体包含了图像的特征提取，主要采用ResNet-50的预训练模型直接提取特征，然后生成一个256维度的特征向量，图像特征提取的代码如程序清单7-2所示。

程序清单7-2　图像特征提取代码

```
with slim.arg_scope(resnet_v1.resnet_arg_scope()):
net, end_points = resnet_v1.resnet_v1_50(inputs, None, is_training=False)
net = tf.layers.dense(inputs=net, units=256, activation=tf.nn.relu)
```

nodetovec.py具体包含了结构化数据的特征提取，主要采用nodetovec的算法直接提取特征，经过200次的迭代，生成一个768维度的特征向量，结构化数据特征提取的代码如程序清单7-3所示。

程序清单7-3　结构化数据特征提取代码

```
g = Graph()
g.parse_adjlist(df_combine_items['all_tags_id'].tolist())
model = node2vec.Node2vec(graph=g, path_length=200,
                          num_paths=200, dim=768,
                          workers=4, p=1, q=1, window=10)
```

text_process.py具体包含了文本的特征提取，主要采用Bert的预训练模型直接提取特征，然后生成一个768维度的特征向量。Bert模型的具体参数设置如程序清单7-4所示，Bert模型特征提取代码如程序清单7-5所示，运行模型获得的特征提取结果如图7-9所示。

程序清单7-4　Bert模型具体参数设置

```
run_config = NPURunConfig(
        model_dir=FLAGS.init_checkpoint,
        save_checkpoints_steps=1000,
        session_config=tf.ConfigProto(),
        log_step_count_steps=1,
        enable_data_pre_proc=False,
        iterations_per_loop=10,
        hcom_parallel=False)
model_fn = model_fn_builder(FLAGS.init_checkpoint)
estimator = NPUEstimator(
        model_fn = model_fn,
        config = run_config)
```

程序清单 7-5　Bert 模型特征提取代码

```
predict_examples = get_test_examples('/home/xidian/code/movies_1m_data.csv')
predict_file = os.path.join(FLAGS.output_dir, 'predict.tf_record')
file_based_convert_examples_to_features(predict_examples, predict_file)
predict_input_fn = file_based_input_fn_builder(predict_file,512,is_training = False,
drop_remainder = False)
output = estimator.predict(input_fn = predict_input_fn)
```

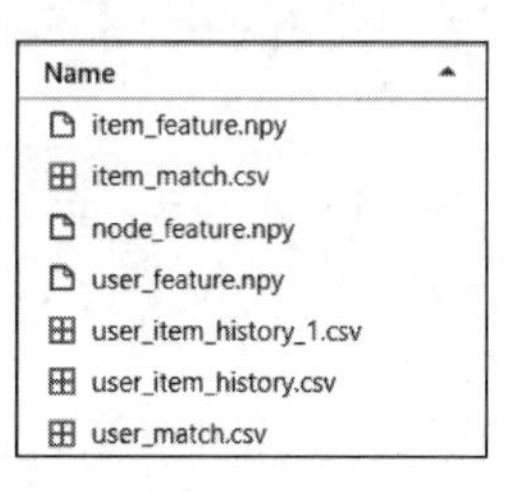

图 7-9　特征提取结果

2. 基于多元特征的深度可调节推荐算法的模型训练

DDPG 算法的代码结构如图 7-10 所示,其中 AC_DDPG. py 是主文件,统筹了其他程序的运行逻辑,并在推荐的过程中产生推荐结果、读入用户反馈,并根据反馈更新推荐网络参数。接下来从底层到高层详细说明每个. py 文件的功能与逻辑。

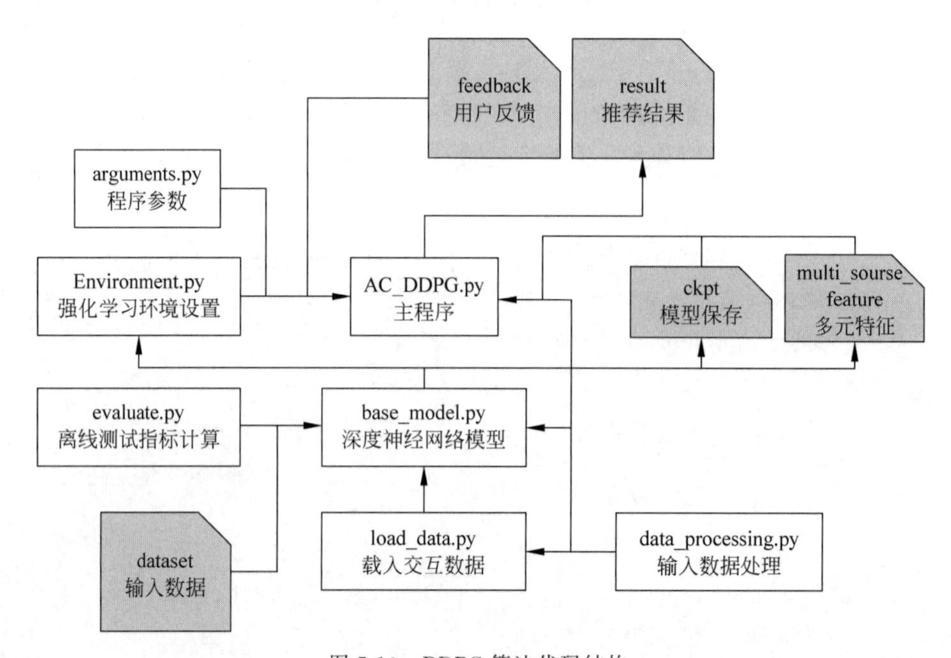

图 7-10　DDPG 算法代码结构

arguments.py：本文件的主要功能是包装必要的执行参数，指定了默认值，并使之可以在命令行中快速设置。程序通过 args.param 引用具体参数 param，args.param 参数含义如表 7-3 所示。

表 7-3 args.param 的参数含义

参 数	含 义
--dl_latent_vector_dim	隐因子维度（与空间复杂度正相关）
--dl_lr	深度学习速率
--dl_max_epoch	深度学习训练轮数
--dl_batch_size	深度学习批量大小
--dl_reg	深度学习正则化参数

在 base_model.py 中设计一个 BaseModel 类，主要用于基于深度神经网络搭建个性化精准推荐模型，并进行预训练和测试。DDPG 模型架构如程序清单 7-6 所示。

程序清单 7-6 DDPG 模型架构

```
# 输入
self.user_id = tf.placeholder(tf.int32, [64, 1])
self.history_id = tf.placeholder(tf.int32, [64, 2000])
self.history_len = tf.placeholder(tf.int32, [64, 1])
self.positive_item_id = tf.placeholder(tf.int32, [64, 1])
self.negative_item_id = tf.placeholder(tf.int32, [64, 1])
# 原始内容特征
self.user_feature = tf.cast(gather_npu(self.user_features, self.user_id), tf.float32)
self.history_feature = tf.cast(gather_npu(self.item_features, self.history_id), tf.
float32)
self.pos_item_feature = tf.cast(gather_npu(self.item_features, self.positive_item_id),
tf.float32)
self.neg_item_feature = tf.cast(gather_npu(self.item_features, self.negative_item_id),
tf.float32)
# 隐特征及查找
self.item_latent_vector = tf.Variable(tf.truncated_normal(shape = [self.item_num + 1,
self.latent_vector_dim]), trainable = True)
self.user_latent_vector = tf.Variable(tf.truncated_normal(shape = [self.user_num + 1,
self.latent_vector_dim]), trainable = True)
self.target_latent_vector = tf.Variable(tf.truncated_normal(shape = [self.item_num +
1, self.latent_vector_dim]), trainable = True)
self.user_cf_vector = gather_npu(self.user_latent_vector, self.user_id)
self.history_cf_vector = gather_npu(self.item_latent_vector, self.history_id)
self.pos_item_cf_vector = gather_npu(self.target_latent_vector, self.positive_item_id)
self.neg_item_cf_vector = gather_npu(self.target_latent_vector, self.negative_item_id)
# 映射内容特征
self.user_cb_vector = fully_connected(self.user_feature, self.latent_vector_dim,
weights_initializer = w_init, weights_regularizer = l2)
```

```
self.pos_item_cb_vector = fully_connected(self.pos_item_feature, self.latent_vector_dim, weights_initializer = w_init, weights_regularizer = l2, scope = 'content_map')
self.neg_item_cb_vector = fully_connected(self.neg_item_feature, self.latent_vector_dim, weights_initializer = w_init, weights_regularizer = l2, reuse = True, scope = 'content_map')

# 拼接 content based 特征和 collaborative filtering 特征
self.user_vector = tf.squeeze(tf.concat([self.user_cf_vector, self.user_cb_vector], axis = 2), axis = 1)
self.history_vector = tf.concat([self.history_cf_vector, self.history_cb_vector], axis = 2)
self.pos_item_vector = tf.squeeze(tf.concat([self.pos_item_cf_vector, self.pos_item_cb_vector], axis = 2), axis = 1)
self.neg_item_vector = tf.squeeze(tf.concat([self.neg_item_cf_vector, self.neg_item_cb_vector], axis = 2), axis = 1)

# 可能有填充情况
history_len = tf.reduce_sum(self.history_len, 1)
mask_mat = tf.expand_dims(tf.sequence_mask(history_len, maxlen = 2000, dtype = tf.float32), -1) # (b, n)
self.real_history_vector = mask_mat * self.history_vector
self.history_ave = tf.reduce_mean(self.real_history_vector, axis = 1)

# 生成策略
self.user_exp = tf.concat([self.user_vector, tf.multiply(self.user_vector, self.history_ave),self.history_ave], axis = 1)
first_relu = tf.layers.dense(self.user_exp, 4 * self.latent_vector_dim, tf.nn.relu, kernel_initializer = w_init, kernel_regularizer = l2, name = 'first_relu')
second_relu = tf.layers.dense(first_relu, 4 * self.latent_vector_dim, tf.nn.relu, kernel_initializer = w_init, kernel_regularizer = l2, name = 'second_relu')
self.user = tf.layers.dense(second_relu, 2 * self.latent_vector_dim, kernel_initializer = w_init, kernel_regularizer = l2, name = 'action')

# 输出
self.pos_output = tf.diag_part(tf.matmul(self.user, tf.transpose(self.pos_item_vector)), name = 'output')
self.neg_output = tf.diag_part(tf.matmul(self.user, tf.transpose(self.neg_item_vector)))
```

网络结构通过梯度下降算法端到端训练，考虑到目的是尽可能使正样本得到的评分比负样本高，因此本章采用带有 L2 正则化的贝叶斯个性化排序损失函数（Bayesian Personalized Ranking Loss，BPR Loss），具体计算公式如式(7-1)所示

$$\text{Loss}_{\text{BPR}} = -\frac{1}{N}\sum_{i=1}^{N}\log(\text{sigmoid}(y_{\text{pos}} - y_{\text{neg}})) + \lambda \cdot \| P \|_2^2 \tag{7-1}$$

式(7-1)中,N 是一个训练批量中的正样本数量。对于每个正样本,从用户历史集合的补集中随机采样一个负样本与之对应,分别输入该网络得到 y_{pos} 和 y_{neg}。λ 是正则化系数,N 是参数数量,P 是网络中所有可训练参数的集合,包括产品和用户的隐因子表示中的参数,具体的损失函数代码如程序清单 7-7 所示。

程序清单 7-7 DDPG 的损失函数

```
self.bpr_loss = tf.negative(tf.reduce_mean(tf.log(tf.nn.sigmoid(self.pos_output -
self.neg_output))))
self.io_loss = self.reg * tf.nn.l2_loss(self.user_latent_vector) + self.reg * tf.nn.
l2_loss(self.item_latent_vector)
self.l2_loss = tf.add_n(tf.get_collection(tf.GraphKeys.REGULARIZATION_LOSSES)) / self.
batch_size
self.loss = self.bpr_loss + self.l2_loss + self.io_loss
self.opt = tf.train.AdamOptimizer(self.lr).minimize(self.loss)
```

通过训练得到模型,生成用户特征,参见程序清单 7-8。

程序清单 7-8 生成特征代码

```
def feature_gen(self):
    if not os.path.exists('./multi_source_feature'):
        os.makedirs('./multi_source_feature')
    multisource_user_feature = np.array([[0.0 for _ in range(2 * self.latent_vector_
dim)]] * (self.user_num + 1))
    multisource_history_feature = np.array([[0.0 for _ in range(2 * self.latent_vector_
dim)]] * (self.item_num + 1))
    multisouce_target_feature = np.array([[0.0 for _ in range(2 * self.latent_vector_
dim)]] * (self.item_num + 1))
    for user in range(self.user_num + 1):
        print('\rgenerate feature: user {} / {}'.format(user, self.user_num), end = '',
flush = True)
        multisource_user_feature[user] = np.ravel(self.sess.run(self.user_vector, feed_
dict = {self.user_id: [[user]]}))
np.save('./multi_source_feature/user_feature.npy', multisource_user_feature)
    for item in range(self.item_num + 1):
        print('\rgenerate feature: item {} / {}'.format(item, self.item_num), end = '',
flush = True)
```

3. 模型转换

在昇腾 310 使用训练后的网络模型推理,首先需要进行模型转换,也就是将 TensorFlow 支持的 ckpt 格式转换为 TensorFlow 的 pb 格式。生成 pb 模型的具体代码如程序清单 7-9 所示。

程序清单 7-9　生成 pb 模型代码

```
tf.train.write_graph(self.sess.graph.as_graph_def(), './pb_model', 'model.pbtxt', as_
text = True)
ckpt_path = "/home/xidian/code/ARLMR - new/ckpt/MM.ckpt"
freeze_graph.freeze_graph(
    input_graph = './pb_model/model.pbtxt', # 传入 write_graph 生成的模型文件
    input_saver = '',
    input_binary = False,
    input_checkpoint = ckpt_path, # 传入训练生成的 checkpoint 文件
    output_node_names = 'output', # 与定义的推理网络输出节点保持一致
    restore_op_name = 'save/restore_all',
    filename_tensor_name = 'save/Const:0',
    output_graph = './pb_model/MM.pb', # 改为需要生成的推理网络的名称
    clear_devices = False,
    initializer_nodes = '')
```

ATC 工具用于将开源框架网络模型转换成昇腾 AI 处理器支持的离线模型，模型转换过程中可以实现算子的调度优化及内存使用优化等，可以脱离模型完成预处理。在开发环境安装 ATC 软件包，获取相关路径下 ATC 工具。命令如程序清单 7-10 所示。

程序清单 7-10　ATC 模型转换脚本

```
atc -- model = ./MM.pb
 -- framework = 3
 -- output = ./model
 -- soc_version = Ascend310
```

4. 模型推理

在昇腾 310 使用转换过后的 om 模型进行推理，主要采用的是 AscendCL 框架。具体代码如程序清单 7-11 所示，执行模型推理获得的部分离线推荐结果如图 7-11 所示。

程序清单 7-11　使用 om 模型推理

```
import sys
sys.path.append("/home/HwHiAiUser/samples/python/common")
import atlas_utils.constants as const
from atlas_utils.acl_model import Model
from atlas_utils.acl_resource import AclResource

def predict_one_user(self, user, history, items, model):
    n = len(items)
    batch_size = 64
```

```
    index = 0
    ratings = []
    while index < n - batch_size:
        # print(index, n - batch_size)
        start = index
        end = index + batch_size
        real_batch_size = end - start
        data1 = np.array([[user]] * real_batch_size)
        data2 = np.array([history] * real_batch_size)
        data3 = np.array([[len(history)]] * real_batch_size)
        data4 = np.reshape(items[start:end], [-1, 1])
        data_all = [data1, data2, data3, data4]
        # print([[user]] * real_batch_size)
        batch_ratings = model.execute(data_all)
        # print(batch_ratings)
        ratings += list(batch_ratings[0].flatten())
        index += batch_size
    return ratings
```

id	user_id	name
6013	6013	bout Glenn Gould (1993)
6014	6014	ıancing the Stone (1984)
6015	6015	bout Glenn Gould (1993)
6016	6016	Hugo Pool (1997)
6017	6017	ɔoon's Senior Trip (1995)
6018	6018	bout Glenn Gould (1993)
6019	6019	Amateur (1994)
6020	6020	War Stories (1995)
6021	6021	Blue Streak (1999)
6022	6022	ıancing the Stone (1984)
6023	6023	bout Glenn Gould (1993)
6024	6024	bout Glenn Gould (1993)
6025	6025	Crimson Tide (1995)
6026	6026	Crocodile Dundee (1986)

图 7-11 部分离线推荐结果

5. 模型强化学习

基于在昇腾 910 上经训练得到的模型、训练得到的用户产品特征和模拟的用户反馈，使用强化学习改变网络的参数，最终实现再次推荐。具体代码如程序清单 7-12 所示，执行强化学习后部分新的推荐结果展示在图 7-12 中。

程序清单 7-12　生成 pb 模型代码

```
if __name__ == '__main__':
    train_AC = AC_net('train_AC')
    target_AC = AC_net('target_AC')
    SESS.run(tf.global_variables_initializer())
    reader = tf.train.NewCheckpointReader('./ckpt/MM.ckpt')
    init_params(reader)
    del reader
    target_AC.set_params(train_AC.a_params, train_AC.c_params, t = 1)

    pos_memory = Memory(memory_capacity, 2 * N_S + N_A + 1)
    neg_memory = Memory(memory_capacity, 2 * N_S + N_A + 1)
    while 1:
        half_experiences, recs = gen_res()
        res_dic_to_csv(recs, user_info_path, item_info_path)
        command = input('Enter command(feedback or break?):')
        while command not in ['feedback', 'break']:
            command = input('Enter command(feedback or break?):')
        if command == 'feedback':
            feedback_users = read_users_to_set('./feedback/hit_users_1m.txt', user_
info_path)
        else:
            break
        full_experiences = feedback_to_experiences(recs, half_experiences, feedback_
users)

        del half_experiences, recs

        for experience in full_experiences.values():
            if experience[2] == 1:
                pos_memory.store_transition( * experience)
            else:
                neg_memory.store_transition( * experience)
        print('experience stored.')

        del full_experiences

        # 网络训练和参数更新
        b_s, b_a, b_r, b_s_ = pos_memory.sample(BATCH_SIZE)
        b__s, b__a, b__r, b__s_ = neg_memory.sample(len(b_s) * 2)
        q_ = target_AC.get_q(np.concatenate([b_s_,b__s_], axis = 0))
        target_q = (np.concatenate([b_r, b__r], axis = 0)) + GAMMA * q_
        train_AC.train(target_q, s = np.concatenate([b_s, b__s], axis = 0))
        target_AC.set_params(train_AC.a_params, train_AC.c_params, t = 0.8)
        print('parameter updated.')

        gc.collect()
```

id	user_id	name
150	150	War Stories (1995)
151	151	Wayne's World (1992)
152	152	Crocodile Dundee (1986)
153	153	Amateur (1994)
154	154	bout Glenn Gould (1993)
155	155	ie Two Three, The (1974)
156	156	Amateur (1994)
157	157	Amateur (1994)
158	158	Fletch (1985)
159	159	bout Glenn Gould (1993)
160	160	Van, The (1996)
161	161	bout Glenn Gould (1993)
162	162	ooon's Senior Trip (1995)
163	163	bout Glenn Gould (1993)
164	164	Amateur (1994)
165	165	from Outer Space (1953)
166	166	bout Glenn Gould (1993)
167	167	This Is Spinal Tap (1984)
168	168	from Outer Space (1953)
169	169	bout Glenn Gould (1993)
170	170	Hugo Pool (1997)
171	171	bout Glenn Gould (1993)
172	172	Hugo Pool (1997)
173	173	from Outer Space (1953)
174	174	ooon's Senior Trip (1995)

图 7-12 强化学习后部分新的推荐结果

至此，基于昇腾 AI 处理器和昇腾 CANN 软件栈，实现了一个完整的个性化影视智能推荐系统。本实例使用一种基于人工智能的推荐营销算法，实现了以用户为中心的智能推荐。实验证明，该算法在实际应用中也能够有较好的表现，能够向单个用户精准推荐用户所感兴趣的影视内容。

7.2 基于文字感知的智能巡检机器人全流程开发实例

本节将以适用于工业场景的巡检机器人为例，讲解从需求分析到系统设计、再到使用昇腾平台打造行业解决方案的具体实例。

7.2.1 实例简介

机器人技术正加速渗入到工业领域。本实例围绕应用于工业场景的智能巡检机器人，介绍机器人建图与定位、文本检测与识别等技术。本实例采用轮式机器人，适合运行于人类无法工作的危险工业环境，这些技术还可应用于无人生产车间、智慧仓库和服务机器人等采用无人驾驶车辆的场景。

本实例属于机器人应用，旨在借助华为开发者套件的深度学习推理能力，结合视觉、惯性测量单元、激光雷达等传感器，开发应用于智能巡检机器人的SLAM算法与智能识别检测算法。

7.2.2 系统总体设计

智能巡检机器人的外形结构与采用的硬件如图7-13所示。其中，开发者套件作为神经网络推理加速器平台，Intel Compute Card进行传感器数据的读取及机器人运动控制命令的下发。深度相机、IMU及底盘控制CAN to USB模块通过USB Hub连接Intel Compute Card，激光雷达、开发者套件及Intel Compute Card通过路由器构建局域网连接。

图7-13　智能巡检机器人硬件结构

该系统应用华为昇腾开发者套件，基于AscendCL和机器人操作系统（Robot Operating System，ROS）框架，搭建了智能巡检机器人平台。该平台运行于ROS环境下，可通过多线激光雷达感知周围环境，结合SLAM算法进行定位和地图构建，通过捕获摄像头的视频流，利用开发者套件中的NPU推理出相机视野区域的文本信息。

系统整体框架如图7-14所示，分为硬件执行器层、传感器层、功能实现层和交互层。各层包含的内容介绍如下。

执行器层：执行器层由机器人运动底盘各组件组成，机器人移动底盘由MCU、电机、电机驱动器、编码器及电源模块组成，其中MCU作为下位机，进行底盘的电机驱动与控制，实现机器人底盘的运动，并与上层主机通过CAN协议通信，接收底盘的运动控制数据，并反馈底盘里程计数。

传感器层：传感器层主要由IMU模块、相机模块、激光雷达组成。其中IMU集成在

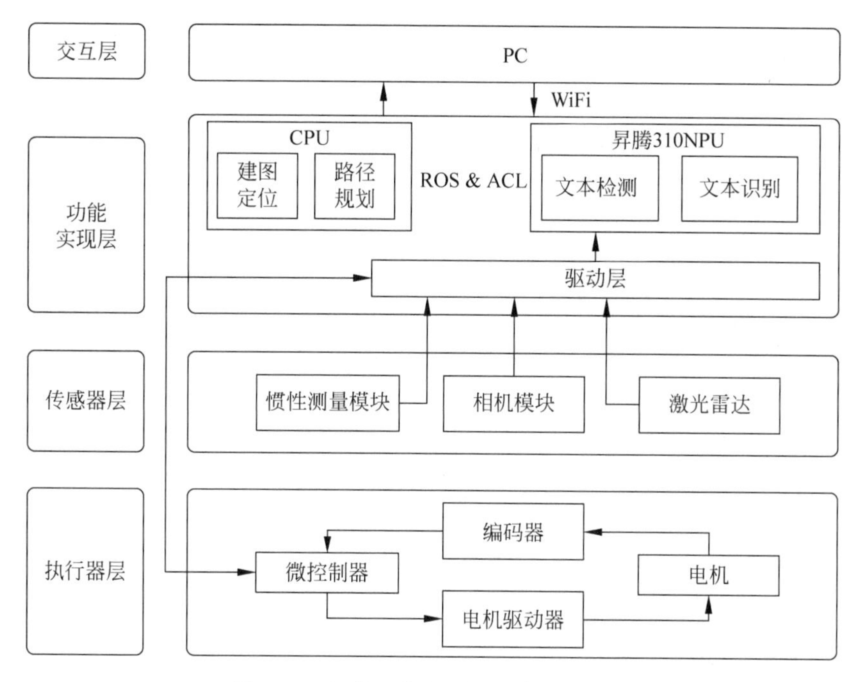

图7-14　智能巡检机器人平台系统框架

Real Sense D435i 深度相机中，通过 USB 接口连接到 USB Hub，激光雷达通过 RJ45 网络接口连接至车载的华为无线路由器。

功能实现层：功能实现层包括移动底盘和各传感器的驱动程序包，以及机器人激光雷达建图、定位、路径规划，文本检测等算法功能包。其中开发者套件作为核心 NPU 硬件，融合 ROS 和 AscendCL 作为软件框架。CPU 驱动并发布包含 IMU 传感器数据、图像数据和激光雷达数据的 ROS 话题，融合激光雷达、IMU 扫描 3D 空间内的地形信息，用于三维环境建图及定位导航。NPU 基于 AscendCL 进行深度学习网络推理，融合视觉信息实现场景中的文本识别。

交互层：上位机 PC 与机器人通过无线网络进行通信，建立分布式节点，PC 可对机器人进行配置、数据读取，通过可视化软件(如 rviz)进行可视化及发布任务级指令。

7.2.3　系统详细设计与实现

1. 机器人操作系统

通常机器人需要整合多种传感器，进行一系列数据处理任务，如视觉感知、路径规划等，并完成与物理世界和人的交互，因此机器人软件系统往往变得庞大和复杂。采用低耦合、高内聚的模块化设计，能够提高机器人软件系统的鲁棒性和适应性。

ROS 是目前应用最为广泛的机器人模块化分布式系统之一，其提供了一个强大而灵活的机器人系统框架，也是学术研究领域中较为广泛使用的框架。ROS 包含全面的开发工具包、方便的通信和调度机制及各种调试工具，提供统一的配置部署、运行和通信等功能，用户可以基于该框架快速验证算法，设计应用层面的功能，并进行部署。

本实例的智能巡检机器人平台基于 ROS 框架构建，主要有以下几个方面功能和任务。

（1）感知：负责接收与处理原始传感器数据，如图像数据、IMU 数据、移动底盘里程数据等，实现基于激光雷达的实时定位、地图重建及文本识别。

（2）规划：负责接收任务目标指令，结合感知层数据，对机器人的运动路径及轨迹做出规划，结合地图和实时的激光雷达感知信息，建立八叉树地图，生成代价地图，进行运动规划，下发运动控制指令。

（3）控制执行：负责接收规划层的控制指令，依据执行器反馈状态数据，进行闭环控制。如根据机器人的轨迹规划和传感器的反馈数据，控制机器人当前的速度和角速度及各电机控制。

（4）交互：为用户提供可交互的图形界面。一方面，将系统的实时状态和数据进行可视化，如机器人的传感器数据、坐标变换数据、激光雷达定位与地图数据、运动路径、检测结果等；另一方面，交互层为用户提供上层的任务指令接口，以图形化的方式控制机器人的运动。

ROS 的基础核心是其提供了一个通信框架，其基于 TCP/UDP 网络协议进行封装，定义了基于 TCPROS/UDPROS 的话题、服务、动作等通信传输机制。

1）话题通信

话题通信是一种单向的异步通信机制，其通信的双方发布者和订阅者需要在节点管理器注册后，根据订阅和发布的话题建立连接。具体过程为发布者向节点管理器注册发布者信息及话题名，注册信息存储在注册列表中，等待订阅者订阅。当订阅者节点启动后，向节点管理器注册订阅话题，当匹配到话题的发布者后，节点管理器向订阅者发送对应的发布者通信地址信息，订阅者尝试向该地址发送连接许可，发布者给予确认后，双方通过 TCPROS 建立连接。建立连接后，当订阅者接收到所订阅话题的触发时，订阅者通过回调的方式处理话题数据。话题通信是一种多对多的通信机制。

2）服务通信

与话题通信机制相比，服务机制是一种更为可靠的双向、多对一的同步通信机制。服务的双方包括服务端和客户端，当客户端发送请求后，服务端的相关服务程序被调用进行响应。当一次服务结束后，两个节点的连接将断开。由于服务采用一次性通信的方式，因此其在网络上的负载很小。除此之外，不同的客户端可以对同一服务端发送服务请求。

3）动作通信

当服务端接收到客户端的请求后，若响应过程时间较长，且在响应的过程中客户端需要服务执行过程的反馈信息，通常采用动作消息通信机制。其反馈数据的发送与异步方式的话题相同，动作客户端与动作服务器之间进行双向异步通信，客户端设置动作的目标，动作服务器根据目标进行响应，并实时反馈动作的进度，最后将结果发送给客户端，同时客户端可以在任意时刻取消及中断目标命令。这样的一个特性，使得它在一些特别的机制中拥有很高的效率。利用动作进行请求响应，动作的内容格式应包含三个部分：目标、反馈、结果。

(1) 目标：机器人执行一个动作，应该有明确的移动目标信息，包括一些参数的设定，方向、角度、速度等，从而使机器人完成动作任务。

(2) 反馈：在动作进行的过程中，应该有实时的状态信息反馈给服务器的实施者，告诉实施者动作完成的状态，可以使实施者作出准确的判断去修正命令。

(3) 结果：当运动完成时，动作服务器把本次运动的结果数据发送给客户端，使客户端得到本次动作的全部信息，例如可能包含机器人的运动时长、最终姿态等。

基于以上通信机制，ROS使得各个功能模块可以在不同硬件架构平台使用不同的语言构建，在不同主机各子系统之间进行处理和通信，协同完成机器人任务。在以上通信机制中，需要通过主节点ROS Master为需要通信的双方建立连接，因此对主节点具有很强的依赖，一旦ROS Master失效将导致整个系统崩溃，这也是ROS最大的局限性。ROS2基于DDS(数据分发服务的设计架构)，综合性能得到很大的提升，其核心是以数据为核心的发布订阅(Data-Centric Publish-Subscribe，DCPS)机制建立全局数据空间，每个节点作为参与者读写全局数据空间，并增加了质量服务原则(Quality of Service Policy)。相比ROS，DDS使得通信的实时性、持续性和可靠性各方面得到了增强。鉴于ROS2依然处于快速演进阶段，系统稳定性待提高，本实例依然采用ROS作为机器人底层通信架构。

2. 建图与定位

建图与定位模块是本实例核心模块之一，为了保证巡检机器人的安全工作，其精度需要达到厘米级别。本实例基于正态分布变换(Normal Distribution Transform，NDT)实现点云配准，如图7-15所示，并基于此实现巡检机器人的建图和定位功能。NDT先将参考点云转换为多变量的正态分布，如果变换参数能使得两幅激光数据匹配得很好，那么变换点在参考系中的概率密度将会很大。因此，用优化的方法求出的概率密度之和最大的位姿变换参数，使得两幅激光点云数据匹配。

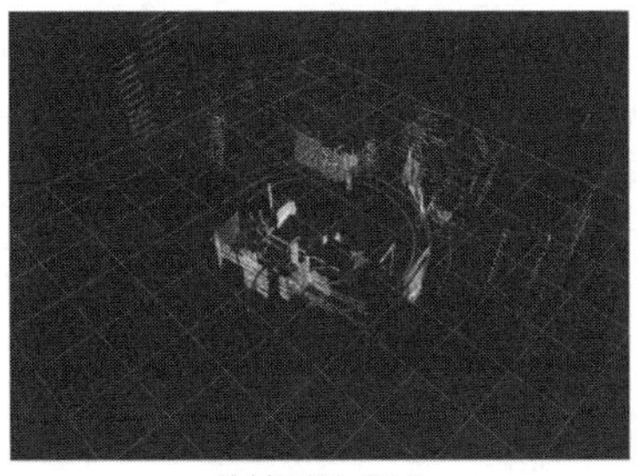

单帧雷达点云

雷达点云地图

图7-15　点云配准

若随机变量 X 满足正态分布(即 $X\sim N(\mu,\sigma)$)，则其概率密度函数为：

$$f(x)=\frac{1}{\sigma\sqrt{2\pi}}\mathrm{e}^{-\frac{(x-\mu)^2}{2\sigma^2}} \tag{7-2}$$

式中，μ 为正态分布的均值，σ^2 为方差。对于多元变量正态分布，其概率密度函数可以表示为如式(7-3)的矢量形式

$$f(\boldsymbol{x})=\frac{1}{(2\pi)^{\frac{D}{2}}\sqrt{|\boldsymbol{\Sigma}|}}\mathrm{e}^{-\frac{(\boldsymbol{x}-\boldsymbol{\mu})^{\mathrm{T}}\boldsymbol{\Sigma}^{-1}(\boldsymbol{x}-\boldsymbol{\mu})}{2}} \tag{7-3}$$

式中，$\boldsymbol{x}$ 表示均值向量，$\boldsymbol{\Sigma}$ 表示协方差矩阵，D 为矢量的维度(对于单变量 $D=1$)。协方差矩阵对角元素表示两个对应元素的方差，非对角元素则表示两个对应元素的相关性。

正态分布变换使用局部PDF(probability density function)来描述点云的局部分布。正态分布局部是平滑的，具有连续的导数；每个PDF可以认为是局部平面的近似，描述了平面的位置、朝向、形状和平滑性(均值，协方差的特征向量和特征数据，特征向量描述的点云分布的主成分)等特征。

基于NDT的点云配准算法首先将参考点云网格化，对于每一个网格，基于网格内的点计算其概率密度函数 $f(\boldsymbol{x})$，相关计算公式如式(7-4)和式(7-5)所示。

$$\boldsymbol{\mu}=\frac{1}{m}\sum_{k=1}^{m}\boldsymbol{y}_k \tag{7-4}$$

$$\boldsymbol{\Sigma}=\frac{1}{m}\sum_{k=1}^{m}(\boldsymbol{y}_k-\boldsymbol{\mu})(\boldsymbol{y}_k-\boldsymbol{\mu})^{\mathrm{T}} \tag{7-5}$$

式中，$\boldsymbol{y}_k$(其中 $k=1,2,\cdots,m$)表示一个网格内所有的扫描点。三维空间网格的概率密度函数则如式(7-6)所示。

$$f(\boldsymbol{x})=\frac{1}{(2\pi)^{\frac{3}{2}}\sqrt{|\boldsymbol{\Sigma}|}}\mathrm{e}^{-\frac{(\boldsymbol{x}-\boldsymbol{\mu})^{\mathrm{T}}\Sigma^{-1}(\boldsymbol{x}-\boldsymbol{\mu})}{2}} \tag{7-6}$$

为了找到当前姿态，使当前扫描的点位于参考扫描(3D地图)上的可能性最大化，参见式(7-7)

$$\Psi=\prod_{k-1}^{n}p(T(\boldsymbol{p},\boldsymbol{x}_k)) \tag{7-7}$$

转换为负对数，即为最小化以下代价

$$-\log\Psi=-\sum_{k=1}^{n}\log(p(T(\boldsymbol{p},\boldsymbol{x}_k))) \tag{7-8}$$

3. 文本检测与识别

1) DBNet和CRNN网络架构

本实例中文本区域检测网络采用开源DBNet网络模型，如图7-16所示。对于曲形文本的检测任务，基于分割的算法比基于回归的算法表现更好，但之前基于分割的算法，都需要进行手动设计二值化的后处理算法，将分割生成的概率图转换为文本的包围框。

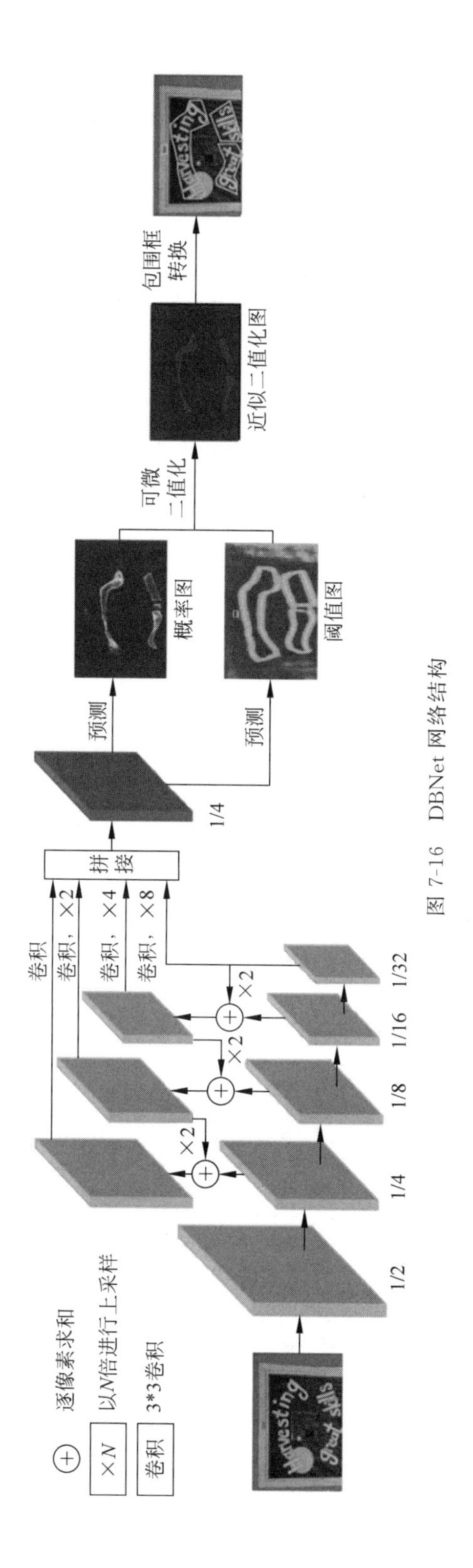

图 7-16　DBNet 网络结构

该网络提出了可微二值化(Differentiable Binarization,DB),它可以在分割网络中执行二值化过程,可以自适应地设置二值化阈值,不仅简化了后处理,而且提高了文本检测的性能。与 PANNet 类似,DBNet 的骨干网络采用了类似 FPN 和 U-Net 的思路,将不同尺度的特征图进行融合来让最终进行回归的特征图获得不同尺度的特征信息,以处理不同尺寸的文字。

文本行识别技术运用最广泛的是基于卷积循环神经网络的框架,这种方法组合使用卷积神经网络(CNN)和循环神经网络(RNN),模型称为 CRNN。首先用 CNN 提取图片的图像特征,将输入的多通道图片转换为特征序列,然后使用 RNN 处理特征序列,将特征序列转换为预测序列,最后对预测序列解码,得到最终的输出序列。该模型训练时利用连接时序分类(Connectionist Temporal Classification,CTC)算法预测序列提供梯度,然后利用时间反向传播算法(Back Propagation Through Time,BPTT 等)计算模型中权值的梯度,并且用梯度下降算法训练模型。为了能捕捉长时序依赖,缓解梯度消失问题,模型中的 RNN 通常使用 LSTM(Long Short Term Memory)单元。此外,该算法需要的标注数据中不需要标注文本行中每个字符的具体位置,便于收集大规模训练数据。CRNN 网络结构如图 7-17 所示。

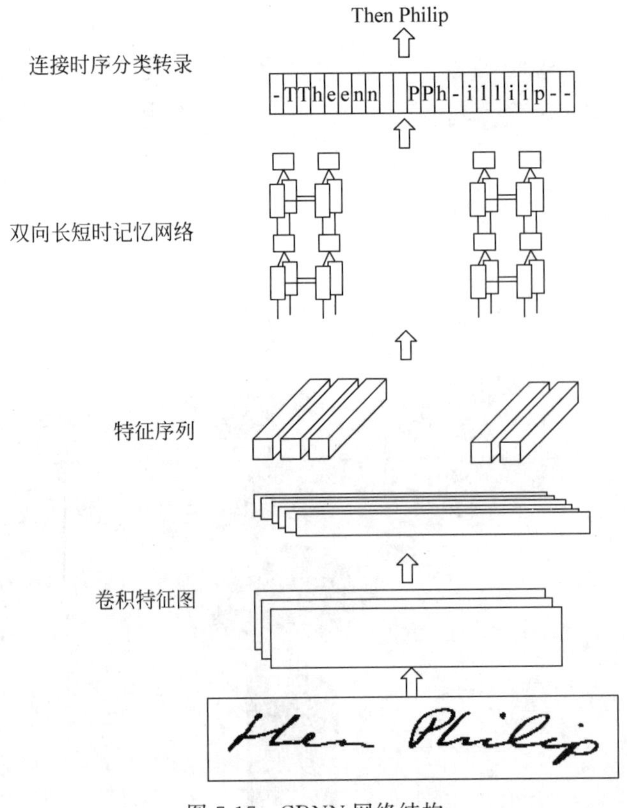

图 7-17 CRNN 网络结构

本实例 DBNET 和 CRNN 分别在 ICDAR 2015 数据集和 Synth90K 数据集上进行训练,图 7-18 为 Synth90K 数据集图像示例。

图 7-18　Synth90K 数据集图像示例

ICDAR2015 数据集是 2015 年 Robust Reading 竞赛所提供的数据集,包含 RGB 图像及其对应的文字区域信息和文字内容信息的标签;Synth90K 数据集包含约 700 万张训练图像、80 万张验证图像和 9 万张测试图像,所有的单词图像都是由合成文本引擎生成的。文本识别结果如图 7-19 所示。

图 7-19　文本识别结果

2) DBNet 和 CRNN 模型训练

DBNet 是开源的文本区域检测模型,用户可以从互联网中获得开源的 pyTorch 版本代码,在昇腾模型库 ModelZoo 中亦有适配后的 TensorFlow 版本模型代码。DBNet 的代码结构如程序清单 7-13 所示。

程序清单 7-13　DBNet 程序代码结构

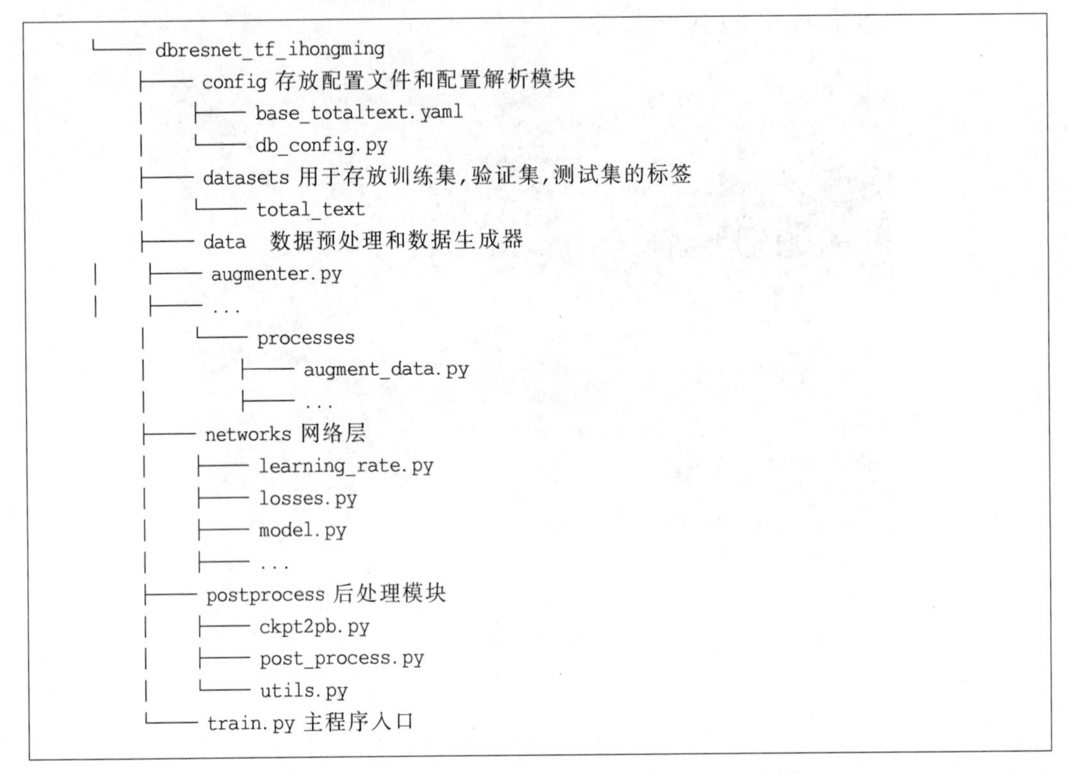

```
└── dbresnet_tf_ihongming
    ├── config 存放配置文件和配置解析模块
    │   ├── base_totaltext.yaml
    │   └── db_config.py
    ├── datasets 用于存放训练集,验证集,测试集的标签
    │   └── total_text
    ├── data   数据预处理和数据生成器
    │   ├── augmenter.py
    │   ├── ...
    │   └── processes
    │       ├── augment_data.py
    │       ├── ...
    ├── networks 网络层
    │   ├── learning_rate.py
    │   ├── losses.py
    │   ├── model.py
    │   ├── ...
    ├── postprocess 后处理模块
    │   ├── ckpt2pb.py
    │   ├── post_process.py
    │   └── utils.py
    └── train.py 主程序入口
```

其中,train.py 是训练的主程序入口,统筹了数据读取、计算图定义和执行、日志模块等各组件之间的运行逻辑。在 config 模块中存放了记录神经网络配置的文件,其中既包括训练输出路径、数据集路径等训练配置信息,又包括批大小、学习率、优化器配置等超参数信息。在训练程序中可能使用到的超参数信息如表 7-4 所示。

表 7-4　DBNet 训练用到的超参数

参数名	参数值	含义
Batch_size	8	每次迭代使用的样本数
Learning_rate	0.007	初始学习率
Max_steps	187200	最大迭代步数
Adam_decay_step	10000	优化器衰减步数
Adam_decay_rate	0.9	优化器衰减比例
LR	Paper_dacay	学习率衰减方式,在 networks 模块实现

data 模块实现了用于数据预处理和数据迭代生成的代码,具体包括随机裁剪、归一化、掩码生成等预处理操作流程。networks 模块中定义了神经网络的结构、学习率衰减方式、损失函数计算方式。更具体地看,DBNet 的网络结构如程序清单 7-14 所示。

程序清单 7-14　DBNet 网络结构

```
def dbnet(image_input, input_size = 640, k = 50, is_training = True, scope = "resnet_v1_50"):

    with tf.name_scope("resnet_layer"):
        with slim.arg_scope(resnet_v1.resnet_arg_scope(weight_decay = 1e - 5)):
            logits, end_points = resnet_v1.resnet_v1_50(inputs = image_input, is_
training = is_training, scope = scope)
        C2, C3, C4, C5 = end_points['pool2'], end_points['pool3'], end_points['pool4'],
end_points['pool5']


    with tf.name_scope("detector_layer"):
        filter_in2 = tf.get_variable("filter_in2", [1, 1, 64, 256],initializer = tf.
truncated_normal_initializer(stddev = 0.1))
        in2 = tf.nn.conv2d(C2, filter = filter_in2, strides = [1, 1, 1, 1], padding =
'SAME', name = 'in2')
        filter_in3 = tf.get_variable("filter_in3", [1, 1, 256, 256],initializer = tf.
truncated_normal_initializer(stddev = 0.1))
        in3 = tf.nn.conv2d(C3, filter = filter_in3, strides = [1, 1, 1, 1], padding =
'SAME', name = 'in3')
        filter_in4 = tf.get_variable("filter_in4", [1, 1, 512, 256],initializer = tf.
truncated_normal_initializer(stddev = 0.1))
        in4 = tf.nn.conv2d(C4, filter = filter_in4, strides = [1, 1, 1, 1], padding =
'SAME', name = 'in4')
        filter_in5 = tf.get_variable("filter_in5", [1, 1, 2048, 256],initializer = tf.
truncated_normal_initializer(stddev = 0.1))
        in5 = tf.nn.conv2d(C5, filter = filter_in5, strides = [1, 1, 1, 1], padding =
'SAME', name = 'in5')

        out4 = tf.add(in4, tf.image.resize_nearest_neighbor(in5, size = [tf.shape(in5)
[1] * 2, tf.shape(in5)[2] * 2]),name = 'out4')
        out3 = tf.add(in3, tf.image.resize_nearest_neighbor(out4, size = [tf.shape
(out4)[1] * 2, tf.shape(out4)[2] * 2]),name = 'out3')
        out2 = tf.add(in2, tf.image.resize_nearest_neighbor(out3, size = [tf.shape
(out3)[1] * 2, tf.shape(out3)[2] * 2]),name = 'out2')

        filter_p5 = tf.get_variable("filter_p5", [3, 3, 256, 64],initializer = tf.
truncated_normal_initializer(stddev = 0.1))
        in5_t = tf.nn.conv2d(in5, filter = filter_p5, strides = [1, 1, 1, 1], padding =
'SAME', name = 'in5_t')
        P5 = tf.image.resize_nearest_neighbor(in5_t, size = [tf.shape(in5_t)[1] * 8,
tf.shape(in5_t)[2] * 8], name = "P5")
        filter_p4 = tf.get_variable("filter_p4", [3, 3, 256, 64],initializer = tf.
truncated_normal_initializer(stddev = 0.1))
```

```
        out4_t = tf.nn.conv2d(out4, filter = filter_p4, strides = [1, 1, 1, 1], padding =
'SAME', name = 'out4_t')
        P4 = tf.image.resize_nearest_neighbor(out4_t, size = [tf.shape(out4_t)[1] * 4,
tf.shape(out4_t)[2] * 4], name = "P4")
        filter_p3 = tf.get_variable("filter_p3", [3, 3, 256, 64], initializer = tf.
truncated_normal_initializer(stddev = 0.1))
        out3_t = tf.nn.conv2d(out3, filter = filter_p3, strides = [1, 1, 1, 1], padding =
'SAME', name = 'out3_t')
        P3 = tf.image.resize_nearest_neighbor(out3_t, size = [tf.shape(out3_t)[1] * 2,
tf.shape(out3_t)[2] * 2],name = "P3")
        filter_p2 = tf.get_variable("filter_p2", [3, 3, 256, 64], initializer = tf.
truncated_normal_initializer(stddev = 0.1))
        P2 = tf.nn.conv2d(out2, filter = filter_p2, strides = [1, 1, 1, 1], padding =
'SAME', name = 'P2')
        fuse = tf.concat([P5, P4, P3, P2], axis = 3)

        filter_probability = tf.get_variable("filter_probability", [3, 3, 256, 64],
initializer = tf.truncated_normal_initializer(stddev = 0.1))
        p = tf.nn.conv2d(fuse, filter = filter_probability, strides = [1, 1, 1, 1],
padding = 'SAME')
        p = tf.layers.batch_normalization(p, training = is_training, momentum = 0.9)
        p = tf.nn.relu(p)
        filter_tr = tf.get_variable("filter_tr", [2, 2, 64, 64], initializer = tf.
truncated_normal_initializer(stddev = 0.1))
        p = tf.nn.conv2d_transpose(p, output_shape = [tf.shape(p)[0], tf.shape(p)[1] *
2, tf.shape(p)[2] * 2, 64],filter = filter_tr,strides = [1, 2, 2, 1],padding = 'SAME')
        p = tf.layers.batch_normalization(p, training = is_training, momentum = 0.9)
        p = tf.nn.relu(p)
        filter_tr2 = tf.get_variable("filter_tr2", [2, 2, 1, 64], initializer = tf.
truncated_normal_initializer(stddev = 0.1))
        p = tf.nn.conv2d_transpose(p, output_shape = [tf.shape(p)[0], tf.shape(p)[1] *
2, tf.shape(p)[2] * 2, 1],filter = filter_tr2,strides = [1, 2, 2, 1],padding = 'SAME')
        p = tf.nn.sigmoid(p)
        filter_threshold = tf.get_variable("filter_threshold", [3, 3, 256, 64],
initializer = tf.truncated_normal_initializer(stddev = 0.1))
        t = tf.nn.conv2d(fuse, filter = filter_threshold, strides = [1, 1, 1, 1], padding =
'SAME')
        t = tf.layers.batch_normalization(t, training = is_training, momentum = 0.9)
        t = tf.nn.relu(t)
        filter_th = tf.get_variable("filter_th", [2, 2, 64, 64], initializer = tf.
truncated_normal_initializer(stddev = 0.1))
        t = tf.nn.conv2d_transpose(t, output_shape = [tf.shape(t)[0], tf.shape(t)[1] *
2, tf.shape(t)[2] * 2, 64],filter = filter_th,strides = [1, 2, 2, 1],padding = 'SAME')
        t = tf.layers.batch_normalization(t, training = is_training, momentum = 0.9)
        t = tf.nn.relu(t)
```

```
        filter_th2 = tf.get_variable("filter_th2", [2, 2, 1, 64], initializer = tf.
truncated_normal_initializer(stddev = 0.1))
        t = tf.nn.conv2d_transpose(t, output_shape = [tf.shape(t)[0], tf.shape(t)[1] *
2, tf.shape(t)[2] * 2, 1],filter = filter_th2,strides = [1, 2, 2, 1],padding = 'SAME')
        t = tf.nn.sigmoid(t)

        b_hat = tf.reciprocal(1 + tf.exp( - k * (p - t)), name = 'thresh_binary')
        return p, t, b_hat
```

postprocess 模块实现了数据的后处理和可视化，经过 DBNet 识别后的结果经剪裁交付给 CRNN 模型就可以实现后续的文本序列识别了，ModelZoo 提供了有关 CRNN 的模型训练代码。

CRNN 模型的训练可以采用开源的 synth90k 数据集，也可以使用中文作文数据集 SCUT-EPT，该数据集的文本行图片如图 7-20 所示，包含 4 万条训练样本、1 万条测试样本、4255 个不同符号，包括常见汉字、数字、特殊字符、标点符号等。SCUT-EPT 数据集的字符串长短变化更大，如图 7-20 中的第三个图片对应的标签字符串远远长于第四个图片对应的标签字符串。从图 7-20 中还可以看出，有些文本行图片带有格线，如第一张图片和第二张图片，有些图片则包含下画线，如第三张图片和第四张图片，有些则不包含格线或者下画线。

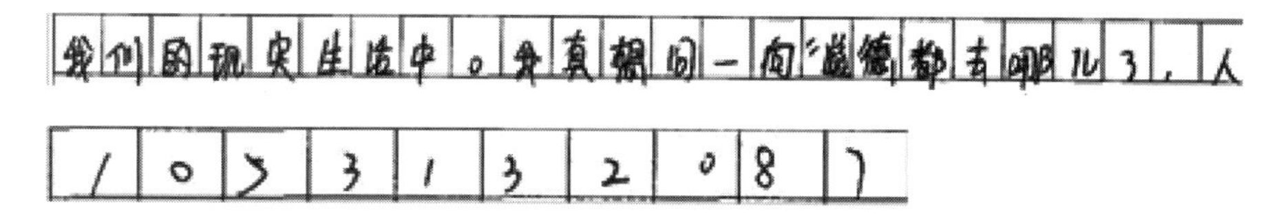

图 7-20　SCUT-EPT 数据集中的文本行图片

考虑到创建数据集时需要用到一些训练时的超参数，所以将所有超参数都放入一个 Config 中，方便管理。创建数据集所需的所有工作都由 DataLoad 类实现，这个类负责解析标注文件、生成字符表并且将原始数据转换为易于训练的格式。更具体地看，Config 类中保存了若干超参数，其中 info_file_name 指定了标注文件的位置，max_height 和 max_width 指定了原始图片被缩放后的最大高度和最大宽度，具体的缩放功能由 ImagePreProcessor 的 resize 函数实现。max_len 指定了标签的最大长度，save_path 指定 tfrecords 格式的数据文件保存的位置。DataLoad 模块对外接口为 save_alphabet 和

store_tfrecords，分别实现生成并保存字符表和保存数据文件的功能。

在获得数据集后，就需要按照网络模型编写模型代码并启动训练。CRNN可分为编码模块、转录模块和解码模块，其网络定义都在crnn_net文件中实现。编码器模块是一个基于CNN的网络架构，它是由卷积层、批归一化层、ReLU层、最大池化层组成的。转录模块能够将特征图转化为解码模块使用的序列特征，其代码如程序清单7-15所示。

程序清单7-15　CRNN序列映射模块

```
def _map_to_sequence(self, inputdata, name):

    with tf.variable_scope(name_or_scope = name):
        shape = inputdata.get_shape().as_list()
        assert shape[1] == 1 # H of the feature map must equal to 1
        ret = self.squeeze(inputdata = inputdata, axis = 1, name = 'squeeze')

    return ret
```

解码模块是一个基于LSTM的网络模型，用于提取图像特征和时序特征，其网络结构如程序清单7-16所示。

程序清单7-16　CRNN解码器模块

```
def _sequence_label(self, inputdata, name):
    with tf.variable_scope(name_or_scope = name):
        fw_cell_list = [tf.nn.rnn_cell.LSTMCell(nh, forget_bias = 1.0) for nh in [self._
hidden_nums] * self._layers_nums]
        bw_cell_list = [tf.nn.rnn_cell.LSTMCell(nh, forget_bias = 1.0) for nh in [self._
hidden_nums] * self._layers_nums]

        stack_lstm_layer, _, _ = rnn.stack_bidirectional_dynamic_rnn(
            fw_cell_list, bw_cell_list, inputdata,
            dtype = tf.float32)
        stack_lstm_layer = self.dropout(
            inputdata = stack_lstm_layer,
            keep_prob = 0.5,
            is_training = self._is_training,
            name = 'sequence_drop_out')
        [batch_s, _, hidden_nums] = inputdata.get_shape().as_list()
        shape = tf.shape(stack_lstm_layer)
        rnn_reshaped = tf.reshape(stack_lstm_layer, [shape[0] * shape[1], shape[2]])
        w = tf.get_variable(
            name = 'w',
            shape = [hidden_nums, self._num_classes],
            initializer = tf.truncated_normal_initializer(stddev = 0.2),
```

```
            trainable = True)
        logits = tf.matmul(rnn_reshaped, w, name = 'logits')
        logits = tf.reshape(logits, [shape[0], shape[1], self._num_classes], name = '
logits_reshape')
        raw_pred = tf.argmax(tf.nn.softmax(logits), axis = 2, name = 'raw_prediction')
        rnn_out = tf.transpose(logits, [1, 0, 2], name = 'transpose_time_major')
    return rnn_out, raw_pred
```

该模型的训练使用 Momentum 优化器并设置冲量为 0.9，batch_size 设置为 512，学习率衰减策略为余弦衰减。通过 scripts/run_1p.sh 就可以直接启动 CRNN 模型的训练。

7.2.4　实例系统部署

本节介绍本实例前述系统设计和实现的搭建部署，包括 ROS 环境部署、神经网络模型转换、基于 AscendCL 框架的模型推理及基于激光雷达的建图定位系统部署。

1. ROS 环境部署

这里介绍 ROS 在开发者套件上的部署流程。目前 AscendCL 框架 C73 版本运行基于 Ubuntu 18.04 LST，对应的 ROS 版本为 ROS Melodic。在安装之前需要配置开发者套件联网，简要安装过程如下：

(1) 添加 ROS 软件源。

```
sudo sh - c 'echo "deb http://packages.ros.org/ros/ubun > u $ (lsb_release - sc) main" > /
etc/apt/sources.list.d/ros - latest.list'
```

(2) 设置 APT Key。

```
sudo apt - key adv - - keyserver ' hkp://keyserver. ubuntu. com: 80 ' - - recv - key
C1CF6E31E6BADE8868B172B4F42ED6FBAB17C654
```

(3) 更新 APT 包索引。

```
sudo apt update
```

(4) 根据自己的需要安装包含不同功能和工具的 ROS 组件。

桌面完整版(推荐)：包含 ROS、RViz、rqt、机器人通用库、2D/3D 模拟器、导航及 2D/3D 感知包。

```
sudo apt install ros-melodic-desktop-full
```

桌面版：包含 ROS、RViz、rqt 和机器人通用库。

```
sudo apt install ros-melodic-desktop
```

ROS-基础包：包含 ROS 基础包，没有图形界面工具。

```
sudo apt install ros-melodic-ros-base
```

单独的功能包。

```
sudo apt install ros-melodic-PACKAGE
```

(5) 设置环境。

将 ROS 环境变量添加到.bashrc 中，使得每次启动新的 bash 进程都会自动加载 ROS 的环境变量。

```
echo "source /opt/ros/melodic/setup.bash" >> ~/.bashrc
source ~/.bashrc
```

若使用 zsh，则进行如下配置。

```
echo "source /opt/ros/melodic/setup.zsh" >> ~/.zshrc
source ~/.zshrc
```

(6) 创建和管理 ROS 工作空间，ROS 提供了相关的工具，例如 rosinstall 是一个常用的命令行工具，它可以通过一个命令轻松地下载 ROS 功能包的依赖。

要安装该工具和其他构建 ROS 包依赖，运行以下代码。

```
sudo apt install python-rosdep python-rosinstall python-rosinstall-generator python-
wstool build-essentialsource
```

(7) 初始化 rosdep，在可以使用 ROS 工具之前，需要初始化 rosdep。rosdep 能够为要编译的源代码安装系统依赖项。

```
sudo rosdep init
rosdep update
```

至此,ROS核心功能包及工具包在开发者套件运行环境部署完成,可在开发者套件对功能包在线编译,也可通过交叉编译的方式将aarch64架构的代码在PC主机编译,下载至开发者套件运行。ROS安装的同时,系统会自动安装OpenCV 3.2版本,请避免OpenCV多版本使用冲突。

2. 昇腾模型转换与AscendCL推理部署

在开发者套件使用训练后的网络模型推理,首先需要进行模型转换,即将TensorFlow的model.ckpt格式转换为TensorFlow的pb格式。生成pb模型后再利用ATC工具转换为om格式。

ATC工具用于将开源框架网络模型转换成昇腾AI处理器支持的离线模型,模型转换过程中可以实现算子的调度优化及内存使用优化等,可以脱离模型完成预处理。在开发环境安装ATC软件包,获取相关路径下ATC工具,将输入图像转换到RGB,同时进行预处理。模型转换命令如程序清单7-17所示。

程序清单7-17 模型转换命令

```
atc --output_type=FP32 --input_shape="input/input_data:1,416,416,3" --input_fp16_nodes="" --input_format=NHWC --output=./yolov3 --soc_version=Ascend310 --framework=3 --save_original_model=false --model=./yolov3_meter.pb
```

模型推理基于AscendCL框架在华为开发者套件上实现。开发者套件的核心是AI加速模块,集成了海思昇腾AI处理器,并主要将开发者套件的接口对外开放方便用户快捷调用。

模型推理需在华为开发者套件上安装相关运行环境,包括pip、numpy、spicy等一系列依赖库。本实例AscendCL推理流程如图7-21所示。开发者套件订阅ROS深度相机话题获取实时图像帧,DVPP获取图像帧并对图像帧进行resize操作,输入深度预测网络,由模型进行推理得到推理结果。

(1) AscendCL运行资源申请:AscendCL框架提供了Device管理、Context管理、Stream管理、内存管理、模型加载与执行、算子加载与执行、媒体数据处理等C语言API库,以便使用昇腾AI处理器的计算能力,供用户开发深度神经网络应用,用于实现目标识别、图像分类等功能。需要设置推理运行的Device,并申请AscendCL推理的系统内部资源如Context、Stream等。

(2) 模型初始化:主要涉及模型文件的加载和输出内存的分配。该流程包括将转换好的om离线模型文件加载进内存,通过AscendCL获取模型的参数描述,并根据模型描述分配模型输出对应的内存空间,为模型推理输出做准备。

(3) 模型输入预处理:通过ROS订阅ROS图像话题,使用cv_bridge将ROS的sensor_msgs/Image格式消息转换为图像数据类型,进而使用OpenCV对图像数据进行预处理,生成模型的输入数据。本实例的模型输入大小共有三种不同的尺寸,因此需要把

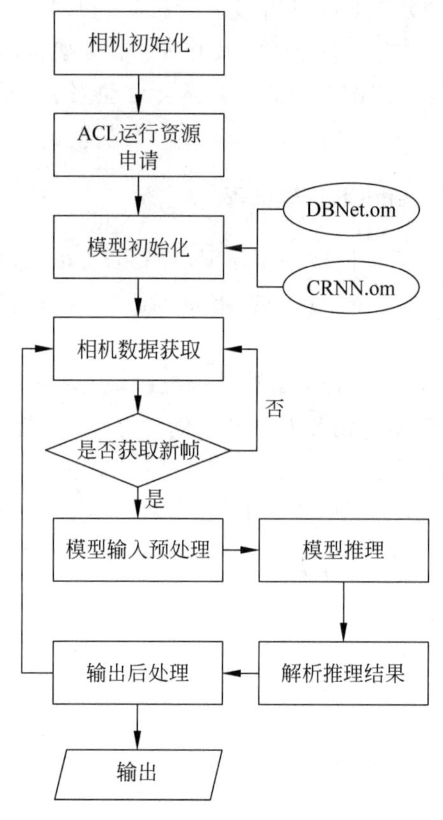

图 7-21　AscendCL 模型推理流程图

读取到的相机图像像素大小分别设置为三个模型对应的尺寸，并对数据进行归一化处理。

（4）模型推理：准备模型输入数据，将预处理的数据传递给模型进行模型推理。

（5）解析推理结果：根据模型输出，解析模型的推理结果。

（6）输出后处理：使用 OpenCV 将输出转换为图像数据类型，展示最终结果，并通过 cv_bridge 将图像格式转换为 sensor_msgs/Image 话题消息发布到 ROS 框架中。

文本检测与识别模型推理阶段在开发者套件构建。本实例中的深度学习网络框架基于 DBNet 和 CRNN，TensorFlow 训练所得的 ckpt 模型需转换为 pb 模型，以满足 ATC 模型转换工具的要求；利用 ATC 工具将模型转换为 om 格式，进行验证和评估。推理阶段对摄像头输入的 RGB 格式的图像进行预处理，包括图像裁剪和归一化，并构造文本检测模型的输入张量；接下来通过 om 模型对输入的张量进行文本区域预测推理，然后再将得到的区域图像输入文本识别模型，通过文本识别模型的推理得到文本内容，最终将文本内容打印出来。

本节介绍的智能巡检机器人，通过融合 ROS 框架和 AscendCL 框架，完成了基于激光雷达的建图与定位，以及基于视觉的文本识别方案，同时实现了轮式机器人路径规划、自主导航功能。本实例详细地介绍了以上各功能模块的实现、应用部署、ROS 框架搭建、网络训练、模型转换及推理部署等内容。用户可在本实例的基础上添加不同硬件，探索并实现多传感器融合、机器人导航及多目标识别等复杂应用的开发。

7.3　本章小结

本章使用昇腾软硬件体系搭建了两套不同行业的完整应用，从需求分析到架构设计，再从系统实现到模型部署，使用前文介绍的深度学习模型训练和部署方法解决了个性化智能推荐与复杂场景文本识别的行业难题。